油品添加剂性质及应用

方建华　吴　江　王　九　刘　坪　编著

中国石化出版社

内容提要

《油品添加剂性质及应用》主要介绍了国内外燃料油、润滑油脂、金属加工润滑剂等油品添加剂的市场需求和消费结构；论述了各类油品添加剂单剂和复合添加剂的化学组成、结构、种类、牌号及使用性能、作用机理；介绍了人们关心的环境对添加剂及油品的影响，以及润滑剂和添加剂的生物降解性和生态毒性，以及纳米润滑油脂添加剂的制备方法、种类、性能及应用。另外，还着重收集了国内外主要添加剂生产厂商的添加剂商品牌号、理化性能及主要应用范围。

本书较全面反映了当前国内外燃料油、润滑油脂添加剂产品的概况、发展水平、产品牌号、性能、作用，可供从事燃料油、润滑油脂和添加剂教学、科研、生产、管理、销售及应用的人员参考使用。

图书在版编目（CIP）数据

油品添加剂性质及应用/方建华等编著. —北京：
中国石化出版社，2019.6
ISBN 978-7-5114-5387-7

Ⅰ.①油… Ⅱ.①方… Ⅲ.①石油添加剂 Ⅳ.
①TE624.8

中国版本图书馆 CIP 数据核字（2019）第 128702 号

中国石化出版社出版发行

地址:北京市朝阳区吉市口路 9 号
邮编:100020 电话:(010)59964500
发行部电话:(010)59964526
http://www.sinopec-press.com
E-mail:press@sinopec.com
北京科信印刷有限公司印刷
全国各地新华书店经销

*

787×1092 毫米 16 开本 25 印张 629 千字
2019 年 8 月第 1 版 2019 年 8 月第 1 次印刷
定价:72.00 元

前　言

机械、航天、交通、军事工业技术装备的飞速发展，对石油产品的性能要求越来越高，相应的质量指标要求也越来越苛刻。由于石油中自身组分的局限性，单靠石油加工工艺本身已不能满足使用的需要。改善和提高石油产品质量的最经济而重要的手段，就是采用各种各样高效能的石油产品添加剂。一些添加剂加入燃料后，不仅改善了燃烧性能，同时提高了储存安定性，此外还改善了人类生存环境。特别是润滑油类石油产品加入少量的添加剂（可低至百万分之几），就可大大改善某方面的产品指标甚至提高油品质量。

添加剂在提高石油产品性能、质量和增加品种方面起着非常重要的作用。而添加剂的种类和品种很多，不同种类的添加剂其性能相差较大。要想准确、科学地选择添加剂，配出优质的石油产品，必须对各类添加剂的性能以及添加剂相互之间的配伍关系有深入的了解。

为了便于从事油品开发、油品应用的读者了解、选用添加剂，我们编写了《油品添加剂性质及应用》一书，分别对各类燃料、润滑油脂、金属加工润滑剂等油品的添加剂发展概况、性能、应用和作用机理进行了介绍。同时，为了使读者更加全面地了解和掌握国内外油品添加剂研究和发展的动态，书中还对环境友好润滑剂和纳米润滑剂添加剂的种类、性能进行了知识性介绍，供从事添加剂研究开发的人员参考。

由于作者编写水平有限，疏漏和不妥之处在所难免，恭请广大读者批评指正。另外，由于编撰本书所参考的文献资料较多，内容庞杂，许多文献资料的标示在书中难免漏失，敬请相关作者谅解。

最后，衷心感谢“国家自然科学基金项目”“重庆市自然科学基金项目”、院“创新基金项目”和“重庆市研究生教育教学改革研究项目”的资助。

目　录

第1章　油品添加剂概论

第1节　油品添加剂的分类及命名

1.1　油品添加剂的分类

国内石油油品添加剂按应用场合分成润滑剂添加剂、燃料添加剂、复合添加剂和其他添加剂四个部分，见表1-1。对一剂多用的添加剂按其主要作用或应用场合来划分。

表1-1　石油添加剂的分组和组号

项　目	组　别	组　号
润滑剂添加剂	清净剂和分散剂	1
	抗氧抗腐剂	2
	极压抗磨剂	3
	油性剂和摩擦改进剂	4
	抗氧剂和金属钝化剂	5
	黏度指数改进剂	6
	防锈剂	7
	降凝剂	8
	抗泡沫剂	9
燃料添加剂	抗爆剂	11
	金属钝化剂	12
	防冰剂	13
	抗氧防胶剂	14
	抗静电剂	15
	抗磨剂	16
	抗烧蚀剂	17
	流动改进剂	18
	防腐蚀剂	19
	消烟剂	20
	助燃剂	21
	十六烷值改进剂	22
	清净分散剂	23
	热安定剂	24
	染色剂	25

续表

项　目	组　别	组　号
复合添加剂	汽油机油复合剂	30
	柴油机油复合剂	31
	通用汽车发动机油复合剂	32
	二冲程汽油机油复合剂	33
	铁路机车油复合剂	34
	船用发动机油复合剂	35
	工业齿轮油复合剂	40
	车辆齿轮油复合剂	41
	通用齿轮油复合剂	42
	液压油复合剂	50
	工业润滑油复合剂	60
	防锈油复合剂	70
其他添加剂		80

润滑剂添加剂部分按作用划分为清净剂、分散剂、抗氧抗腐剂、极压抗磨剂、油性剂和摩擦改进剂、抗氧剂和金属钝化剂、黏度指数改进剂、防锈剂、降凝剂和抗泡沫剂等组。

燃料添加剂部分按作用划分为抗爆剂、金属钝化剂、防冰剂、抗氧防胶剂、抗静电剂、抗磨剂、抗烧蚀剂、低温流动改进剂、防腐蚀剂、消烟剂、助燃剂、十六烷值改进剂、清净分散剂、热安定剂和染色剂等组。

复合添加剂按适用场合（油品）划分为汽油机油复合剂、柴油机油复合剂、通用汽车发动机油复合剂、二冲程汽油机油复合剂、铁路机车油复合剂、船用发动机油复合剂、工业齿轮油复合剂、车辆齿轮油复合剂、通用齿轮油复合剂、液压油复合剂、工业润滑油复合剂和防锈油复合剂等组。

石油添加剂按相同作用分为一个组，同一组内根据其组成或特性的不同又分成若干品种。

石油添加剂的品种有大写字母T和由三个或四个阿拉伯数字所组成的符号来表示。其第一个阿拉伯数字（当品种由三个阿拉伯数字组成时），或前二个阿拉伯数字（当品种由四个阿拉伯数字所组成时），总是表示该品种所属的组别（组别符号不单独使用）。其表示形式如下：

T102，T——石油添加剂类；

102——品种，表示清净剂和分散剂组中的中碱性石油磺酸钙，其中第一个阿拉伯数字“1”表示润滑剂部分中的清净剂和分散剂组别。

T1101，T——石油添加剂类；

1101——品种，表示抗爆剂中的四乙基铅，其前面二个阿拉伯数字“11”，表示燃料添加剂部分中抗爆剂的组别。

1.2　国内石油添加剂的化学名称与符号对照表

国内石油添加剂的化学名称与符号对照见表1－2。

表 1-2 国内石油添加剂化学名称与符号对照表

	组号	组别	化学名称	统一命名	统一符号	原符表	生产厂
润滑剂添加剂	1	清净剂和分散剂	低碱值石油磺酸钙	101 清净剂	T101	上 202A	上海高桥石油化工公司
			中碱值石油磺酸钙	102 清净剂(已废除)	T102	上 202B	上海高桥石油化工公司、玉门油田炼化总厂
			高碱值石油磺酸钙	103 清净剂(已废除)	T103	上 202C	上海高桥石油化工公司
			低碱值合成磺酸钙	104 清净剂	T104		锦州石油化工公司
			中碱值合成磺酸钙	105 清净剂	T105		锦州石油化工公司
			高碱值合成磺酸钙	106 清净剂	T106		锦州石油化工公司
			高碱值合成磺酸钙	106A 清净剂	T106A		兰州石化
			超碱值合成磺酸镁	107 清净剂	T107		兰州石化
			硫磷化聚异丁烯钡盐	108 清净剂(已废除)	T108	694	锦州石油化工公司
			硫磷化聚异丁烯钡盐	108A 清净剂(已废除)	T108A	兰 108	兰州石化
			烷基水杨酸钙	109 清净剂	T109	兰 109	兰州石化
			环烷酸镁	111 清净剂(已废除)	T111		
			高碱值环烷酸钙	114 清净剂(已废除)	T114		独山子炼油厂
			中碱值硫化烷基酚钙	121 清净剂	T121	兰 115A	兰州石化
			高碱值硫化烷基酚钙	122 清净剂	T122	兰 115B	兰州石化
			单烯基丁二酰亚胺	151 分散剂	T151	T113	兰州石化
			双烯基丁二酰亚胺	152 分散剂	T152	T113B	兰州石化
			多烯基丁二酰亚胺	153 分散剂	T153		兰州石化
			丁二酰亚胺	154 分散剂	T154		锦州石油化工公司
			丁二酰亚胺	155 分散剂	T155		锦州石油化工公司
	2	抗氧抗腐剂	硫磷烷基酚锌盐	201 抗氧抗腐剂(已废除)	T201		兰州石化
			硫磷短烷基锌盐	202 抗氧抗腐剂	T202	6411	锦州石油化工公司、兰州石化、无锡石油添加剂厂
			硫磷长烷基碱性锌盐	203 抗氧抗腐剂	T203		锦州石油化工公司、兰州石化、无锡石油添加剂厂
			硫磷伯仲醇基锌盐	204 抗氧抗腐剂	T204		锦州石油化工公司
			硫磷仲醇基锌盐	205 抗氧抗腐剂	T205		锦州石油化工公司

续表

	组号	组别	化学名称	统一命名	统一符号	原符表	生产厂
润滑剂添加剂	3	极压抗磨剂	氯化石蜡(含氯42%)	301 极压抗磨剂	T301		沈阳化工厂
			氯化石蜡(含氯52%)	302 极压抗磨剂	T302		沈阳化工厂
			酸性亚磷酸二丁酯	304 极压抗磨剂	T304		山东淄博化工厂
			硫磷酸含氮衍生物	305 极压抗磨剂	T305	SPN-10	南京宁江化工厂
			磷酸三甲酚酯	306 极压抗磨剂	T306	TCP	上海彭浦化工厂
			硫代磷酸胺盐	307 极压抗磨剂	T307	SPN－4	南京宁江化工厂
			酸性磷酸酯胺盐	308 极压抗磨剂	T308		兰州燎原化工厂
			硫代磷酸苯酯	309 极压抗磨剂	T309		沈阳维华化工油品有限公司
			硫化异丁烯	321 极压抗磨剂	T321	T308	兰州胜利化工厂
			二苄基二硫	322 极压抗磨剂	T322	T302	大连化工助剂厂
			氨基硫代酯	323 极压抗磨剂	T323		西南特种润滑剂厂
			环烷酸铅	341 极压抗磨剂	T341	T307	甘肃油漆厂
			二丁基二硫代氨基甲酸氧硫化钼	351 极压抗磨剂	T351		武汉国营泾河化工厂
			二丁基二硫代氨基甲酸锑	352 极压抗磨剂	T352		武汉国营泾河化工厂
			二丁基二硫代氨基甲酸铅	353 极压抗磨剂	T353		武汉国营泾河化工厂
			硼酸盐	361 极压抗磨剂	T361		茂名石油化工公司研究院
	4	油性剂和摩擦改进剂	硫化鲸鱼油	401 油性剂	T401		
			二聚酸	402 油性剂	T402		牡丹江日用化学厂
			油酸乙二醇酯	403 油性剂	T403		兰州石化
			硫化棉籽油	404 油性剂	T404		
			硫化烯烃植物油－1(8%的含硫量,用于润滑油)	405 油性剂	T405		沈阳石油化工二厂、长沙望城石化厂
			硫化烯烃植物油－2(10%的含硫量,用于润滑脂)	405A 油性剂	T405A		沈阳石油化工二厂、长沙望城石化厂
			苯三唑脂肪酸胺盐	406 油性剂	T406	N791	南京高峰化工厂、南京宁江化工厂
			膦酸酯	451 摩擦改进剂	T451	407	长沙望城石化厂
			硫磷酸钼	461 摩擦改进剂	T461		北京市三联精细化工联合公司

续表

	组号	组别	化学名称	统一命名	统一符号	原符表	生产厂
润滑剂添加剂	5	抗氧剂和金属减活剂	2,6-二叔丁基对甲酚	501 抗氧剂	T501	264	锦州石油化工公司、辽宁滨河化工厂、上海向阳化工厂
			2,6-二叔丁基混合酚	502 抗氧剂	T502	KY－7940	北京化工三厂
			4,4-亚甲基双(2,6-二叔丁基酚)	511 抗氧剂	T503	KY－7930	北京化工三厂
			2,6-二叔丁基-α 二甲氨基对甲酚	521 抗氧剂	T521		北京化工三厂
			N-苯基-α 萘胺	531 抗氧剂	T531	PAN	天津五一化工厂
			含苯三唑衍生物复合剂	532 抗氧剂	T532	MD－05	北京市三联精细化工联合公司
			苯三唑衍生物	551 金属减活剂	T551	C－20	兰州石化、北京市三联精细化工联合公司
			噻二唑衍生物	561 金属减活剂	T561	R_3	兰州石化
	6	黏度指数改进剂	聚乙烯基正丁基醚	601 *(已废除)	T601	上 601	兰州石化
			聚甲基丙烯酸酯	602 *	T602	上 602	高桥石油化工公司炼油厂
			聚异丁烯(用于内燃机油)	603 *	T603	6911	锦州石油化工公司、大庆石化总厂化纤厂
			聚异丁烯(用于液压油)	603A *	T603A		锦州石油化工公司
			聚异丁烯(用作密封剂)	603B *	T603B		锦州石油化工公司
			聚异丁烯(用于齿轮油)	603C *	T603C		锦州石油化工公司
			聚异丁烯(用于拉拔油)	603D *	T603D		锦州石油化工公司
			乙丙共聚物	611 *	T611	T604	兰州化工公司橡胶厂
			乙丙共聚物(6.5% 浓度)	612 *	T612		茂名石油化工公司研究院
			乙丙共聚物(8.5% 浓度)	612A *	T612A		茂名石油化工公司研究院
			乙丙共聚物(11.5% 浓度)	613 *	T613		茂名石油化工公司研究院
			乙丙共聚物(13.5% 浓度)	614 *	T614		茂名石油化工公司研究院
			分散性乙丙共聚物(高氮)	621 *	T621		无锡石油添加剂厂
			分散性乙丙共聚物(低氮)	622 *	T622		无锡石油添加剂厂
			聚丙烯酸酯	631 *	T631	上 606B	高桥石油化工公司炼油厂

续表

	组号	组别	化学名称	统一命名	统一符号	原符表	生产厂
润滑剂添加剂	7	防锈剂	石油磺酸钡	701 防锈剂	T701		杭州炼油厂
			合成磺酸钡	701B 防锈剂	T701B		无锡石油添加剂厂
			石油磺酸钠	702 防锈剂	T702		杭州炼油厂、玉门炼油厂
			合成磺酸钠	702A 防锈剂	T702A		无锡石油添加剂厂
			十七烯基咪唑啉烯基丁二酸盐	703 防锈剂	T703	兰 703	兰州石化
			环烷酸锌	704 防锈剂	T704		独山子炼油厂
			二壬基萘磺酸钡	705 防锈剂	T705	1215	玉门炼油厂
			苯并三氮唑	706 防锈剂	T706		南京宁江化工厂、南京高峰化工厂
			合成磺酸镁	707 防锈剂	T707		无锡石油添加剂厂
			烷基磷酸咪唑啉盐	708 防锈剂	T708		
			N-油酰肌胺酸十八胺盐	711 防锈剂	T711		浙江省化工研究所
			氧化石油脂钡皂	743 防锈剂	T743	743 钡皂	营口石油化工厂、杭州临安横畈化工厂
			烯基丁二酸	746 防锈剂	T746	兰 708	旅顺化工厂、兰州石化、大连化工助剂厂、无锡石油添加剂厂
	8	降凝剂	烷基萘	801 降凝剂	T801	751	大连石油添加剂厂、无锡石油添加剂厂
			聚 α-烯烃-1（用于浅度脱蜡油）	803 降凝剂	T803		抚顺石油化工公司石油二厂、兰州石化
			聚 α-烯烃-2（用于深度脱蜡油）	803A 降凝剂	T803A		同上
			聚 α 烯烃（氢调）	803B 降凝剂	T803B		兰州石化
			聚 α-烯烃-3（用于高黏度油）	805 降凝剂	T805		
			聚 α-烯烃-4（适用于中间基油）	806 降凝剂	T806		
			聚丙烯酸酯	814 降凝剂	T814	上 606A	高桥石油化工公司炼油厂
	9	抗泡沫剂	甲基硅油	901 抗泡沫剂	T901		上海树脂厂
			丙烯酸酯与醚共聚物	911 抗泡沫剂	T911	上 901A	高桥石油化工公司炼油厂
			丙烯酸酯与醚共聚物	912 抗泡沫剂	T912	上 901B	高桥石油化工公司炼油厂
	10	其他润滑剂添加剂	胺与环氧化物缩合物	1001 抗乳化剂	T1001	DM114	南京宁江化工厂
			环氧乙、丙烷嵌段聚醚	1002 抗乳化剂	T1002	L3－01	兰州石化

续表

	组号	组别	化学名称	统一命名	统一符号	原符表	生产厂
燃料添加剂	11	抗爆剂	四乙基铅	1101 抗爆剂	T1101		
	12	金属钝化剂	*N*,*N*-二亚水杨丙二胺	1201 金属钝化剂	T1201		锦州石油化工公司
	13	防冰剂	乙二醇甲醚	1301 防冰剂	T1301		抚顺石油化工公司石油二厂
			乙二醇乙醚	1302 防冰剂	T1302		
	14	抗氧防胶剂	含氮的复合物	1401 抗氧防胶剂	T1401	S－1201	石油化工科学研究院
	15	抗静电剂	脂肪酸铬钙盐混合物	1501 抗静电剂	T1501		兰州石化
	16	抗磨剂	二聚酸和磷酸酯	1601 抗磨剂	T1601	T306	
			环烷酸	1602 抗磨剂	T1602		
	17	抗烧蚀剂	33 号抗烧蚀剂	1733 抗烧蚀剂	T1733		辽阳电化厂、山东博山化工厂
	18	流动改进剂	聚乙烯醋酸乙烯酯－1	1804 流动改进剂	T1804	T804	北京有机化工厂
			聚乙烯醋酸乙烯酯－2	1805 流动改进剂	T1805	T1804A	上海石油化工厂
			聚乙烯醋酸乙烯酯－3	1805A 流动改进剂	T1805A		上海石油化工厂
	19	防腐剂					
	20	消烟剂					
	21	助燃剂					
	22	十六烷值改进剂	硝酸酯	2201 十六烷值改进剂	T2201		辽阳石油化纤公司化工实验二厂 辽阳庆阳化工厂 山东东风化肥厂 辽宁向东化工厂
	23	清净分散剂					
	24	热安定剂					
	25	染色剂					

续表

	组号	组别	化学名称	统一命名	统一符号	原符表	生产厂
燃料添加剂	30	汽油机油复合剂	SF 级复合剂	3010SF 级复合剂	T3010		北京市三联精细化工联合公司
			SJ 级复合剂	3020SJ 级复合剂	T3020		
			SL 级复合剂	3030SL 级复合剂	T3030		
			SM 级复合剂	3040SG 级复合剂	T3040		
			SN 级复合剂	3050SG 级复合剂	T3050		
	31	柴油机油复合剂	CD 级复合剂	3110CD 级复合剂	T3110		中国石油锦州石化分公司、中国石化石油化工科学研究院
			CF 级复合剂	3120CF－4 级复合剂	T3120		
			CH－4 级复合剂	3130CH－4 级复合剂	T3130		
			CI－4 级复合剂	3140CI－4 级复合剂	T3140		
	32	通用汽车发动机油复合剂	SF/CD 级复合剂	3253SF/CD 级复合剂 3254SF/CD 级复合剂	T3253 T3254		北京兴普精细化工联合公司
			CD/SF 级复合剂	3218CD/SF 级复合剂	T3218		
			CF－4/SJ 级复合剂	3238CF－4/SJ 级复合剂	T3238		
			CF－4/ SL 级复合剂	3248CF－4/ SL 级复合剂	T3248		
			CI－4/ SL 级复合剂	3258CI－4/ SL 级复合剂	T3258		
			SN/GF－5 级复合剂	3268SN/GF－5 级复合剂	T3268		
	33	二冲程汽油机油复合剂	FC 级复合剂	3303 FC 级复合剂	T3303		
			二冲程汽油机油复合剂	3052 级复合剂	T3052		
			二冲程汽油机油复合剂	3054 级复合剂	T3054		
	34	铁路机车油复合剂	铁路内燃机车非锌四代油复合添加剂	3364 级复合剂	T3364		北京兴普精细化工联合公司
	35	船用发动机油复合剂	船用汽缸油复合剂	3501 船用汽缸油复合剂	T3501		
			船用系统油复合剂	3521 船用系统油复合剂	T3521		
			中速筒状活塞式发动机油复合剂	3541 中速筒状活塞式发动机油复合剂	T3541		

续表

	组号	组别	化学名称	统一命名	统一符号	原符表	生产厂
燃料添加剂	40	工业齿轮油复合剂	普通工业齿轮油复合剂	4001 普通工业齿轮油复合剂	T4001		
			中负荷工业齿轮油复合剂	4021 中负荷工业齿轮油复合剂	T4021		
			重负荷工业齿轮油复合剂	4041 重负荷工业齿轮油复合剂	T4041		
	41	车辆齿轮油复合剂	普通车辆齿轮油复合剂	4101 普通车辆齿轮油复合剂	T4101		
			中负荷车辆齿轮油复合剂	4121 中负荷车辆齿轮油复合剂	T4102		
			重负荷车辆齿轮油复合剂	4141 重负荷车辆齿轮油复合剂	T4141		
			中、重负荷车辆齿轮油复合剂	4142 重负荷车辆齿轮油复合剂 4143 重负荷车辆齿轮油复合剂	T4142 T4143		北京兴普精细化工联合公司
	42	通用齿轮油复合剂	中负荷通用齿轮油复合剂	4010 级通用齿轮油复合剂	T4010		
			重负荷通用齿轮油复合剂	4020 通用齿轮油复合剂	T4020		
	50	液压油复合剂	抗氧防锈液压油复合剂	5001 抗氧防锈液压油复合剂	T5001		
			抗燃液压油复合剂	5011 抗燃液压油复合剂	T5011		
			抗磨液压油复合剂	5021 抗磨液压油复合剂	T5021		
			低温液压油复合剂	5051 低温液压油复合剂	T5051		
			抗磨液压油复合剂	5015 级抗磨液压油复合剂	T5015		
			无灰抗磨液压油复合剂	5025 无灰抗磨液压油复合剂	T5025		
			高压无灰抗磨液压油复合剂	5035 高压无灰抗磨液压油复合剂	T5035		
			水乙二醇难燃液压液复合剂	5045 水乙二醇难燃液压液复合剂	T5045		
			液压导轨油复合剂	5055A 液压导轨油复合剂	T5055		
	60	工业润滑油复合剂	汽轮机油复合剂	6001 汽轮机油复合剂	T6001		
			压缩机油复合剂	6021 压缩机油复合剂	T6021		
			导轨油复合剂	6041 导轨油复合剂	T6041		
			BL 通用机床油复合剂	6051BL 通用机床油复合剂	T6051	F-6005	石油化工科学研究院

1.3 国外石油添加剂的分类和添加剂产品商标的意义

1.3.1 国外石油添加剂的分类

国外对石油添加剂分类没有统一的标准，有的按添加剂的作用来分类，有的按油品的种类来分类。正因为这样，国外石油添加剂公司也根据本公司的特点自成体系。Ranney 编撰的《润滑剂添加剂》（Lubricant Additives）一书，主要汇集一些专利文献，把添加剂按无灰分散剂和清净剂、有灰分散剂和清净剂、黏度指数改进剂和降凝剂、提高负荷能力的添加剂、氧化和腐蚀抑制剂和特种润滑剂 6 个方面 8 种类型来叙述。日本的樱井俊男著的《石油产品添加剂》，将添加剂分成燃料油添加剂和润滑油添加剂两大类。而润滑油添加剂又按作用分成载荷添加剂、防锈添加剂、防腐蚀剂、抗泡剂、清净分散剂、降凝剂、抗氧化添加剂、黏度添加剂、合成润滑油添加剂、乳化、抗乳化添加剂和防霉剂等 11 个方面加以叙述；燃料油添加剂同样按作用分成抗爆剂、十六烷值改进剂、抗积炭剂、抗氧剂、金属钝化剂、表面活性剂、防冰剂、缓蚀剂、抗菌剂、燃料助剂、抗静电剂、润滑性能改进剂和染色剂等 13 类。俄罗斯库利叶夫著的《润滑油和燃料油添加剂的化学和工艺》，把润滑油添加剂分成抗氧化和抗腐蚀添加剂、清净剂和分散剂、抗磨和极压添加剂、增黏剂、降凝剂、有机硅抗泡剂和防锈剂 7 类；燃料油添加剂分成抗氧化剂、分散剂、抗积炭添加剂、抗腐蚀添加剂和消烟剂 5 类。3 本著作中对燃料油添加剂的叙述除樱井俊男等人编著的《石油产品添加剂》有较详细的分类叙述外，库利叶夫的著作只作了简单的叙述。润滑油添加剂的分类大同小异，相同的有：（有灰）清净分散剂、无灰分散剂、抗氧抗腐剂、抗氧剂、降凝剂、防锈剂和抗泡剂 7 类。也有同种类型不同叫法的，如改善黏温性能的添加剂，欧美称为黏度指数改进剂，日本称为黏度添加剂，俄罗斯称为增黏剂；欧美把改善油品润滑性能的添加剂统称为提高负荷能力的添加剂（抗磨剂和极压剂），日本称为载荷添加剂（油性剂、抗磨剂和极压剂），而俄罗斯称为减摩添加剂、抗磨添加剂和极压剂。

1.3.2 国外石油添加剂商标的表达方式和意义

表达方式一般有下列五种：采用专用商标符号、公司名称、公司名称加油品名称、用该类型的英文字头和专门的符号表示每类添加剂。

1. 用专用商标符号表示

用这种方式表达的公司较多，如 Rohm & Hass、Ethyl、Sanyo、Witco、Mobil、Surpass 和 Monsato 等公司。

（1）Rohm & Hass 公司用 Acryloid 和 Pexol 商标表示，如：Acryloid 955——具有增黏、降凝和分散作用的聚甲基丙烯酸酯；Pexol 1155——具有增黏和分散作用的乙丙共聚物。

（2）Ethyl 公司用 Hitec 商标表示，Ethyl 公司曾用 Ethyl 符号来表示，后来 Edwin Cooper 公司属于 Ethyl 公司后，把 Ethyl 表示的商标完全用 Edwin Cooper 的商标 Hitec 来表

示，但取消了原来 Hitec E 中“E”字。如：Hitec320——硫磷型通用齿轮油复合剂；Hitec4728（Ethyl728）——用于润滑油和燃料的酚型抗氧剂。

（3）Sanyo 公司用 Aclube 商标表示，如：Aclube728——具有增黏和降凝的聚甲基丙烯酸酯。

（4）Witco 公司用 Bryton Hybase 及 Hybase 商标表示，如：Bryton Hybase C-300—TBN 为 300 的磺酸钙清净剂；Hybase M-400——TBN 约为 400 的合成磺酸镁清净剂。

（5）Mobil 公司用 Mobilad 商标表示，Mobil C-100——硫化异丁烯极压抗磨剂。

（6）Surpass 化学公司用 Surchem 商标表示，Surchem 301——低碱值磺酸钙清净剂。

（7）Monsato 公司用 Santolube 商标表示，Santolube 203D——石油磺酸钡清净剂。

2. 用公司名称表示

用这种方式表示的有 Amoco、Lubrizol、Nalco、OSCA 等公司。

（1）Amoco 9218——TBN400 的磺酸镁清净剂。

（2）Nalco 5RD-644——胺型抗氧剂。

（3）Lubrizol 6499——TBN 为 250 的硫化烷基酚钙清净剂。

（4）Anglamol 33——硫化异丁烯极压抗磨剂。

（5）OSCA 420——高碱值（285）的烷基水杨酸钙清净剂。

3. 用公司名称加油品名称的方式表示

用这种方式表示的有 Chevron 化学公司 Oronite 添加剂部和 Texaco 的公司。

（1）Chevron 公司 Oronite 添加剂部用 OLOA、OGA 和 OFA 等符号表示，用这种方式表示的有 Amoco、Lubrizol、Nalco、OSCA 等公司。

①OLOA——Oronite Gasoline Additives（即 Oronite 的润滑剂添加剂），OLOA-373C——双丁二酰亚胺分散剂。

②OGA——Oronite Gasoline Additives（即 Oronite 的汽油添加剂），OGA490——汽油清净分散剂。

③OFA——Oronite Fuel Additives（即 Oronite 燃料添加剂），OFA——柴油及燃料油流动改进剂。

（2）Texaco 公司用 TLA 和 TFA 符号表示：

①TLA——Texaco Lubricant Additives（即 Texaco 润滑剂添加剂），TLA327——TBN 为 195 的硫化烷基酚钙清净剂；

②TFA——Texaco Fuel Additives（即 Texaco 燃料添加剂），TFA234——二亚水杨酸 1，2-丙二胺金属钝化剂。

4. 用该类添加剂的字头来表示

用这种方式表达的有 Du Pont 等公司。

（1）AA——Antifoam additive（抗泡剂），AA-2——抗泡剂。

（2）AFA——Aviation fuel additive（航空燃料添加剂），AFA-1——航空和车用汽油的

腐蚀抑制剂。

（3）AO——Antioxidation（抗氧剂），AO-29——2，6-二叔丁基对甲酚抗氧剂。

（4）DCI——Corrosion inhibitor（腐蚀抑制剂）（D 为 Du Pont 公司词头），DCI-4A——汽油和柴油的腐蚀抑制剂。

（5）DMA——Multifunctional additives（多效添加剂），DMA-4——具有对汽化器清净、防冰和防锈性能的汽油添加剂。

（6）DMD—Metal deactivator（金属钝化剂），DMD-2——*N*，*N*-二亚水杨 1，2-丙二胺金属钝化剂。

（7）DMS——Metal suppressor（金属抑制剂），DMS-29——用于汽油和工业润滑油的金属抑制剂（复合有机胺的烷基酚盐）。

（8）DFE——Difluoroethane（二氟乙烷），DFE——1，1-二氟乙烷。

（9）FOA——Fuel oil additive（燃料油添加剂），FOA-2——燃料油及柴油分散剂。

（10）LOA——Lubeoil additive（润滑油添加剂），LOA-546——具有分散性的聚甲基丙烯酸酯。

（11）Oil——Oil Dye（油品染色剂），Oil-Blue A——用于汽油、中间馏分和润滑油的蓝色液体染料。

（12）ORTHOLEUM-Grease & ester-based synthetic lubricant stabilizer（润滑脂和酯类合成基润滑剂稳定剂），ORTHOLEUM-162——提高油膜强度和降低磨损。

（13）RP——Rust Preventive（防锈剂），RP-2——管道防锈剂。

5. *用专用符号表示某类添加剂*

用这种方式表示的有 Exxon、Giba-Geigy、Mayco and Chemical 等公司，现以 Exxon 公司为例：

（1）Paraflow——Pour depresants（倾点下降剂或降凝剂），Paraflow 149——烷基萘降凝剂。

（2）Paranox——Detergent inhibitors（清净抑制剂），Paranox 26——高碱值石油磺酸钙。

（3）Paratone——Viscosity improvers（黏度改进剂），Paratone 715——OCP 黏度指数改进剂。

（4）Parabar——Oxidation inhibitor（氧化抑制剂），Parabar 441——工业润滑油氧化抑制剂。

（5）Paradyne——Fuel additive（燃料添加剂），Paradyne 25——聚乙烯醋酸乙烯酯柴油流动改进剂。

（6）Paratac——Tackiness agent（黏附剂），Paratac——聚异丁烯黏附剂。

（7）Parapol——Tackiness agent（黏附剂），Parapol 320——分子量为 320 的聚异丁烯黏附剂。

（8）Parapak——Industrial oil additives（工业润滑油添加剂），Parapak——工业润滑油抗氧剂。

（9）ECA——ExxonChemical additive（Exxon 化学添加剂），ECA 6911——OCP 黏度指数改进剂。

第 2 节　燃料添加剂的发展概况

燃料添加剂是应用较早的石油产品添加剂。主要应用于汽油、煤油、柴油和燃料油四种油品中，可分为汽油添加剂、喷气燃料添加剂、柴油添加剂和重质燃料油添加剂。由于燃料用油机械以及环保的要求不断提高，有时单靠加工工艺的改变是不能满足使用要求的，所以必须加入各种添加剂改善油品的性质。在汽油中常用的清净剂有酰胺、聚烯胺和聚醚胺、烯基丁二酰亚胺，并加入辅剂，如破乳剂、油载体、抗冰剂、防锈剂、抗氧剂和其他作为燃料改进剂的碱性有机化合物。喷气燃料添加剂一般有抗氧剂 、金属钝化剂、防冰剂、抗静电剂和防锈剂等。相对于其他燃料油，柴油质量的改进极大程度取决于工艺的改进，因此，对添加剂的依赖度相对较小。柴油添加剂要求最多的是十六烷值改进剂和低温流动改进剂。十六烷值改进剂的作用是提高抗爆性能；主要有脂肪族烃、醛、酮、醚、过氧化物、脂肪族及芳香族硝基化合物、硝酸酯及亚硝酸酯等，其中硝酸戊酯、二硝酸酯的效果较好。十六烷值改进剂由于具有易分解的特点，能产生游离基，促进烃氧化迅速反应，以缩短燃烧延迟期，从而达到提高燃料的十六烷值。由于柴油馏分中存在的蜡组分在冬季易析出，影响燃料的流动性，造成供油困难，因此，需要加入低温流动改进剂即降凝剂来加以改善。柴油低温流动改进剂的作用就是为了降低柴油的凝点，改善其流动性。加入降凝剂在一般情况下不会降低油品的浊点，但会使析出的蜡结晶细小，不影响油品的流动性、不堵塞滤网细孔。重质燃料油中所需的添加剂非常少，有时需要加入一些助燃剂，有时需要改善运输性能，即低温流动性能，添加一些降凝剂。

目前，我国燃料添加剂的产量很少，其主要原因是我国油品质量要求不高，再加上许多油品性能取决于加工工艺。但随着油品质量的不断提升以及环保对油品质量要求的提高，燃料添加剂会有较大幅度的发展，我国油品添加剂的发展需求潜力很大。

2.1　抗爆剂

辛烷值是车用汽油最重要的质量指标，它是一个国家炼油工业水平和车辆设计水平的综合反映。采用抗爆剂是提高车用汽油辛烷值的重要手段。抗爆剂主要有烷基铅、甲基环戊二烯三羰基锰（简称 MMT）、甲基叔丁基醚（MTBE）、甲基叔戊基醚（TAME）、叔丁醇（TBA）、甲醇、乙醇等。

四乙基铅（TEL）是一种优良的抗爆剂。烷基铅抗爆剂具有生产工艺简单、成本低廉、效果突出的优势，是效率最高的辛烷值改进剂。

随着汽车废气排放控制及保护环境的需要，国外已限制向汽油内添加烷基铅，并逐步实现汽油的低铅化和无铅化。美国、加拿大、澳大利亚等国汽油无铅化推行较快，西欧的汽油也向低铅化发展。据报道，1990年西方国家汽油耗量的55%为无铅汽油。烷基铅抗爆剂的限制使用，将促进非铅抗爆剂及炼油加工深度的研究与发展。

1959年美国 Ethyl CO. 向市场推出了甲基环戊二烯三羰基锰，作为四乙基铅协作或辅助的抗爆剂，后来以商品名 AK-33x 作为单独抗爆剂使用。该剂有效地提高了汽油的辛烷值，特别是对高石蜡烃组成的汽油。但是1977年出现了对 MMT 的争论，有的研究认为 MMT 在发动机燃烧室内表面形成多孔性沉积物，使火花塞寿命缩短、环境中的锰含量上升等，美国国会决定从1978年起停用 MMT。尽管 MMT 有很多缺点，但是它毕竟是继烷基铅之后研究出来的高级抗爆剂。

20世纪90年代以来，环境保护的要求影响到汽油的规格，其中建议降低汽油中的芳香烃含量及烯烃含量、减少苯含量、限制氧含量、减少燃烧产物中可挥发的有机化合物，并降低夏季汽油挥发度，这样就需采用适当的调和剂及添加剂来弥补汽油所失去的辛烷值。1988年以来 Ethyl CO. 设计进行了包括48部车的行车试验，并且继续向美国环保局提出 MMT 的申请。1990年 Ethyl CO. 以 Hitec 3000 作为 MMT 商品使用牌号。由于 Ethyl CO. 对 Hitec 3000 所作的大量工作，使人们对锰抗爆剂给予越来越大的关心，1995年，美国重新启用 MMT，但考虑环保原因，未大面积推广。

从使用性能与经济效果全面看来，目前还没有一种比得上烷基铅的抗爆剂。可以预见，一旦铅微尘能有效地控制时，烷基铅抗爆剂将继续服务于人类。烷基铅抗爆剂与铅携带剂、燃料调制成烷基液（乙基液、甲基液）作为商品出售。烷基铅在燃烧过程中形成难以挥发的铅的氧化物，铅的携带剂（二溴乙烷或二氯乙烷与二溴乙烷的混合物）将铅的氧化物转化成铅的卤化物形态，从发动机表面挥发排出燃烧室，以保证发动机正常工作。我国于70年代曾小批量生产四乙基铅，代号 T1201，由于毒性问题现已停止生产。

70年代国外出现过含氧化合物作为汽油新的调和组分，其中比较重要的有甲醇、乙醇、甲基叔丁基醚和叔丁醇，它们都具有相当高的无铅辛烷值和调和辛烷值。这就为寻求新的汽油调配方案提供了方便，但它们分别存在着蒸发性、互溶性、腐蚀性、毒性和废气排放以及经济性的问题。

MTBE 作为汽油添加剂已经在全世界范围内普遍使用。它不仅能有效提高汽油辛烷值，而且还能改善汽车性能、降低排气中 CO 含量，同时降低汽油生产成本。MTBE 应用至今，需求量、消费量一直处于高增长状态，其生产技术也日趋成熟。1996年，美国加州以污染水质为由，禁止使用 MTBE，美国国家环境保护部门也有类似动作，这表明美国已开始限制 MTBE 的生产及应用。美国是 MTBE 消费大国，这一演变将使 MTBE 产业受到威胁。北美 MTBE 和甲醇生产商因为市场需求下降而遭受重大损失。目前全球汽油用 MTBE 现有年产能力超过21000kt，在禁用 MTBE 的呼声日益高涨的情况下，MTBE 装置本身的生存将受到严峻考验。

美国标准醇公司（SAGA）开发出一种可生物降解水溶性清洁燃料添加剂，商品名为Envirolene。它是直链C_1～C_8燃料级醇的混合物，辛烷值为128。它可代替MTBE用作汽油添加剂，也可作为四乙基铅替代物用于柴油掺混物。如果Envirolene被接受用作MTBE的代替品，那么因禁用MTBE而引起甲醇厂过剩的产能即可经过改造转产Envirolene。美国得克萨斯州San Antonio的西南研究所（SWRI）正在对Envirolene进行单独测试，它或100%作燃料，或与汽油和柴油掺混，估计到2018年年底才能完成这些试验。SWRI目前在进行中试规模的由气到液（GTL）反应器试运转试验，累积工业放大数据，以便把甲醇厂转变为Envirolene生产厂。研究专家指出，甲醇工厂经过改造，并采用专利催化剂适当改变一些反应条件就能生产Envirolene。SWRI专家指出，最初的市场目标是由Envirolene代替MTBE。MTBE生产停止后，出现的过剩甲醇生产能力，就可直接用于生产Envirolene。

SWRI专家声称，Envirolene无论在陆地上还是在水环境中都是水溶和生物降解的，但是欧洲燃料氧化物协会的专家认为，还要考虑到汽油中与醇相关联的环境因素。特别关注醇作为共溶剂使汽油进一步渗入地下，醇在地下低氧水平下迅速生物降解，而汽油很少能够生物降解这一问题。

工业观察家认为，美国发生的对MTBE的恐慌，在近期内不会扩散到欧洲和亚洲。迄今为止，欧洲和亚洲尚无禁用MTBE的任何意向，这些地区将在一定时期内继续采用MTBE作为清洁汽油的主要组分。特别是亚洲MTBE需求量快速增加。我国MTBE也处于快速增长状态，特别是我国近期推广使用高辛烷值无铅汽油，并在北京、上海、广州三城市率先执行“城市清洁车用无铅汽油新标准”，所用的辛烷值改进剂主要是MTBE。因此，我国MTBE的需求量还将有所增加。

目前我国齐鲁石化、扬子石化、山东恒源、巴陵石化、山东齐翔化工、山东武胜天然气化工有限公司、山东丰仓化工、日照英郎油品实业公司、东营联成化工、洛阳吉利众源化工、山东玉皇化工、烟台万华、金陵亨斯曼等企业均在生产销售MTBE，2016年国内MTBE总产量达到973.86×10^4t，增长率在21%左右。

醇类用作汽油添加剂，由于含有羟基而显示出不良效果，但甲醇、乙醇、丙醇和叔丁醇等低碳醇或其混合物都已用作汽油添加剂。其混合物用作汽油添加剂具有MTBE相似功能，还有价格优势，用作汽油调和剂具有较大的市场潜力。

目前，美国和南美正成功地将乙醇用作汽油调和剂。乙醇的辛烷值非常高，而且也不需要其他较大分子醇作共溶剂，可使成品油辛烷值提高2～3个单位。这就意味着，在汽油中加入10%乙醇可使调和汽油升级，经济价值极为可观。但由于乙醇的价格较高，其应用受到一定限制。在美国，由于政府对乙醇实行税务上的优惠，因此其应用比较广泛。经乙醇调和后的无铅汽油，其研究法辛烷值为120～130，马达法辛烷值为98～104，雷德蒸气压为138.0kPa，70℃时的馏出物为100%。然而，醇类辛烷值改进剂的使用还存在着很多问题，如当汽油含水时，会发生相分离，而且甲醇和乙醇的蒸气压高，使用这种改进剂对环保及经济不利。

目前我国正重点推广车用乙醇汽油。2001 年，国家发展计划委员会和质量监督检验检疫总局联合召开《变性燃料乙醇》《车用乙醇汽油》两项产品国家标准新闻发布会，重点推广乙醇汽油。两项国家标准出台，为我国积极、稳妥地推广使用车用汽油、规范产品的混配、使用和质量监督起到技术保证作用。

所谓车用乙醇汽油，就是把变性燃料乙醇和汽油以一定比例混配形成的一种汽车燃料。这项技术在国外已十分成熟。目前，国外使用车用乙醇汽油的国家主要是美国和巴西，欧盟国家也使用车用乙醇汽油。

国家发改委有关负责人介绍，在我国推广使用车用乙醇汽油是一项战略性举措，其主要有三个意义。一是可缓解石油紧缺矛盾；二是可有效解决玉米、红薯等粮食的转化，促进农业生产的良性循环；三是发展车用乙醇汽油，也为农业的产业化探索一条新途径。2018 年我国汽油消耗量 1022×10^8t，按添加 10% 乙醇的乙醇汽油理论计算，即使全部使用乙醇汽油，生产乙醇所需玉米，仅占我国玉米产量的 12% 左右，因此，不会对粮食供应产生冲击。三是有利于环境的改善。用乙醇替代等量汽油，可降低汽车尾气有害物质的排放，而且使用燃料乙醇汽油对汽车的行驶性能也没有什么影响。

目前，我国由于乙醇汽油成本、原材料等相关制约因素的影响，虽然乙醇汽油产能从 2015 年的 1180×10^4t/a 上升到 2018 年的 1320×10^4t/a，但产量却从 2015 年的 590×10^4t/a 下降到 2018 年的 400×10^4t/a。2017 年，国家 15 部委联合下发了 2020 年将在全国推行乙醇汽油的方案，让早已进入瓶颈期的乙醇汽油产业迈向了新的篇章。

据悉，目前乙醇汽油的生产一方面促使生产企业努力降低成本，一方面国家在税收方面、粮食补贴方面，将给予适当的支持。

车用乙醇汽油混配储存、销售方案已由中国石油和中国石化具体制定并开始实施。

2.2 抗氧剂

抗氧剂能减少由于燃料自动氧化而产生的胶质量，延缓燃料氧化。抗氧剂主要有酚型抗氧剂、胺型抗氧剂和酚胺型抗氧剂 3 种。

2.2.1 酚型抗氧剂

酚型抗氧剂主要有 2，6-二叔丁基对甲酚、2，6-二叔丁基酚、二甲酚、屏蔽酚等。国外主要牌号有 AO 系列、LZ817、Topanol o、UOP 系列、Vanlube PC、IDNOL CP、IDNOL 99、Hitec 4701 系列等。主要生产厂家有 DuPontO CO.、ICI CO.、UOP CO.、Vanderbilt CO.、Shell CO.、Ethyl CO. 等。

目前，我国使用的酚型抗氧剂有 2，6-二叔丁基甲酚（T501），在燃料油中的一般加入量为 0.002% ~0.005%。国内锦州石油化工公司、上海向阳化工厂和辽河滨河化工厂均有生产。

一般来说，酚型抗氧剂的凝点均高于0℃，使用时必须先将抗氧剂溶解在溶剂里，再添加到汽油、煤油里，这样的液状产品有效成分低，冬季储存时易析出。1988年石井等人开发了汽油、煤油用的常温、常压下为液状的抗氧剂。例如将30%的2，6-二叔丁基对甲酚（A成分）与70%（质量）的烷基酚（B成分）混合，可得到凝点为-13℃的液状抗氧剂组合物。

2.2.2　胺型抗氧剂

芳香胺抗氧防胶剂比酚型抗氧防胶剂的抗氧化性能好，因此芳香胺型实际使用较多。但性能较好的胺型抗氧防胶剂通常是固体，存在着油溶性较差等使用上的问题。石井等人于1985年开发了耐低温晶析性及抗氧性能优异的胺型液状抗氧防胶剂组合物，解决了过去的抗氧防胶剂在低温下析出结晶、堵塞滤网及喷嘴等问题。

胺型抗氧剂主要有*N*-苯基*N'*-1-二甲基丙基对亚苯基二胺、*N*-苯基*N'*-1，3-二甲基丙基对亚苯基二胺、*N*-苯基*N'*-1甲基丙基对亚苯基二胺/*N*-苯基*N'*-1，3-二甲基丙基对亚苯基二胺等。国外主要牌号有POA系列、MHFA-1、Hitec系列、UOP系列、AO系列等，主要生产厂家有Du Pont、UOP、Vanderbilt、Ethyl等公司。

目前，我国使用的胺型抗氧剂有*N*-苯基*N'*-仲丁基对苯二胺，主要用于含烯烃较多的车用汽油，具有良好的抗氧防胶性能。在燃料油中的一般加入量为0.002%～0.004%。

2.2.3　酚胺型抗氧剂

酚胺型抗氧剂主要有2，6-二叔丁基-1-二甲基对甲酚及酚型和苯基二胺复合物。国外主要生产厂家有Ethyl CO.，主要牌号有Hitec系列。

2.3　金属钝化剂

汽油、煤油、柴油等燃料在泵送、储运及发动机燃料系统中接触多种金属，如铜、铁、铅等。这些金属会加快燃料的氧化速度，致使燃料中的烯烃氧化、聚合，最后生成胶质，沉积在汽车的歧管、汽化器上，从而降低汽车的操作性能。金属钝化剂本身不起抗氧作用，但和抗氧剂一起使用可降低抗氧剂的用量，提高抗氧剂的抗氧化效果。金属钝化剂主要有*N*，*N'*-二亚水杨-1，2-丙二胺、双水杨二乙烯三胺、双水杨二丙烯三胺、复合有机胺的烷基酚盐等。国外主要牌号有Awgrade50、Regular grade、DMD、DMD-2、DMS、Copperinnibitol 50、Keronet 1718、Keronet PTM 、TFA-234、Hitec 4708 Hitetc 4705 Mobilad C-604等。国外主要生产厂家有Du Pont、UOP、Texaco、Ethyl、Mobil等。

目前，我国使用的金属钝化剂有*N*，*N'*-二亚水杨-1，2丙二胺（T1201）。该金属钝化剂对铜的催化作用最有效，一般与抗氧剂复合，用于车用汽油中，一般加入量为0.005%。该金属钝化剂在锦州石油化工公司生产。

2.4 防冰剂

为解决因气温下降燃料中析出冰晶的问题，除经常地除去受周围气温影响的地面储罐中的水分外，添加防冰剂也是有效的手段之一。

目前喷气燃料中采用的防冰剂一般为醇类及醇醚类化合物。它们具有良好的溶解性，能有效地增加燃料对水的溶解力，在燃料中与水形成低结晶点的溶液，并对已形成的冰晶有一定的溶解能力。添加剂在水相和油相中的分配系数随温度的降低而增加，当燃料中析出游离的水时，添加剂迅速地从烃类中进入水相，防止冰晶的析出，保证了燃油系统的正常工作。

目前我国生产的防冰剂为乙二醇甲醚。苏联由于地处寒区，喷气燃料的防冰问题比较突出。最早将乙基溶纤剂又称“u”液（乙二醇乙醚）作为防冰剂用于喷气燃料中，用量一般为0.1%~0.3%。美国自1962年起规定JP-4喷气燃料中必须加入PFA-55MB（乙二醇甲醚）防冰剂，并制定了MIL-J-27686E规格，当时防冰剂中含2.6%的甘油。乙二醇甲醚的用量仅为“u”液用量的一半，即0.10%~0.15%。此两种防冰剂，目前在国际上广泛应用，防冰效果令人满意。但是，其存在着较高的吸水性的缺点。尽管有专利报道，人们在进行其他类型的防冰剂研究，如：碳酸乙酯及同系物、酮醇（C_4~C_9）硼酸酯、异丙基油酸酯等，但目前喷气燃料普遍采用的行之有效的防冰剂即为醇醚类。

防冰剂主要牌号有T1301（抚顺石油化工公司石油二厂）、PFA-55MB（Dow Chemical）、“u”液（苏联）等。

2.5 抗静电剂

抗静电添加剂一般是具有强的吸附性、离子性、表面活性等性能的有机化合物。使用抗静电剂的目的在于提高燃料的电导率、消除静电危害，保证燃料的安全使用。

抗静电添加剂的研究与应用就是为了使油品在流动过程中避免产生静电荷，提高电荷泄漏的速度、防止电荷的聚集，达到安全使用油品的目的。

抗静电剂主要有金属抗静电剂和非金属抗静电剂2种。

金属抗静电剂主要牌号有T501（兰州炼油化工总厂）、ASA-3（Shell）、DCA-48（Ethyl）、Hitec 4199（Ethyl）等。非金属抗静电剂主要牌号有Stadls 425（Du Pont）、Stadis 450（Du Pont）等。

2.6 抗磨防锈剂

抗磨防锈添加剂为含有极性基团的有机物质，可吸附在摩擦部件的表面，避免与金属之间的干摩擦，改善了燃料的润滑性能。

国外抗磨防锈添加剂有含磷和不含磷的品种，无论哪种品种，均要求抗磨防锈添加剂对喷气燃料的水分离指数（WSIM）、热安定性（JFTOT）以及抗静电性能无不良影响。为了满足 MIL-1-25017D 规格的要求，抗磨防锈添加剂应采用不同的添加量。目前国内生产的环烷酸型及二聚酸型抗磨防锈剂已得到了应用。其中二聚酸型抗磨防锈剂为多种添加剂的复合剂，以 5～20μg/g 的使用浓度用在不同燃料中，对不同材质的金属起到防锈作用。

抗磨防锈剂主要牌号有 T1601（牡丹江油脂化工厂）、T1602（齐鲁石油化工公司炼油厂）、DCI 系列（Du Pont）、RP-2（Du Pont）、AFA-1（Du Pont）、Mobilad F-800（Mdoil）、Hitec 515（Ethyl CO.）、Hitec 580（Ethyl CO.）等。

2.7　流动指数改进剂

流动改进剂又称降凝剂。它们是一类能够降低石油及油品凝点、改善其低温流动性的物质。对柴油来说，只须向油中添加微量流动改进剂便能够有效地降低柴油冷滤点。这对增产柴油、节能、提高生产灵活性和经济效益来说，是一种既简便而又有效的办法，因而国内外都十分重视新型高效廉价的柴油流动改进剂的研究和产品开发。

我国自 20 世纪 50 年代初期开始着手润滑油降凝剂的研究开发与仿制生产，并于 1965 年前后又开始了柴油降凝剂的研究开发。80 年代初，中国石化总公司明确提出了要发展“高效柴油降凝剂”，并将其列入“八五”“九五”科技发展规划中。因而柴油降凝剂的开发研究进入了一个新的发展时期，但是，我国对柴油降凝剂的开发工作目前还存在下列一些问题：一是由于我国衡量柴油低温性能的指标以往只有凝点一项。因此早期开发的剂种也主要是以降低凝点为目的、而降低冷滤点效果很差；二是国内开发品种主要仍以仿制为主，并且普遍存在对柴油组成依赖性强、感受性差的问题；三是国产柴油降凝剂研究开发品种少、性能单一，小试样品和工业产品质量相差较大。

新型柴油降凝剂性能必须满足以下要求：

（1）具有良好降低冷滤点的功能；

（2）有一定的降低凝点的能力；

（3）不存在加剂柴油感受性问题或问题不明显；

（4）抗蜡分层性能好；

（5）不存在冷滤点逆转性问题；

（6）不影响柴油其他添加剂的性能。

这里特别应提出柴油感受性问题。我们以往为了提高加剂柴油的感受性，把增加柴油芳烃含量作为主要措施之一。但是近年来西方国家特别是美国提出了“绿色工程”，其中对柴油中芳烃含量做出了严格的限制规定：2500kt/a 以上大炼厂柴油要求含芳烃 $<10\%$（体积分数）；2500kt/a 以下小炼厂则要求 $<20\%$（美国加州已实施）。

流动改进剂大致分为乙烯-醋酸乙烯系共聚物为代表的聚合物型与长链二羧酸酰胺系的油溶性分散剂型两类。主要牌号有 T1804（北京有机化工厂）、T1804A（上海石油化工总厂）、Paradyne（Exxon）、ECA（Exxon）、CARRYOL MD（Sanyo）、Amoco（Amoco）、

TFA（Texa）、LZ（Labrizol）、UNIPOR type（UOP）、Keroflux DK（BASF）、Shellswim（Shell）、OFA（Chevron）、Hitec（Ethyl CO.）等。

2.8 十六烷值改进剂

十六烷值改进剂是改善柴油着火性能的添加剂。十六烷值改进剂提高柴油十六烷值的幅度取决于添加剂及燃料的组成。燃料中芳烃含量越高，其十六烷值也就越低，对添加剂的感受性也就越差；且添加剂在低加入量时的效果比高加入量好，故对芳烃含量较高的催化裂化柴油来说，仅靠添加剂来提高十六烷值是不经济的。十六烷值改进剂对燃料的闪点和残炭也有不同的影响。因此，在使用时应注意它对发动机的适应性及对发动机的其他性能如排烟和燃料消耗等的影响。

美国堪萨斯大学的研究人员研制出一种新的柴油添加剂，他们发现从大豆油制得的脂肪甘油三酯的硝酸衍生物在发动机性能提高方面与最常用的十六烷值改进剂2-乙基己基硝酸酯（EHN）有同样的作用。区别于EHN的是它大大地减少了NO_x生成量，与此同时又极大地改善了润滑性能。研究人员认为这个产品在相关点火性能和润滑性能两方面都具备很强的商业竞争力。而且它的原材料价格也比EHN的原料2-乙基己醇低一半多。这种产品挥发性不大、无害、便于运输，因此是提高柴油性能的一种更吸引人的绿色十六烷值改进剂。

目前，十六烷值改进剂主要牌号有T2201（山东东风化肥厂、辽宁向东化工厂）、Hitec系列（Ethlyl CO.）、ECA-3478（Exxon）、DDA-1000（Du Pont）、CI-0801（Octel）、Kerobrlsol MAR（BASF）、LZC50（Lubrizol）等。

2.9 清净分散剂

清净分散剂为有机化合物，其非极性基团延伸到燃料油中，增加燃料油的油溶性，防止沉积，极性基团整齐排列在金属表面上，增加其表面活性。因此，清净分散剂能减少油中的沉积物，保持燃料系统清洁，分散燃料油中已形成的沉渣，使微小颗粒保持悬浮状态。汽车加入清净分散剂后，该剂能吸附在燃料中的胶质物上，将其分散成细小的颗粒，可防止在发动机进气系统和喷油嘴上因沉积物的形成所造成的喷射、雾化、燃烧的失常，从而改善汽车性能和尾气污染。随着汽车工业的发展，清净分散剂的重要性日趋显著。

可用作燃料油的清净分散剂的化合物包括：聚异丁烯琥珀酰亚胺、酚胺、咪唑啉、磷酸酰胺、脂肪胺、烷基羟基芳香族羧酸碱性镁盐等。聚异丁烯胺化物是氯化聚异丁烯与二乙烯三胺、三乙烯四胺、四乙烯亚胺等多烯多胺胺化而得。当聚异丁烯胺化物的极性端基与非极性端基比为1∶2时，其具有优良的清净分散性能。聚异丁烯胺化物也是润滑油的高效清净分散剂。

2.10 多效添加剂

为了充分发挥燃料的燃烧性能，燃料在使用过程中需满足多种性能要求。如车用汽油需具有良好的清净、防冰、防腐及进气阀沉积物的可控制等多种性能。柴油也有贮存稳定、保持喷嘴清洁、排放中颗粒污染物控制等多种要求。为此发展了燃油的多效添加剂。这种添加剂可以是一种化合物表现出多种用途，也可以是多种添加剂的复合配方，它具备两种以上的作用以使燃料充分发挥其作用。国外添加剂公司对多效添加剂做了大量的研究工作，提供了多种商品多效添加剂。在该方向的研究与应用方面，国内工作尚显不足。

2.11 助燃剂

使用燃料助燃剂的目的是改善并提高燃料油的燃烧性能。国外在20世纪40～50年代就使用助燃剂，目前国内使用的助燃剂大都由国外进口。

助燃剂的使用，不仅使设备清洁，减少油泥积炭，减少设备损坏，而且能提高燃烧效率，减少能耗，减少对大气的污染。由于轻质燃料在国民经济中需求量增加，价格贵，有些单位，如船舶部门，把渣油作为柴油机燃料使用，其使用面正在扩大。

研究表明，高分子量聚异丁烯直接添加在汽油中可以改善汽油燃烧性能。聚异丁烯汽油添加剂是由美国华盛顿的一所大学与通用技术应用公司（GTA）共同开发成功的。现在加利福尼亚州、马里兰州和威斯康星州以及中国、日本和爱尔兰等国家和地区进行了大规模应用。

当汽油与氧气在发动机内混合点火时产生 CO_2和 H_2O，释放出启动发动机的能量。但是由于空气中含有的氧气不足，以使汽油不完全燃烧，一部分烃处于没有燃烧的状态，造成污染。

聚异丁烯不是简单地增加氧含量，而是改变汽油的物理性能，它对包括柴油机在内的各种发动机都起作用。当把汽油喷入到汽车发动机的燃烧室时，小分子的烃立即与大分子的烃分离，且首先燃烧，大分子的烃则燃烧不完全。汽油中加入少量高分子量聚异丁烯就减少大分子烃与小分子烃的分离，可使汽油在较低的温度下更均匀地燃烧，大大提高燃料的辛烷值，减少未燃烧烃的量。

加入聚异丁烯不仅能减少烃和一氧化碳污染物的产生，使燃烧更充分，同时还能减少氮氧化物排放量。

随着环保意识的不断增强，清洁柴油的推广应用越来越广泛。目前，我国生态环境部发布《中国机动车环境管理年报》，指出柴油车是机动车污染防治的重点，因此，清洁燃料柴油成为了市场发展的趋势。目前，从全球范围来看，诸如纳米助燃剂、复合助燃剂、油溶性有机金属盐燃烧促进剂等各种新型助燃剂得到了广泛的应用。柴油悬浮粒子可以减少15%～30%，烃类和一氧化碳也可以减少，燃料可节约4%～8%。Platinum Plus 可使发动机的排放低于同类产品。此外，Platinum Plus 也可以改善柴油氧化催化剂和粒子过滤剂的性能，减少95%的粒子。钴和铈广泛用于废气后处理中，为汽车催化转换剂、柴油氧化剂和粒子过滤剂。经 Platinum Plus 处理过的燃料将活性强的催化剂导入发动机，催化燃烧，并改善性能。有95%以上的催化剂留在发动机和尾气系统中，继续发挥降低排放的功效。

目前，国外助燃剂主要牌号有 Mobilad F-697（Mobil）、LZ565（Lubrizol）、LZ8220（Lubrizol）、LZ8058（Lubrizol）、Bryton Briuml90（Witco）等。

第3节　润滑油脂类添加剂的发展概况

3.1　国外润滑油脂添加剂发展概况

20世纪30年代以前，国外润滑油中很少使用添加剂。随着发动机设计的进步和机械设备的发展，以及用户对换油周期的要求日益延长，对润滑油的性能提出了越来越高的要求。为了满足这些润滑油的使用要求，润滑油添加剂技术在50～60年代得以迅速发展，因此这一时期是润滑油品种和数量发展最快的时期。内燃机油清净剂主要是磺酸盐、烷基酚盐、烷基水杨酸盐和硫代磷酸盐，抗氧抗腐剂是二烷基二硫代磷酸锌（ZDDP）。60年代初，国外开发应用丁二酰亚胺无灰分散剂，经过对丁二酰亚胺与金属清净剂复合效应的研究，发现二者复合使用后，不仅明显地提高油品性能而且降低添加剂总用量，是润滑油添加剂技术领域的一大突破。60年代后期，国外内燃机油使用的主要添加剂类型已基本定型。70年代，润滑油添加剂的发展基本上处于平稳发展时期，添加剂的发展主要是改进各种类型的添加剂结构、品种系列化、提高单剂性能，同时进一步研究这些添加剂的复合效应。80年代，国际市场上润滑油添加剂主要以复合剂的形式出售。90年代，继续发展润滑油复合剂，改进配方并提高使用的经济性，提高单剂性能，发展多功能添加剂。伴随着节能环保意识的普及，进入21世纪，润滑油脂添加剂除了继续发展高性能、多功能的复合剂配方外、环境友好和绿色化润滑油脂添加剂的发展成为了重要趋势。

添加剂的最大市场在运输领域，其中包括用于轿车、卡车、公共汽车、铁路机车和船舶的发动机油及传动系统用油。近年来，汽油机油和柴油机油更新换代步伐加快，从而推动着添加剂的消费水平进一步提高。

从车用润滑油的发展总趋势来看，车用润滑油将向更低黏度、更苛刻的挥发性、更好的燃料经济性方向发展。在过去的70年中，润滑油原料及添加剂配方的选择对延长换油期起到了越来越重要的作用，目前这种趋势仍在继续。为了达到延长换油期、提高油品使用要求，预计添加剂的加入量将会随着油品性能的不断提高而继续增加。

3.1.1　国外润滑油及其添加剂市场需求

全球的经济发展水平极不平衡，因此对润滑油的需求表现出巨大的差异，发达工业国家对润滑油的需求呈缓慢增长趋势，从而也使润滑油添加剂的需求趋同。

1. 世界润滑油市场构成

润滑油市场的发展受到国家宏观经济形势以及交通运输、机械设备等产业的发展影响。根据全球独立润滑油供应商福斯集团（FUCHS PETROLHB SE）《中国化工报》等发布的数据显示，2006 年全球润滑油产量为 3690 万吨，受全球金融危机影响，2009 年全球润滑油需求量降至 3220 万吨，2015 年全球润滑油需求量又迅速恢复至 3785 万吨；2018 年全球润滑油需求量为 4171 万吨到 2023 年预计达到 4550 万吨。

润滑油添加剂的需求取决于润滑油市场结构，目前各地区润滑油市场所占份额及发展变化如表 1－3 所示。

表 1－3 全球润滑油市场份额 %

地 区	1980 年	1990 年	2000 年	2010 年	2014 年	2018 年
北美	28	26	24	21	20	23.3
南美	1	8	8	9	9	9.1
欧洲	24	20	17	15	14	18.6
俄罗斯	27	18	15	13	12	—
亚太地区	16	22	27	33	35	40.5
中东	2	3	4	5	6	4.5
非洲	2	3	4	4	4	4

由表 1－3 可以看出，润滑油市场结构正在发生变化，欧洲、北美润滑油市场所占份额在逐步缩小，而亚太地区在全球润滑油市场所占份额正在逐步上升。

2. 世界润滑油添加剂消费结构

润滑油由于行业的独特性，世界润滑油产量自 2015 年以来一直在 38Mt 左右波动，年均增长率为 1.4%。按照 10% 的平均加剂量来估算，全球添加剂的消费总量约在 3.8～4.1Mt。其中，内燃机油添加剂的消耗量约占总销售量的 70%，工业润滑油添加剂消耗量约占总消耗量的 17%～20%，见表 1－4。

表 1－4 全球润滑油脂添加剂消耗百分比（按功能统计）

添加剂种类	分散剂	清净剂	黏度指数改进剂	防锈剂	降凝剂	抗磨剂	摩擦改进剂	乳化剂	抗氧剂	极压剂	其他
百分比/%	24.4	20.9	22.5	4.1	0.6	6.6	5.0	4.3	4.3	4.2	3.2

3.1.2 四大公司添加剂的生产概况

目前，全球润滑油添加剂总生产能力达到约 4.5Mt。从添加剂的供应上看，Lubrizol、Infineum、Oronite 和 Afton 四大添加剂专业公司控制了世界添加剂 90% 以上的市场份额，产品以复合剂为主，除黏度指数改进剂外一般不对外出售单剂产品。此外，还有几家规模略小的添加剂公司，如Ciba、Vanderbilt以及Rohmax等，它们主要以单剂生产为主。

1. 路博润公司（Lubrizol）

路博润公司是全球最大的添加剂专业生产商，产品市场占有率约为33%，大约有40%左右的添加剂销往北美，30%销往欧洲，30%销往亚太、中东和拉美。该公司复合剂品种非常齐全，基本上能为所有主要门类润滑油脂提供相应的复合剂，主要产品有发动机油复合剂，车辆传动系统用油（ATF和车辆齿轮油）复合剂，液压油、工业齿轮油、汽轮机油等工业油复合剂以及金属加工用油复合剂，总销售量约1Mt/a。其车用油添加剂约占整个油品添加剂的72%，工业用油添加剂和工业发动机用油添加剂约占10%，其余部分为特种用油添加剂和金属加工用油添加剂。

1997年路博润公司与中国石化兰州炼化总厂在中国天津和兰州合资新建的调和厂投产，为路博润公司在亚太和中国市场的发展提供了重要基础。目前，路博润公司已在珠海建厂，并根据市场需求分阶段发展和扩建。其目标是满足亚洲润滑油市场的成长，并更好地与全球需求模式匹配发展。

2. 润英联公司（Infineum）

润英联公司成立于1999年1月，由ExxonMobil和Shell各出资50%，将各自的添加剂业务进行合并后成立的合资公司，主要产品有汽油机油复合剂、柴油机油复合剂、船用油复合剂、车辆传动系统用油（ATF和车辆齿轮油）复合剂，在工业用油方面产品不多，主要是原美孚公司开发的工业齿轮油复合剂，总销售量约700kt。

润英联公司是润滑油添加剂的顶级生产商之一，产品占世界市场份额的25%左右，目前在欧洲、拉丁美洲、美国和包括中国在内的亚太地区以及中东拥有生产装置。2013年和2014年该公司年销售额为16亿~18亿美元，利润率高于10%。

与路博润公司有所不同的是，润英联公司增加了车用油添加剂的产品生产线，减少了金属加工油添加剂的产品生产线，其中，车用油添加剂约占整个产品线分布的80%。

3. 雅富顿公司（Afton，前身为Ethyl）

雅富顿公司成立于2004年，其前身为乙基公司的石油添加剂业务。主要产品有汽油机油复合剂、柴油机油复合剂、铁路机车及船用油复合剂、车辆传动系统用油（ATF和车辆齿轮油）复合剂，在工业用油方面，主要产品有液压油、工业齿轮油、拖拉机油及润滑脂复合剂，其全球总销售量约500kt/a，其中亚太地区销售量约60kt/a。虽然雅富顿公司是全球第二大齿轮油的供应商，但由于齿轮油总量增长并不大，该公司的产品结构主要集中在内燃机油和工业用油方面。新加坡添加剂厂生产的产品主要集中在发动机油，计划生产齿轮油。该公司通过收购伯乐科技来增强其在金属加工液方面的添加剂技术，伯乐科技于2008年在苏州开办了生产金属加工液和添加剂的工厂，雅富顿收购伯乐科技这一举动更凸显其占领中国市场的发展战略。

Shell和BP是该公司的两大主要客户，雅富顿产品线分布也很具有自身的特色，车用油添加剂的生产量约占总产量的55%，驱动系用油添加剂约占26%，其余产量为工业用油或是工业发动机用油添加剂。

4. 雪佛龙公司（Chevron Oronite）

雪佛龙公司在1998年完成获得Exxon Paratone的OCP业务后，是黏度指数改进剂市场的领导者，在复合剂方面也有很强的实力，主要产品有汽油机油复合剂、柴油机油复合剂、铁路机车及船用油复合剂、天然气发动机油复合剂、ATF复合剂以及抗磨液压油复合剂，其全部添加剂生产能力约为1Mt，其中，新加坡生产厂的生产能力为0.2Mt。

雪佛龙公司的车用油添加剂的生产线约占78%，其次是工业发动机用油添加剂生产线，约占14%，驱动系列和工业用油系列添加剂生产线约占8%。

3.2　国内润滑油脂添加剂发展概况

我国润滑油添加剂起步较晚，20世纪50年代中期曾建成了一套烷基萘降凝剂小型工业化装置，比较系统地开发研究是在50年代末开始的。1963~1965年在我国相继建成石油磺酸盐清净剂与二烷基二硫代磷酸锌盐抗氧抗腐剂工业装置，从而使内燃机油用的主要添加剂开始立足于国内。70年代，硫磷化聚异丁烯钡盐，烷基水杨酸盐两种清洗剂，聚α-烯烃降凝剂，聚异丁烯与聚甲基丙烯酸酯黏度指数改进剂，酚型抗氧剂等分别生产。此外一批防锈添加剂，如石油磺酸钡盐、二壬基萘磺酸钡盐、十二烯基丁二酸等也在此先后生产。上述添加剂的投入应用，使我国润滑油添加剂的生产能力具有一定的规模，基本上适应了当时国内油品的需要。80年代，国内组织了更多的人力进行添加剂新品种的开发研制；为了加快扩大添加剂的生产能力，学习外国添加剂的生产技术，特别是反应设备与监控方面的技术，在这一期间也同时引进了合成磺酸盐与无灰分散剂的生产技术。到80年代末，我国润滑油添加剂生产能力已有了相当规模，新开发并已投入生产的新品种有硫化异丁烯极压剂、硫磷氮极压抗磨剂、金属钝化剂、乙丙共聚物黏度指数改进剂、抗氧抗腐蚀剂系列品种、硫化酯类与含磷的油性剂、非硅型抗泡剂及抗乳化剂等。与60年代相比，国内润滑油添加剂品种构成也发生了很大变化，大体构成是：清净剂46.7%，分散剂15.0%，抗氧剂（含抗氧抗腐剂）11.5%，黏度指数改进剂13.5%，降凝剂7.0%，其他剂（极压抗氧剂，防锈剂）6.3%。

中国作为世界上仅次于美国的第二大润滑油消费国，保持着较高的增长速度，近年消费量增长率超过4.0%。巨大的润滑油消费潜力拉动了添加剂的需求。在添加剂市场的竞争中，国外添加剂公司以其领先的技术优势和优良的经济性等优势抢占了中国高端添加剂市场。特别是我国加入WTO后，有更多的国外添加剂公司进入中国，竞争更加剧烈。当然竞争与机遇并存，一方面可以学习国外的先进技术，缩小与国外的差距；同时要结合中国的国情，发展自己的添加剂工业。国内的添加剂产业通过自主研发引进国外生产技术等方式发展，已经形成一定的生产规模。目前可生产11大类约300多个牌号的添加剂单剂，总产量达到约100kt。虽然在单剂品种上与国外相当，但在质量上还有一定的差距，复合剂配方的开发主要集中在中低档次，高端复合剂还是需要依赖进口。今后，将近一步在各大类型添加剂化合物基本定型的基础上，调整化合物的化学结构，使各类添加剂品种系列化。与此同时，加快添加剂复合效应的研究，结合油品性能要求，生产出更多、更好的复合添加剂。

3.2.1 国内复合剂生产现状

随着我国润滑油品质的不断提升，润滑油复合剂得到普遍的推广应用。一方面由于复合剂在储运、调和等方面具有突出的优势，在使用过程中，不再需要对单一功能添加剂分批次、品种的购进，也减少了流动资金和储运费用的占用。另一方面，中高档的润滑油配方技术和添加剂供应市场很大程度上被添加剂公司控制，所以国内目前的润滑油企业都普遍采用复合剂来生产。

目前，国内市场上使用的复合剂产品主要来自国外添加剂公司的进口、国内合资企业的生产，以及润滑油或添加剂生产企业自行生产的复合剂产品，而实际的市场主体份额基本上被国外添加剂公司或其他国内的合资企业所占有。国内合资公司主要以上海海润添加剂有限公司和兰州路博润兰炼添加剂有限公司为代表，都主要生产内燃机油复合剂，产品也主要面向合资的中方润滑油生产企业。除合资企业外，国内的复合剂生产厂家还包括一些民营的添加剂厂，主要生产中低档产品。由于研发能力的不足或是缺乏稳定的技术来源，导致民营企业产品的质量稳定性不佳和品牌认同度不足，国内目前产量较大的主要有辽宁天合公司、无锡南方添加剂公司和河南新乡瑞丰化工有限公司，详情见表1－5。

表1－5 国内复合剂生产厂产品汇总

公司名称	生产能力及年产量	主要产品结构	销售方向
上海海润添加剂有限公司	40kt	生产复合剂为主，汽油机油以SE～SJ为主，柴油机油以CD～CF-4为主	中国石化内部少量销往民企
路博润兰炼添加剂有限公司	30kt	生产复合剂为主，汽油机油以SF～SJ为主，柴油机油以CD～CF-4为主	中国石油内部少量销往民企
辽宁天合公司	约50kt	主要生产内燃机油复合剂，还供应少量工业油复合剂，汽油机油以SF～SJ为主，柴油机油以CD～CF-4为主	主要销往中国石油大连和大庆分公司，国内民营企业
无锡南方添加剂有限公司	约31kt	主要生产内燃机油复合剂，少量生产工业油复合剂，汽油机油以SF～SJ为主，柴油机油以CD～CH为主	主要供国内民营企业或出口伊朗等中东国家
河南新乡瑞丰化工有限公司	约40kt	主要生产内燃机油复合剂，少量生产工业油复合剂，汽油机油以SF～SM为主，柴油机油以CD～CH为主	主要供国内民营企业

3.2.2 国内单剂生产现状

目前，国内单剂的供应来源主要有两部分：国外添加剂公司进口单剂和国内单剂生产企业自产。进口单剂一般是由四大添加剂公司以外的几家单剂公司供应，如Ciba、Rohmax

及 Vanderbilt 等，多属于新型单剂和特色单剂，技术含量高，通常是国内厂家无法生产或达到同等质量水平，产品附加值和利润高；而国内单剂生产企业的产品主要集中在常用单剂方面，竞争较激烈，因此，国外公司一般不涉足该领域。

国内单剂的生产厂家众多，产量和知名度都很低，但国内公认的、具有一定影响力的四大公司有：路博润兰炼公司、锦州石化添加剂厂、无锡南方添加剂公司和辽宁天合公司。其中，无锡南方添加剂公司和辽宁天合公司为民营企业，另两家则属于中国石油，而中国石化系统内目前仅有北京石油化工科学研究院下属的北京兴普精细化工公司，品种较少，产能约200t/a，见表1-6。

表1-6　我国添加剂单剂主要生产厂家

单位名称	主要添加剂	产能/(t/a)
路博润兰炼有限公司	无灰分散剂、硫化烷基酚盐、烷基水杨酸钙、烷基盐清净剂 ZDDP 及聚 α-烯烃降凝剂等	46000
锦州石化公司添加剂厂	磺酸盐、硫化烷基酚盐、ZDDP 等	32000
无锡南方添加剂有限公司	磺酸盐、硫化烷基酚盐、无灰分散剂、ZDDP、聚 α-烯烃、烷基萘降凝剂及防锈剂等	43000
辽宁天合精细化工公司	磺酸盐、硫化烷基酚盐、无灰分散剂、ZDDP 及抗氧剂、富马酸酯降凝剂等	42000
南京石油化工有限公司	无灰分散剂	7000
苏州特种油品厂	无灰分散剂、防锈剂	3000
北京兴普精细化工公司	高温抗氧剂	2000
淄博惠华化工有限公司	酸性亚磷酸酯、苯三唑十八胺盐等极压抗磨剂	500
旅顺化工厂	十二烯基丁二酸（酯）、磺酸钠（钡）等防锈剂	500

3.2.3　未来国内单剂的发展趋势

1. 低灰分、低硫、低磷的要求

清净剂：由于燃料中硫含量的降低，使得内燃机油的碱值要求降低，导致清净剂的用量下降。根据发动机的升级要求，需要金属含量低、高性能的清净剂。由于目前船用油的需求增大，整体来说清净剂的用量将增加。

无灰分散剂：由于发动机的升级，要求润滑油的低硫和低灰分性，无灰分散剂的消费量不但会增加，同时还需要具有更好的热稳定性。

抗氧抗腐剂 ZDDP：由于节能和环保的要求，需要内燃机润滑油具有较低的磷含量，所以加大了 ZDDP 替代品的研发力度，但就目前的研究成果来看，还没有成熟的产品投放市场并且在性能上能与 ZDDP 抗衡。预计 ZDDP 的用量短时间内不会下降。

无灰抗氧剂：由于内燃机油中的硫、磷、灰分含量的限制，ZDDP 应用受到了限制，不含硫、磷、灰分的高温抗氧剂如烷基二苯胺类和屏蔽酚型已得到快速发展。

2. 低黏度、多级化、无氯的要求

低黏度、多级化是润滑油未来的发展要求，API Ⅱ⁺、Ⅲ类油、合成油的用量将增加，长效摩擦改进剂的用量也会相应有所增长。润滑油多级化的要求则需要剪切稳定性能好、热稳定性能好的增黏剂。

3.3 国内外环境友好润滑油脂添加剂概况

随着油品性能水平的不断提高以及对环保的日益重视，添加剂日益朝着多功能化、环境友好化的方向发展。环境友好润滑剂是指润滑剂对环境无污染、对人体无危害，要发展环境友好润滑剂，必须开发环境友好基础油和添加剂。环境友好基础油是环境友好润滑剂的基础，必须研制开发生物降解性好、生态毒性低、润滑化学性能优良的环境友好润滑剂基础油。目前的研究表明，植物油、合成酯、合成烃、聚 α-烯烃（PAO）、聚醇等均具有优良的生物降解性能和较低的生态毒性，是发展和应用前景较好的环境友好润滑剂基础油品种，这些类型的基础油已经或正在经历不断的改进以满足机械工况和生态系统的要求。另外，水的来源丰富，本身无毒无味，不存在生物降解的问题，水基润滑剂已在金属加工等领域获得广泛的应用，虽然目前还存在润滑和防锈性能差（与矿物润滑剂相比）、易腐败变质和废液难处理（乳化型水基润滑剂主要由矿物油和添加剂引起，合成型水基润滑剂主要由添加剂引起）等方面的问题，但随着高性能、无毒害、易降解水基润滑添加剂的发展，水作为天然廉价的环境友好润滑剂基础液将会得到更加广泛的应用。其他类型的环境友好润滑剂基础油也有待进一步研究与开发。

润滑剂对环境和健康的污染危害也与添加剂息息相关，因此必须研制和开发与环境友好基础油相配套、综合性能优良的环境友好添加剂。问题的关键是，现今使用的大部分添加剂是针对矿物基础油设计的，从性能及其与基础油的相互作用方式上看，传统添加剂不完全适用于环境友好润滑剂，况且环境友好润滑剂要求添加剂低毒性、低污染、可生物降解，这些因素在传统油品添加剂的分子设计时的考虑是较少的。研究表明，多数传统油品添加剂对基础油降解过程中的活性微生物或酶有危害作用，从而降低基础油的生物降解率，所以研制适用于环境友好润滑剂的添加剂意义重大。目前国外在这类剂上的研究主要采用“基团组合”的方式制取无毒、可生物降解的润滑添加剂，国内在这方面的研究还不够深入。随着时间的不断推移，环境友好润滑剂的研究将会越来越受到重视。

3.4 纳米润滑添加剂

传统润滑油脂仍然占据着当今润滑油脂市场的主导地位，润滑添加剂的性能决定润滑油脂的使用情况，但其在高承载能力、高温及环境友好等方面的应用局限性不容忽视。因此，新型润滑油脂添加剂的研究开发一直是摩擦学工作者研究的重点领域，其中纳米微粒作为润滑油脂添加剂的研究更成为近年来国内外关注的焦点之一。早在20世纪80年代，摩擦学工作者已将纳米微粒作为润滑油添加剂应用于油品中，一些润滑油清净添加剂的碱性组分中往往含有大量的纳米微粒，如纳米碳酸钙、纳米碳酸镁等，并利用纳米微粒来提高添加剂的抗磨损作用。近年来，由于纳米技术的飞速发展，进一步促进了纳米微粒在润滑油脂领域的研究与发展。

3.4.1　纳米金属微粒在润滑油脂中的研究现状

纳米金属微粒作为润滑油添加剂能有效改善润滑油的摩擦学性能，不仅在摩擦实验机上，而且在发动机台架试验机上均得到验证。夏延秋等将10～50nm铜粉、镍粉和铋粉添加到石蜡基基础油中，在环-块磨损试验中发现，石蜡油中加入纳米铜粉或镍粉后，在同等条件下其摩擦系数至少可降低18%，磨痕宽度至少可降低35%，某些情况下甚至可降低50%，同时还发现铜粉与三乙醇胺复合体系能大幅度降低基础油的摩擦磨损。徐建生等用流化床气磨法制备了超细铜粒子原料，并采用相转移处理法分别制备了13nm、17nm、20nm和50nm四种不同粒径的纳米铜，并按5%的比例将其添加到机械润滑油N68中，在环-环接触的XP-摩擦实验机上发现，摩擦系数分别比基础油降低21.9%、54.1%、71.1%和78.3%。进一步的研究还发现，在特定的摩擦学系统条件下，纳米微粒的粒径大小将对润滑剂的摩擦系数产生较大影响，纳米微粒粒径在一定范围内，其润滑效果极其明显。在该试验中，纳米微粒粒径在4～15nm时具有极其优异的摩擦学性能。乔玉林等在往复摩擦磨损试验机上研究了纳米铜对磨损表面的修复试验，发现经3h的摩擦修复试验后，磨损试块的磨损失重出现负增长现象，这表明纳米铜在一定条件下具有很好的修复作用。Tarasov等研究了纳米铜对SAE30油减摩性能的影响。试验发现，在高负荷和高速条件下，纳米铜能显著降低SAE30油的摩擦系数，并发现纳米铜能改变钢摩擦副表面的形貌，摩擦副局部的过热能导致纳米铜通过化学沉积在钢摩擦副优先生成含纳米铜的软表面膜，从而使摩擦系数降低。池俊成等采用单缸柴油发动机进行了加速强化发动机台架试验，结果发现，含纳米铜粉的抗磨修复添加剂在提高气缸的密封性、改善发动机的动力性能方面有明显的改善。含纳米铜的添加剂能够同时实现对不同材质、不同运动形式和不同载荷下的摩擦副的润滑，有效地提高了摩擦副之间的抗磨能力，而且在试验范围内，主轴瓦、铜套、连杆轴颈等部位的磨损接近于零。表面分析显示，在摩擦磨损过程中，含纳米铜粉的添加剂与固体表面相结合，形成一个超光滑的保护层，同时填塞微划痕，使磨损达到一定补偿，在磨损表面形成修复膜，从而具有一定的修复作用。美国密执安州大学用纳米金属添加的润滑油与传统润滑油进行了对比试验，结果表明，添加纳米微粒的润滑油使凸轮轴磨损降低了90%，活塞环磨损降低了50%，表面摩擦和机械磨损也降低了25%（100℃），气缸压力略有增加，油耗降低。

3.4.2　表面改性纳米微粒的研究现状

尽管纳米微粒作为润滑油添加剂能够满足固体颗粒直径必须小于0.5μm的润滑油标准，但大部分纳米颗粒在润滑油中分散稳定性不佳，这极大地限制了其在润滑油中的应用。为了克服纳米微粒的这一缺陷，摩擦学工作者采用表面修饰纳米微粒的方法来提高纳米微粒在润滑油中的分散稳定性。如采用长链有机化合物对纳米颗粒进行表面修饰，由于纳米微粒表面含有大量的不饱和键，因而具有很高的活性，使修饰剂易于通过化学键合的形式在纳米微粒表面形成有机化合物包覆层。有机表面包覆层的存在能有效地阻止纳米微粒的氧化、团聚及对水的吸附，同时由于有机修饰层中脂肪链的疏水作用，使表面修饰纳米微粒在非水介质中具有良好的分散性。目前，用于纳米颗粒表面修饰的有机化合物主要包括有机酸、有机胺、有机硫磷酸、聚异丁烯丁二酰二胺等。其中，含硫-磷-氮有机化合物修饰的纳米颗粒作为润滑油添加剂通常表现出更好的抗磨性能和更高的承载能力，而含O、C元素的有机化合物修饰的纳米颗粒可作为环境友好的润滑油添加剂。陈爽等利用四球摩擦磨损试验机考察了油酸修饰PbO纳米微粒作为润滑油添加剂的摩擦学行为，发现油酸修饰PbO纳米微粒能够较为明显地提高基础油的减摩抗磨能力，当添加质量分数为0.30%时，与基础油相比较，可以使摩擦系数和钢球磨斑直径分别降低30%左右；一些研究者还发现，二烷基二硫代磷酸修饰的PbS、ZnS纳米微粒在液体石蜡油中具有优良的抗磨性能；油酸/PS/TiO_2 表面修饰的纳米微粒在液体石蜡油中不仅具有良好的抗磨性能，而且能显著提高液体石蜡油的失效载荷；在中低负荷下，季铵盐修饰磷钼酸铵［$(NH_4)_3PMo_{12}O_{40}$］。纳米微粒在液体石蜡中具有较好的抗磨性和一定的减摩作用，并可提高液体石蜡的极压负荷；含氮有机物修饰的纳米LaF_3在液体石蜡中具有良好的减摩、抗磨性能及较高的承载能力，在相同试验条件下，其在液体石蜡中的减摩、抗磨性能优于二烷基二硫代磷酸锌。研究者还发现，一些表面修饰的纳米氢氧化物、氧化物和硼酸盐具有优异的摩擦学性能，表面改性纳米微粒的主要作用机理是通过在摩擦副上形成含纳米微粒的沉积膜而起润滑作用。

3.4.3 其他类型纳米微粒的研究现状

张传安等研究发现，纳米金刚石在石蜡油中的含量为0.02%时，磨斑直径最小，抗磨性最好，而摩擦系数则随着纳米金刚石含量的增大而呈逐渐增大的趋势。纳米金刚石在不同油品中都显示了优良的极压抗磨减摩性能，纳米金刚石与磷氮剂复配体系具有协同作用，摩擦表面分析发现，摩擦表面生成含纳米金刚石的表面膜。Xu等用爆炸法合成的纯度为95%纳米金刚石作为润滑油添加剂，研究发现纳米金刚石在摩擦副之间起“微轴承”作用，对摩擦表面具有抛光作用和强化作用，从而使其具有优异的抗磨减摩性能和抗极压性能。张家玺等[38]研究发现，纳米金刚石可以明显改善15W-30润滑油的摩擦学特性，特别是可以明显地降低摩擦系数和提高承载能力。台架摩擦磨损试验结果表明，纳米金刚石作为润滑剂添加剂，可以明显地降低活塞、环缸套的磨损。摩擦表面形成极薄的纳米金刚石固体润滑膜是承载能力提高和摩擦磨损降低的主要原因。俄罗斯V. V. Danilenko利用纳米金刚石作为润滑油添加剂生产了牌号为N-50A磨合润滑剂，专门用于内燃机磨合。该产品可使磨合时间缩短50%～90%，同时可提高磨合质量，节约燃料，延长发动机寿命。若用于精密加工机床的润滑，该油品较普通机床油减少用油50%。乌克兰科学院也研制了类似的润滑剂，牌号为M5-20和M5-21，试验表明：M5-20和M5-21与未加纳米金刚石的润滑剂相比，磨损程度降低41.2%～50.0%，磨合时间缩短33.3%～58.3%，摩擦系数减少

20%～50%。陈金荣等研究发现，当硫代铝酸镍粉末粒径从微米尺度减小到纳米量级时，最大无卡咬负荷可增大69.7%，磨斑直径降低了2/3左右；在室温到500℃的温度范围内，纳米硫代铝酸镍摩擦系数最多可降低70%，而且在整个试验温度范围内，纳米硫代铝酸镍都显示出最佳的减摩作用。Rapoport等合成了具有类似MoS_2结构的WS_2纳米微粒，在环-块磨损试验机上发现添加WS_2纳米微粒可能使摩擦系数降低30%～50%。在栓-盘磨损试验机上发现，在混合润滑条件下，与石蜡油比较，含5% WS_2纳米微粒的摩擦系数由0.02降低到0.014，在试验负荷范围内，含5% WS_2纳米微粒比石蜡油的磨损低，特别是在高负荷下非常显著，如在475N时，含5% WS_2纳米微粒的磨损比石蜡油的磨损降低了83.3%，表面分析发现，在摩擦表面生成含WS_2纳米微粒的薄膜。

第2章 燃料添加剂

第1节 抗爆剂

1.1 概况

能够提高汽油抗爆性能的添加剂，称作抗爆剂。

和柴油发动机不同，汽油发动机必须由火花塞点火实现混合气燃烧，而不是靠混合气的自燃。如果汽油中含有正庚烷之类成分，由于它们非常容易燃烧，常常会在气缸中自燃，产生比混合气正常燃烧时高得多的温度，由此便会产生过强的冲击波，而使发动机震动、发响。这就是爆燃（detonation）现象，又叫爆震，俗称“敲缸”。

爆燃不仅损害发动机，而且会造成汽油的浪费，因此如何提高汽油的抗爆性能，一直是汽车工程领域的重要研究课题。

工程师们首先确定了衡量汽油抗爆性能的几个指标，其中最常用的就是辛烷值(octane number)。之所以叫“辛烷值”，是因为人们发现汽油中一种叫2，2，4-三甲基戊烷（俗称异辛烷）的成分具有很强的抗爆性，于是就把它和正庚烷作为衡量汽油抗爆性能的标准，规定正庚烷的辛烷值为0，而异辛烷的辛烷值为100。有了这样的规定，通过专门的测定机，就可以测出汽油的辛烷值。辛烷值又可以分为研究法辛烷值（research octane number，缩写为RON）和马达法辛烷值（motor octane number，缩写为MON）等。我国现在统一使用RON标定汽油等级，如90号汽油，就是指RON不小于90的汽油；93号汽油则是RON不小于93的汽油，它的抗爆性要优于90号汽油。

然而，从石油直接分馏得到的直馏汽油（主要成分是直链烷烃），其RON非常低，仅为40~60。由重油裂化而成的裂化汽油，由于其中的芳烃含量较高，而芳烃的RON一般要比直链烷烃高，因而其RON要比直馏汽油高一些，但还是低于90。

如何提高汽油的抗爆性？一个很容易想到的办法就是添加一些特殊的化学物质——汽油抗爆剂。第一个在这方面做出了卓越贡献的是美国化学家小托马斯·米基利（Thomas Midgley，1889~1944）。

1918~1920年，米基利先后发现苯和乙醇可以作为抗爆剂，并申请了专利。1921年，米基利发现了另一种优良的抗爆剂——四乙基铅（tetraethyl lead，TEL)。四乙基铅最早由德国人在1854年发现，是一种具有水果气味的油状液体，只要少量加到汽油中，就可以大大提升它的抗爆性能，而且合成容易，价格便宜。1923年，车用含铅汽油在美国上市，并很快在全世界普及。

然而，早在公元前1世纪，古希腊人就知道铅是毒物；今天的医学告诉我们，铅在人体内具有蓄积性，对循环系统、神经系统和消化系统的损害都非常大。1887年，人们又发现，铅对于儿童的危害性更大。到1904年，含铅颜料被发现是导致儿童铅中毒的罪魁祸首。五年之后，法国、比利时和奥地利便率先禁止使用铅白（化学成分是碳酸铅）作为颜料。甚至在车用含铅汽油面世的前一年，美国公共卫生署就已经公开警告含铅燃料具有高毒性；1925年，车用含铅汽油还曾一度被撤下柜台。

到20世纪60年代，这个利弊的判断发生逆转。一方面，环境学家们发现四乙基铅是一种重要的大气污染物，是空气中铅的主要来源；另一方面，人们已经无法忍受越来越严重的空气污染。这就注定了四乙基铅退出历史舞台的命运。20世纪的最后20年，主要发达国家先后实现了汽油的无铅化。我国也于2000年1月1日停止了车用含铅汽油的生产。

与此同时，汽车工程师们也在寻找四乙基铅的替代品。1959年，一种名为MMT的抗爆剂在美国被研制出来了，它和四乙基铅一样，是一种有机金属化合物。不过MMT并没有得到广泛使用，1978年美国就禁止使用（我国现在仍有少量使用）。20世纪70年代，含氧有机化合物得到了人们的重视，先后找到了好几种性能比较优良的抗爆剂，其中应用最广的就是甲基叔丁基醚（methyl tertial-butyl ether，MTBE），于1973年在意大利正式投产。MTBE毒性很低，目前并没有明确可以致癌的证据（IARC归类为第3类），本身又具有高RON（为117），特别是因为分子中含氧，可以有效提高汽油的燃烧效率，减少有毒废气的排放，因而加MTBE的汽油被誉为“清洁汽油”。

但是到了1996年，美国加利福尼亚州圣莫尼卡（Saint Monica）市的两个地区仅因为在地下水中检出了MTBE，就关停了50%的供水设施，最后竟导致美国多个州主动禁止使用MTBE作为抗爆剂。

经过调查发现，圣莫尼卡市地下水中的MTBE，并不是来自汽车，而只是来自一个老旧加油站的泄漏。可以说，这完全是一个偶然事件。所以，尽管要求禁止在全国范围内使用MTBE的呼声在美国喊得震天响，但欧盟和日本却不为所动，至今仍在继续使用MTBE。当然，MTBE相对来说不易自然降解，所以现在欧盟和日本更青睐另一种较容易降解的抗爆剂——乙基叔丁基醚（ethyl tertial-butyl ether，ETBE），它的性能是和MTBE一样优良的。

MTBE的另一种替代品是乙醇。但是乙醇是一种亲水的物质，只要汽油中有少量的水分，乙醇就会大量转移到水中，而使汽油的抗爆性大大下降；而且，无水乙醇本身就具有吸水性，本来不含水的乙醇汽油，只要在空气中暴露，就会因吸水而分层。当时难于解决这个技术瓶颈，所以乙醇汽油没有得到发展，即使是今天，乙醇汽油也不耐久储、久运。乙醇的价格又比汽油昂贵，如果大量使用乙醇汽油，油价势必会上升。因此，尽管使用乙醇汽油在美国的呼声很高。我国已规划在2020年全国全面推广乙醇汽油。

1.2 抗爆剂作用机理

许多国家的学者经过大量研究一致认为：爆震现象是由于汽油混合气中的过氧化物积聚后产生自燃而引起的。汽油发动机在正常燃烧时，火焰传播速度为10～30m/s。火焰从火花塞点燃后均匀向前推进，气缸内压力和温度的变化是均匀有规律的。当使用抗爆性差的汽油时，燃烧的情况就不同了。这时混合气点燃后，火焰前沿未传播到的那部分混合气，在气缸内高温高压的作用下，已生成大量的过氧化物。由于过氧化物自燃点低，当它积聚到一定浓度时，不等火焰前沿传到，就会自行分解，引起混合气爆炸燃烧，使火焰传播速度突然剧增至1500～2500m/s，这种高速的爆炸气体冲击波，就像一个铁锤击在活塞和气缸上，同时发出尖锐的金属敲击声，这就是爆震。

而汽油加入四乙基铅后，由于四乙基铅在200℃时就能分解成游离铅，与氧反应，生成活性不强的氧化物，中断了过氧化物生成的连锁反应，不致于发生过氧化积聚和分解，从而避免了爆震的发生。

在20世纪50年代，含碱金属的有机抗爆剂是作为铅类汽油抗爆剂的助剂或铅的增效剂研制的。一般认为，其作用原理是这类铅增效剂可与在焰前区转化成大颗粒的不活泼的铅氧化物络合或化合物，之后再分解成铅氧化合物的活化态，后者进一步提供抗爆抑制作用。

碱金属羧酸盐或酚盐中的金属与碳原子之间形成的化学键属于离子键。有人认为，其作用机理可能与提高燃料的燃烧速度有关。提高火焰传播速度即缩短火焰从火花塞到末端气体的传播时间，降低了燃烧空气混合气的自燃倾向，因此提高火焰传播速度是控制爆震的有效手段。

1.3 抗爆剂的主要品种

1.3.1 烷基铅型抗爆剂

烷基铅型抗爆剂主要有四乙基铅、四甲基铅，但因含有铅，毒性大，我国在2000年实现了全国汽油的无铅化。

1.3.2 非铅系抗爆剂

1）锰系抗爆剂

乙基公司生产的AK-33X，是甲基环戊烯基三羰基锰（简称MMT），其效果类似四乙基铅，对烷烃基汽油的抗爆效果显著，但是对芳烃基的效果不大。但因成本高，对汽车排气转化净化催化剂堵塞，增加发动机磨损等问题而未能推广。

2）二茂铁

使用时先溶于乙烷和石脑油、甲醇或烷基苯制成的母液而后加入汽油中，对辛烷值的提高有一定帮助，但因燃烧后的氧化铁留在燃烧室里无法引出而增加发动机的磨损及二茂铁的生产成本太高未能推广应用。

3）胺系抗爆剂

胺系抗爆剂对低辛烷值汽油提高辛烷值效果大，对研究法辛烷值的提高作用大，对道路辛烷值的提高作用最小，因而未推广使用。

4）醚系抗爆剂

直到现在还没有开发出无毒而抗爆性和烷基铅相似的理想抗爆剂，只有甲基叔丁基醚（MTBE）效果较好，已为各国所采用。一般加入量3%～20%，可提高辛烷值5～10个单位。

美国标准醇公司已开发出一种生物降解水溶性清洁燃料添加剂，它是直链$C_1 \sim C_8$燃料级醇混合物，辛烷值为128，可代替MTBE用于汽油添加剂，也可作为四乙基铅替代物用于柴油掺混物。如果该产品被用作MTBE的代替品，那么因禁用MTBE而引起甲醇厂过剩的产能即可经过改造转产该产品。美国某研究所现对该产品进行了单独测试，发现该产品抗爆性能优异，对环境无任何毒害作用，是MTBE优异的替代品。专家指出，甲醇工厂经过改造，并采用专利催化剂适当改变一些反应条件，就能生产该产品。醇类用作汽油添加剂由于含有羟基而显示出不良效果，但甲醇、乙醇、丙醇和叔丁醇等低碳醇或其混合物都已用于汽油添加剂。其混合物用作汽油添加剂具有MTBE相似功能，还有价格优势，用作汽油调和剂具有较大的市场潜力。

第2节 十六烷值改进剂

2.1 概况

十六烷值改进剂是一种加入到柴油中，可以提高柴油十六烷值、并对其他油品性质影响较小的油品添加剂。

十六烷值是用以表征柴油着火性能好坏的一种指标，它包含了柴油的物理特性、化学特性和使用特性等。较低的十六烷值将导致发动机点火、燃烧放热的恶化、热效率下降，并带来冷起动困难、工作粗暴和排放恶化等问题。所以，在国家标准中将市售柴油的十六烷值的下限定为45，如果低于此值，则该柴油不能直接用作燃料油。

近年来，随着我国经济建设的发展，柴油需求量越来越大，多产柴油的经济效益也越来越高，因此要求炼厂增加柴油产量成为必然。随着商品柴油中十六烷值较低的催化裂化柴油的调和比例的增加和稠油的开发，以及中间基、环烷基原油的增多，柴油的十六烷值有加速下降的趋势。为解决多产柴油的瓶颈问题，选用合适的十六烷值改进剂成为行之有效的办法。

选择性能优良的十六烷值改进剂，对于改善柴油品质、降低废气排放、减少油耗量，以及提高高标准柴油的产量具有重要意义。

2.2 十六烷值改进剂作用机理

由于燃料组成的复杂性和燃料自燃反应历程的复杂性，迄今为止，对于十六烷值改进剂的作用机理并不是非常清楚，而且对这方面的研究报道也不是很多，现有的文献可以归纳为“放热”机理和“自由基”机理。

有些研究者认为，十六烷值改进剂通过提高燃料的加热速率影响燃烧。Inomata 等认为改进剂在滞燃期发生氧化反应所放出的热是影响十六烷值变化的一个非常重要因素。但是，这种“放热”机理不能解释一些实验现象。如果十六烷值改进剂的作用只是简单地将热量传输给工作系统，那么燃料所表现出的十六烷值增值应该与所加的改进剂的量成正比。事实上，随着改进剂的浓度的增加，十六烷值的增加幅度减小。而且有些计算证明只用热来解释十六烷值改进剂的作用机理是不全面的。

在 20 世纪 40~50 年代，人们研究发现烷基硝酸酯和过氧化物是非常有效的改进剂。硝酸酯和过氧化物能够提高十六烷值，并且这种作用与改进剂在滞燃期经过热分解得到的自由基数目密切相关。有试验证明，在滞燃期自由基对提高燃烧性能有非常重要的作用。这就是所谓的“自由基”机理。

十六烷值改进剂是一些热稳定性相对较差的化合物，在低温时受热可以分解产生活性自由基。这些自由基参与柴油的氧化反应和分解反应，以这些自由基为中心，引发氧化链式反应，从而使得柴油的自燃活化能大大降低，改善了燃料的着火性能。柴油中加入十六烷值改进剂后，由于自由基的参与使得燃料能够在较低的温度下也可以发生氧化反应，并且反应速度加快，使得燃烧滞燃期缩短，表观上提高了燃料的十六烷值。

现以硝酸酯、亚硝酸酯和过氧化物为例，说明十六烷值改进剂的作用机理如下：

硝酸酯、亚硝酸酯　$RONO_x \rightarrow RO\cdot + NO_x$

过氧化物　$ROOR \rightarrow 2RO\cdot$

$RO\cdot \rightarrow R'$ +醛或酮

$R'\cdot + O_2 \rightarrow R'OO\cdot$

另有研究表明，硝酸酯与过氧化物的作用机理并不完全相同，两者都可以改善一般柴油的着火性能。但对于低硫、低氮的燃料，加入硝酸酯可以缩短滞燃期，而加入过氧化物，燃料的十六烷值基本没有变化。这主要是因为过氧化物主要是通过抑制燃料中阻化剂的反应终止作用，使得燃烧进行得更完全，提高发动机的效率，而硝酸酯则不是。在低硫、低氮的燃料中阻化剂的含量较少，因此过氧化物的作用效果不好。

十六烷值改进剂的添加效果与十六烷值改进剂分解生成的自由基的结构、数目有关。因此，十六烷值改进剂的碳链和取代基的种类都会影响十六烷值的提高程度。一般来说，生成的自由基的主链越长，支链和取代基越少，十六烷值的改进效果越好。对于主链相同、取代基不同的自由基而言，在与 O_2 发生加成反应时，吉布斯自由能减少得越多，改进剂对柴油十六烷值的改进效果越好。

2.3　十六烷值改进剂的主要品种

十六烷值改进剂的结构种类非常繁多，十六烷值改进剂的主要类型有硝酸酯化合物、有机过氧化物、有机硫化合物、二硝基化合物、醚类、脂肪酸衍生物等。

2.3.1　硝酸酯化合物

硝酸酯类与其他的改进剂相比，添加效果要好一些，因而得到迅速发展。但这种改进剂含有较多的氮元素，使得排放物中的 NO_x 含量增加，污染环境，因此这类改进剂的应用也面临着新的问题。硝酸酯类改进剂主要包括烷基硝酸酯、多硝酸酯、含有官能团的硝酸酯、杂环化合物（例如二氧杂环乙烷类）硝酸酯等。大都属于易爆品，生产、运输和贮存都非常危险，常与稳定剂一起使用，稳定剂一般为胺类。

烷基硝酸酯是一种传统的十六烷值改进剂，它的易爆性与其分子量成反比。这类硝酸酯的添加效果好、价格低，其中2-乙基已基硝酸酯已经作为一种经济型十六烷值改进剂使用了许多年，在市场上占主导地位。

由于多硝酸酯热分解可以得到更多的自由基，因此能更好地提高燃烧效率。相同剂量的多硝酸酯比单硝酸酯能多提高 2 ~ 5 个单位的十六烷值。

但多硝酸酯的安定性非常差，如甘油三硝酸酯、乙二醇二硝酸酯等对热和撞击都非常敏感。

一些聚合物的多硝酸酯，如聚乙二醇硝酸酯［$O_2NO(CHCHO)_nNO_2$］，与稳定剂一起使用，不但能很好地提高十六烷值，而且能够安全运输与贮存。

杂环化合物硝酸酯的种类也很多，其中的杂环化合物包括四氢呋喃、四氢吡喃、哌啶、吗啉等。这类硝酸酯的添加效果也很好，例如3-硝酸酯四氢呋喃的添加效果比异辛基硝酸酯好，柴油的 CN 增值与添加量基本呈线性关系。

带硝基的硝酸酯的添加效果也很好，但是安定性较差。

2.3.2　有机过氧化物

有机过氧化物比硝酸酯类价格稍贵，本身具有爆炸性，生产和运输费用高，没有得到广泛的应用。但有机过氧化物不含氮，可减少 NO_x 排放。这类化合物中含有较多的氧元素，分解活化能低，能更好地提高燃料本身的氧化反应。其中包括烷基过氧化物、环烷基过氧化物、二过氧化物、过酸酯类等，添加量低，效果好。最常用的是二叔丁基过氧化物，其十六烷值改进效果接近于2-乙基已基硝酸酯，但二叔丁基过氧化物闪点低，易挥发，危险系数高。

近几年研究发现一种新的过氧化物，它的添加效果可以与二叔丁基过氧化物相媲美。

1）有机硫化合物

在已经研究过的有机硫化合物中，只有二硫化合物和多硫化合物对于提高柴油的十六烷值有作用，其他的硫化合物对柴油的十六烷值没有改进效果。但燃料中的硫含量受到严格的限制，有机硫化合物分解燃烧会形成 SO_x，污染发动机内的润滑油，还会形成硫酸，破坏抗磨剂的使用性能，而且 SO_x 还会转变为硫酸盐，增加尾气中的微粒量，造成对环境的污染，因此，这类添加剂的应用前景不大。

2）醚类化合物

最早的时候，人们将丁醚、戊醚、二乙二醇单丁醚等以柴油的50%～100%（体积分数）的剂量添加到柴油中，这样醚类本身就作为燃料，但价格比较昂贵。后来相继发现烷基或环烷基醚类、环醚类、含有二烷氧基烷类的醚类等是十六烷值改进效果比较好的改进剂。此种改进剂与传统柴油的混溶性好，一般可高达90%，但添加量较大。

最近，文献报道了一种新的醚类（$RO(CH_2O)_mR$，$m=2\sim6$，R 为 C_nH_{2n+1} 烷基链，$n=1\sim10$），它的添加量一般在1%（质量分数）以上，可以由甲醛和醇或者二烷氧基甲烷在催化剂作用下合成制得，即

$$2ROH + mCH_2O \rightarrow RO(CH_2O)_mR + H_2O$$

$$RO(CH_2O)_mR + (m-1)CH_2O \rightarrow RO(CH_2O)_{2m-1}R$$

3）二硝基化合物

单硝基化合物的十六烷值改进作用非常小，甚至会降低十六烷值，而二硝基化合物的改进效果很好，但在结构上要求两个硝基必须在同一个碳上。

此类化合物包括烷基、环烷基和芳基二硝基化合物，其中环烷基类改进效果最好，芳基类最差。烷基二硝基化合物的添加效果也很好，特别是2，2-二硝基丙烷，在添加剂量为0.5%（质量分数）时，十六烷值就会提高9.9个单位。环烷基类与烷基类相比，安定性好，并且与柴油的混溶性较好，是比较好的改进剂。但这种改进剂中氮含量比较高，燃烧时会产生更多的 NO_x，造成对环境的污染。

4）脂肪酸的衍生物

近年来，在使用植物油产品作为柴油的替代品的同时，开始使用天然植物油作为合成十六烷值改进剂的原料，并且开始研制一些脂肪酸衍生物作为有效的十六烷值改进剂。

现在报道最多的是由脂肪酸合成的相应硝酸酯。由植物油经过不同的加工方法得到的硝酸酯具有不同的优缺点，添加效果也有所不同。例如 $C_8\sim C_{18}$ 的脂肪酸乙二醇硝酸酯［$RCOO(CH_2CH_2O)NO_2$］具有较好的添加效果，而且与硝酸酯化合物相比，其氮含量小，有利于改善 NO_x 的污染。但若大规模生产这种改进剂，必须克服生产工艺上的许多困难，因此目前尚未商品化。

除硝酸酯衍生物外，其他的衍生物还有伯胺类、叔胺类、酰胺类、醇类、醋酸酯类等，也具有十六烷值改进作用。研究证明，伯胺类、叔胺类和酰胺类是其中比较有效的十六烷值改进剂，但目前相关的报道并不多。

5）其他类型化合物

近期有文献报道，将β-胡萝卜素在惰性气体保护下溶于甲苯，再在此溶液中添加烷基硝酸酯（占溶液体积的1/4）得到混合物的十六烷值改进效果也很好。另外，由植物材料和烯烃作原料合成的物质经分离得到的乙酰丙酸酯和甲酸酯的混合物可作为有效的十六烷值改进基团。

除了以上介绍的几种化合物外，还有偶氮化合物、叠氮化合物、草酸酯、亚硝酸酯、二硫代氨基甲酸盐、磺酰胺、β-硝基烯烃、砜、亚砜、醛、酮、胺、肼等都可作为十六烷值改进剂。

第3节　防冰剂

3.1　概况

可防止轻质燃料（如喷气燃料）中微量溶解水在低温下析出产生冰晶及防止燃料系统结冰的添加剂称为防冰剂。

燃料是多种烃类的混合物，含有微量的溶解水，一般在百万分之几十的范围内变化。燃料过冷或水过饱和，可使燃料中的溶解水析出形成乳化水，使燃料浑浊，或者积累成游离水沉积于容器的底部，当温度下降到0℃以下时，会在燃料中产生不同形状的结晶冰。

燃料在低温下产生的冰结晶可能堵塞飞机发动机的输油系统，引起供油中断，使发动机出现故障甚至空中熄火，造成严重的飞行事故。

3.2　防冰剂的作用机理

作为轻质燃料的防冰剂要既能溶于水又能溶于燃料，与水不同比例的溶液冰点要低。此外，要求低温油溶性好、易于燃烧、沸点应与燃料馏分相近，并在加入燃料后对燃料的理化指标和使用性能无有害影响。

防冰剂之所以能够降低轻质燃料的冰点，原因在于：

（1）防冰剂具有很好的亲水性。在轻质燃料中其自身的羟基可与燃料中的水分子形成氢键缔合，又由于防冰剂属于醇醚类化合物，冰点很低，因而强有力地降低了燃料中水的结冰点和抑制冰晶的形成。

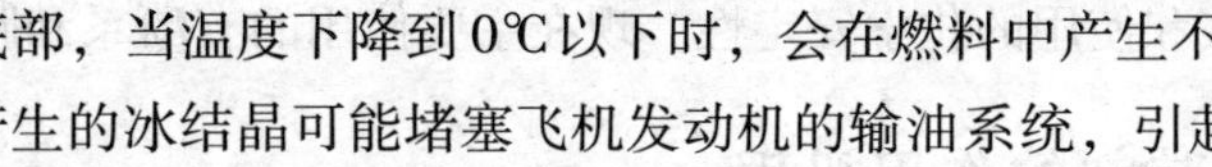

$$\cdots H\cdots O\cdots H\cdots O\cdots\cdots H\cdots O\cdots H\cdots O\cdots\cdots\cdots H\cdots\cdots O\cdots$$
$$\text{(O–H)}\quad \text{O–}CH_2CH_2\quad \text{O–}OCH_3\quad \text{O–}NCH_2CH_2OCH_3H$$

（2）防冰剂的油溶性有限，在水中的溶解度比在燃料中的溶解度大得多，它与水构成不定比例的混合液（液珠）具有很低的结晶点，从而使燃料中的水不易结成冰霜。

(3) 防冰剂还能防止在储油容器的自由空间器壁上生成冰晶。这是因为加有防冰剂的轻质燃料在储油器中的呼吸作用，呼出的是防冰剂和水的“混合气”。这种“混合气”遇冷在器壁上凝集成液状物冰点很低，因而不以冰霜状态凝集在容器内表面和呼吸口，从而起到了“气相防冰”的作用。

3.3 防冰剂的主要品种

可作为轻质燃料防冰剂的化合物很多，但目前国内外通常采用醇醚类化合物作为防冰添加剂，如乙二醇乙醚、二乙二醇乙醚、乙二醇甲醚、二乙二醇甲醚、异丙醇、乙二醇等。

第4节 抗氧防胶剂

4.1 概况

抗氧防胶剂也称抗氧化添加剂，主要对石油产品中的不安定化学组分的自动氧化反应起抑制作用。它常用于航空汽油、喷气燃料、车用汽油，有时也用在工业汽油和灯用煤油或轻柴油和溶剂油等轻质油品及电气绝缘油和某些润滑油或橡胶、塑料等石化产品中，以提高燃用油等的储藏和使用的化学安定性。现在主要使用的有酚系和胺系抗氧防胶剂。

4.2 抗氧防胶剂的作用机理

燃料油的氧化经历的是自由基反应历程。酚型和胺型抗氧防胶剂的抗氧防胶作用机理为终止燃料油氧化过程中的链反应。这种抗氧剂同传递的链锁载体反应，使其变成不活泼的物质，起到终止氧化反应的作用。用 RO· 及 ROO· 表示链锁载体，用 AH 表示抗氧剂分子，其反应过程为：

$$\left.\begin{array}{r} RO\cdot + AH \\ ROO\cdot + AH \end{array}\right\}\text{不活泼物质}$$

4.3 抗氧防胶剂的主要品种

(1) 亚苯基二胺系：*N*，*N′*-二异丙基对苯二胺、*N*，*N′*-二仲丁基对苯二胺

(2) 烷基酚系：2，6-二叔丁基-4-甲酚、2，4-二甲基-6-叔丁基酚、2，6-二叔丁基酚。我国目前主要使用的是：对羟基二苯胺和2，6-二叔丁基对甲酚。

第5节　防静电剂

5.1　概况

防静电剂加入燃料中提高其电导率，使其不能积聚危险的静电，且又不影响该物体其他性能的添加剂。绝对纯净的有机液体一般由于没有离子不易起电，但石油产品在炼制和输送过程中不可避免的带进杂质（如有机金属盐、氧化产物、沥青质等），其浓度只要达到10^{-9}就可以严重起电。当油品通过管壁、微孔过滤器时，油中一种符号的离子（如正离子）吸附在管壁，而与其平衡的负离子就留在液体内。当液体流动时，正电通过接地导走，而液体中的负电荷随着液流进入储存油罐，这种带电的流动液体就可以看作电流一样，其强度有时虽只有1μA，但也足以建立起电场而发生火花放电。

5.2　防静电剂的作用机理

防静电剂自身没有自由活动的电子，属于表面活性剂范畴，它通过离子化基团或极性基团的离子传导或吸湿作用，构成泄漏电荷通道，达到抗静电的目的。

防静电剂按照使用方式可分为外部防静电剂和内部防静电剂两大类。外部防静电剂是将防静电剂以一定浓度溶于醇或醇-醇混合溶液中，对物体表面进行涂覆或浸渍，经过烘干或晾干防静电剂牢固地结合在物体表面。内部防静电剂是在物质加工前或加工中加入的，其分子分散在聚合物分子之间，表面的防静电剂损失后，能及时迁移到物体表面，使其保持持久的防静电效果。

防静电剂除具有防止带静电的性能外还要具备下列性能：

（1）不致在有水时，发生加水分解或被水溶解而从水中除掉；

（2）不致使水可溶化或乳化；

（3）长期安定而不失去防带静电的效果；

（4）低温下油溶解性好；

（5）燃烧后灰分少而不产生有害气体；

（6）对皮肤无刺激性及毒性；

（7）与其他添加剂共用无妨碍。

5.3　防静电剂的主要品种

5.3.1　阳离子表面活性剂型

阳离子型防静电剂主要包括铵盐、季铵盐、烷基氨基酸盐等。其中季铵盐最为重要，抗静电性能优良，对高分子材料有较强的附着力，广泛用作纤维和塑料的抗静电剂。但是，有些季铵盐化合物热稳定性差，具有一定的毒性和刺激性，并且与某些着色剂和荧光增白剂反应，作为内部抗静电剂使用受到限制。

5.3.2　阴离子表面活性剂型

在这类防静电剂中，分子的活性部分是阴离子，其中包括烷基磺酸盐、硫酸盐、磷酸衍生物、高级脂肪酸盐、羧酸盐及聚合型阴离子防静电剂等。其阳离子部分多为碱金属或碱土金属的离子、铵、有机胺、氨基醇等，广泛用于化纤油剂、油品等的抗静电剂。

5.3.3　非离子表面活性剂型

这类防静电剂分子本身不带电荷而且极性很小。通常非离子型防静电剂具有一个较长的亲油基，与树脂有良好的相容性。同时非离子型防静电剂毒性低，具有良好的加工性和热稳定性，是合成材料理想的内部抗静电剂。主要有聚乙二醇酯或醚类、多元醇脂肪酸酯、脂肪酸烷醇酰胺、脂肪胺乙氧基醚等化合物。此类化合物分子中，烷基链长以及极性基团的数量，对发挥最佳抗静电效果至关重要。

5.3.4　两性表面活性剂型

从广义上看两性型防静电剂是指在防静电剂分子结构中同时具有两种或两种以上离子性质的防静电剂。通常，两性防静电剂主要是指在分子结构中同时具有阴离子亲水基和阳离子亲水基这样一类的离子型抗静电剂。分子结构中的亲水基在水溶液中产生电离，在某些介质中表现为阴离子表面活性剂特征，而在另一些介质中又表现为阳离子表面活性剂特征。此类抗静电剂与高分子材料有良好的相容性、配伍性，以及较好的耐热性，是一类性能优良的内部抗静电剂。

具有两性型离子的化合物很多，但作为抗静电剂使用的主要有季铵羧酸内盐、咪唑啉金属盐等。

第 6 节　抗磨剂

6.1　概况

抗磨剂是一种加入燃料油（低硫柴油）中能降低发动机燃料泵、喷嘴等装置磨损的添加剂。

硫是增加柴油发动机排放物中 CH、CO，特别是可吸入颗粒物（PM）的最有害元素，所以降低柴油中硫含量对改善大气污染尤为重要。随着世界各国对环保问题的日益重视，生产高质量的清洁柴油已成为现代炼油工业的发展方向。这种柴油硫含量低，芳烃含量低，十六烷值高，馏分轻。

但由于低硫柴油生产中普遍采用了苛刻的加氢脱硫工艺，柴油中含氧、含氮化合物以及多环、双环芳烃的含量也随之降低，降低了柴油的自然润滑性能。通常，汽车柴油发动机燃料泵系统是依赖柴油润滑的，而低硫柴油的生产在除去大量硫化物的同时，也除去了柴油中大量具有抗磨作用的杂质。因此，美国、瑞典等早期使用低硫柴油的国家都发生过大规模燃料泵黏着磨损和燃料泵性能下降的事故。

向低硫柴油中加入润滑性添加剂即抗磨剂是最简便，也是目前广泛采用的改善柴油润滑性的方法。现有的添加剂中，含硫减磨剂，因其本身含硫而不适用于低硫柴油；含磷减磨剂则易影响尾气处理装置，副作用大；喷气燃料所用的脂肪酸抗磨剂由于与润滑油的相容性不好，也不能应用于低硫柴油。因此，非酸性的化合物，例如脂肪酸衍生物则成为研究的重点。

6.2　抗磨剂的作用机理

抗磨剂的作用机理是抗磨添加剂在摩擦表面吸附，在摩擦热的作用下，添加剂中的活性元素与摩擦表面发生化学反应，生成剪切强度低、耐磨性能好的摩擦化学反应膜，从而起到良好的润滑作用。

6.3　抗磨剂的主要品种

世界各大石油公司和添加剂公司从20世纪90年代初就开始柴油抗磨剂的研制开发，目前已经商品化的抗磨添加剂主要有Infineum R655（Infineum）、LZ539M（Lubrizol）、HiTEC 4140，HiTEC 4142（Afton）、Dodi-lube 4940（Clariant）、Kerokorr（r）LA 300，Kerokorr（r）LA 99C（BASF）等。这些抗磨剂的主剂大多为脂肪酸的各种衍生物，如脂肪酸酯、酰胺或盐等。

第7节　流动改进剂

7.1　概况

能降低燃料（柴油）的倾点和低温过滤性能的添加剂称为流动改进剂。

目前市场上销售的柴油是各种组分按不同比例混合而成的。常用的组分有：直馏柴油、热裂化柴油、催化裂化柴油、焦化柴油等。各组分的比例不同，混合油的物理、化学性质也不尽相同。但是，它们都含有分子量相对较大的普通链烷烃——石蜡。

柴油机在工作时，柴油经过粗细滤清器，由高压油泵把燃料通过喷油嘴喷入气缸。通常，柴油中含有15%～30%的正构烷烃。在冬季，柴油中分子量较大的正构烷烃以蜡晶体形式析出，堵塞导管和滤清器，导致柴油机供油系统瘫痪。柴油在低温下的流动性能不仅关系到柴油机燃料供油系统在低温下能否正常供油，而且与柴油在低温下的储存和运输等作业能否进行有密切的关系。

随着柴油的炼制趋于重质化、高产率以及宽馏分化，柴油的沸程变得越来越高，它的凝点也越来越高。为了使柴油的凝点保持在柴油机用油的标准限值内，必须采取一定的措施，来降低柴油的凝点，改善柴油的低温流动性。

目前普遍采用的一种方法，是向柴油中加入低温流动改进剂。加入低温流动改进剂改善柴油的低温流动性能，其成本低、操作方便。该方法已成为解决柴油低温流动性能的首选方法，并且在工业上得到广泛应用。

7.2　流动改进剂的作用机理

改进剂是一种高分子有机聚合物，不同型号的改进剂分子量也不相同，一般在2000以上。在柴油中加入改进剂之后，当温度降低时，能与柴油中的石蜡发生共晶作用，使石蜡结晶变得比较细小。改进剂能够吸附在蜡的表面，干扰石蜡结晶的成长。因为改进剂能够与柴油中的石蜡发生共晶作用和吸附作用，改变了石蜡结晶的取向性，减弱了蜡晶间的吸引力，所以柴油的低温流动性得到改善。

改善柴油低温流动性的改进剂包括：降浊剂、降凝剂、冷滤点改进剂和抗蜡沉降剂。

（1）降浊剂　降低柴油中开始析蜡的温度，即降低浊点。柴油降浊剂一般含较长的烷基链（油溶性）及较强的极性基团，对浊点以下高碳数烷烃所形成的蜡结晶具有增溶作用，因而可降低浊点；对进一步形成的蜡结晶具有屏蔽作用，防止蜡结晶之间的粘结、长大，使蜡晶变得细小，从而降低柴油的冷滤点及凝点。

该剂价格一般都高于其他流动改进剂，但因炼油厂操作上的调整而节省的费用要远远超过因使用降浊剂而增加的费用，所以该剂仍得到应用。

（2）降凝剂　又称倾点抑制剂或蜡晶调节剂，其对蜡晶体的作用机理可解释为蜡晶成长阻抑机理。它对结晶出来的石蜡数量与晶格没有影响，只影响晶体外形与大小，使之不形成针形和小薄片形。添加降凝剂可使蜡晶大小由60μm减小到10μm左右。

（3）冷滤点改进剂　冷滤点改进剂又称蜡晶分散剂，这类添加剂一般具有含氮或其他强极性原子的极性基团，其作用机理可解释为成核机理。柴油中添加此类改进剂可将蜡晶大小由60μm减小到10μm左右，蜡晶结构也将发生改变，由斜方体变为六方体。

这类添加剂多与降凝剂复配使用，使蜡晶变得更加细小，进一步改善低温流动性。

（4）抗蜡沉降剂　可使油品中蜡晶体均匀分散，以解决油品长期贮存和运输中蜡沉降的问题。在油品中，体积小、结构紧的蜡晶体往往会沉积在罐底，这些蜡块会引起设备的启动问题（或根本无法启动），而使用抗蜡沉降剂可避免此类情况的发生。一般蜡晶分散剂同时具有抗蜡沉积作用。

7.3 流动改进剂的主要品种

用作改善柴油低温流动性的化合物种类繁多，按照低温流动改进剂与柴油中结晶蜡作用方式的不同，大致可将其分为以下几类。

7.3.1 具有乙烯骨架、靠乙烯主链与蜡作用的聚合物

这类聚合物是一类具有乙烯聚合链结晶相和极性链段非结晶相（如 EVA 中醋酸乙烯酯链段）的聚合物。它利用聚合物主链上与蜡相似的具有锯齿形结晶结构的聚乙烯链段与蜡发生共晶作用，极性链段起到降低聚乙烯的结晶度、降低熔点、增加油溶性和抑制石蜡结晶生长的作用。在这类聚合物中，合理的乙烯平均序列长度对降凝度与冷滤点降低影响很大。该类聚合物分为均聚物和共聚物，如乙烯－醋酸乙烯酯共聚物（EVA）。

EVA 是目前使用最广、效果较好的柴油低温流动改进剂。用作柴油低温流动改进剂的 EVA，相对分子质量一般为 2000 左右，醋酸乙烯酯含量 30%~40% 左右。该共聚物可单独使用，也可与其他聚合物或小分子极性化合物复配使用，或将具有不同分子量和醋酸乙烯酯浓度的 EVA 复配使用，来改善柴油的低温流动性。

7.3.2 具有梳形结构、靠长侧链烷基与蜡形成共晶的聚合物

在这类聚合物中，长链烷基是直接连接在主链上或通过氧或其他原子连接在主链上。温度降低时，聚合物将借助侧链烷基与蜡晶体边缘结合形成共晶，抑制其向平面方向生长，破坏石蜡的结晶行为和取向性。聚合物的主链和极性基团将起到屏蔽和分散作用，抑制蜡晶的增长，改善柴油的低温流动性。这类聚合物又可细分为以下几类。

（1）（甲基）丙烯酸酯类均聚物及共聚物　是一类被广泛应用的降凝剂，其对柴油的降凝效果与聚合物中酯的组成和酯基侧链平均碳数有关。

（2）富马酸酯（马来酸酯）类聚合物　是一类应用较为广泛的产品，市场上的 Paradyne 80、Paradyne 85、Keroflux M 均属此类。这类共聚物单独使用或与具有乙烯骨架的聚合物或极性含氮类添加剂复配使用，对于具有窄馏程、终馏点较高的中间馏分油可起到降低浊点和冷滤点，改善低温流动性的作用。

（3）α-烯烃均聚或共聚物　这类聚合物中长侧链烷基直接连接在聚合物主链上，有单一 α-烯烃的均聚物、具有不同烷基链长度的均聚物的混合物。α-烯烃的共聚物及 α-烯烃与其他单体进行共聚的产物，均可用作柴油的低温流动改进剂。其中混合 α-烯烃与其他单体的共聚物应用广泛。

7.3.3 极性含氮类化合物

极性含氮类化合物主要为烃基二羧酸酰胺/铵盐型。此类化合物多作为蜡晶分散剂或抗蜡沉降剂，与其他降凝剂（主要为 EVA 型）复配使用，可改善柴油的低温过滤性。国外许多大公司如 Exxon、Mobil、BASF 公司等都在对此类添加剂进行研制。

第 8 节　清净分散剂

8.1　概况

清净分散剂能把机械部位上的积炭等污物清洗下来，并使积炭均匀地分布在油中，并抑制或减少沉积物的生成，使发动机内部清洁，同时还能将油泥和颗粒分散于油中，另外还能中和油中的酸性物质。

汽车在给人们生活带来方便的同时，也给人类的生活环境造成了很大的威胁，汽车排放的有害物质已成为世界各大城市大气污染的来源的一部分。近年来，随着科技进步和环保压力增大，世界上新型电喷嘴汽车正在逐步取代原有的化油器式发动机汽车。这种技术在提高汽车发动机转速和功率、减少污染和节省燃料等方面表现出了较大的优越性，但也带来了一定的问题。由于发动机喷嘴对沉积物极其敏感，容易堵塞，长期使用会使进气阀表面沉积物堆积，引起发动机驱动性变差、油耗增加，尤其是造成尾气排放恶化。

随着全世界范围内使用清洁燃料呼声的日益高涨，各国对汽油的标准也日趋苛刻。围绕清洁汽油的生产，各大炼油厂纷纷采用了降烯烃催化裂化、烷基化、异构化等生产工艺，但是从目前的实际情况来看，在汽油中添加清净分散剂不失为解决这一问题的一个极其有效且可能是更快、更经济改善汽油质量、降低汽车排放污染的措施。汽油清净分散剂在一些发达国家使用已比较普遍，如美国、日本规定优质汽油中必须添加汽油清净分散剂。随着我国经济与世界接轨，早在 1998 年 12 月原国家环保总局向全国下发的“关于对《车用汽油有害物质控制标准》征求意见的通知”中，明确表示汽油中必须加入清净分散剂。因此，使用汽油清净分散剂，以降低汽车排放污染、改善城市环境已成大势所趋。经过十几年的发展和国家标准的建立，我国汽油清净剂的产品技术已达到世界先进水平。目前，全国市场已基本成熟，汽油清净剂已经得到了广泛应用。

8.2　清净分散剂的作用机理

汽油清净分散剂，从结构上看是表面活性剂，它是由极性基团和非极性（油溶性）基团两部分组成的。在极性基团中有氨基、酰氨基、羧基、羟基、膦基及有机硅等。在油溶性基团中有烷基、低分子烯烃聚合物和芳基。

清净分散剂的类型，可分为常规胺型和聚合型清净分散剂。由于聚合型清净分散剂在高温下有好的热稳定性，因此已取代了常规胺型清净分散剂。

清净分散剂能够把沉积物前驱体包围，使它们不能进一步聚集，被清净剂分散包围着的这些前驱体随汽油到燃烧室燃烧分解。清净分散剂也能够在金属表面形成保护膜，从而防止沉积物前驱体沉积在金属表面。

汽油清净分散剂是一种具有清洁、保洁、抗氧、破乳化和防锈性能的多功能汽油添加剂。

(1) 清洁功能 对节气门、化油器已生成的积炭具有清洗功能，消除由于积炭而引起的汽车怠速不稳、加速供油不畅、油耗增高、尾气排放恶化等现象。

对电喷车的燃油喷嘴具有清洗功能。能够恢复由于喷嘴堵塞引起的供油不畅、油耗增加、动力性能下降、尾气排放恶化等问题。

对电喷车的进气阀具有清洗功能。消除了由于进气阀沉积物引起的阀杆粘结、阀门密封不严、气缸工作压力下降、燃烧不完全和排放恶化等问题。

(2) 保洁功能 对化油器燃油系统，对电喷车喷嘴、进气阀具有保持清洁的功能，确保汽车行驶50000km免拆化油器，尾气排放不恶化。对电喷车，确保行驶50000km喷嘴无堵塞，喷嘴、进气阀、行驶80000km不拆洗，尾气排放不恶化。

(3) 抗乳化作用 防止油水乳化，防止将水分带入进气系统及燃烧室中，造成腐蚀及影响发动机的正常运转。

(4) 防锈性能 防止输油管路内部及车辆油路系统腐蚀。

8.3 清净分散剂的主要品种

从时间上来看，汽油清净分散剂可分为4个阶段。第一代汽油清净分散剂是1954年由Chevron公司推出的，主要解决了汽车化油器的积炭问题，其代表性化合物是普通胺类(如分子量为300~400的氨基酰胺)；第二代汽油清净分散剂是1968年美国的Lubrizol公司在第一代汽油清净分散剂的基础上开发的，主要解决了喷嘴堵塞的问题，其代表性化合物是聚异丁烯琥珀酰亚胺；第三代汽油清净分散剂是一种集清净、分散、抗氧、防锈、破乳多种功能为一体的复合添加剂，它是20世纪80年代中期出现的，不仅解决了化油器、喷嘴和进气阀积炭问题，而且能有效抑制燃油系统内部生成沉积物，迅速清除燃油系统已经生成的沉积物；第四代汽油清净分散剂是针对无铅汽油的使用而问世的，目的是进一步解决汽油燃烧室内沉积物问题，其代表性结构是1980年以来Chevron—BASF等公司开发的一系列聚醚胺型汽油清净分散剂。

汽油清净分散剂按其化学结构大致可分为两类：小分子胺类和低聚物胺类。小分子胺类为应用最早的清净分散剂，如单丁二酰亚胺、双丁二酰亚胺、*N*-苯硬酯酰胺等。低聚物胺类包括烷基胺化物类、Mannich反应产物类、异氰酸酯类衍生物、酸酯类和醚醇类等。烷基胺化物类中最常用的是聚异丁烯琥珀酰亚胺类。Mannich反应产物类是近年来Texaco公司、BP公司等利用琥珀酰亚胺与烷基酚在甲醛溶液中发生Mannich反应的产物；异氰酸酯类衍生物为近年来出现的一类高效清净分散剂，如日本专利介绍用异氰酸酯与聚醚及胺进行聚加成反应生成的*N*-取代氨基甲酸酯化合物，以及天津大学合成的脲基氨基甲酸酯清净分散剂。酸酯类和醚醇类主要有Shell公司利用聚异丁烯丁二酸酐与烷基聚醚醇反应的产物和Texaco公司利用内酯和烷基取代的苯氧基聚乙二醇胺反应的产物。

以聚异丁烯为烷基取代基的曼尼希缩合产物是一种多效、性能优异的燃油清净剂。一般采用聚异丁烯、苯酚、甲醛、多烯多胺为原料进行合成。但常规曼尼希缩合产物具有增加 CCD（燃烧室沉积物）生成的倾向，且生成量与其热稳定性有关，所以开发低分子量、分子量分布小的聚异丁烯以及小胺基基团的曼尼希类清净剂，并且选用聚醚胺、聚醚多元醇、醇胺等物质作为载体油将会具有良好的效果。

第 9 节　金属钝化剂

9.1　概况

金属钝化剂是指能抑制金属及其化合物对石油产品氧化起催化作用的添加剂。

汽油、煤油、柴油等燃料在泵送、储运过程中及在发动机燃料系统中会接触多种金属，如铜、铁、铅等。这些金属离子是过氧化物的分解剂，为氧化链提供了恒定的自由基来源。例如，铜离子分解过氧化物反应如下：

$$ROOH + Cu^{+} \longrightarrow RO\cdot + HO\cdot + Cu^{++}$$

$$ROOH + Cu^{++} \longrightarrow ROO\cdot + H^{+} + Cu^{+}$$

$$即\ 2ROOH \longrightarrow RO\cdot + ROO\cdot + H_2O$$

从而会加速燃料的氧化，生成胶质沉淀。金属钝化剂与金属作用，生成一种螯合物，使金属离子失去原有的活性。因此，在燃料中同时使用抗氧防胶剂和金属钝化剂，是保证含烯烃燃料不易变质的最有效方法。

9.2　金属钝化剂的作用机理

金属钝化剂的分子中一般含有氮、氧、硫等单独存在的原子，或同时存在羟基、羧基、酰胺基等官能团，因此具有多官能团的特点。

这类化合物能与金属形成热稳定性高的络合物，从而使金属离子失去活性。例如 *N*，*N* –双（邻羟基苯次甲基）乙二酰基二肼，分子中的羟基首先与铜盐结合形成一种可溶性的络合物，进而酰胺基中氮原子又与铜离子配位形成一种类似聚合物的不溶性络合物：

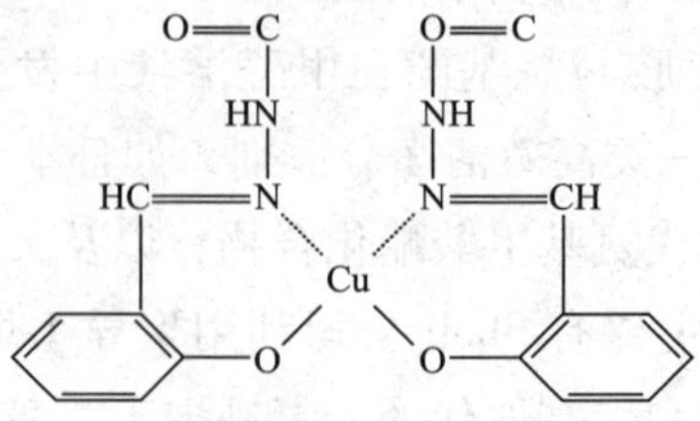

9.3 金属钝化剂的主要品种

金属钝化剂的主要品种有 *N*，*N′*-二亚水杨基-1，2-丙基二胺、*N*，*N′*-二亚水杨基-1，2-丁基二胺、卵磷脂、柠檬酸、苯三唑衍生物、噻二唑衍生物、三聚氰胺、苯并三唑、8-羟基喹啉、腙和肼基三嗪的酰氯化衍生物、氨基三唑及其酰基化衍生物、苄基膦酸的镍盐、吡啶硫酸锡化合物、硫联双酚的亚磷酸酯等。

第10节 助燃剂

10.1 概况

能改善燃油燃烧性能、促进燃油完全燃烧的添加剂，称为助燃剂。

目前，我国燃料动力机械普遍存在耗油量大、燃烧热效率低、排污严重等问题，必须开发新的节能技术，充分利用作为主能源材料的矿物燃料，以达到节能环保的目的。因此各国都在研制新的节能降污方法，经过多方实践证明，在燃油中加入助燃添加剂，是一项重要的节能及减少尾气污染的途径。

10.2 助燃剂的作用机理

燃油助燃剂的作用机理因其类型不同而异。有灰型助燃剂主要通过金属效应和配位基效应达到助燃效果。

10.2.1 金属效应

金属效应指出了金属的种类与消烟助燃效应之间的关系。研究表明，并非所有的金属都有明显的消烟助燃剂作用。效果较好的金属主要分布在元素周期表的第ⅠA 主族，第ⅡA 主族和第四周期的副族，如碱金属中的 K、碱土金属中的 Ba、Ca 以及过渡金属中的 Fe、Co、Ni、Zn 都是比较常用的金属。

关于金属元素的作用机理，Apostolescu 指出有两种可能：一是抑制碳烟的生成，二是催化碳烟的燃烧。

李生华、许世海等根据烃火焰条件下的双途径模型和ⅠA、ⅡA 族金属的火焰化学理论设想ⅠA、ⅡA 族的金属元素的三级作用方式：

第一阶段：含金属元素的消烟助燃剂在火焰中离解并气化成气态金属原子：

Me-L → Me（g）+L（或 L 的裂解碎片，L 为配位基）

第二阶段：金属原子释放电子中和烃火焰离子。ⅠA，ⅡA 族金属在火焰中释放电子的方式分别是：

ⅠA Me：$Me + M \rightarrow Me^{+} + M + e^{-}$（碰撞电离，M 为第三体）

ⅡA Me：　$Me + OH \rightarrow MeOH^{+} + e^{-}$

或　　　$MeO + H \rightarrow MeOH^{+} + e^{-}$　（化学电离）

$R^{+} + e^{-} \rightarrow R$

由于烃火焰正离子被销毁，中断了离子一分子反应，使荷电碳粒的生成过程受到抑制（助燃作用）。

第三阶段：金属离子附着于中性碳烟粒子，使其获得正电荷：

Me^{+}或$MeOH^{+}$ + Soot →（Soot·Me)$^{+}$或（Soot·MeOH)$^{+}$

碳烟粒子带电后，其聚集速度降低，宏观上即碳粒子数密度增加和碳烟粒子尺度减小。由于碳烟粒子数量增加和个体体积减少会使碳烟粒子总表面积猛增，碳烟粒子因此更易受到火焰中氧、羟基甚至 CO_2（g）和 H_2O（g）的攻击而使其燃尽速度加快（消烟作用）。

此外，有人提出了电荷转移作用，即在变价金属化合物（如 FeI、CuI、CrI、MnI 和 CoI 等）作用下，氢过氧化物分解为自由基。例如：

$$ROOH + Co^{2+} \rightarrow RO\cdot + OH\cdot + Co^{3+}$$

$$ROOH + Co^{3+} \rightarrow ROO\cdot + H\cdot + Co^{2+}$$

这个过程的活化能比 ROOH 热分解时要小得多，故提高了燃烧效率。如异丙苯基氢过氧化物与 Fe 的反应速度是其热分解速度的 4000 多倍。

也有人认为金属在火焰中生成氧化物，并通过下列反应氧化碳烟：

$$M_xO_y + C \rightarrow M_xO_{y-1} + CO$$

一般地，过渡金属具有以上这两种反应方式，这与其元素原子的结构、性质特征有关。如元素的部分 d 电子参加反应，因而具有多种价态，其部分充满的 d 轨道具有的成键倾向使其成为有效的催化剂。有人发现他们可以使碳烟的自燃点下降很多。

10.2.2　配位基效应

有灰型消烟助燃剂的配位基分为有机型与无机型。由于无机型的油溶性差，所以研究主要集中在有灰型上。1959 年 Weeks 等将含剂燃料在燃烧室中试验发现，环烷酸铅比四乙基铅更有效，即配位基对消烟助燃作用也有贡献。1986 年胡家俊等根据其研究汽油添加剂的试验结果提出，相同金属元素与不同的有机基团络合时，具有不同的催化助燃作用。

配位基效应表现为直接作用与间接作用。直接作用是有机配位基或其反应产物参与自由基连锁反应或碳烟生成的离子－分子反应，从而产生消烟助燃作用。间接作用表现为溶解度效应，使金属组分在油中的分散性提高而提高消烟助燃剂的效果。

但相比较而言，配位基效应远不及金属效应的作用显著。配位基效应的作用机理至今还未有明确的说法，可能和金属有机化合物中金属与配位基的结合方式有关。

无灰型消烟助燃剂是指一些燃烧后不产生灰分或其他固体颗粒物的有消烟助燃作用的化合物。

一般认为，无灰型消烟助燃剂相比有灰型消烟助燃剂助燃效果差了很多。其作用有清净分散，改善燃料的雾化性能（如表面活性剂）；提供自由基分子，加速燃烧进程（如有机硝酸酯、过氧酸）；转化为不生烟或可消除碳烟母体的质点，减少碳烟生成（如含氮化合物）。

目前，无灰型消烟助燃剂的研究仍较少，但它是消烟助燃剂的必然发展方向。因此，有必要对各种有机官能团进行系统的考察，并研究不同官能团的合理组合。

10.3 助燃剂的主要品种

目前世界各国都在研究新型助燃节能添加剂，且成果显著。由于种类、成分不同，功能和效果也不尽相同，但总的目标都是促进燃料完全燃烧。根据助燃剂催化燃烧后的产物的不同，一般将其分为两类：一类是含金属或固体非金属氧化物的有灰型助燃剂，另一类是含纯有机物的无灰型助燃剂。

10.3.1 有灰型助燃剂

有灰型助燃剂根据其金属特性，又可分为以下几类：碱金属盐（无机盐，有机盐）；碱土金属盐（无机盐，有机盐）氧化物；过渡金属盐，氧化物；稀土金属盐，氧化物；贵金属及其有机配合物。

这些化合物以可溶性的羧酸盐、环烷酸盐、碳酸盐、磺酸和磷酸有机盐、酚盐、有机配合物、金属及其氧化物等形式引入燃料，作为燃料燃烧的催化剂，具有提高燃料燃烧效率等功能。表2-1给出了一些有灰型助燃剂的性质组成及作用效果，可以看出，有灰型添加剂主要以其相应的油溶性金属有机盐、配合物等形式添加至燃油中，其主要作用是消烟助燃、节能、降低有害气体排放。

对于贵金属铂、钯、铑金属配合物来说，极少量添加至燃油中，不仅可以消烟助燃，还可大幅降低排放尾气中的 NO_x 和CO的含量，从而达到很好的节能环保效果。

表2-1的结果还表明，在改善燃油燃烧性能方面，金属化合物具有很好的效果，加入少量的这些化合物就可使燃油的燃点温度降低，燃烧速度加快并促使其安全燃烧。

10.3.2 无灰型助燃剂

无灰型助燃剂是含有多种官能团、不含金属的纯有机化合物，并具有多重作用。在燃烧起始阶段，这些化合物可提供自由基强化燃烧，有的还可在燃烧反应区增加氧供应；有的还具有表面活性，降低燃料-空气边界上的表面张力，使燃料雾化得更好，燃烧得更完全；有的还具有清净作用，能在金属表面形成保护膜，防止在燃烧室和喷油嘴上结焦。

根据结构和组成，无灰型助燃剂可主要分为以下几类：羧基类助燃剂、氨基类助燃剂、复合有机物助燃剂、聚合物类助燃料、多效复合助燃剂。

表2-2给出了一些无灰型助燃剂的结构、组成及作用效果，可以看出，无灰型助燃剂主要是以含氧，含氮的羧基、醚基、酮基、氨基、硝基等官能团的脂肪族、芳香族、

聚合物等取代的单一有机物或多功能复合有机物组成。其主要功能是助燃、清净、降低污染物排放。最大特点是燃烧后无灰，不会对燃烧系统造成不利影响，是具研究开发潜力的助燃添加剂。

表 2－1　有灰型助燃剂的组成和功效

类别	组成	添加量/%	适用燃油种类	功效
碱金属化合物	KNO_3、$NaNO_3$、K_2CO_3、$KClO_3$	0.1～5	重油、柴油	助燃、消烟，清净喷油嘴
碱土金属化合物	$(RCO_2)_3Al$、$(RCO_2)_2Mg$、$(RCO_2)_2Ca$	0.05～2	柴油、重油	消烟、助燃，降低碳烟、SO_2排放
过渡金属化合物	二茂铁、苦味酸铁、甲基环戊二烯三羰基锰、环烷酸金属盐、有机铜锰复合物、金属氧化物	0.01～2	汽油、柴油、重油	助燃、节能、消烟
稀土化合物	Ce、La的羰基络合物、脂肪酸盐、环烷酸盐	0.0025～1.5	汽油、柴油、重油	助燃、节能、消烟
贵金属	铂、钯、铑金属络合物	0.00001～0.0003	汽油、柴油、重油	消烟、助燃，降低CO、NO_x排放

表 2－2　无灰型助燃剂的组成和功效

类别	组成	添加量/%	适用燃油种类	功效
羧基及酯类	乳酸酯类	0.05～0.1	柴油、重油	助燃、节油
	有机过氧化物	0.001～0.1	柴油、重油	助燃、降低CO、NO_x排放
	酮醚、酯醚	0.1～10	汽油、柴油、重油	助燃、节能、降污
	硝酸酯	0.01～0.1	柴油、重油	消烟、助燃
	羧酸混合物	0.01～1	柴油、重油	助燃，降低HC、NO_x排放
胺类	多乙烯多胺醇胺 $CH_3(CH_2)_n(CO)_mNH_2$	0.01～0.3	汽油、柴油、重油	助燃、清净，降低CO和碳烟排放
复合有机物类	酚醛基取代丁二酰亚胺	0.01～0.5	汽油、柴油、重油	清净、助燃、节能
聚合物类	聚异丁烯、聚烯醇、聚异丁烯丁二酰亚胺	0.01～1	汽油、柴油、重油	清净、助燃，减少积炭结焦
多功能复合物	多功能单剂复合	0.04～1	柴油、重油	助燃、清净，降低废气排放

第3章　润滑油脂添加剂性质及应用

第1节　清净分散剂

1.1　概况

清净分散剂是现代润滑剂的五大添加剂之一，主要用于内燃机油中，减少漆膜、积炭、油泥等沉积物。它分为有灰清净分散剂和无灰清净分散剂。由于清净剂和分散剂在使用性能上有一定的区别，通常把含有金属元素的叫做清净剂，把不含金属元素的称为分散剂。清净剂主要有酸中和作用和洗涤作用，分散剂主要有分散作用和增溶作用。多数清净分散剂呈碱性，有的呈高碱性，一般称这种碱性为总碱值。20 世纪 30 年代，西方国家的内燃机功率提高，气缸活塞区的温度也提高。一般内燃机油不能适应其要求，开发了油溶性的脂肪酸盐与环烷酸盐，使用性能虽然提高，但这些化合物促使油品的氧化，且易水解，有时给设备造成腐蚀。40 年代，开发出石油磺酸盐、烷基酚盐、膦酸盐，并陆续应用于内燃机油中。同时，ZDDP（二烷基二硫代磷酸锌）用于防止氧化和改善曲轴箱轴瓦腐蚀，为今后的内燃机油的发展奠定了基础。50 年代，柴油机的马力更大，增压柴油机的数量增加。为扩大柴油的来源，含硫柴油的比例增加。柴油燃烧后的腐蚀性物质增加，发动机的腐蚀和磨损增多。第二次世界大战后 V-8 汽油机的广泛使用，汽车数量增多，发动机停停开开，曲轴箱内较低温度下产生油泥，使输油困难、部件腐蚀，高碱性清净剂与聚合型无灰分散剂相继投入使用。60 年代，高碱性清净剂生产工艺日益成熟，高碱性磺酸盐 TBN300，高碱性硫化烷基酚盐 TBN250 得到广泛应用，聚异丁烯丁二酰亚胺无灰分散剂问世，使得分散剂的品种出现较大突破，它与金属清净剂有很好的增效作用。70 ~ 80 年代，清净剂的品种基本定型，用得较多的是磺酸盐与烷基酚盐，也有烷基水杨酸盐与膦酸盐，后者由于热稳定性较差，已基本停产。分散剂主要以聚异丁烯丁二酰亚胺，其使用量增长很快，在美国和西欧超过了清净剂的使用。80 年代美国的 Lubrizol 公司开发了高分子量的无灰分散剂，兼顾了单挂和双挂分散剂的共同优点，可以满足现在的高级汽油机油的要求。90 年代初，复合清净剂开始广泛使用。90 年代后，继续发展高性能的清净剂和分散剂，并以复合剂配方出现。

1.2　清净分散剂的使用性能

清净剂基本结构是由油溶性的A部分、极性基C部分及两者连接部分B组成的。在矿物油等无极性溶剂中，油溶性的A向外侧把极性基C聚集起来，形成胶束而溶解。因此，清净剂是典型的表面活性剂，其溶解状态对效果有着极其重要的影响。实际上使用的清净剂是复杂的混合物，其缔合数较大地受金属种类、亲油基大小、溶媒的性质的影响，有的文献报道磺酸盐的缔合数为50以上。一般来说，酚盐比水杨酸盐的缔合数要小。

清净剂一般与分散剂、抗氧抗腐剂复合，主要用于内燃机油（汽油机油、柴油机油、二冲程汽油机油、天然气发动机油、铁路机车用油、拖拉机发动机油和船用发动机油），具有酸中和、洗涤、分散和增溶等作用。

分散剂在油品中其主要功能是分散和增溶作用。目前分散剂以多胺为基础的丁二酰亚胺为主流，其使用量占分散剂总量的80%以上，其化学结构由亲油基、极性基和连接部分组成。这样的结构，在润滑油中极易形成胶团，保证了它对液态的初期氧化产物具有极强的增溶作用，以及对积炭、烟炱等固态微粒具有很好的胶溶分散作用。因而，可有效地保证内燃机油的低温分散性能，特别有效地解决汽油机油的低温油泥问题。所以，加有分散剂的汽油机油，运行较长时间后换油时，曲轴箱中油泥减少，同时它也提高了对高温氧化所产生的烟炱和润滑油氧化产物的分散和增溶作用，特别是与金属清净剂复合后有增效作用，既提高了润滑油的质量，又降低了添加剂的加入量。因此，丁二酰亚胺无灰分散剂获得了飞速的发展和应用。

1.3　清净分散剂的作用机理

1.3.1　酸中和作用

多数清净剂具有碱性，有的呈高碱性，一般称这种碱值为总碱值（Total Base Number，简称TBN）。高碱性清净剂一般是将碳酸盐（$CaCO_3$、$BaCO_3$、$MgCO_3$、Na_2CO_3等）和氢氧化金属（Ca、Ba、Mg等）的超粒子状态的胶体分散在中性的金属型清净剂中。高碱性清净剂具有较大的碱储备，能够在使用过程中，持续地中和润滑油和燃料油氧化生成的含氧酸，阻止它们的进一步氧化缩合，从而减少漆膜。同时也可以中和含硫燃料燃烧后生成的氧化硫，阻止它磺化润滑油；也可以中和汽油燃烧后产生的氯化氢和硝酸等，阻止它们对烃类进一步作用。由于中和了这些无机酸和有机酸，防止了这些酸性物质对发动机金属部件的腐蚀，这一点对使用高硫燃料的柴油机油和船舶用油尤为重要。

1.3.2　洗涤作用

在油中呈胶束的清净剂对生成的漆膜和积炭有很强的吸附性能，它能将黏附在活塞上的漆膜和积炭洗涤下来而分散在油中。一般分散性能越强，这种性能就越强。

1.3.3 分散作用

清净剂能将已经生成的胶质和炭粒等固体小颗粒加以吸附而分散在油中，防止它们之间凝聚起来形成大颗粒而黏附气缸上或沉降为油泥。金属清净剂，特别是磺酸盐，形成两类屏障：一类是对0～20nm直径的粒子，它将形成延迟凝聚的吸附膜；另一类是对500～1500nm粒子，它能够使离子表面获得同类电荷，它们相互排斥而分散在油中。一般称这种现象为双电子效应。金属清净剂的作用机理见图3－1。

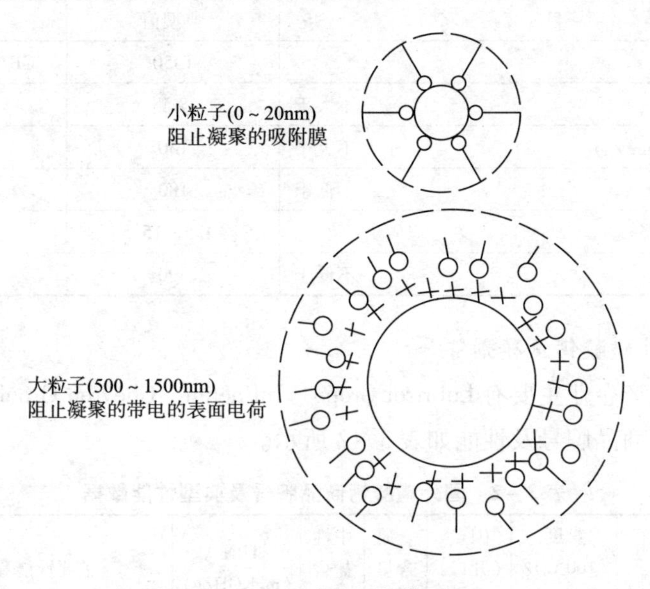

图3－1 金属清净剂的作用机理

1.3.4 增溶作用

所谓增溶作用，就是本来在油中不溶解的液体溶质，由于加入少量表面活性剂而溶解的现象。清净剂是一些表面活性剂，常以胶束分散于油中，它可溶解含羟基、羰基的含氧化合物、含硝基化合物和水分等。这些物质是生成漆膜的中间体，它被增溶到胶束中心，外面包围了形成此胶束的添加剂分子，因而阻止了进一步氧化与缩合，减少了漆膜与积炭的生成。实际上清净剂对沉积物前身的增溶作用，也就是能够使这些反应性强的官能团的活力降低，从而阻止其转变为沉积物。但清净剂的增溶作用比无灰分散剂要小得多。

1.4 清净分散剂品种及技术指标

1.4.1 磺酸钙清净剂

1.4.1.1 国产石油磺酸钙清净剂

国产石油磺酸钙清净剂外观为深褐色黏稠透明液体。按碱性的大小该添加剂分为低碱值、中碱值、高碱值石油磺酸钙和超高碱值石油磺酸钙4个产品，统一代号分别为T101、T102、T103和T107B，T101、T102、T103。三种添加剂在20世纪80～90年代主要用于调制中高档内燃机油。T107B 具有高温清净性好、中和能力强、防锈性能好等优点，并具有一定的分散性能。磺酸钙清净性好，能洗涤黏附在活塞上的漆膜和沉积物，增溶和使之均匀分散在润滑油中。国产石油磺酸钙清净剂是在规定的条件下，对一定润滑油馏分进行磺化、中和钙化反应，经一系列处理后得到合格产品。石油磺酸钙清净剂一般与抗氧抗腐剂和分散剂复合用于内燃机油中。国产 T107B 石油磺酸钙清净剂产品性能如表 3-1 所示。

表 3-1　T107B 石油磺酸钙清净剂产品典型性能数据

项　目		典型值	试验方法
密度（20℃）/(kg/m³)		1350	GB/T 1884 和 GB/T 1885
色度（稀释）/号	不大于	实测	GB/T 6540
运动黏度（100℃）/(mm²/s)	不大于	150	GB/T 265
闪点（开口）/℃	不低于	180	GB/T 267
金属含量/%		14.5～15.5	SH/ T 0297
总碱值/(mgKOH/g)	不低于	390	SH/T 0251

1.4.1.2　国外磺酸钙清净剂

国外磺酸钙生产企业主要有 Lubrizol Crop.、Infineum、Chevron Oronite Company LLC 等公司，其产品主要商品牌号及性能如表 3-2 所示。

表 3-2　国外磺酸钙商品牌号及典型性能数据

商品牌号	化合物名称	密度/(kg/m³)	黏度(100℃)/(mm²/s)	闪点(开口)/℃	金属含量/%	中性盐含量/%	TBN/(mgKOH/g)	主要性能和应用	生产商
LZ52J	低碱值磺酸钙	965	35		2.9	40	30	具有优良的防锈性和清净性能，推荐用量 0.5%～3%	Lubrizol Crop.
LZ57A	低碱值磺酸钙	952	19.5		3.19		47	具有优良的防锈性和清净性能，推荐用量 0.5%～3%	Lubrizol Crop.
LZ6447B	低碱值磺酸钙	937	11.0		3.09			具有中等防锈性和清净性能，推荐用量 0.5%～3%	Lubrizol Crop.
LZ6478	高碱值磺酸钙	1115	40		12.0		300	提供发动机油的防锈性和清净性能，推荐用量 0.5%～5%	Lubrizol Crop.
LZ6478C	高碱值磺酸钙	1115	40		12.0		300	提供发动机油的防锈性和清净性能，推荐用量 0.5%～5%	Lubrizol Crop.
LZ58B	高碱值磺酸钙	1125	135		11.5		305	可配制 TBN70 船用气缸油和固定式分开润滑气缸的柴油机油，推荐用量 23%	Lubrizol Crop.
LZ75	高碱值磺酸钙	1125	90		12.0		300	可为曲轴箱油提供清净性和防锈性，推荐用量 0.65%～3.8%；加 12.3%～24.5% 的量可配制高碱值船用气缸润滑剂	Lubrizol Crop.

续表

商品牌号	化合物名称	密度/(kg/m^3)	黏度(100℃)/(mm^2/s)	闪点(开口)/℃	金属含量/%	中性盐含量/%	TBN/(mgKOH/g)	主要性能和应用	生产商
LZ78	超碱磺酸钙	1220	60		15.5		400	配制高碱值船用和固定式气缸润滑剂，推荐用量 9.5%～19%；加量 1.36%～2.71%，可为油品提供清净性和防锈性	Lubrizol Crop.
LZ6446	超碱磺酸钙	1200	110		15.5		400	与清净剂、分散剂和抑制剂复合，配制各种质量的汽车发动机油、船用气缸油和中速筒状柴油机油，推荐用量 0.5%～17.5%	Lubrizol Crop.
Infineum C9353	中性磺酸钙	950	160	45	2.9		26.0	具有良好的高温稳定性、防锈性和柴油清净性，推荐用量 1%～3.5%，与其他复合剂用于汽、柴油机油中	Infineum
OLOA 246S	低碱值磺酸钙	924	37	150	2.35		17	很好的清净性、分散性和防锈性，它与酸中和剂和抑制剂复合用于发动机油中	Chevron Oronite Company LLC
OLOA 249S	超碱值磺酸钙	1218	111	170	16.0		425	具有优异的酸中和性能、高温清净性，用于涡轮增压柴油机油及船用气缸油	Chevron Oronite Company LLC
Hitec 7637	超碱值磺酸镁							在发动机油中用于清净剂和锈蚀抑制剂，在工业油中用于防腐剂	Ethyl Petroleum Additives, Inc
MX 3290	低碱值磺酸钙	952	38	160	2.7	45.0	9	具有优异的热稳定性和耐腐蚀性能，用于发动机油及金属切削油中	Agip Petroli
MX 3245	高碱值磺酸钙	1120	45	>160	12	25	300	具有优良的清净性和防锈性能，用于发动机油及金属切削油中	Agip Petroli
MX 3240	超碱值磺酸钙	1175	120	150	15.0	25	400	具有优良的清净性、酸中和性能和防锈性能，用于曲轴箱润滑油、工业油和船用柴油机油	Agip Petroli

1.4.2　合成磺酸钙清净剂

1.4.2.1　国内合成磺酸钙清净剂

合成磺酸钙清净剂外观为深褐色黏稠透明液体，合成磺酸钙与石油磺酸钙除原料来源不同外，二者的性能相当。国内合成磺酸钙清净剂按碱性的大小分为低碱值、中碱值和高碱值合成磺酸钙三种产品，它们的统一代号分别为 T104、T105、T106、T106B。它们具有高温清净性好、中和能力强、防锈性能好等优点，并具有一定的分散性能。特别是碱性磺酸钙能中和润滑油和燃料油氧化生成的含氧酸，阻止它们进一步缩合，从而减少漆膜和油泥。磺酸钙清净性好，能洗涤黏附在活塞上的漆膜和沉积物，增溶和使之均匀分散在润滑油中。合成磺酸钙清净剂是以重烷基苯、氢氧化钙为原料，经磺化、钙化、过滤后，并用150SN中性油稀释而制得的产品。合成磺酸钙清净剂与石油磺酸钙一样，一般与抗氧抗腐剂和分散剂复合用于内燃机油中。T106或T104与T106、T106B复合可调制各种档次的内燃机油；T105可调制普通的内燃机油。合成磺酸钙还可用于工业润滑油作防锈剂。合成磺酸钙清净剂典型性能指标如表3－3～表3－6所示。

表3－3　104清净剂典型性能指标

项　目		典型值	试验方法
密度（20℃）/(kg/m³)		实测	GB/T 1884 和 GB/T 1885
色度（稀释）/号	不大于	实测	GB/T 6540
运动黏度（100℃）/(mm²/s)	不大于	150	GB/T 265
闪点（开口）/℃	不低于	180	GB/T 267
钙含量/%	不小于	2.0	SH/ T 0297
硫含量/%		2.0	GB/T 388
油溶性斑点试验		清净	QJ/JSH 704
透明度		透明	目测
浊度/JTU	不大于	150	SH/T 0028
总碱值/(mgKOH/g)		20～30	SH/T 0251

表3－4　105清净剂典型性能指标

项　目		典型值	试验方法
密度（20℃）/(kg/m³)		1005～1040	GB/T 2540
色度（稀释）/号	不大于	7.0	GB/T 6540
运动黏度（100℃）/(mm²/s)	不大于	30	GB/T 265
钙含量/%	不小于	6.85	SH/T 0297
硫含量/%		1.8～2.2	GB/T 388
透明度		透明	目测
浊度/JTU	不大于	150	SH/T 0028
总碱值/(mgKOH/g)	不小于	145	SH/T 0251

表3－5　106清净剂典型性能指标

项　目		典型值	试验方法
密度（20℃）/(kg/m³)		1060～1140	GB/T 2540
色度（稀释）/号	不大于	7.0	GB/T 6540
运动黏度（100℃）/(mm²/s)	不大于	200	GB/T 265
钙含量/%	不小于	11.6	SH/T 0297

续表

项 目		典型值	试验方法
硫含量/%		1.20~1.55	GB/T 388
油溶性斑点试验		清净	QJ/JSH 738
透明度		透明	目 测
浊度/JTU	不大于	250	SH/T 0028
总碱值/(mgKOH/g)	不小于	295	SH/T 0251

表3-6 106B清净剂典型性能指标

项 目		典型值	试验方法
外观		棕红色透明黏稠液体	目测
密度（20℃）/(kg/m³)		1100~1200	GB/T 2540
运动黏度（100℃）/(mm²/s)	不大于	200	GB/T 265
闪点（开口）/℃	不低于	170	GB/T 3536
钙含量/%	不小于	11.5	SH/T 0297
浊度/JTU	不大于	250	SH/T 0028
总碱值/(mgKOH/g)	不小于	295	SH/T 0251

1.4.2.2 国外合成磺酸钙清净剂

国外合成磺酸钙生产企业主要有Lubrizol、Infineum、Chevron、Ethyl等公司，其产品主要商品牌号及性能如表3-7所示。

表3-7 国外合成磺酸钙商品牌号及典型性能数据

商品牌号	化合物名称	密度/(kg/m³)	黏度(100℃)/(mm²/s)	闪点(开口)/℃	金属含量/%	中性盐含量/%	TBN/(mgKOH/g)	主要性能和应用	生产商
LZ6477	高碱值高皂量合成磺酸钙	1125	90		12.0	28	300	可配制船用十字头气缸油，推荐用量23.3%	Lubrizol
Infineum C9330	高碱值合成磺酸钙	1110	180	90	11.6		300	与其他剂复合可调制清净性和防锈性优异的柴油机油	Infineum
LZ6477C	高碱值合成磺酸钙	1125	90		12.0		300	用不同的加量可增强汽油机油、重负荷柴油机油、船用柴油机油、固定式瓦斯发动机油的清净性	Lubrizol
Hitec 614	低碱值合成磺酸镁	940	16		2.6	氯 0.26	27.5	具有优异的清净性和防锈性能，用于汽、柴油机油中，控制高温环区的活塞沉积	Ethyl

续表

商品牌号	化合物名称	密度/(kg/m³)	黏度(100℃)/(mm²/s)	闪点(开口)/℃	金属含量/%	中性盐含量/%	TBN/(mgKOH/g)	主要性能和应用	生产商
Hitec 611	高碱值合成磺酸镁	1127	30	≥150	11.9		307	具有优异的清净性和防锈性能，用于汽、柴油机油中，控制高温环区的活塞沉积	Ethyl

1.4.3 烷基水杨酸盐清净剂

1.4.3.1 国产烷基水杨酸钙109清净剂

109清净剂外观为褐色透明液体，油溶性好。组成为中碱值烷基水杨酸钙，统一代号是T109。它具有良好的高温清净性，很强的中和能力，高温下稳定，并有一定的抗氧抗腐性能。109清净剂以蜡裂解烯烃与苯酚反应制得的烷基酚为原料，经过碱中和、减压脱水后，与二氧化碳在一定的压力下进行羧基化反应，然后酸化、钙化和高碱度化，最后通过离心分离、过滤制得成品。109清净剂与抗氧抗腐剂和分散剂复合用于配制中高档内燃机油。其典型性能指标如表3-8所示。

表3-8 109清净剂质量指标

项目		质量指标		试验方法
		一等品	合格品	
外观		褐色透亮液体		目测
密度(20℃)/(kg/m³)		900~1100	900~1100	GB/T 2540
运动黏度(100℃)/(mm²/s)	不大于	10~30	10~40	GB/T 265
闪点(开口)/℃	不低于	165		GB/T 3536
钙含量/%	不小于	6.0	5.5	SH/T 0297
硫酸盐灰分/%	不小于	18		GB/T 2433
水分/%	不大于	0.1		GB/T 206
机械杂质/%	不大于	0.08		GB/T 511
浊度/JTU	不大于	180	报告	SH/T 0028
总碱值/(mgKOH/g)	不小于	160		SH/T 0251

1.4.3.2 国外烷基水杨酸盐清净剂

国外烷基水杨酸盐清净剂生产企业主要有Lubrizol、Infineum、OSCA等公司，其产品主要商品牌号及性能如表3-9所示。

表3-9 国外烷基水杨酸盐商品牌号及典型性能数据

商品牌号	化合物名称	密度/(kg/m^3)	黏度(100℃)/(mm^2/s)	闪点(开口)/℃	金属含量/%	TBN/(mgKOH/g)	主要性能和应用	生产商
LZL109A	低碱值烷基水杨酸钙		≯50	≥170	2.2~2.8	60~80	具有优异的清净性能、较强的抗氧化能力，它与其他的高碱值的清净剂和分散剂复合，用于中高档内燃机油	路博润兰炼添加剂有限公司
LZL109B	高碱值烷基水杨酸钙	1000	≯50	≥170	2.2~2.8	60~80	具有优异的清净性能、较强的抗氧化能力，它与其他的高碱值的清净剂和分散剂复合，用于中高档内燃机油	路博润兰炼添加剂有限公司
LZL112	高碱值烷基水杨酸镁	实测	实测	≥165		250	具有优良的高温清净性、抗氧抗腐性能及高温稳定性，中和能力强，与分散剂和ZDDP复合有加合效应，可以调和中高档发动机油	路博润兰炼添加剂有限公司
Infineum C9371	中碱值烷基水杨酸钙	990	23	178	6.0	168	具有优良的清净、抗氧和抗腐性能，一定的酸中和能力，与其他剂复合可配制优质的汽油机油	Infineum
Infineum C9372	低碱值烷基水杨酸钙	926	16	185	2.3	64	具有优良的清净、抗氧和抗腐性能，与其他剂复合用于汽油机油，特别是高速和中速柴油机油	Infineum
Infineum C9375	高碱值烷基水杨酸钙	1060	20	190	10.0	280	具有优良的清净、抗氧和抗腐性能以及酸中和能力，与其他剂复合用于车用汽、柴油机油，也能用于柴油发动机润滑油	Infineum
Infineum C9006	高碱值烷基水杨酸硼酸镁	1060	130	180	6.0	280	含有2.9%的硼，具有优良的清净、抗氧和防锈性能以及酸中和能力，在高温下有减少阀系磨损的趋势	Infineum
Infineum C9012	超碱烷基水杨酸硼酸镁	1050	65	195	7.45	345	具有优良的清净、抗氧和抗腐性能以及很强的酸中和能力，与其他添加剂复合用于汽、柴油机油中	Infineum
OSCA 405	中碱值烷基水杨酸钙	1020	50	210	6.3	177	具有优良的清净和氧化稳定性能，与其他剂复合用于汽、柴油机油	OSCA
OSCA 420	高碱值烷基水杨酸钙	1100	150	200	10.5	285	具有优良的清净性、热稳定性和水解稳定性，与其他剂复合用于汽、柴油机油	OSCA

1.4.4 环烷酸钙清净剂

1.4.4.1 国产高碱性环烷酸盐清净剂

国产高碱性环烷酸盐清净剂主要有高碱性环烷酸钙、环烷酸镁两大类。

高碱性环烷酸钙清净剂外观为暗红色透明液体，具有一定的清净性、分散性和较强的中和能力。按碱值大小分成 T112、T113、T114、T114D 三个产品。高碱性环烷酸钙清净剂以石油中的环烷酸为原料，经精制、钙化、分渣、脱溶剂等工艺而制得。高碱性环烷酸钙与分散剂和抗氧抗腐剂复合用于内燃机油中，也可与其他添加剂复合用于气缸油中。其典型性能指标如表 3－10 所示。

表 3－10　高碱性环烷酸钙清净剂典型性能指标

项　目	质量指标				
	T112	T113	T114	T114D	实验方法
外观	暗红、透明				目测
总碱值/(mgKOH/g)	≥200	≥240	≥300	≥400	SH/T 0251
钙含量/%	≥7.0	≥8.0	≥10.0	≥14.0	SH/T 0297
运动黏度（100℃）/(mm²/s)	报告	≤200		报告	GB/T 265
闪点（开口）/℃	≥150	≥180			GB/T 3536
水分/%	≤0.10				GB/T 260
机械杂质/%	≤0.08				GB/T 511
浊度/JTU	≤50	≤30	≤50	≤100	SH/T 0028

环烷酸镁清净剂具有良好的高温清净、防锈及酸中和能力，主要用于内燃机油和燃料油的清净分散剂。环烷酸钙清净剂以石油中的环烷酸为原料，经精制、镁化、分渣、脱溶剂等工艺而制得，代号 T111。T111 的典型技术性能指标如表 3－11 所示。

表 3－11　环烷酸镁清净剂典型性能指标

项　目		质量指标		试验方法
		T111A	T111B	
运动黏度（100℃）/(mm²/s)	不大于	报告		GB/T 265
闪点（开口）/℃	不低于	170		GB/T 3536
镁含量/%	不小于	1.3	4.1	SH/T 0297
水分/%	不大于	0.1		GB/T 260
机械杂质/%	不大于	0.08		GB/T 511
浊度/JTU	不大于	50	80	SH/T 0028
总碱值/(mgKOH/g)	不小于	60	190	SH/T 0251

1.4.4.2　国外主要环烷酸钙清净剂

国外主要环烷酸钙清净剂生产商是 OSCA 公司，其产品牌号及典型性能指标见表3－12。

表 3-12 国外主要环烷酸钙清净剂典型性能指标

牌号	化合物名称	密度/(kg/m^3)	黏度(100℃)/(mm^2/s)	闪点(开口)/℃	钙含量/%	TBN/(mgKOH/g)	主要性能和应用	生产商
OSCA 255	高碱值环烷酸酸钙	1110	68	180	9.7	272	具有良好的油溶性，在水中稍微乳化，并具有较好的扩散性，用于船用气缸油	OSCA
OSCA 255C	高碱值环烷酸酸钙	1125	112	180	9.5	267	具有良好的油溶性，在水中稍微乳化，并具有较好的扩散性，用于船用气缸油	OSCA
OSCA 255N	高碱值环烷酸酸钙	1120	105	180	9.7	272	具有良好的油溶性，在水中稍微乳化，并具有较好的扩散性，用于船用气缸油	OSCA
OSCA256	高碱值环烷酸酸钙	1185	53	190	9.2	267	具有优异的溶解性，抗乳化性和分水性，在气缸油中扩散性好，用于船用气缸油	OSCA
OSCA 302	高碱值环烷酸酸钙	1140	180	≥190	11.0	302	用于船用二冲程发动机油，中和硫酸速度快具有优异热稳定性，对缸套和活塞环抗磨性能好，与其他添加剂相容性好	OSCA

1.4.5 烷基酚盐和硫化烷基酚盐清净剂

国产硫化烷基酚盐清净剂主要有上 206A、上 206B、LAN 115 和 122 四个品种。

LAN 115 清净剂的外观呈浅棕色透明液体，油溶性好。LAN 115 清净剂是硫化烷基酚钙，按碱性的大小分为中碱值和高碱值硫化烷基酚钙两个品种，其代号为 LAN 115A（T115A）和 LAN 115B（T115B）。具有很好的高温清净性，很强的中和能力，高温下稳定，并具有很好的抗腐性能。与其他添加剂复合具有很好的协同作用，使油品性能得到改善，特别是应用于增压柴油机油中来减少活塞顶环槽的积炭。LAN 115 清净剂是以烷基酚、氧化钙、硫磺和促进剂为原料，在一定温度下反应及后处理而制得成品。它一般与其他清净剂、分散剂和抗氧抗腐剂复合后，可调制各档内燃机油，包括船用柴油机油；与其他清净剂，分散剂复合后也可应用于船用气缸油。LAN 115 清净剂典型性能指标见表 3-13。

表 3-13 LAN115 的典型清净剂性能指标

项目		质量指标		试验方法
		LAN 115A	LAN 115B	
运动黏度（100℃）/(mm^2/s)	不大于	实测		GB/T 265
闪点（开口）/℃	不低于	170		GB/T 3536
水分/%	不大于	0.30		GB/T 260

续表

项　目		质量指标		试验方法
		LAN 115A	LAN 115B	
钙含量/%	不小于	4.7~5.1	≥8.9	SH/T 0297
硫含量/%		2.3~2.7	2.9~3.8	SH/T 0303
总碱值/(mgKOH/g)	不小于	130	240	SH/T 0251
戊烷不溶物/%	不大于	0.27		企标

122 清净剂产品组成为硫化烷基酚钙。具有很好的高温清净性，很强的中和能力，高温下稳定、油溶性好，并有很好的抗氧抗腐性能。它与其他添加剂复合具有很好的协同作用，使油品性能得到改善，特别是应用于增压柴油机油中来减少活塞顶环槽的积炭。122 清净剂包括 T122A（上-206A）和 T122B（上-206B）两个品种，它们都是高碱值的硫化烷基酚钙。122 清净剂以烷基酚、氧化钙、硫黄和促进剂为原料，在一定温度下反应及后处理而制得成品。122 清净剂一般与其他清净剂、分散剂和抗氧抗腐剂复合后，可调制各档内燃机油。与其他清净剂、分散剂复合后也可应用于船用气缸油。122 清净剂的典型性能指标见表 3-14。

表 3-14　122 清净剂典型性能指标

项　目		质量指标		试验方法
		T122A	122B	
运动黏度（100℃）/(mm^2/s)	不大于	350	300	GB/T 265
闪点（开口）/℃	不低于	170	160	GB/T 267
钙含量/%	不小于	9.0	8.6	SH/T 0297
硫含量/%		2.9~3.8		SH/T 0303
机械杂质/%	不大于	0.1		GB/T 511
水分/%	不大于	0.1		GB/T 260
总碱值/(mgKOH/g)	不小于	245	235	SH/T 0251

上 206A、上 206B 是高碱值硫化烷基酚钙，具有优良的高温清净性和较强的酸中和能力，并具有一定的抗氧化及抗腐蚀性能，主要用于 CD 级以上的柴油机油及船舶用油中。其典型性能指标见表 3-15。

表 3-15　上 206A、上 206B 高碱值硫化烷基酚钙典型性能

项　目	质量指标		试验方法
	上 206A	上 206B	
运动黏度（100℃）/(mm^2/s)	350	300	GB/T 265
闪点（开口）/℃	170	170	GB/T 267
钙含量/%	9.0	8.6	SH/T 0297
机械杂质/%	0.1		GB/T 511
水分/%	0.1		GB/T 260
总碱值/(mgKOH/g)	245	235	SH/T 0251

1.4.6 分散剂

1.4.6.1 国产分散剂

国产分散剂主要有单丁二酰亚胺分散剂、151B 分散剂、双丁二酰亚胺分散剂、155 分散剂、161 分散剂、高分子量丁二酰亚胺分散剂、硼化聚异丁烯丁二酰亚胺等品种。

单丁二酰亚胺分散剂外观为棕色黏稠液体。按生产厂家的不同分成两个产品，其统一代号分别为 T151 和 T151A。它具有优良的抑制低温油泥、高温积炭生成的能力。与其他添加剂复合具有很好的协同作用，使油品性能得到改善。一般单丁二酰亚胺分散剂既可单独与清净剂和抗氧抗腐剂复合使用，也可以与双丁二酰亚胺分散剂复合后，再与清净剂和抗氧抗腐剂复合使用。单丁二酰亚胺分散剂是将聚异丁烯与马来酸酐在氯气的作用下进行烃化反应，生成烯基丁二酸酐，最后再与多胺进行胺化反应而制得的。它与清净剂和抗氧抗腐剂复合，可调制各档汽油机油和柴油机油，单丁二酰亚胺分散剂多用于汽油机油。单丁二酰亚胺分散剂的典型性能指标如表 3－16 和表 3－17 所示。

表 3－16 T151 分散剂典型性能指标

项 目		质量指标	试验方刺
运动黏度（100℃）/(mm^2/s)	不大于	报告	GB/T 265
闪点（开口）/℃	不低于	170	GB/T 267
机械杂质/%	不大于	0.10	GB/T 511
水分/%	不大于	0.09	GB/T 260
氮含量/%	不小于	2.0	SH/T 0224
氯含量/%	不大于	0.5	SH/T 0161
酸值/(mgKOH/g)	不大于	3.0	GB/T 264
分散性/SDT	不小于	66	企标
浊度/JTU	不大于	60	SH/T 0028
与 ZDDP 混合性/JTU	不大于	30	SH/T 0028

表 3－17 T151A 分散剂典型性能指标

项 目		质量指标	试验方高
密度（20℃）/(kg/m^3)		实测	GB/T 1884 和 GB/T 1885
运动黏度（100℃）/(mm^2/s)	不大于	200	GB/T 265
氮含量/%		2.0～2.5	QJ/SH 007.02.08.744
总碱值/(mgKOH/g)	不小于	40	SH/T 0251
分散性/SDT	不小于	报告	企标

151B 外观为棕红色黏稠透明液体，油溶性好。组成为单聚异丁二酰亚胺，其统一代号是 T151B。T151B 采用了高质量的原料和先进的工艺，因此产品质量好，氯含量低。它具有优良的抑制低温油泥、高温积炭生成的能力。与其他添加剂复合具有很好的协同作

用，使油品性能得到改善。一般单丁二酰亚胺分散剂既可单独与清净剂和抗氧抗腐剂复合使用，也可以与双丁二酰亚胺分散剂复合后，再与清净剂和抗氧抗腐剂复合使用。T151B以聚异丁烯、马来酸酐和四乙烯五胺为原料，采用热加合法生产而成。T151B主要用于清净剂和抗氧抗腐剂复合，可调制各档汽油机油，单丁二酰亚胺分散剂多用于汽油机油。其典型性能指标如表3－18所示。

表3－18　151B分散剂典型性能指标

项　目		质量指标	试验方法
外观		棕红色黏稠透明液体	目测
密度（20℃）/(kg/m^3)		890～930	GB/T 1884和GB/T 1885
运动黏度（100℃）/(mm^2/s)	不大于	200	GB/T 265
氮含量/%	不小于	2.0	SH/T 0224
氯含量/%	不大于	30	SH/T 0161
水分/%	不大于	0.08	GB/T 260
机械杂质/%	不大于	0.08	GB/T 511
浊度/JTU	不大于	50	SH/T 0028
总碱值/(mgKOH/g)	不小于	40～55	SH/T 0251

双丁二酰亚胺分散剂外观为黏稠透明液体，油溶性好，具有优良的低温分散性和高温稳定性，对酸性燃烧物有一定增溶能力。与其他添加剂复合具有很好的协同作用，使油品性能得到改善。由于生产企业的不同，分成T152和T154两个产品。双丁二酰亚胺分散剂以低分子聚异丁烯与马来酸酐在氯气的作用下进行烃化反应，生成烯基丁二酸酐，然后与多胺进行胺化反应制得成品。双丁二酰亚胺分散剂与清净剂和抗氧抗腐剂复合后可配制各档内燃机油，也可用于淬火油中。它们的典型性能指标如表3－19所示。

表3－19　双丁二酰亚胺分散剂典型性能指标

项　目		质量指标				试验方法
		T152		T154		
		一等品	合格品	一等品	合格品	
外观		黏稠透明液体				目测
密度（20℃）/(kg/m^3)		890～935				GB/T 1884和GB/T 1885
色度（稀释）/号	不大于	6	7	6	7	GB/T 6540
闪点（开口）/℃	不低于	170				GB/T 267
运动黏度（100℃）/(mm^2/s)		150～250	140～270	185～225	150～250	GB/T 265
机械杂质/%	不大于	0.08				GB/T 511
水分/%	不大于	0.08				GB/T 260
氮含量/%	不小于	1.15～1.35	1.15～1.35	1.1～1.3	1.1～1.3	SH/T 0224
氯含量/%	不大于	0.3	0.5	0.3	0.5	SH/T 0161
碱值/(mgKOH/g)		15～30				SH/T 0251
分散性/SDT	不小于	55	45	55	45	企标

155分散剂外观为透明液体，155分散剂是多丁二酰亚胺，其统一代号是T155。具有较好的分散性能和高温稳定性。对酸性燃烧物有一定的增溶能力。与其他添加剂复合具有很好的协同作用，使油品性能得到改善。155分散剂通常以低分子聚异丁烯与马来酸酐在氯气的作用下进行烃化反应，生成烯基丁二烯多胺进行胺化反应制得成品。155分散剂与清净剂和分散剂复合，用于调制中、高档内燃机油，特别是配制柴油机油，还可以用于防水炸药的制备。155分散剂的典型性能指标如表3－20所示。

表3－20　155分散剂典型性能指标

项　目		质量指标	试验方法
密度（20℃）/(kg/m³)		900～930	GB/T 1884 和 GB/T 1885
色度（稀释）/号	不大于	6.0	GB/T 6540
运动黏度（100℃）/(mm²/s)		300～400	GB/T 265
闪点（开口）/℃	不低于	170	GB/T 265
氮含量/%		0.8～1.0	GB/T 267
水分/%	不大于	0.1	GB/T 260
油溶性斑点试验		无沉淀	QJ/JSH 704
透明度		清净透明	目测

161分散剂产品组成为高分子量（聚异丁烯分子量为2000左右）丁二酰亚胺化合物，属高氮产品，统一代号是T161。它具有优异的高温清净性和较好的低温分散性，氯含量低，用于调SF级汽油机油可显著降低配方的剂量。T161分散剂以分子量为2000左右的聚异丁烯、马来酸酐、多烯多胺为原料，采取热加合工艺制得产品。T161分散剂与清净剂和分散剂复合可以配制各档内燃机油，特别是高档（SG级以上）的内燃机油，解决黑油泥特别有效。主要用于汽油机油，加入10.8%（其中加有161分散剂）的量，配制的10W-40黏度等级的汽油机油符合SH质量等级要求，可以通过ⅢE和ⅤE的台架试验。其典型性能指标见表3－21。

表3－21　161分散剂典型性能指标

项　目		质量指标	试验方法
色度（稀释）/号	不大于	4.0	GB/T 6540
密度（20℃）/(kg/m³)		890～930	GB/T 1884 和 GB/T 1885
运动黏度（100℃）/(mm²/s)		350～450	GB/T 265
闪点（开口）/℃	不低于	180	GB/T 267
氮含量/%		1.0～1.1	SH/T 0224
碱值/(mgKOH/g)		15～30	SH/T 0251
氯含量/%	不大于	0.003	SH/T 0161
水分/%	不大于	0.08	GB/T 260
机械杂质/%	不大于	0.08	GB/T 511

高分子量丁二酰亚胺分散剂外观为棕褐色黏稠液体，组成为聚异丁烯（分子量为2000左右）丁二酰亚胺，按氮含量的不同分为高氮和低氮两个品种，统一代号分别是T161A和T161B。其高温和低温的分散性能都非常好。高分子量丁二酰亚胺分散剂以分子量为2000左右的聚异丁烯、马来酸酐、多烯多胺为原料，经烃化、胺化等工艺制得成品。它与清净剂和分散剂复合可以配制各档内燃机油，特别是高档（SG级以上）的内燃机油，解决黑油泥特别有效。它与一般的分散剂复合后再与清净剂和分散剂复合用于内燃机油还可降低总的加剂量，T161A（高氮）多用于汽油机油，而T161B（低氮）多用于柴油机油。两种高分子量丁二酰亚胺分散剂的典型性能指标如表3-22和表3-23所示。

表3-22　T161A性能指标

项　目		质量指标	试验方法
密度（20℃）/(kg/m^3)		实测	GB/T 1884和GB/T 1885
运动黏度（100℃）/(mm^2/s)		350~450	GB/T 265
闪点（开口）/℃	不低于	160	GB/T 267
氮含量/%	不小于	1.0	SH/T 0224

表3-23　161B性能指标

项　目		质量指标	试验方法
密度（20℃）/(kg/m^3)		实测	GB/T 1884和GB/T 1885
运动黏度（100℃）/(mm^2/s)		450~600	GB/T 265
闪点（开口）/℃	不低于	160	GB/T 267
氮含量/%	不小于	1.0~1.1	SH/T 0224

硼化聚异丁烯丁二酰亚胺为红色或棕色黏稠液体。以高活性聚异丁烯为原料，经过热加合工艺及硼化反应制得。由于引入硼元素，对抑制窜气中NO_x引起油泥生成和薄膜氧化性能有很好的效果，抗磨性得到了提高，可有效防止金属表面拉伤和擦伤，同时可减少无灰分散剂的一些不良作用，改善与橡胶密封圈的相容性。具有优良的高、低温分散性，良好的高温清净性、抗氧性及抗磨性。用于调制各档次的内燃机油、汽车自动传动油、二冲程汽油机油等油品，参考用量为1.5%~4.0%。其典型性能指标见表3-24。

表3-24　硼化聚异丁烯丁二酰亚胺典型性能指标

项　目		质量指标	试验方法
色度（稀释）/号	不大于	4.0	GB/T 6540
密度（20℃）/(kg/m^3)		890~930	GB/T 1884和GB/T 1885
运动黏度（100℃）/(mm^2/s)		150~220	GB/T 265
闪点（开口）/℃	不低于	180	GB/T 267
氮含量/%		1.2 ± 0.2	SH/T 0224

续表

项　目		质量指标	试验方法
总碱值/(mgKOH/g)		15～25	SH/T 0251
氯含量/%	不大于	50	SH/T 0161
硼含量/%	不大于	0.3	SH/T 0227
水分/%	不大于	0.1	GB/T 260
机械杂质/%	不大于	0.1	GB/T 511

1.4.6.2　国外分散剂

国外分散剂的主要生产企业有 Lubrizol、Infineum、Mobil 等公司，其产品典型性能指标如表 3－25 所示。

表 3－25　国外分散剂产品典型性能指标

商品牌号	化合物名称	密度/(kg/m^3)	黏度(100℃)/(mm^2/s)	闪点(开口)/℃	氮含量/%	氯含量/%	TBN/(mgKOH/g)	主要性能和应用	生产商
LZL 151A	单丁二酰亚胺	实测	实测	≥170	≥1.9	≤0.5	≥45	具有优良低温分散性，对高温烟灰有好的增溶作用。它与清净剂和 ZDDP 复合适宜调制高档汽油机油	路博润兰炼添加剂有限公司
LZL 153	多丁二酰亚胺		实测	实测	1.0	0.5	实测	具有较好的分散性，高温稳定性高于 T152。适于调制 CD 级以上的柴油机油	路博润兰炼添加剂有限公司
LZL 157	高分子分散剂			≥170		0.5	6.5	具有优异的分散性和热稳定性。用于调制 SG 级以上的汽油机油，并可降低油品的加剂量	路博润兰炼添加剂有限公司
LZL 156	丁二酸酯		实测	≥170		0.5	6.5	具有优良的低温分散性和热稳定性。用于调制 CD/SE 以上内燃机油	路博润兰炼添加剂有限公司
LZ 3000	无灰分散剂	920	120		1.25～1.45			0.5%～5%的量与清净剂和抑制剂复合，改善发动机油在低温和高温下的分散性	Lubrizol
LZ 3001	无灰分散剂	935	135		1.8～2.0			同 LZ 3000	Lubrizol
LZ 6401	丁二酰亚胺-丁二酸酯	935	270		0.3～0.4			与其他添加剂复合，可满足各种发动机油性能要求	Lubrizol

续表

商品牌号	化合物名称	密度/(kg/m³)	黏度(100℃)/(mm²/s)	闪点(开口)/℃	氮含量/%	氯含量/%	TBN/(mgKOH/g)	主要性能和应用	生产商
LZ 6406	无灰分散剂	930	145		1.85 ~ 2.15			同 LZ 3000	Lubrizol
LZ 6412	无灰分散剂	925	120		1.4 ~ 1.6			同 LZ 3000	Lubrizol
LZ 6414	无灰分散剂	912	80		0.73 ~ 0.89			具有低温分散性能以及良好的高温柴油机油分散性能	Lubrizol
LZ 6418	高分子丁二酰亚胺	915	325		1.0 ~ 1.2			0.5% ~5% 的量与清净剂和抑制剂复合，改善发动机油在低温和高温下的分散性	Lubrizol
LZ 6418B	高分子丁二酰亚胺	903	100		0.71 ~ 0.87			同 LZ6418	Lubrizol
LZ 6420	高分子无灰分散剂	915	475		0.8 ~ 1.0			同 LZ6418	Lubrizol
LZ 890	双丁二酰亚胺	930	270		0.98 ~ 1.15			加 1% ~5.2% 的量，提供低温分散性以及良好的高温柴油机油分散性能	Lubrizol
LZ 894	单丁二酰亚胺	935	310		1.65 ~ 1.95			加 1% ~5.2% 的量，提供重负荷发动机油低温分散性以及良好的高温柴油机油分散性能	Lubrizol
LZ 935	分散剂组分	970	230		2.2 ~ 2.4	硼含量 1.7 ~ 2.1		加 1% ~5.4% 的量，与清净剂及抑制剂复合可极大地改进发动机油的低温和高温分散性	Lubrizol
LZ 936	聚异丁烯丁二酸酯	935	275		2.2 ~ 2.4			加 1% ~5.2% 的量，与清净剂及抑制剂复合可极大地改进发动机油的低温和高温分散性	Lubrizol
LZ 948	丁二酰亚胺-丁二酸锌-	940	360		0.6 ~ 0.8	锌含量 1.4 ~ 1.7		加 1% ~5.2% 的量，与清净剂及抑制剂复合可极大地改进发动机油的低温和高温分散性	Lubrizol
Infineum C1235	丁二酰亚胺	910	143	195	1.12	12	12	具有优良的低温分散性能，与其他剂复合用于柴油机油	Infineum

续表

商品牌号	化合物名称	密度/(kg/m³)	黏度(100℃)/(mm²/s)	闪点(开口)/℃	氮含量/%	氯含量/%	TBN/(mgKOH/g)	主要性能和应用	生产商
Infineum C1231	丁二酰亚胺	947	242	150	1.58			具有优良的低温分散性和漆膜控制，与其他剂复合用于汽、柴油机油	Infineum
Infineum C9233	双丁二酰亚胺	903	49	206	1.28		28	具有控制高温下的沉淀，与其他剂复合用于高质量汽、柴油机油	Infineum
Infineum C9236	双丁二酰亚胺	903	103	205	1.37		28	同 Infineum C9233	Infineum
Infineum C9238	单/双丁二酰亚胺	915	79	200	1.98		43	与其他剂复合用于高质量汽、柴油机油	Infineum
Infineum C9237	单/双丁二酰亚胺	911	167	204	1.93		47	具有优良的控制漆膜和油泥的生成以及分散烟灰的能力，与其他剂复合用于高质量汽、柴油机油	Infineum
OLOA 11000	丁二酰亚胺	938	472	210	3.20		80	在汽油机油中具有优良的低温油泥和漆膜控制能力，在柴油机、天然气发动机和船用气缸油中具有有效分散性能	Chevron
OLOA 11005		927	180	>182				具有良好的热稳定性，一般与清净剂、腐蚀和氧化抑制剂复合，用于汽、柴油机油中	Chevron
OLOA 15500	无灰分散剂中间体	920	160	>182			皂化值92	具有良好的热稳定性和清净分散性，用于汽、柴油机油中	Chevron
Hitec644	丁二酰亚胺	920	320	175	2.1		42	推荐0.5%~6%的量用于汽、柴油机油，控制低温油泥	Ethyl
Hitec646	丁二酰亚胺	930	420	>150	1.8		42	推荐0.51%~6%的量用于汽、柴油机油，控制低温油泥	Ethyl
Hitec648	硼化丁二酰亚胺	950	400	>150	1.45	硼1.30		推荐0.5%~6%的量，用于要求在低温操作下有高分散油泥生成的汽、柴油机油中	Ethyl

续表

商品牌号	化合物名称	密度/(kg/m³)	黏度(100℃)/(mm²/s)	闪点(开口)/℃	氮含量/%	氯含量/%	TBN/(mgKOH/g)	主要性能和应用	生产商
Hitec7049	硼化曼尼斯分散剂							在汽油机油和柴油机油中的高、低温条件下，均可提供优异的分散性能和漆膜控制	Ethyl
Hitec7714	硼化丁二酰亚胺	950	400	>150	1.45	硼 1.30		用于汽油机油和柴油机油中控制高温漆膜	Ethyl
Mobilad C-200	硼化丁二酰亚胺	940	560	230	1.6	硼含量1.8		推荐用量0.1%~2.0%，具有优良的分散性，用于车辆齿轮油和工业齿轮油中	Mobil
Mobilad C-203	无氯丁二酰亚胺	930	305	225			45	推荐用量1%~10%，具有优良的分散性和防锈性，用于发动机油、齿轮油、压缩机油和液压油中	Mobil
Mobilad C-204	含锌丁二酰亚胺	930	220	170	0.7	含锌量1.6%		推荐用量0.5%~4.0%，具有优良的分散性和抗磨性，用于工业润滑油及船用发动机油	Mobil
Mobilad C-212	无氯950分子量PIB丁二酰亚胺						45	推荐用量0.5%~10.0%，具有优良的分散性和防锈性，用于金属加工液中	Mobil
Mobilad C-213	无氯丁二酰亚胺	930	340	220	2.8~4.4		48~62	推荐用量1%~10.0%，具有优良的分散性和防锈性，用于齿轮油	Mobil
Mobilad C-208	950分子量的PIB丁二酸酐	920	220	183		<10	TAN42.5	丁二酸酐中间体，可与胺或醇反应生成丁二酰亚胺或丁二酯分散剂，也是低氯的环保原料	Mobil
MX33316	硼化丁二酰亚胺	930	250	>180	1.58	硼含量0.35	29	有效的低温油泥控制性能和优良的防锈性，特别推荐用于柴油机油中	Agip Petroli
MX33319	丁二酰亚胺	916	590	180	0.85		18	有效控制油泥沉积和优良的防锈性，特别推荐用于汽油机油中	Agip Petroli

第2节 抗氧抗腐剂

2.1 概况

抗氧抗腐剂主要用于减缓油品氧化及油品对金属腐蚀。由于油品中的烃类化合物，在光和温度的作用下能生成活泼的自由基，与氧作用生成一系列的氧化中间产物，经聚合作用，最后生成胶状物质而沉淀。油品的氧化过程开始通常较慢，产物能溶解在油中，逐步使得油品颜色变黄，氧化聚合加深，胶质越重，分子量越大，最后聚合成黏稠胶状沉淀物。20世纪30年代，由于汽车工业的大发展，内燃机的压缩比大幅度提高。伴随着发动机功率的提高，巴比特合金轴承材料暴露了难以承受高负荷、高温的缺陷，开始使用铜-铅、镉-银、镉-镍等硬质合金，但由于这些合金容易受到润滑油氧化变质产物的腐蚀，要求在油品中加入抗氧抗腐剂。经过实际应用，于40年代初筛选出效果较好的二烷基二硫代磷酸锌（ZDDP）抗氧抗腐剂，并得到广泛应用。为了减少污染和噪声，70年代的小轿车装有废气催化转化装置，而磷对催化转化器中的贵金属有中毒作用，为了避免催化器中毒，要求油品低磷化、低灰化，出现了铜盐和无磷等氧化剂。1980年SF级油问世，低磷油很难通过SF级油要求的ⅢD氧化试验，曾采取用二烷基二硫代氨基甲酸锌与ZDDP复合的方法来解决。90年代，Ciba特殊化学品添加剂部开发了系列无灰抗氧抗腐剂部分取代ZDDP，使抗氧抗腐剂得到进一步发展。

2.2 抗氧抗腐剂的使用性能

润滑油的氧化由于光、热、过渡金属等的作用，产生了游离基而开始进行的，游离基与氧反应产生过氧基［ROO·］，过氧基与其他分子反应产生过氧化氢［ROOH］和游离基［R·］。过氧化氢进一步分解产生氧化游离基［R·］和过氧基［ROO·］。连锁反应的结果最后生成酮、醛、有机酸，最后进行缩合反应，生成了油泥和漆膜，同时黏度也增加了。为了防止氧化反应，一种方法是捕捉游离基，另一种方法是使过氧化物分解，得到稳定的化合物。酚型和胺型抗氧剂捕捉游离基，是游离基终止剂；而ZDDP主要具有后者的作用，是过氧化物分解剂；也有文献认为ZDDP除具有过氧化物分解作用外，还具有捕捉游离基和游离基分解作用，如下表示的所谓自动氧化机理：

链引发反应：

$$\mathrm{RH} \longrightarrow \mathrm{R}\cdot \tag{1}$$

$$\mathrm{ROOH} \xrightarrow{\Delta} \mathrm{RO}\cdot + \cdot\mathrm{OH} \tag{2}$$

$$\mathrm{ROOH} + \mathrm{M}^{n+} \longrightarrow \mathrm{RO}\cdot + \mathrm{M}^{(n+1)+} + \mathrm{OH}^- \tag{3}$$

链增长反应：

$$R\cdot + O_2 \longrightarrow RO_2\cdot \tag{4}$$

$$ROO\cdot + RH \xrightarrow{k_p} ROOH + R\cdot \tag{5}$$

$$RO\cdot + RH \longrightarrow ROH + R\cdot \tag{6}$$

链分支反应：

$$R\cdot + \xrightarrow{\beta开裂} R'H + R'' \tag{7}$$

$$RO\cdot + \xrightarrow{\beta开裂} R'COR'' + R'' \tag{8}$$

链终止反应：

$$R\cdot + R\cdot \longrightarrow RR \tag{9}$$

$$R\cdot + RO_2\cdot \longrightarrow ROOR \tag{10}$$

$$RO_2\cdot + RO_2\cdot \longrightarrow ROOR + O_2 \tag{11}$$

动力学引导的这些基本反应不能表示所有的反应，但对研究抗氧化方面是足够的。链反应一开始，就会导致相当于式（4）与式（5）的反复循环次数的烃分子变质。因此，为防止烃的氧化，必须添加可切断链的终止剂或者可抑制链引发的过氧化物分解剂、金属钝化剂。

一方面抗氧剂如能将过氧化游离基（$RO_2\cdot$）捕捉，减少链的增长可抑制氧化进行；另一方面将氢过氧化物分解为离子，减弱分支反应（分支反应是引起油品激烈氧化的原因）抑制氧化起重要作用。取代酚系抗氧剂特别容易与 $RO_2\cdot$ 反应，其反应速度比式（5）快得多，因此切断了链，成为稳定的苯氧基，其反应式如式（12）及式（13）所示：

$$RO_2\cdot + R\text{-}C_6H_2(OH)(x)\text{-}R \rightleftharpoons R\text{-}C_6H_2(O\cdot)(x)\text{-}R + ROOH \tag{12}$$

$$(RO)_2P(=S)\text{-}S\text{-}Zn\text{-}S\text{-}P(=S)(OR)_2 + ROOH \longrightarrow (RO)_2P(=S)\text{-}S\text{-}S\text{-}P(=S)(OR)_2 + ZnO + ROH \tag{13}$$

$$ROOH \longrightarrow RO^+ + OH^-$$

2.3 抗氧抗腐剂的作用机理

自由基（R·、ROO·、RO·、HO·）和氢过氧化物（ROOH）是两类加速氧化过程进行的有害中间产物。抗氧剂就是要抑制或消除这两类中间产物，阻止聚合物自动氧化反应的进行。

抗氧剂分为两类：主抗氧剂为自由基俘获剂，也称链终止剂；辅助抗氧剂为氢过氧化物分解剂。主抗氧剂的功能是俘获自由基，使其不再参与氧化循环；辅助抗氧剂的作用是分解氢过氧化物，使其成为无害的产物。

2.3.1 链终止剂作用机理

受阻酚、芳香族仲胺被称为传统链终止型抗氧剂。这类自由基俘获剂主要作用于以氧原子为中心的自由基，如烷基过氧化物自由基（ROO·）、烷氧自由基（RO·）和羟基自由基（HO·），但以前者为主。因为烷氧自由基和羟基自由基寿命短且活性高，它们很快从烃链上抽提一个氢原子形成烷基自由基，而在富氧条件下，烷基自由基又很快转变成烷基过氧化物的自由基。

按反应机理传统链终止型抗氧剂可分成两种反应机理：链终止供体机理（CB-D）和链终止受体机理（CB-A）。

链终止供体机理为自由基 ROO·从稳定剂 AH 中抽提氢原子，变成自由基 A，它还可以俘获另一过氧化物自由基形成非自由基型产物。这类稳定剂已有很多工业产品，典型的代表是受阻酚结构的抗氧剂，其作用机理如下所示。

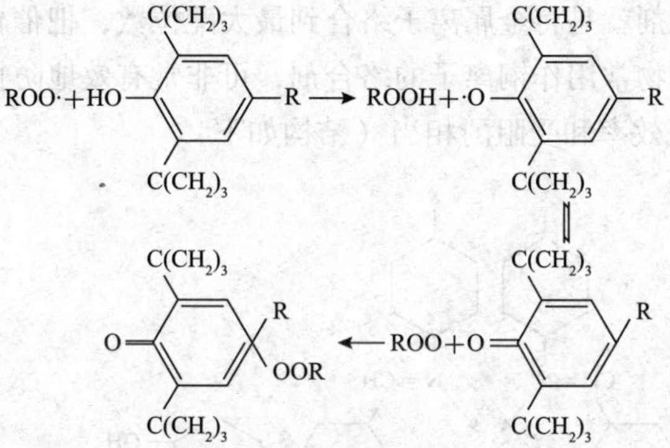

C(CH$_2$)$_3$　　　　　　　　C(CH$_2$)$_3$

ROO·+HO–（苯环）–R ⟶ ROOH+·O–（苯环）–R

C(CH$_2$)$_3$　　　　　　　　C(CH$_2$)$_3$

C(CH$_2$)$_3$　　　　　　　　C(CH$_2$)$_3$

O=（环）（R）（OOR） ⟵ ROO+O=（环）–R

C(CH$_2$)$_3$　　　　　　　　C(CH$_2$)$_3$

这个反应中产生的酚类自由基处于稳定共振态，反应活性小。通过苯环的共振进一步与自由基反应变成最终的稳定结构。

服从 CB-A 机理的抗氧剂能够与自由基反应，形成不再引发氧化反应的稳定产物，典型的醌类化合物与烷基自由基反应如下：

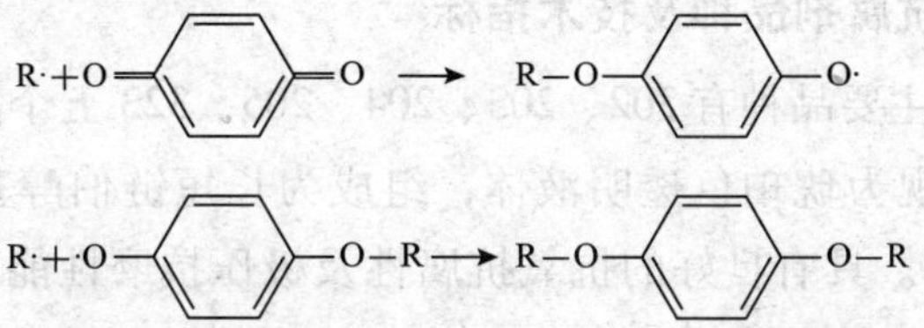

R·+O=（环）=O ⟶ R–O–（苯环）–O·

R·+O–（苯环）–O–R ⟶ R–O–（苯环）–O–R

2.3.2　氢过氧化物的分解作用机理

当一定浓度的氢过氧化物生成后，自由基支化链的自氧化反应即快速推进。氢过氧化物可按均解和杂解方式分解：

$$ROOH \rightarrow RO\cdot + \cdot OH$$

（均解，自由基方式，$E = 175.56\text{kJ/mol}$）

$$ROOH \rightarrow ROO^- + H^+$$

（杂解，离子方式，$E = 376.2\text{kJ/mol}$）

由于自由基均解活化能较低（$E = 175.56$ kJ/mol），故在室温下，有机物的氢过氧化物总是按自由基方式均解，从而引起自由基加速自氧化反应。所谓氢过氧化物分解剂的抗氧剂就是一种使氢过氧化物按离子型机理分解的化合物，通过这种分解作用，从而防止了自由基枝化链自氧化反应。氢过氧化物的分解剂主要有硫化物、硫酯和亚磷酸酯类等。

2.3.3 金属离子钝化剂作用机理

某些金属离子通过单电子氧化还原反应，能加速氢过氧化物的自由基方式分解，从而加速了烃类物质的自氧化反应，特别是变价金属如 Cu、Fe、Ni、Co、Ti、Cr 等的存在更易促进材料的自氧化，因此，降低金属离子活性，将有效地防护有机材料氧化。

$$ROOH + M^{m+} \rightarrow RO\cdot + M^{(m+1)+} + OH^-$$

$$ROOH + M^{m+} \rightarrow ROO\cdot + M^{n+} + OH^-$$

为减少这些金属离子的催化氧化活性，使有机材料免于氧化，需把有害的金属离子络合钝化，金属离子钝化剂就是将金属离子络合到最大配位数，把催化活性的金属离子变成惰性络合物。肟的有机物常用作铜离子的络合剂，可非常有效地防止电缆、电线（铜高分子）的热氧化，其抗氧效率和受阻酚相当（结构如下）。

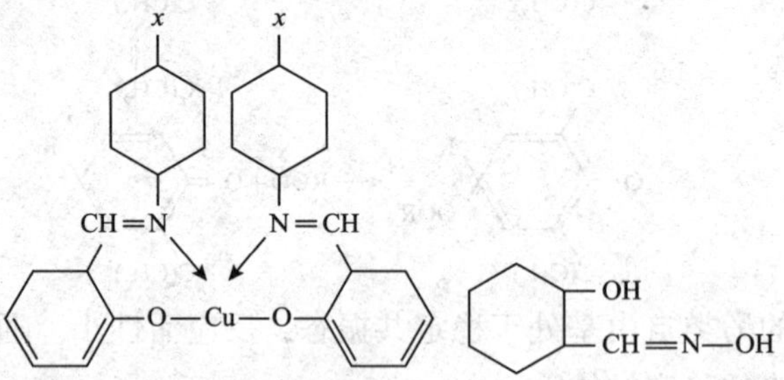

2.4 抗氧抗腐剂品种及技术指标

2.4.1 国内抗氧抗腐剂品种及技术指标

国内抗氧抗腐剂的主要品种有202、203、204、205、323 五个品种。

202 抗氧抗腐剂外观为琥珀色透明液体，组成为长短链伯醇基的二烷基二硫代磷酸锌，其统一代号为 T202。具有良好的抗氧抗腐性及极压抗磨性能，能有效地防止发动机轴承腐蚀和因高温而使油品黏度增长。T202 抗氧抗腐剂以丁醇、辛醇经硫磷化、皂化反应后，经过滤而制得成品，它与清净剂和分散剂复合后应用于机油中，与其他添加剂复合也可用于工业润滑油中。T202 抗氧抗腐剂的典型性能指标如表 3-26 所示。

表 3-26 202 抗氧抗腐剂的典型性能指标

项目		质量指标		试验方法
		一等品	合格品	
外观		琥珀色透明液体		目测
色度/号	不大于	2.0	2.5	GB/T 6540
密度（20℃）/(kg/m^3)		1080 ~ 1130		GB/T 2540
运动黏度（100℃）/(mm^2/s)		报告		GB/T 265

续表

项　目		质量指标		试验方法
		一等品	合格品	
闪点（开口）/℃	不低于	180		GB/T 3536
硫含量/%		14.0～18.0	12.0～18.0	SH/T 0303
磷含量/%		7.2～8.5	6.0～8.5	SH/T 0296
锌含量/%		8.5～10.0	8.0～10.0	SH/T 0226
pH 值	不小于	5.5	5.0	企标
水分/%	不大于	0.03	0.09	GB/T 260
机械杂质/%	不大于	0.07		GB/T 511
热分解温度/℃	不低于	220		SH/T 0561
轴瓦腐蚀试验				
轴瓦失重/mg	不大于	25	25	SH/T 0264
40℃运动黏度增长率/%	不大于	50	50	GB/T 265

203 抗氧抗腐剂外观为浅黄至琥珀色透明液体，组成为长链伯醇基的二烷基二硫代磷酸锌，统一代号是 T203。除具有良好的抗氧抗腐性及一定的极压抗磨性能外，其热稳定性特别好，能有效地防止发动机轴承腐蚀和因高温氧化而使油品黏度增长。203 抗氧抗腐剂是以辛醇经硫磷化、皂化反应后，经过滤而制得的。T203 与清净剂和分散剂复合后应用于各档内燃机油中，特别用于需要高温性能好的增压柴油机油中；与其他添加剂复合可用于抗磨液压油中。T203 的典型性能指标如表 3－27 所示。

表 3－27　T203 的典型性能指标

项　目		质量指标		试验方法
		一等品	合格品	
外观		浅黄至琥珀色透明液体		目测
色度/号	不大于	2.0	2.5	GB/T 6540
密度（20℃）/(kg/m³)		1060～1150		GB/T 2540
运动黏度（100℃）/(mm²/s)		报告		GB/T 265
闪点（开口杯）/℃	不低于	180		GB/T 3536
硫含量/%		14.0～18.0	12.0～18.0	SH/T 0303
磷含量/%		7.5～8.8	6.5～8.8	SH/T 0296
锌含量/%		9.0～10.5	8.0～10.5	SH/T 0226
pH 值	不小于	5.8	5.3	企标
水分/%	不大于	0.03	0.09	GB/T 260
机械杂质/%	不大于	0.07		GB/T 511
热分解温度/℃	不低于	230	225	SH/T 0561
轴瓦腐蚀试验				
轴瓦失重/mg	不大于	25	25	SH/T 0264
40℃运动黏度增长率/%	不大于	50	50	GB/T 265

204 抗氧抗腐剂外观为浅黄至琥珀色透明液体，组成为伯、仲混合醇基的二烷基二硫代磷酸锌，统一代号是 T204。它具有良好的抗氧抗腐性和优良的抗磨及抗乳化性能。204 抗氧抗腐剂以伯、仲醇经硫磷化、皂化反应后，并经过滤而制得成品，它是硫磷伯仲醇基锌盐抗氧抗腐剂，其抗磨性能好，适用于调制高档低温抗磨液压油及工业润滑油。T204 典型性能指标见表 3－28。

表 3－28　T204 的部分性能指标

项　目		质量指标	试验方法
密度（20℃）/(kg/m^3)		实测	GB/T 1884 和 GB/T 1885
闪点（开口杯）/℃	不低于	100	GB/T 267
硫含量/%		13.5～16.0	SH/T 0303
磷含量/%	不小于	6.5	SH/T 0296
锌含量/%	不小于	7.5	SH/T 0226
pH 值	不小于	5.5	QJ/SH 007.02.08.204
热分解温度/℃	不低于	200	SH/T 0561

205 抗氧抗腐剂外观为琥珀色透明液体，组成为仲醇基二烷基二硫代磷酸锌，统一代号是 T205。其抗氧抗腐性和抗磨性能优良，能有效地防止发动机轴承腐蚀和因高温氧化而使油品黏度增长。205 抗氧抗腐剂是以仲醇经硫磷化、皂化反应后，并经过滤而制得成品，它适用于调制高档汽油机油。其典型技术性能指标见表 3－29。

表 3－29　205 抗氧抗腐剂的典型性能指标

项　目		质量指标	试验方法
密度（20℃）/(kg/m^3)		实测	GB/T 1884 和 GB/T 1885
闪点（开口杯）/℃	不低于	100	GB/T 267
硫含量/%		15.0～19.0	SH/T 0303
磷含量/%	不小于	7.5	SH/T 0296
锌含量/%	不小于	9.5	SH/T 0226
pH 值	不小于	5.5	QJ/SH007.02.08.204
热分解温度/℃	不低于	190	SH/T 0561

323 抗氧抗腐剂代号 T323，该添加剂具有很好的极压抗磨性能和良好的抗氧化性能，与其他添加剂的配伍性能较好。适用于汽轮机油、液压油、齿轮油和内燃机油等多种油品及润滑脂中。其典型性能指标见表 3－30。

表 3－30　323 抗氧抗腐剂的典型性能指标

项　目		质量指标	试验方法
密度（20℃）/(kg/m^3)		1050	GB/T 1884 和 GB/T 1885
黏度（100℃）/(mm^2/s)		13.5～15.5	GB/T 265
闪点（开口杯）/℃	不低于	130	GB/T 267
硫含量/%		29.0～32.0	SH/T 0303

2.4.2 国外抗氧抗腐剂品种及技术指标

国外抗氧抗腐剂的主要品种有二烷基二硫代磷酸盐和二烷基二硫代氨基甲酸盐两大类，主要生产有 Lubrizol、Infineum、Ethyl Petroleum Additive 等公司，其产品主要商品牌号及性能如表 3-31 和表 3-32 所示。

表 3-31 国外二烷基二硫代磷酸盐品种及牌号

商品牌号	化合物名称	密度/(kg/m³)	黏度(100℃)/(mm²/s)	闪点/℃	S/%	P/%	Zn/%	主要性能及应用	生产厂或公司
LZL 204	二烷基二硫代磷酸锌	报告	报告	≥180	13.5~16	6.3~8.0	8.5~10.5	热稳定性好，抗水解性能优良，适宜调制工业润滑油	路博润兰炼添加剂有限公司
LZL 205	仲烷基ZDDP			实测			≥8.5	抗氧化、抗磨性能好，适宜调制高档汽油机油	路博润兰炼添加剂有限公司
LZ 1060	二烷基二硫代磷酸锌	1110	8.0		16.8	8.0	8.84	推荐 0.75%~1.55% 的量，用于曲轴箱油	Lubrizol
LZ 1082	二烷基二硫代磷酸锌	1125	9.5		17.4	8.3	9.15	推荐 0.57%~1.65% 的量，提供曲轴箱油的氧化抑制、轴承防腐和抗磨性能	Lubrizol
LZ 1095	二烷基二硫代磷酸锌	1170	12		20.0	9.5	11.5	推荐0.5%~1.5% 的量，提供曲轴箱油的氧化抑制、轴承防腐和抗磨性能	Lubrizol
LZ 1097	二烷基二硫代磷酸锌	1080	13.5		14.8	7.0	7.8	推荐 0.7%~2.05% 的量，提供曲轴箱油的氧化抑制、轴承腐蚀防护和抗磨性能	Lubrizol
LZ 1360	二烷基二硫代磷酸锌	1115	9.5		16.8	8.0	8.93	推荐 0.75%~1.5% 的量，提高曲轴箱油的抗氧和抗磨性能	Lubrizol
LZ 1360B	二烷基二硫代磷酸锌	1115	9.5		16.9	8.0	8.93	推荐0.8%~1.5% 的量，提供曲轴箱油及工业润滑油的抗氧和抗磨性能	Lubrizol
LZ 1371	二烷基二硫代磷酸锌	1200	15		21.0	10.0	11.05	推荐0.5%~1.5% 的量，提供曲轴箱油及工业润滑油的抗氧和抗磨性能	Lubrizol
LZ 1375	二烷基二硫代磷酸锌	1080	10		11.9	6.3	7.85	推荐0.5%~1.0% 的量，用于优质的抗磨液压油，可满足 Denison HF-2、HF-0、Cincinnati Milacron P-69、P-70、Vickers I-286 和 M-2950-S 规格	Lubrizol

续表

商品牌号	化合物名称	密度/(kg/m³)	黏度(100℃)/(mm²/s)	闪点/℃	S/%	P/%	Zn/%	主要性能及应用	生产厂或公司
LZ 1395	二烷基二硫代磷酸锌	1180	14		20.0	9.5	10.6	推荐0.65%～1.3%的量，提高曲轴箱油的抗氧和抗磨性能，是LZ1360浓缩物	Lubrizol
ADX 308L	二芳基二硫代磷酸锌	1153	13		19.5	9.0	10.1	推荐0.5%～1.5%的量，与分散剂、清净剂和酸中和剂复合为曲轴箱油，提供抗氧抗腐和抗磨性能	Lubrizol
LZ 92	抗氧和抗腐蚀剂	1040	20.0		13.1	5.03		推荐0.5%～1.3%的量，提供曲轴箱油的抗氧和抗腐蚀性能	Lubrizol
Infineum C9425	伯烷基ZDDP	1110	10.0				8.8	用于内燃机油	Infineum
Infineum C9426	伯烷基ZDDP	1070	13.0			7.0	7.7	热稳定性好，用于柴油机油	Infineum
Hitec 7169	仲烷基ZDDP	1120	9.5	110	17.1	8.2	9.0	具有抗氧、抗腐和抗磨性能，适用于发动机油和船用柴油机油	Ethyl Petroleum Additives
Hitec 1656	伯/仲烷基ZDDP							具有抗氧、抗腐和抗磨性能，适用于发动机油和船用柴油机油	Ethyl Petroleum Additives
Hitec 680								热安定性和水解安定性好，分水性强，适用于对过滤性能要求高的油品	Ethyl Petroleum Additives
Vanlube 622	二烷基二硫代磷酸锑	1020	6.04	177				具有极压、抗氧、抗磨和抗划伤性能，用于车辆齿轮油、发动机油和润滑脂	R. T. Vanderbilt
Vanlube 648	二烷基二硫代磷酸锑	1040	6.33	165				具有抗磨/抗划伤性、抗腐蚀、抗氧和极压性能，用于车辆及工业齿轮油、发动机油和润滑脂	R. T. Vanderbilt
MX 3103	伯烷基ZDDP	1073	13.0	100		7.0	7.7	具有优良的抗磨、抗氧和耐腐蚀性记忆优良的耐水性，热稳定性好，推荐用于车用发动机油，特别是柴油机油中	Agip Petrolrum(意大利)

续表

商品牌号	化合物名称	密度/(kg/m³)	黏度(100℃)/(mm²/s)	闪点/℃	S/%	P/%	Zn/%	主要性能及应用	生产厂或公司
MX 3112	混合伯烷基ZDDP	1182	17.0	100		9.6	10.6	具有优良的抗磨、抗氧和耐腐蚀性以及优良的耐水性，热稳定性好，推荐用于车用发动机油和船用发动机油及工业润滑油	Agip Petrolrum（意大利）
MX 3114	混合伯仲烷基ZDDP	1193	16	100		9.6	10.6	同MX 3112	Agip Petrolrum（意大利）
MX 3167	混合仲烷基ZDDP	1108	9.2	100		7.9	8.7	具有优良的抗磨、抗氧和抗腐蚀性及优良的耐水性和热稳定性，推荐用于曲轴箱润滑油、自动传动液、齿轮油和液压油中	Agip Petrolrum（意大利）

表3-32 国外二烷基二硫代氨基甲酸盐品种及牌号

商品牌号	化合物名称	密度/(kg/m³)	黏度(100℃)/(mm²/s)	闪点/℃	硫含量/%	金属含量/%	主要性能和应用	生产厂或公司
Vanlube 869	含硫添加剂和二烷基二硫代氨基甲酸锌混合物	1140	20	120			具有极压剂和抗压性能，用于润滑油润滑脂	R. T. Vanderbit Company, Inc.
Vanlube 7723	4，4′-二(丁基二硫代氨基甲酸酯)	1050	14.5	≥149			无灰抗氧、极压剂，作为抗氧剂加0.1%~1%，作极压剂加2%~4%，用于汽轮机油、液压与循环油中	R. T. Vanderbit Company, Inc.
Vanlube 8610	二烷基二硫代氨基甲酸锑	1150	15	≥100			用于各种润滑油及润滑脂的极压抗氧剂。加2%的量Timken OK值可达400~445N	R. T. Vanderbit Company, Inc.
Vanlube AZ	二戊基氨基甲酸锌	900	9.5	≥160			用于发动机油、工业润滑油和润滑脂，具有抗氧抗腐可抗磨性能	R. T. Vanderbit Company, Inc.
Vanlube A	二硫代氨基甲酸氧硫化钼	1.58	黄色粉末				具有抗磨、极压、抗氧性能，用于起落架球窝关节和转向机构长寿命润滑脂，也用于抗氧和抗磨性能润滑脂	R. T. Vanderbit Company, Inc.

第3节　极压抗磨剂

3.1　概况

在压力作用下，抗磨损性能优良的润滑油，可以使机械得到充分润滑，减少部件之间的摩擦和磨损，防止烧结，从而提高了机械效率，减少了能源消耗，延长了机械的使用寿命。据估计，大约有三分之一的能量消耗在摩擦上，80%的零件是由磨损报废的。所以，提高润滑性、减少摩擦及磨损、防止烧结是何等重要。

载荷添加剂按其作用性质可分为油性剂、抗磨剂和极压剂三类，但抗磨剂和极压剂的区分不是很明显，有时甚至很难区分，因此，一般把载荷添加剂分成油性剂和极压抗磨剂。极压抗磨剂是随着齿轮、尤其是随着双曲线齿轮的发展而发展起来的。最早使用的油性剂是动植物油脂，首先使用的极压剂是元素硫。1926年双曲线齿轮技术的发展，使原来含动植物油脂的复合油根本不能满足其要求，含元素硫极压剂的润滑油虽然有良好的抗擦伤性能，但不能解决双曲线齿轮的润滑问题。在20世纪30年代中期，把硫－氯型添加剂用在双曲线齿轮润滑中，性能良好。但它只能满足轿车润滑的要求，而在卡车润滑油中，特别是在高扭矩低速条件下会产生严重磨损。随后开发了硫化鲸鱼油和铅皂配制的硫－铅型齿轮油，广泛应用在工业齿轮的润滑上。直到50年代在硫－氯型添加剂中引入含磷化合物，配成硫－磷－氯－锌型齿轮油，既可以满足轿车又可以满足卡车的要求。但由于硫－磷－氯－锌型齿轮油的热稳定性和氧化安定性不太好，60年代以后被硫－磷型添加剂所取代。因为硫－磷型添加剂在高速抗擦伤性、高温安定性和防锈性方面性能均优于硫－磷－氯－锌型添加剂，这时的硫化合物除了硫化鲸鱼油外，有硫化烃类，特别是硫化异丁烯更是占了主导地位。磷化合物有磷酸酯、磷酸酯铵盐、硫代磷酸酯、硫代磷酸酯铵盐，以及没有氯、硫、磷等活性元素的硼酸盐和惰性高碱值磺酸盐极压抗磨剂。

3.2　极压抗磨剂的使用性能

极压抗磨剂一般不单独使用，它与其他添加剂复合，广泛应用于内燃机油、齿轮油、液压油、压缩机油、金属加工液和润滑脂中。极压抗磨剂是在金属表面承受负荷的条件下，起防止滑动的金属表面的磨损、擦伤甚至烧结的作用。其作用机理是：当摩擦面接触压力高时，两金属表面的凹凸点互相啮合，产生局部高压、高温，此时若是含活性硫、磷或氯化合物的极压抗磨剂时，将与金属表面发生反应，生成剪切强度低的硫化、磷化或氯化金属固体保护膜，把两金属面隔开，从而防止了金属的磨损和烧结。若是ZDDP或硼酸盐将生成另外的保护膜。

常常是两种以上的添加剂复合使用比单独使用会得到更好的效果，这样可使油品的性能更加全面。因为不同类型的极压抗磨剂具有不同的特点和使用范围，含硫极压抗磨剂抗烧结性好，抗磨性差，含磷极压抗磨剂抗磨性好，极压性较差，这二者可互补不足。对齿轮油配方来说，硫磷型复合剂中的磷系添加剂在低速高扭矩运转下具有形成保护膜的机能，特别是含硫的磷化物在冲击负荷和高速下具有保护金属表面的效果。磷与硫的比率是非常重要的，硫过量时，CRC L-37（磨损）试验不合格，磷过量时，CRC L-42（极压）试验不合格。

在极压抗磨剂与摩擦改进剂、防锈剂或其他极压抗磨剂两种以上添加剂复合时，要特别注意是协合效应还是对抗效应。如ZDDP与硫化异丁烯（SIB）复合时的Timken合格负荷可达268N（27.3kg），而ZDDP和SIB单独使用时的合格负荷分别为89N（9.1kg）和182N（20kg）。

在极压抗磨剂中某些含硫极压抗磨剂与含磷极压抗磨剂复合会产生协合效应，如表3－33所示。极压抗磨剂与防锈剂、磺酸盐、摩擦改进剂复合使用时，产生对抗效果是众所周知的。在CRC L-42试验合格的配方润滑油中添加0.5%的月桂基琥珀酸酐时，则变成不合格，所以防锈剂会降低极压抗磨剂的效果，如表3－34所示。在确定车辆齿轮油配方时，必须仔细平衡极压性和防锈性，因为这二者经常是互相矛盾的。

表3－33 硫化烯烃与亚磷酸二丁酯的协合效应

项 目	1	2	3	4
亚磷酸二丁酯%	1	—	1	—
硫化烯烃%	—	5	5	—
基础油%	99	95	94	100
四球机实验（GB/T 3142）				
P_B/N	1697	902	2197	588
P_D/N	1761	1609	2550	—

表3－34 防锈剂对极压抗磨剂的影响

项 目	1	2
含硫极压抗磨剂	√	√
含磷极压抗磨剂	√	√
碱性石油磺酸盐	√（少量）	√（多量）
CRC L-37	通过	失败
CRC L-42	失败	通过

3.3 极压抗磨剂的作用机理

极压抗磨剂的作用机理是添加剂分子在摩擦副表面吸附，在较高的温度、负荷下，尤其是在局部接触的微凸体表面上，极压抗磨剂分子中的活性组分与金属表面反应，形成较高熔点的低剪切强度的新化合物起抗磨减摩作用，它在高速重载下起作用。

极压抗磨剂中典型的有含硫、磷、氯的添加剂，这几种极压抗磨剂的作用机理各不相同。硫系极压剂的作用机理是含硫化合物在金属表面吸附，局部高温下与金属急剧反应，生成反应膜（FeS、Fe_2S、Fe_2O_3等）。硫化金属膜具有低剪切应力，氧化物在表面上有微细孔道，润滑油深入孔道起润滑作用，是一种“控制性腐蚀反应”。磷系极压剂的作用机理是添加剂中的活性磷元素与摩擦表面反应生成主要由$FePO_4 \cdot 2H_2O$、Fe_2P、FeP_2等组成的反应膜。这层反应膜是一种基于磷化铁－铁的低熔点共融物。氯系极压剂的作用机理是在反应热作用下，极压添加剂中的C—Cl 键断裂，生成 Cl 原子或 HCl，进一步与金属反应生成$FeCl_3$和$FeCl_2$等低熔点易剪切膜。含氯化合物遇水易水解，生成盐酸造成腐蚀，也是一种“控制性腐蚀反应”。

3.4 极压抗磨剂品种及技术指标

3.4.1 国内极压抗磨剂品种及技术指标

国内极压抗磨剂品种主要有氯化石蜡抗磨剂（301、302）、304、305、306、307、308、309 抗磨剂和磷酸三乙酯极压抗磨剂、磷酸三（2－氯乙基）酯极压抗磨剂、321 极压剂、高温无灰抗磨剂、二聚酸钾极压抗磨剂、361 极压抗磨剂、353 极压抗磨剂、352 极压抗磨剂、351 极压抗磨剂、硫化异丁烯极压抗磨剂、323 极压抗磨剂、多烷基苄硫化物极压抗磨剂等品种。

氯化石蜡极压抗磨剂外观为金黄色透明液体，按氯含量不同分为两个产品，统一代号分别为 T301（氯烃-43）和 T302（氯烃-52），具有良好的极压性能；能使聚氯乙烯分子间距离加大，自由度增加，因此对聚氯乙烯有增塑作用。但安定性差，可水解，对金属有腐蚀作用。氯烃-43 由精制石蜡氯化反应后生成粗氯化石蜡后，再通过精制而得成品；氯烃-52 由重蜡经活性炭精制、氯化反应生成粗氯化石蜡后，经脱气和精制而得成品。氯化石蜡极压抗磨剂用于润滑油和切削油以提高其极压抗磨性能，还可作聚氯乙烯的辅助增塑剂，它们的典型性能指标如表 3－35 和表 3－36 所示。

表 3－35　T301 极压抗磨剂的典型性能指标

项　目	质量指标			试验方法
	优等品	一级品	合格品	
色泽（碘）/号　不大于	3	15	30	GB/T 1673
密度（20℃）/(kg/m³)	1130～1160	1130～1170	1130～1180	GB/T 1884 和 GB/T 1885
氯含量/%	41～43	40～44		GB/T 1679
黏度（50℃）/mPa·s	140～450	≤500	≤650	GB/T 1660
折射率（N）	1500～1503		—	GB/T 1657
加热减量（130℃，2h）/%　不大于	0.3		—	企标
热稳定指数（175℃，4h，10L/h），HCl/%　不大于	0.2		0.3	GB/T 1680

表 3－36 T302 极压抗磨剂典型性能指标

项 目		质量指标			试验方法
		优等品	一级品	合格品	
色泽（Pt-Co）/号	不大于	100	250	600	GB/T 1673
密度（20℃）/（kg/m³）		1230～1250	1230～1270	1220～1270	GB/T 1884 和 GB/T 1885
氯含量/%		51～53	50～54		GB/T 1679
黏度（50℃）/mPa·s		150～250	≤300	—	GB/T 1660
折射率（*N*）		1510～1513		—	GB/T 1657
加热减量（130℃，2h）/%	不大于	0.3	0.5	0.8	企标
热稳定指数（175℃，4h，10L/h），HCl/%	不大于	0.10	0.15	0.20	GB/T 1680

304 极压抗磨剂为无色或淡黄色透明油状液体，组成为亚磷酸二正丁酯，统一代号是 T304。具有较强的极压抗磨性，不溶于水，易溶于酯、醇、醚等有机溶剂。304 极压抗磨剂是以三氯化磷和正丁醇为原料，经酯化、精馏而得成品。T304 与其他添加剂复合，可配制各档汽车齿轮油和工业齿轮油，还可作汽油添加剂和阻燃剂，其典型性能指标见表3－37。

表 3－37 T304 极压抗磨剂典型性能指标

项 目		质量指标	试验方法
外观		无色透明液体	目测
磷含量/%		14.5～16.0	SH/T 0296
酯含量/%	不小于	9.5	GB/T 6489
酸值/（mgKOH/g）	不大于	10	GB/T 264
铜片腐蚀（121℃，3h）/级		0～1	GB/T 5096

305 极压抗磨剂的外观为棕红色油状液体，有臭味，油溶性好。组成为硫磷酸含氮衍生物（即硫磷氮剂），统一代号是 T305。具有优良的极压、抗磨性能和一定的抗氧及抗腐性能以及较好的热稳定性。305 极压抗磨剂是以硫磷酸、环氧丙烷、十八胺和多聚甲醛为原料，经酯化和曼尼希反应后，进行精制和过滤而制得成品，它与其他添加剂复合，可配制各档汽车齿轮油和工业齿轮油。T305 的典型性能指标如表 3－38 所示。

表 3－38 T305 极压抗磨剂的典型性能指标

项 目		质量指标	试验
外观		棕红色油状液体	目测
闪点（开口）/℃	不低于	110	GB/T 267
磷含量/%	不小于	5.5	SH/T 0296
硫含量/%	不小于	10.0	SH/T 0303

续表

项　目		质量指标	试验
氮含量/%	不小于	1.0	SH/T 0224
水分/%	不大于	0.1	GB/T 260
机械杂质/%	不大于	0.1	GB/T 511
油溶性		溶解、不分层	目测
铜片腐蚀	不大于	2b	GB/T 5096

306极压抗磨剂的外观为透明油状液体，组成为磷酸三甲酚酯，统一代号是T306。具有良好的极压抗磨、阻燃和耐霉菌性能，挥发性低，电气性能好，有毒。T306极压抗磨剂是用混合甲酚与三氯化磷反应后再通氯气酯化，经水解、水洗、减压蒸馏而得成品，它适用于齿轮油和抗磨液压油中。T306的典型性能指标见表3-39。

表3-39　306极压抗磨剂的典型性能指标

项　目		质量指标		试验方法
		一等品	二等品	
色泽（碘）/号	不大于	100	250	GB/T 3143
密度（20℃）/(kg/m³)	不大于	1185	1190	GB/T 1884和GB/T 1885
闪点/℃	不低于	225	220	GB/T 267
酸值/(mgKOH/g)	不大于	0.15	0.25	GB/T 264
游离甲酚/%	不大于	0.15	0.20	企标
加热减量/%	不大于	0.10	0.20	企标

307极压抗磨剂的外观为棕红色油状液体，有臭味，油溶性好。组成为硫代磷酸胺盐（即硫磷氮剂），统一代号是T307。具有优良的极压、抗磨性能和一定的抗氧及抗腐性能和热稳定性。307极压抗磨剂以硫磷酸和环氧丙烷为原料，在一定温度和压力下反应，再经酯化反应后，进行精制和过滤而制得成品。T307与其他添加剂复合，可配制各档汽车齿轮油和工业齿轮油，其典型性能指标如表3-40所示。

表3-40　T307极压抗磨剂的典型性能指标

项　目		质量指标	试验方法
外观		棕红色油状液体	目测
闪点（开口杯）/℃	不低于	115	GB/T 267
磷含量/%	不小于	8.5	SH/T 0296
硫含量/%	不小于	10.0	SH/T 0303
氮含量/%	不小于	1.4	SH/T 0224
水分/%	不大于	0.1	GB/T 260
机械杂质/%	不大于	0.1	GB/T 511
油溶性		溶解、不分层	目测
铜片腐蚀	不大于	2b	GB/T 5096

308极压抗磨剂产品组成为异辛基酸性磷酸酯十八胺盐，统一代号是T308。具有良好的极压抗磨性、抗氧性。308极压抗磨剂以硫磷酸和异辛醇为原料，在一定温度下酯化，再加胺反应后，进行精制制得成品。T308与其他添加剂复合，可配制各档汽车齿轮油和工业齿轮油，其典型性能指标如表3-41所示。

表3-41　T308极压抗磨剂的典型性能指标

项　目		质量指标	试验方法
磷含量/%		5.2~6.4	SH/T 0296
氮含量/%		2.0~3.0	SH/T 0224
铜片腐蚀（100℃，3h）/级	不大于	1	GB/T 5096

309极压抗磨剂外观为白色或微黄色粉末，组成为硫代磷酸三苯酯，统一代号是T309。具有良好的抗磨性、抗氧性、热稳定性和颜色安定性。309极压抗磨剂以苯酚、三氯化磷、硫黄为原料进行反应，经中和、水洗和精制制得成品。T309适用于无灰抗磨液压油、油膜轴承油、航空润滑油脂和汽轮机油等产品中。与其他添加剂复合，可配制各档汽车齿轮油和工业齿轮油。其典型性能指标如表3-42所示。

表3-42　T309极压抗磨剂的典型性能指标

项　目		质量指标	试验方法
外观		白色或微黄色粉末	目　测
熔点/℃		51~54	GB/T 617
磷含量/%	不小于	8.9	SH/T 0296
硫含量/%	不小于	9.3	SH/T 0303
水溶性酸或碱		无	GB/T 259
铜片腐蚀（100℃，3h）/级	不大于	1	GB/T 5096

磷酸三乙酯极压抗磨剂外观为无色透明油状液体，可溶于水和有机溶剂，具有极压抗磨性能和油性。有毒，在高剂量下会产生麻醉现象和使肌肉松弛，对皮肤和呼吸道有刺激作用。磷酸三乙酯极压抗磨剂是以三氯氧磷与无水乙醇反应得到三乙酯粗产品，再经碳酸钠中和、离心脱醇、减压蒸馏制得成品。磷酸三乙酯极压抗磨剂适用于润滑油的极压抗磨剂和油性剂，以及橡胶、塑料的增塑剂。其典型性能指标如表3-43所示。

表3-43　磷酸三乙酯极压抗磨剂的典型性能指标

项　目		质量指标	试验方窨
密度（20℃）/(kg/m^3)		1069~1073	GB/T 1884 和 GB/T 1885
折射率（N_D^{20}）		1.403~1.406	GB/T 6488
酸值/(mgKOH/g)	不大于	0.15	GB/T 264
水分/%		符合试验	企标
水中溶解度		检验合格	企标

磷酸三（2－氯乙基）酯极压抗磨剂外观为微黄色透明液体，与乙醇、丙酮、氯仿、四氯化碳等有机溶剂相溶，微溶于水，挥发性低。具有良好的极压抗磨性能、优良的紫外线稳定性和低温性能，以及阻燃和增塑作用。磷酸三（2－氯乙基）酯极压抗磨剂以三氯氧磷和环氧乙烷为原料，在偏钒酸钠存在下生成磷酸三氯乙基酯，再经中和、水洗、减压蒸馏制得成品。磷酸三（2－氯乙基）酯极压抗磨剂主要用做润滑油极压抗磨剂，汽油添加剂、塑料增塑剂及阻燃剂。其典型性能指标见表3－44。

表3－44　磷酸三（2－氯乙基）酯极压抗磨剂典型性能指标

项　目		质量指标	试验方法
外观		微黄色透明液体	目测
色泽（Pt-Co）/号	不大于	50	企标
密度（20℃）/（kg/m^3）		1423～1428	GB/T 2540
闪点（开口杯）/℃	不低于	225	GB/T 267
酸值/（mgKOH/g）	不大于	0.3	GB/T 264

注：上海彭浦化工企业标准。

321极压剂外观为橘黄至琥珀色透明液体，组成为硫化异丁烯，统一代号是T321。它具有含硫量高、极压性能好、油溶性好和颜色浅等优点，与含磷化合物有很好的配伍性，是齿轮油的含硫主剂。321极压剂采用一氯化硫、异丁烯、硫化钠、异丙醇等为原料，在催化剂存在下进行加合反应、硫化脱氯反应及精制处理而得成品。321极压剂与其他添加剂复合，用作润滑剂的极压剂。用于配制车辆齿轮油、坦克齿轮油、工业齿轮油和润滑脂等。其典型性能指标见表3－45。

表3－45　321极压剂的典型性能指标

项　目		质量指标	实验方法
外观		橘黄至琥珀色透明液体	目测
密度（20℃）/（kg/m^3）		1100～1200	GB/T 13377
运动黏度（100℃）/（mm^2/s）		5.50～8.00	GB/T 265
闪点（开口）/℃	不低于	100	GB/T 3536
水分/%	不大于	痕迹	GB/T 260
机械杂质/%	不大于	0.05	GB/T 511
油溶性		透明无沉淀	目测
硫含量/%		40.0～46.0	SH/T 0303
氯含量/%	不大于	0.4	SH/T 0161
铜片腐蚀（121℃，3h）/级 不大于		3	GB/T 5096
四球机试验 P_B/N	不小于	4900	GB/T 3142

硫化异丁烯极压抗磨剂外观为浅黄至橘黄色透明液体。它具有含硫量高、极压性能好、油溶性好和颜色浅等优点，与含磷化合物有很好的配伍性，是齿轮油的含硫主剂。硫化异丁

烯极压抗磨剂采用一氯化硫、异丁烯、硫化剂为原料，经加合、硫化脱氯制得成品。

硫化异丁烯极压抗磨剂适用于用作润滑剂的极压剂。用于配制车辆齿轮油、工业齿轮油和润滑油脂等产品。其典型性能指标如表3－46所示。

表3－46　硫化异丁烯极压剂的典型性能指标

项　目		质量指标			试验方法
		WHS-40	WHS-45	WHS-50	
外观		浅黄至橘黄色透明液体			目测
密度（20℃）/（kg/m^3）		1050～1150	110～1200	110～1250	GB/T 1884和GB/T 1885
运动黏度（100℃）/（mm^2/s）		4～8	6～10	8～14	GB/T 265
闪点（开口）/℃	不低于	95	100	100	GB/T 3536
硫含量/%		38～42	42～48	48～52	SH/T 0303
氯含量/%	不大于	0.5	0.5	0.5	SH/T 0161
油溶性		相溶			目测
铜片腐蚀（121℃，3h）/级	不大于	2	3	4	GB/T 5096

322极压抗磨剂外观为白色结晶，组成为二苄基二硫化物，统一代号是T322。具有较好的极压抗磨性能。322极压抗磨剂是用氯化苄与二硫化钠反应后，经精制、离心和干燥而制得成品。T322极压抗磨剂与其他添加剂复合可用于调配车辆齿轮油、业齿轮油和润滑脂。其典型性能指标见表3－47。

表3－47　T322极压抗磨剂的典型性能指标

项　目		质量指标	试验方法
外观		白色结晶	目测
硫含量/%		24～26	GB/T 387
分子量	不小于	220	SH/T 0169
熔点/℃		68～72	GB/T 617
水分/%		无	GB/T 260

323极压抗磨剂外观为棕红色透明液体，组成为氨基硫代酯，是无灰抗磨极压剂。统一代号是T323。它具有很好的极压抗磨性能和良好的抗氧化性能，与其他添加剂的配伍性能较好。T323极压抗磨剂用二正丁胺硫化、甲酸化、皂化、酯化及后处理制得成品。它适用于调配汽轮机油、液压油、齿轮油和内燃机油等多种油品以及润滑脂，可提高产品的极压抗磨性能和抗氧化性能。T323典型性能指标见表3－48。

表3－48　T323极压抗磨剂的典型性能指标

项　目	质量指标	试验方法
外观	棕红色透明液体	目测
密度（20℃）/（kg/m^3）	950～1150	GB/T 1884和GB/T 1885

续表

项　目		质量指标	试验方法
闪点（开口）/℃	不低于	130	GB/T 267
运动黏度（100℃）/(mm^2/s)		13.5～15.5	GB/T 265
硫含量/%		29～32	SH/T 0303

多烷基苄硫化物极压抗磨剂外观为浅黄色或棕黄色液体，按硫含量的不同分成三个产品，统一代号分别为T324、T324A、T324B。具有良好的极压抗磨性能。多烷基苄硫化物极压抗磨剂以混合二甲苯生产苄基氯，然后脱氯、硫化、精馏和过滤而得成品。它可用于油膜轴承油、齿轮油和切削油中。多烷基苄硫化物极压抗磨剂的典型性能指标如表3－49所示。

表3－49　多烷基苄硫化物极压抗磨剂的典型性能指标

项　目		质量指标			试验方法
		T324	T324A	T324B	
外观		浅黄色或棕黄色液体			目测
密度（20℃）/(kg/m^3)		1070	1100	1150	GB/T 1884和GB/T 1885
运动黏度（100℃）/(mm^2/s)		45	150	200	GB/T 265
硫含量/%	不小于	11	20	27	SH/T 0303
铜片腐蚀（100℃，3h）/级		≤1b	1b～2a	1b～3a	GB/T 5096

351极压抗磨剂外观为黄色粉末，组成为二丁基二硫代氨基甲酸钼化合物，统一代号是T351，具有优良的极压抗磨性能和良好的抗氧化及热稳定性。351极压抗磨剂是以二正丁胺、二硫化碳和氧化钼反应制得。T351与其他添加剂复合，主要应用于润滑脂，以提高抗磨和承载能力。其典型性能指标如表3－50所示。

表3－50　T351极压抗磨剂的典型性能指标

项　目		质量指标	试验方法
外观		黄色粉末	目测
熔点/℃	不小于	260	GB/T 617
机械杂质/%		无	GB/T 511
细度（140目筛余物）	不大于	1	企标
加热减量/%		0.2	企标

352极压抗磨剂外观为黄色结晶粉末，组成为二丁基二硫代氨基甲酸锑化合物，统一代号是T352。具有优良的极压抗磨性能。352极压抗磨剂是以二正丁胺、二硫化碳和氧化锑反应制得。它主要应用于极压锂基脂、极压复合锂基脂、轴承脂和减速箱脂等润滑脂中，可提高其抗磨和承载能力。T352的典型性能指标见表3－51。

表 3-51　352 极压抗磨剂的典型性能指标

项　目		质量指标		试验方法
		武汉径河化工	成都石油化工	
外观		黄色结晶粉末		目测
熔点/℃		72~74	—	GB/T 617
机械杂质/%		无		GB/T 511
加热减量/%	不大于	0.2	—	企标
水分/%	不大于	—	0.05	GB/T 260
锑含量/%		—	10~15	企标
硫含量/%		—	20~25	GB/T 384

353 极压抗磨剂外观为白色或浅奶色固体粉末，组成为二丁基二硫代氨基甲酸铅化合物，统一代号是 T353，具有优良的极压抗磨和抗氧性能。T353 以二正丁胺、二硫化碳和氟化铅或硝酸铅反应制得。T353 主要适用于润滑脂、发动机油、齿轮油和汽轮机油，以提高其极压抗磨和抗氧性能。T353 的典型性能指标如表 3-52 所示。

表 3-52　T353 极压抗磨剂的典型性能指标

项　目		质量指标	试验方法
外观		白色或浅奶色固体粉末	目测
熔点/℃		71~73	GB/T 617
机械杂质/%		无	GB/T 511
加热减量/%	不大于	0.3	企标

361 极压抗磨剂外观为琥珀色透明液体，组成为油状硼酸钾的分散体，统一代号是 T361。在极压条件下，能生成一种特殊的弹性膜，这种弹性膜具有优良的极压抗磨和减摩性能，对铜无腐蚀，流动性好，易于加工。361 极压抗磨剂是在反应釜中加入喷气燃料和高碱值磺酸钙，升温加热搅拌，分次加入硼酸进行反应，然后加入氢氧化钾水溶液反应，再经离心除渣后，蒸除喷气燃料制得成品。T361 与其他添加剂复合用于车辆齿轮油、工业齿轮油、蜗轮蜗杆油、防锈润滑两用油、发动机油和金属加工用油等。T361 的典型性能指标如表3-53 所示。

表 3-53　T361 极压抗磨剂的典型性能指标

项　目		质量指标	试验方法
外观		红棕色透明黏稠液体	目测
密度（20℃）/(kg/m^3)		1200~1400	GB/T 1884 和 GB/T 1885
运动黏度（100℃）/(mm^2/s)		实测	GB/T 265
硼含量/%	不小于	5.8	SH/T 0227
闪点（开口）/℃	不低于	170	GB/T 267

续表

项　目		质量指标	试验方法
水分/%	不大于	0.1	GB/T 260
总碱值/(mgKOH/g)		280 ~ 350	SH/T 0251
铜片腐蚀（120℃，3h）/级	不大于	1	GB/T 5096
四球机试验，最大无卡咬负荷，P_B/N	不小于	900	GB/T 3142
极压性能，梯母肯试验 OK 值/N	不小于	267	GB/T 11144

二聚酸钾极压抗磨剂外观为棕色胶体，具有水基的极压性能。二聚酸钾极压抗磨剂以二聚酸和氢氧化钾为原料进行反应，经后处理制得成品。其用途主要与其他添加剂复合用于喷气燃料、冷扎制油和防锈油品中。二聚酸钾的典型性能指标见表 3－54。

表 3－54　二聚酸钾极压抗磨剂的典型性能指标

项　目	质量指标	试验方法
外观	棕色胶体	目测
气味	无异味	嗅觉
pH 值	9 ~ 10	pH 试纸
水分/%	71 ~ 73	企标
透明度	茶色透明	企标

高温无灰抗磨剂外观为浅黄色透明液体。具有优良的高温抗磨性、有色金属抗腐性和良好的抗乳化性能。可溶于矿油和合成基础油。高温无灰抗磨剂采用含磷、氮化合物与醚类化合物等特定原料调制而成，它适用于配制液压油、齿轮油、压缩机油、透平油、润滑脂和金属加工用油（液）等多类有抗磨要求的油品。推荐用量为 0.9%。高温无灰抗磨剂的典型性能指标如表 3－55 所示。

表 3－55　高温无灰抗磨剂的典型性能指标

项　目		质量指标	试验方法
外观		浅黄色透明液体	目测
运动黏度/(mm^2/s)	40℃ 100℃	25 ~ 32 3 ~ 6	GB/T 265
闪点（开口）/℃	不低于	180	GB/T 267
水分/%		无	GB/T 260
机械杂质/%	不大于	0.1	GB/T 511
总酸值/(mgKOH/g)		实测	GB/T 7304
磷含量/%	不低于	3	SH/T 0296
铜片腐蚀（100℃，3h）/级	不大于	1a	GB/T 5096
最大无卡咬负荷 P_B/N		实测	GB/T 3142
磨斑直径 d_{30min}^{392N}/mm	不大于	0.50	

3.4.2 国外极压抗磨剂品种及技术指标

国外生产极压抗磨剂的厂家主要有Lubrizol、Mayco、Ferro 、Mobil、Ciba-Geigy、R. T. Vanderbilt、Chevron等企业，它们生产的极压抗磨剂品种及牌号见表3-56~表3-60。

表3-56 国外含氯极压抗磨剂的品种及牌号

商品牌号	化合物名称	密度/(kg/m^3)	黏度(100℃)/(mm^2/s)	闪点/℃	氯含量/%	游离氯/%	主要性能和应用	生产厂或公司
Mayco Race DC-33LV	氯化脂肪油		194	215	34		具有抗磨和极压性能，用于金属加工液和其他切削油、可溶性切削油冷却剂配方中	Mayco
Mayco Race DC-40	氯化石蜡	1180	36.4		43	无	具有高承载性能的油溶性极压抗磨剂，用于工业润滑油和金属加工液中	Mayco
Mayco Race DC-56	氯化石蜡	1300	51		55	无	具有高承载性能的油溶性极压抗磨剂，用于工业润滑油和金属加工液中	Mayco
Mayco Race EM-40	可乳化的氯化石蜡	1180	30.8	277	42	无	具有高承载性能的乳化特性的极压剂，用于金属加工液冷却剂配方中	Mayco
Mayco Race EM-56	可乳化的氯化石蜡	1300	5.4	215	54	无	具有高承载性能的乳化特性的极压剂，用于金属加工液冷却剂配方中	Mayco
Mayco Race FA-28	氯化脂肪酸	1120	23		28		具有极压和抗磨性能，用于重型切削油，加工不锈钢、高合金刀具钢和铝及铜合金	Mayco
Maysol 159	氯化脂肪酸	1100			23		具有优异的边界润滑性能，是新一代的透明重型合成切削油添加剂	Mayco
Kloro 6001	氯化石蜡	1290	12		57		具有很好的稳定性和抗水解性能，用于可溶性、合成及半合成切削油中	Ferro
CW 60	氯化石蜡	1350	12		60		具有优良的热稳定性，是金属加工液的高效极压剂，用于拉拔、可溶性切削油、切削油和合成油中	Ferro
CW 35	氯化石蜡	1120	3		41		具有很好的稳定性、抗热分解性和抗水解性及腐蚀抑制性，是可溶性切削油、切削油和拉拔液的有效加极压剂	Ferro

续表

商品牌号	化合物名称	密度/(kg/m³)	黏度(100℃)/(mm²/s)	闪点/℃	氯含量/%	游离氯/%	主要性能和应用	生产厂或公司
CW 170	氯化石蜡	1170	35		42		具有中等稳定性及腐蚀抑制性，是拉拔油、可溶性切削油和切削油极压剂	Ferro
CW 625	氯化石蜡	1290	127		51		具有中等稳定性及腐蚀抑制性，是拉拔油、可溶性切削油和切削油极压剂	Ferro
CW 105A	氯化脂肪酸	1120	22		30		具有中等稳定性及腐蚀抑制性，是拉拔油、可溶性切削油和切削油极压剂	Ferro
CW 80E	氯化脂肪族化合物	1150	12		33		具有润滑性、极压性和金属润湿性，用于拉拔液、可溶性切削油齿轮油和切削油	Ferro
SYN-CHEK 1203	水溶性氯化 EP 剂	1110	20		5		用于金属加工液，对大多数铁金属和非铁金属没有污染	Ferro

表 3-57　国外含硫极压抗磨剂的品种及牌号

商品牌号	化合物名称	密度/(kg/m³)	黏度(100℃)/(mm²/s)	闪点/℃	总硫含量/%	活性硫/%	氯含量/%	主要性能及应用	生产厂或公司
LZ 6205	有机硫化物	950	15		5.5			推荐 0.2% ~3% 的量与清净剂、分散剂、抑制剂和抗磨剂复合可配制各种水平的曲轴箱润滑剂	Lubrizol
Anglamol 33	硫化异丁烯	1120	9.4		43	0.5		活性硫较少，用于齿轮油、液压油和切削油中	Lubrizol
Vanlube SB	硫化碳氢化合物	1140	9	225				具有优良的极压抗磨性能，对铜腐蚀性小，用于工业齿轮油和润滑脂中	R. T. Vanderbit
Mobilad C-100	硫化异丁烯	1150	9.9	115	47.0		0.1	具有优良的极压抗磨性能，对铜腐蚀性小，用于汽车及工业齿轮油和金属拔丝油	Mobil
Mobilad C-170	硫化异丁烯							具有优良的极压抗磨性能，对铜腐蚀性小，用于汽车及工业齿轮油和润滑脂	Mobil
Mayco Base 1520	合成添加剂		13		≥20			油溶性产品，用于金属加工液和磨削油中	Mayco
Mayco Base 1536	高硫有机化合物		5.7	165	≥36.5	≥27.5		油溶性产品，用于工业润滑油	Mayco

续表

商品牌号	化合物名称	密度/(kg/m^3)	黏度(100℃)/(mm^2/s)	闪点/℃	总硫含量/%	活性硫/%	氯含量/%	主要性能及应用	生产厂或公司
Mayco Base 1540	硫化α-烯烃	1075	118(37.8℃)	182	38	27		中等气味和低挥发性，用于金属切削油中	Mayco
Mayco Base 1548	浅色高碳添加剂	1140	94.1(40℃)		47	1.0		用于配制金属加工液冷却剂或可溶性切削油，有助于配制清洁/透明液	Mayco
Base 400	硫化物	1090	9	174	39	20～25		在低滑速和高压释放出硫，用于切削油	Ferro
Mayblor 2016-CSL	硫-氯化添加剂	1000	26(40℃)	174	14	6	14	具有优良的抗磨性和抗烧结性能，用于重负荷切削油和磨削油	Mayco
Mayhlor 214	硫-氯化添加剂	1070	248(37.8℃)	168	1.8		14	是配制金属加工液冷却剂的极压抗磨剂；与三乙醇胺中和制得与水相容的，用于半合成油和合成油中的极压添加剂	Mayco
Mayhlor HV Lite	硫-氯化脂肪油	998	257	238	6		6	在切削油和磨削油中具有优良的抗磨性和抗烧结性能，与高黏度和优质脂肪油调和成理想重负荷拉拔和压模油	Mayco

表3-58 国外含磷极压抗磨剂的品种及牌号

商品牌号	化合物名称	密度/(kg/m^3)	黏度(100℃)/(mm^2/s)	闪点/℃	磷含量/%	硫含量/%	氮含量/%	主要性能及应用	生产厂或公司
Vanlube 672	有机磷酸胺	1050	180	>113				具有优良极压抗磨性能，用于压延、冲压、成形等金属加工液和润滑脂中	R. T. Vanderbilt
Vanlube 692	磷酸芳胺	970	50	>140				具有优良机压抗磨和抗氧性能，用于无灰工业齿轮油。它可增强硫烯、硫代氨基甲酸盐及硫代磷酸盐的极压性	R. T. Vanderbilt
Vanlube 719	有机磷、硫化合物混合	990	43.6	>145	4.4	0.34		具有优良机压抗磨、高温抗氧和破乳化性能，用于大部分轧钢齿轮油，也可用于二冲程发动机油	R. T. Vanderbilt
Vanlube 727	有机磷、硫化合物	1010	4.32	>140	4.5	9.8		具有优良抗磨和抗氧性能，用于汽车发动机油、铁路机车柴油机油、压缩机油、燃汽发动机油和液压油中	R. T. Vanderbilt

续表

商品牌号	化合物名称	密度/(kg/m³)	黏度(100℃)/(mm²/s)	闪点/℃	磷含量/%	硫含量/%	氮含量/%	主要性能及应用	生产厂或公司
Vanlube 7611-M	含磷硫化合物	1080	2.9	>171	5.5	11.55		具有优良抗磨性能，它能强化含硫极压剂的抗磨性能，是一种有用的复合成分，用于配制无灰及低灰油品	R. T. Vanderbilt
Irgalube 232	丁基三苯基硫代磷酸酯	1180	56(40℃)	162	7.9	8.1		具有优良的热稳定性及抗磨性能和对黄色金属不腐蚀，用于发动机油、抗磨液压油、润滑脂和合成油中，在工业润滑油中在可取代 ZDDP	Ciba-Geigy
Irgalube 63	含磷硫的化合物	1100	5.2(40℃)		9.7	20.7	0.1	具有极压抗磨性能，用于工业齿轮油、抗磨液压油、导轨油、低灰分发动机油（与 ZDDP 复合）和润滑脂	Ciba-Geigy
Irgalube 349	磷酸壬基胺盐混合物	920	2200 mPa·s(40℃)	135	4.8		2.7	具有极压抗磨和防锈性能，用于轧辊油、发动机油和润滑脂，可用于与食品机器接触的润滑剂，加量 0.1% ~1%	Ciba-Geigy
Irgalube 353	二烷基二硫代磷酸酯	1104	91(40℃)	108	9.3	19.8		用于汽轮机油、液压油、齿轮油和金属加工液，加量 0.01% ~1%	Ciba-Geigy
Irgalube TPPT	三苯基硫代磷酸盐	1190		>200	8.9	9.3		具有极压抗磨性能，推荐 0.2% ~0.5%，用于液压油、空气压缩机油和润滑脂	Ciba-Geigy
Irgafos DDPP	异桂基二苯基亚磷酸酯	1040	33 mPa·s(20℃)	179	8.3			推荐 0.3% ~2% 用于纯油基切削油	Ciba-Geigy
Irgafos OPH	二正辛基亚磷酸酯	920	5(40℃)	118	9.5			推荐 0.3% ~2% 用于金属加工液	Ciba-Geigy
Irgafos TNPP	三壬基苯亚磷酸酯	990	9000 mPa·s(40℃)	218	4.5			推荐 0.3% ~2% 用于纯油基切削油	Ciba-Geigy
Mobilad C-122	芳基磷酸酯	1020		218	6			具有优良的负荷承载性和抗磨性，用于车辆齿轮油、汽轮机油和润滑脂	Mobil
Mobilad C-421	支链烷基磷酸酯	1030			12			具有优良的负荷承载性和抗磨性，推荐 0.25% ~1.25%，用于导轨油	Mobil

续表

商品牌号	化合物名称	密度/(kg/m³)	黏度(100℃)/(mm²/s)	闪点/℃	磷含量/%	硫含量/%	氮含量/%	主要性能及应用	生产厂或公司
Mobilad C-423	烷基磷酸酯胺盐	923		88			3.7～4.3	具有优良的负荷承载性和抗磨性，推荐0.5%～1.5%，用于车辆和工业齿轮油和润滑脂	Mobil
Mayphos 45	磷酸酯	1056		193	2.1			具有优良极压抗磨性和好的金属润湿性能，对铁和非铁金属无腐蚀	Mayco
Mayphos S-830	含磷化合物	1090			1.2			具有好的极压性和润滑性，在加工铁金属和非铁合金时可提高表面光洁度及刀具寿命，是水溶性产品	Mayco

表3-59 国外有机金属极压抗磨剂的品种及牌号

商品牌号	化合物名称	密度/(kg/m³)	黏度(100℃)/(mm²/s)	闪点/℃	金属含量/%	硫含量/%	主要性能和应用	生产厂或公司
T 351	二丁基二硫代氨基甲酸钼		黄色粉末	熔点260			与其他添加剂复合，主要应用于润滑脂，提高润滑脂的抗磨和承载能力	武汉径河化工厂、长沙望城石化厂
T 352	二丁基二硫代氨基甲酸锑				10～15	20～25	应用于极压锂基脂、极压复合锂基脂、轴承脂和减速箱脂等润滑脂中，提高其抗磨和承载能力	武汉径河化工厂、长沙望城石化厂
T 353	二丁基二硫代氨基甲酸铅		奶色固体粉末	熔点71～73			具有优良的极压抗磨和抗氧性能，适用于润滑脂、发动机油、齿轮油和汽轮机油，提高其极压抗磨和抗氧性能	武汉径河化工厂、长沙望城石化厂
Vanlube 71	二戊基二硫代氨基甲酸铅	110	5.73	165			具有极压、抗氧和抗腐性能，用于工业齿轮油和润滑脂	R. T. Vanderbilt
Vanlube 73	二烷基二硫代氨基甲酸锑	1010	7.25	150			具有优良抗磨、极压和抗氧性能，用于发动机油和润滑脂中	R. T. Vanderbilt
Vanlube 622	二烷基二硫代磷酸锑	1020	6.04	177			具有优良抗磨及极压性能，用于轧钢及工业齿轮油	R. T. Vanderbilt

表 3-60　国外其他极压抗磨剂的品种及牌号

商品牌号	化合物名称	密度/(kg/m^3)	黏度(100℃)/(mm^2/s)	闪点/℃	金属含量/%	硼含量/%	主要性能和应用	生产厂或公司
T 361	油状硼酸钾	1300	实测	170		5.8	在极压条件下，能生成一种特殊的弹性膜，具有优良的极压抗磨和减摩性能，对铜无腐蚀，用于车辆及工业齿轮油、润滑脂、蜗轮蜗杆油、防锈润滑两用油、发动机油和金属加工用油等	茂名石化研究院
OLOA 9750	硼酸钾	1130	16		8.3	6.7	具有优异热稳定性、极压抗磨性能及对铜不腐蚀，用于润滑脂、金属加工液、动力传动液、齿轮油中	Chevron
Vanlube 819-B	协调复合剂	1050	8.0	100			具有极压抗磨、防锈和防腐蚀性能，是 USS224 类型齿轮油和润滑脂的多功能添加剂	R. T. Vanderbilt
Vanlube 829	1，3，4-三唑取代物	2090	黄色粉末				具有极压抗磨和抗氧性能，用于润滑脂中	R. T. Vanderbilt

第 4 节　油性剂和摩擦改进剂

4.1　概况

油性剂通常是动植物油或在烃链末端有极性基团的化合物。这些化合物对金属有很强的亲和力。其作用是通过极性基团吸附在摩擦面上，形成分子定向吸附膜，阻止金属互相间的接触，从而减少摩擦和磨损。早期用来改善油品润滑性能主要使用动植物油脂，故称油性剂。近来发现，不仅动植物油脂有这种性质，其他某些化合物也有同样的性质，如有机硼化合物、有机钼化合物等。目前，把能降低摩擦面摩擦系数的化合物成为摩擦改进剂，因此，摩擦改进剂的范围比油性剂的范围更广泛。

最早使用的油性剂是动植物油脂、油酸、硬脂酸、脂肪醇、长链脂肪胺、酰胺和一些含磷化合物。到 1939 年，硫化鲸鱼油开始用于齿轮油等油品中做极压抗磨剂后，产量迅速增加，鲸鱼油的数量猛增，使鲸鱼面临绝种的危险。有的国家已禁止捕杀。因此，人们进行了鲸鱼油代用品的大量研究工作，出现了大量硫化鲸鱼油代用品。

从 1973 年第一次石油危机以后，在润滑油领域开始重视节能问题，而进行了通过发动机油的低黏度化来改善燃料经济性的研究，同时也研究了通过添加摩擦改进剂来降低边界润滑领域的摩擦。现在工业界已经对一些制品施行节能措施。以汽车发动机油为中心，积极推进润滑油的节能政策，采用低黏度化、多级化及添加摩擦改进剂的办法可提高能效。有的油品已经规定了节能要求，因此，油性剂和摩擦改进剂得到了广泛应用[11]。

4.2　油性剂和摩擦改进剂的使用性能

两个摩擦面之间的润滑状态有流体润滑和边界润滑。不同润滑状态下的摩擦系数是不一样的，首先了解摩擦系数与摩擦区之间的关系，是很有趣的。

干摩擦（无润滑）的摩擦系数$f>0.5$，可高至7，它类似于在不规则的岩石上拖一块不规则石头一样的阻力；

抗磨/极压膜的f为0.1～0.2，它类似于在一块平滑的岩石上拖一块平滑石头一样的阻力；

摩擦改进膜（区）的f是0.01～0.02，它类似于在冰上滑冰一样的阻力；

流体润滑的f是0.001～0.006，它类似于在水上滑翔一样的阻力。

从数字上看，最理想的应是流体润滑，其次是摩擦改进膜。当摩擦面的接触压力较低，而滑速又高的时候，摩擦面完全被润滑油隔开时，这种润滑状态就称为流体润滑。流体润滑是摩擦面之间存在一定厚度的完全油膜，使摩擦面间的固体摩擦变为液体摩擦，摩擦系数大小只取决于液体的黏度大小，所以它的摩擦系数最小。实际上，完全的流体润滑是很少的。如果所用润滑油的黏度太低，或者运动速度变小，或者接触压力增高时，润滑油膜即使在运动状态下也不能将摩擦面隔离开来。这时的摩擦面润滑情况，如图3－2所示，在摩擦面突出部分的金属相互接触。这些金属间的接触部分的剪切所需力之大是润滑油流动阻力所不可比拟的，所以摩擦力也相应变得很大，也就产生了磨损。此时润滑就变成混合润滑、边界润滑，润滑膜受热及机械的影响而发生破坏，产生较大的摩擦和磨损，最后产生烧结。因此，润滑油中要添加摩擦改进剂和极压抗磨剂，防止在边界润滑状态下的摩擦磨损和烧结问题。

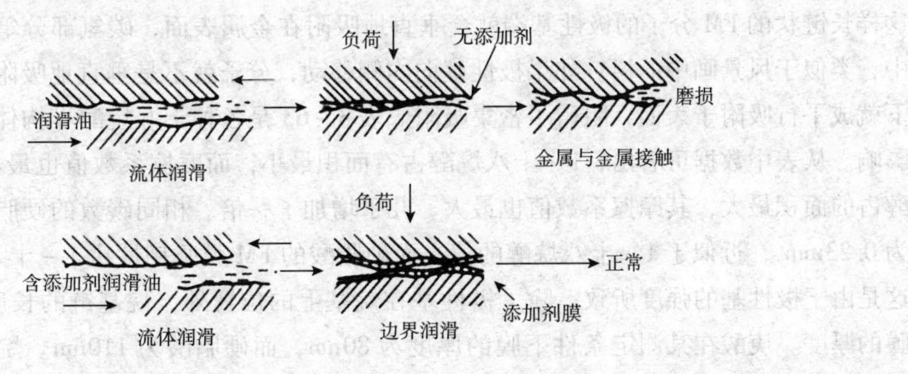

图3－2　流体润滑、边界润滑和添加剂作用原理示意图

摩擦改进剂都含有极性基，含有极性基团的物质对金属表面有很强的亲和力，极性基团强有力地吸附在金属表面，形成一种类似的缓冲垫的保护膜把金属分开，防止金属直接接触，从而减少了摩擦及磨损。吸附有物理吸附（Physical Adsorption）和化学吸附（Chemical Adsorption）。物理吸附是靠分子间力的吸附，它是可逆的，当温度升高到一定时吸附膜会脱附，脱附温度与分子结构有关，如表3－61所示。由表可见，脂肪胺和脂肪酰胺解吸温度较高，因而常常用作车辆齿轮油的摩擦改进剂。化学吸附是吸附表面和被吸附分子间发生化学反应的吸附，其吸附能不仅仅是分子间的力，还有化学结合能，比物理吸附能大得多。实际上化学吸附是一种表面化学反应，与物理吸附不同，一般温度升高时，化学吸附就相应地剧烈地进行。

表3－61　脱附温度

摩擦改进剂	解吸温度/℃	摩擦改进剂	解吸温度/℃
ROH	40～100	RNH_2	100～150
RCOOH	70～100	$RCONH_2$	140～170

摩擦改进剂的效果受吸附力的强度与吸附力分子间的附着能的大小支配。希望摩擦改进剂具有—COOH、—NH_2等的吸附力大的极性基，摩擦改进剂的碳链为直链的好。表3－62列出了摩擦改进剂的吸附热与磨损性能的关系。显而易见的是吸附热高者，磨损量少。

表3－62　摩擦改进剂的吸附热与磨损性能的关系

摩擦改进剂	吸附热/(cal/g)	磨损量/$10^{-6}cm^3$	摩擦改进剂	吸附热/(cal/g)	磨损量/$10^{-6}cm^3$
矿物油	3.5	8.5	油酸	9.6	1.7
蓖麻油	3.9	4.3	蓖麻醇酸	12.3	1.9
芳香族成分	4.5	3.5	硬脂酸	36.0	0.8
十六（烷）醇	8.0	2.4	十六（烷）胺	38.5	0.4

FM减摩效果与极性基在烷基上的位置有关。极性基最适合的位置是在长链的最末端，这样长链状的FM分子的极性基端就会垂直地吸附在金属表面，碳氢部分笔直地起立于油中，类似于风景画中的树。如果极性基向内侧移动，分子就不是垂直地吸附，极端的场合下就成平行吸附于表面，阻碍了密集吸附。表3－63是各种十八烷醇异构体对摩擦系数的影响。从表中数据可看出，1－十八烷醇占有面积最小，而摩擦系数值也最小；9－十八烷醇占的面积最大，其摩擦系数值也最大，几乎增加了一倍。相同碳数的硬脂酸的占有面积为$0.23mm^2$，近似于1－十八烷醇的值，而硬脂酸的FM膜坚韧性比1－十八烷醇高得多，这是由于极性基的强度所致。除了极性基在烷基上的位置外，烷基链的长度也关系到FM膜的厚度。庚酸在某测定条件下膜的厚度为80nm，而硬脂酸为110nm。烷基链长之所以有利于FM膜的厚度，其原因是烷基链长的分子间的引力增大。最初是形成单分子膜，然后再进行向多分子层吸附。FM分子通过氢键与德拜（Debye）感应力形成将极性基连接

起来的二聚物。单分子膜的吸附层在其本身的甲基端上引导二聚物堆积的位置。这样在金属表面上进行垂直林立地吸附二聚物，如此反复进行就形成了 FM 膜的层状结构。

表 3－63 各种十八烷醇异构体对摩擦系数的影响

化合物名称	所占面积/cm^2	摩擦系数（μ）
1-十八烷醇	0.24	0.12
2-十八烷醇	0.72	0.16
9-十八烷醇	1.12	0.23

为了改进油品的摩擦特性而使用 FM。在滑动面的导轨中可防止黏附、滑动；在自动变速机油中可改善离合器板的耐久性、换挡性；在限滑差速器用齿轮油中可减少汽车转弯时限滑差速器摩擦片的震动和噪声；在多用途的牵引机油中可提高湿式制动器的效率，防止黏附、滑动；在发动机油和齿轮油中所使用的 FM 具有降低边界润滑和混合润滑后的摩擦系数、提高磨合速度的作用。

摩擦改进剂和极压抗磨剂都是在接触表面上起作用的添加剂，发挥功效的第一步是在表面上吸附。摩擦改进剂的极性通常比极压抗磨剂强，由于竞争吸附作用，摩擦改进剂的分子优先吸附，极压抗磨剂的作用不易发挥。因此，在车辆齿轮油中使用摩擦改进剂必须十分小心，否则会使极压性下降。为了使油品在极压抗磨剂活化温度（T）以下也能提供有效的润滑，在油品中采用极压抗磨剂与摩擦改进剂复合将取得好的结果。图 3－3 是在极压润滑油中加入少量脂肪酸油性剂的结果。曲线 1 是基础油，摩擦系数一开始就比较大，以后随温度升高而逐步升高；曲线 2 是基础油加入脂肪酸，从室温开始就能提供良好的润滑；曲线 3 是基础油中加入极压抗磨剂，在低于 T_r 温度时的润滑效果差，在 T_r 温度以上时能形成保护膜，能提供有效的润滑；曲线 4 是基础油中同时加入极压抗磨剂和脂肪酸，在低于 T_r 温度时脂肪酸提供良好的润滑，在高于 T_r 温度时，极压抗磨剂提供良好的润滑。当然这只是理想状况，实际上并不总是能够达到。

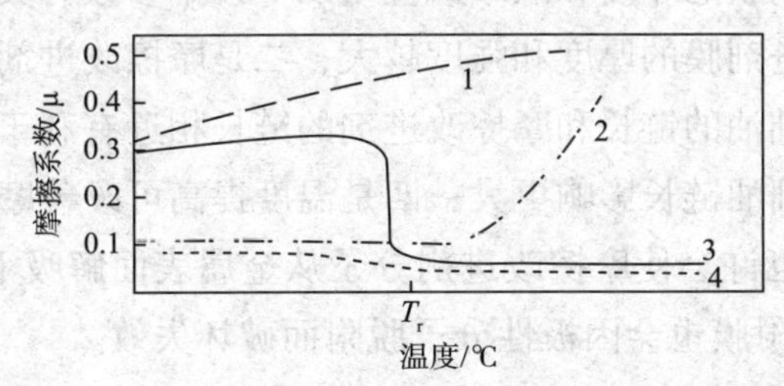

图 3－3 不同类型润滑剂摩擦系数与温度的关系

1—石蜡油；2—石蜡油＋油性剂（脂肪酸）；3—石蜡油＋极压剂；4—石蜡油＋极压剂＋油性剂（脂肪酸）

4.3 油性剂和摩擦改进剂的作用机理

4.3.1 有机摩擦改进剂

通常有机摩擦改进剂的一端有 1 个极性基团，这个极性基团是摩擦改进剂有效性的主导因素之一。从化学结构划分，常用的有机摩擦改进剂主要有：羧酸或其衍生物；酰亚胺、胺及其衍生物；磷或膦酸衍生物；有机聚合物。

有机摩擦改进剂作用机理通常有以下3种形式：

(1) 形成化学反应膜。这类产品主要有饱和脂肪酸、磷酸和硫代磷酸及含硫脂肪酸。其机理基本与抗磨剂相似，添加剂与金属表面反应形成保护膜，从而减少摩擦。但两者最根本的区别在于摩擦改进剂的化学反应膜出现在混合润滑状态较温和的负载、温度条件下，要求摩擦改进剂的化学活性相当高，如类似硫磷的化学结构。硬脂酸是一个例外。在理论上，随着温度的升高，由于分子从金属表面解吸下来，硬脂酸的减摩效果应下降。但有试验表明，随着温度的升高，硬脂酸形成化学反应膜，减摩效果得到增强。

(2) 形成物理吸附膜。这类产品主要有长链羧酸、酯、醚、胺、胺基化合物、酰亚胺。溶解在油中的摩擦改进剂借助分子的极性基团吸着在金属表面，碳氢长链溶解在油中，垂直于金属表面，导致出现摩擦改进剂分子的多层基体。

许多活泼的极性化合物分子，如脂肪酸，在油溶液中便形成极性基相互结合的二聚物型分子对。当它们与金属表面接触时，因极性基与金属表面的吸附力远大于分子间的二聚作用力，二聚物逐步分离为单分子，并在金属表面形成接合牢固、紧密、定向排列的第一层吸附层，二聚物随后也定向排列成3个、5个锰以至以百计的奇数个分子层。当金属面在压力下相对运动时，隔离的金属表面上的边界吸附层中，定向分子非极性的碳氢链末端很容易相对滑动，因而摩擦损失很少，但对于垂直金属面的压力，则具有相当强的抵抗力。所以这种多分子层边界吸附膜能支承很大的压力，但在剪切力下却很易滑动，摩擦系数可能小到0.01~0.02。因为吸附层内润滑物质的结构与流体润滑时的润滑油不同，所以黏度相同的润滑油在边界润滑状态下可能表现十分不同的润滑能力。动植物油脂、脂肪酸的酯和胺盐，以及一些碳氢链的硫、磷化合物都是良好油性剂。油性剂的极性愈强，碳氢链愈长，润滑能力愈好。

金属表面摩擦改进剂膜的厚度和减摩效应与以下几个参数有关：一是极性基团的极性越强，金属表面摩擦改进剂膜的厚度和强度越大；二是摩擦改进剂的碳氢直链有利于产生更强的减摩膜；三是基础油的链长和摩擦改进剂的链长相近有利于产生更强的减摩膜，但摩擦改进剂的链长比基础油链长影响更大；四是温度提高可改善摩擦改进剂膜的厚度和强度，但如果温度过高，也许会使摩擦改进剂分子从金属表面解吸下来。当油温高到150~200℃时，即使很强的吸附膜也会因极性分子脱附而破坏失效。

(3) 形成聚合物。这类产品主要有不饱和复合酯、异丁烯酸盐（酯）、不饱和脂肪酸、硫化石蜡。低摩擦性聚合物的形成是一特殊的例子。它不形成固体膜，而是在接触温度和负载下形成液体膜，膜两侧的金属表面并不发生反应。形成此聚合物需要具备以下几个特点：一是相对低的活性；二是聚合物的机械和热稳定性好，不溶于润滑油；三是聚合物与金属表面之间形成强的化学吸着或化学键；四是聚合物膜形成速度快。

4.3.2 其他摩擦改进剂作用原理

1. 金属有机化合物型摩擦改进剂

金属有机化合物型摩擦改进剂的类型主要有钼或铜的化合物，诸如二硫代磷酸钼、二硫代氨基甲酸盐、油酸铜、水杨酸盐或酯、二烃基二硫代磷酸盐等。

金属有机化合物型摩擦改进剂的作用机理：一是钼可能渗入粗糙面，二是形成聚合物形式的膜，三是形成聚态的二硫化钼（最可接受的理论），四是由于金属（铜）的选择性转移形成导致易剪切的薄金属膜等。金属有机化合物型摩擦改进剂的作用机理尚无定论，但知其不仅在一般温度下具减摩性，而且在高温下能起化学反应而改善摩擦表面的状况，使其变得较为平滑，摩擦系数在0.05左右。

2. 非油溶性摩擦改进剂

非油溶性摩擦改进剂较有特点的产品有石墨、二硫化钼及新出现的特氟隆（聚四氟乙烯）、聚酰胺、氟化石墨、硼酸盐等。以微粒状态分散在润滑油内的二硫化钼、石墨和聚四氟乙烯等固体润滑剂也有很好减摩性能。二硫化钼和石墨是多层片状晶体，它们对金属表面有很强的吸附力，但层间抗剪切力很弱，故在边界润滑状态下有抗压减摩作用，而且能够经受很高的温度。一般认为聚四氟乙烯能在金属表面形成吸附膜，但其在摩擦面间的微粒在边界润滑条件下能加速表面磨合，提高其平滑程度，从而降低摩擦。这类悬浮的固体润滑剂微粒在贮放中可能凝聚增大，甚至下沉，使其减摩作用降低。同时它们还使油变得浑浊，颜色加深，有损外观。

从1973年第一次石油危机以后，在润滑油领域开始重视节能问题。主要通过两个方面来进行节能工作。一是发动机油的低黏度化，改善燃料经济性；二是通过添加摩擦改进剂来降低边界润滑摩擦。现多采用低黏度化、多极化、添加摩擦改进剂的办法来提高能效。因此，油性剂和摩擦改进剂今后主要的发展方向为：

（1）单剂功能加强，向多功能方向发展；

（2）无灰添加剂的开发及功能的加强，代替或部分代替目前的有灰金属添加剂，如氮或硼的化合物；

（3）摩擦改进剂类型的探索，寻找更有效的添加剂类型，特别是某些稀土元素添加剂的研究，有望取得良好的进展；

（4）研究能替代金属硫磷酸盐的添加剂，减少磷对发动机系统的影响；

（5）添加剂复合技术的研究，以符合更好的经济原则和综合性能。

4.4 油性剂和摩擦改进剂品种及技术指标

4.4.1 国产油性剂和摩擦改进剂品种及技术指标

国产油性剂产品主要有402油性剂、403油性剂、405油性剂、406油性剂、451摩擦改进剂、硫代磷酸三苯酯、新戊基多元醇高级脂肪酸酯、YP-1202号发动机油减摩节能添加剂、B-N-Ⅲ摩擦改进剂、462（二烷基二硫代磷酸氧钼）摩擦改进剂、452 摩擦改进剂等品种。

402 油性剂的外观为棕色黏稠液体，它是由十八碳烯酸二聚而成的三十六碳二聚酸，其统一代号为 T402，具有优良的抗磨和防锈性能以及一定的抗乳化性能。402 油性剂以玉米油为原料，用白土作催化剂，在一定的压力和温度下进行热聚合，然后进行蒸馏而制得成品。它与其他添加剂复合用于喷气燃料、冷轧制油和防锈油品中。T402 的典型性能指标如表 3－64 所示。

表 3－64　402 油性剂的典型性能指标

项　目		质量指标			试验方法
		粗二聚酸	二聚酸		
			1	2	
外观		黄棕色黏稠液体	棕色黏稠液体	棕色黏稠液体	目测
运动黏度（100℃）/（mm^2/s）		20～25	65～75	80～120	GB/T 256
酸值/（mgKOH/g）	不小于	180	180	180	GB/T 5530
皂化值/（mgKOH/g）		—	—	185～195	GB/T 5534
碘值/（gI_2/100g）	不大于	—	—	110	企标

403 油性剂产品组成为油酸乙二醇酯，统一代号是 T403。具有较好的抗磨和减摩性能，抗氧化、抗乳化和防锈性能，按酸值不同分为 T403A、T403B 和 T403C 三个产品。403 油性剂以油酸与乙二醇反应后，精制而制得成品，与其他添加剂复合，适用于导轨油、车辆齿轮油、液压传动油和蜗轮蜗杆油。T403 典型性能指标如表 3－65 所示。

表 3－65　403 油性剂的典型性能指标

项　目		质量指标			试验方法
		T403A	T403B	T403C	
酸值/（mgKOH/g）	不大于	50	25	8	GB/T 7304
机械杂质/%	不大于		0.08		GB/T 511
酸值/（mgKOH/g）	不大于	50	25	8	GB/T 7304
机械杂质/%	不大于		0.08		GB/T 511
闪点（开口）/℃	不低于		160		GB/T 267
铜片腐蚀（100℃，3h）/级	不大于		1		GB/T 5096
破乳时间（82℃，40-37-3mL）/min	不大于		30		GB/T 7305
磨迹直径/mm	不大于		0.5		GB/T 3142

405 系列油性剂外观为深红至棕色透明黏稠液体，405 系列油性剂是硫化烯烃棉籽油，按硫含量的不同分为两个产品，其统一代号分别为 T405 和 T405A。具有优良的极压抗磨性能和油性，油溶性好，对铜腐蚀性小。405 系列油性剂以棉籽油和烯烃混合物在一定温度下进行硫化及后处理而得到成品。405 系列油性剂与其他添加剂复合，T405 适用于配制

导轨油、液压导轨油、工业齿轮油和切削油等油品。T405A 油溶性差，只适用于配制极压润滑脂。其典型性能指标如表 3-66 所示。

表 3-66　405 系列油性剂的典型性能指标

项　目		质量指标		试验方法
		T405	T405A	
外观		深红至棕色透明黏稠液体		目测
运动黏度（100℃）/（mm^2/s）		20～28	40～90	GB/T 265
闪点（开口法）/℃	不低于	140		GB/T 267
水分/%	不大于	0.05		GB/T 260
机械杂质/%	不大于	0.07		GB/T 511
酸值/（mgKOH/g）	不大于	5	6	GB/T 264
硫含量/%		7.5～8.5	9.0～10.5	SH/T 0303
铜片腐蚀（100℃，3h）/级	不大于	1b	2a	GB/T 5096
四球机试验：P_B/N d_{20}^{60}/mm	不小于 不大于	697 0.4	588 0.4	GB/T 3142
抗擦伤性能 OK 值/N	不大于	111	134	SH/T 0532
动静摩擦系数差值		0.08	0.08	SH/T 0361

406 油性剂外观为黄色固体，组成为苯三唑脂肪酸胺盐，统一代号是 T406。具有良好的油性、抗氧和防锈性能，特别是它与含硫化合物复合后具有很好的协同作用，可有效提高工业齿的 Timken OK 负荷。406 油性剂以苯三唑与脂肪胺在一定条件下反应，经后处理而制得成品。T406 主要适用于齿轮油、抗磨液压油、油膜轴承油等油品。其典型性能指标如表 3-67 所示。

表 3-67　406 油性剂的典型性能指标

项　目		质量指标	试验方法
		一级品	
外观		黄色固体	目测
熔程/℃		55～63	GB 617
铜腐蚀（100℃，3h）	不大于	1	GB/T 50961
油溶性		合格	目测
水分/%	不大于	0.35	企标
磨斑直径（147N，60min，1200r/min，75℃）/mm	不大于	0.38	SH/T 0189

451 摩擦改进剂外观为浅棕色至棕色透明液体，组成为膦酸酯，按酸值的大小分成两个产品，代号 T451 和 T451A。具有优良的油溶性、抗磨和减摩性能。高级醇与三氯氧磷在一定温度下反应，经后处理制得成品。451 摩擦改进剂适用于导轨油、合成润滑油、轧制液等油品中；酸值较小的产品用于调配铁路车轴油。其典型性能指标如表 3-68 所示。

表 3-68　451 摩擦改进剂的典型性能指标

项　目		质量指标		试验方法
		T451	T451A	
外观		浅棕色至棕色透明液体		目测
酸值/(mgKOH/g)	不大于	45	30	GB/T 264
水溶性酸或碱		无		GB/T 259
磷含量/%	不小于	7		比色法
抗乳化性		合格	合格	ASTM D 1401
铜片腐蚀（100℃，3h）/级	不大于	1	1	GB/T 5096
四球机实验 P_B/N（kg） d_{20}^{60}/mm	不小于 不大于	686（70） 0.5	686（70） 0.5	GB/T 3142
摩擦系数（减摩/%）		0.09（25）	0.09（25）	石科院方法
鲍顿实验摩擦系数（减摩/%）		0.135（18）	0.135（18）	石科院方法

452 摩擦改进剂外观为深红色液体，组成为含磷氮的化合物，统一代号是 T452。具有较好的抗磨性能和油性。452 摩擦改进剂以磷酸三甲酚酯为主体原料而制成成品，主要适用于齿轮油和压缩机油。T452 典型性能指标如表 3-69 所示。

表 3-69　452 摩擦改进剂的典型性能指标

项　目		质量指标	试验方法
外观		深红色液体	目测
运动黏度（100℃）/(mm^2/s)		5～8	GB/T 265
闪点/℃	不低于	200	GB/T 267
磷含量/%	不小于	5	SH/T 0296
机械杂质/%	不大于	0.1	GB/T 511
水分/%	不大于	0.1	GB/T 260
总酸值/(mgKOH/g)		实测	GB/T 7304
铜片腐蚀（121℃，3h）/级	不大于	1	GB/T 5096
最大无卡咬负荷 P_B/kg		实测	GB/T 3142
磨斑直径（40kg，60mim）/min	不大于	0.40	GB/T 3142

462（二烷基二硫代磷酸氧钼）摩擦改进剂外观为蓝绿色、绿色、棕色或黑色的液体或固体，具有良好抗氧性和减摩性能，根据形态和调配而得三个产品，其代号分别为 T462、T462A、T462B。462 摩擦改进剂是用醇与五硫化二磷进行硫磷化反应，然后与钼化合物在催化剂作用下反应后，分层、调配而得成品。T462 主要用于润滑脂，T462A 主要用于内燃机油，T462B 主要用于齿轮油。它们的典型性能指标见表 3-70。

表 3-70　462 摩擦改进剂的典型性能指标

项　目		质量指标	试验方法
外观		红棕色黏稠状物	目测
密度/kg/m^3		945~967	GB/T 1884 和 GB/T 1885
运动黏度（100℃）/(mm^2/s)		60~80	GB/T 265
闪点/℃	不低于	170	GB/T 267
酸值/(mgKOH/g)	不大于	10	GB/T 264
硼含量/%	不小于	1.4	SH/T 0227
最大无卡咬负荷 P_B/N	不小于	600	GB/T 3142
摩擦系数（振子法）	不大于	0.115	SH/T 0072

B-N-Ⅲ摩擦改进剂外观为棕红色澄清液体，组成为含硼氮的化合物。其化学性能稳定，能提高油品的润滑性，减少摩擦磨损，节省能耗。B-N-Ⅲ摩擦改进剂以天然油脂与有机胺在一定的温度下进行胺化反应，然后加入硼酸和溶剂进行硼化反应，经过滤和蒸除溶剂后制得成品。B-N-Ⅲ摩擦改进剂适用于调配内燃机油、齿轮油、机械润滑油和自动传动液（ATF）等油品。其典型性能指标如表 3-71 所示。

表 3-71　B-N-Ⅲ摩擦改进剂的典型性能指标

项　目		质量指标	试验方法
外观		棕红色澄清液体	目测
密度（100℃）/(kg/m^3)		20~50	GB/T 265
闪点/℃	不低于	200	GB/T 267
硼含量/%	不小于	1.0	SH/T 0227
铜片腐蚀（100℃，3h）/级	不大于	1	GB/T 5096
摩擦系数（f）	不大于	0.120	SH/T 0722
油溶性		极易溶于矿物油	企标

YP-1202 号发动机油减摩节能添加剂外观为琥珀色油溶性透明液体。具有良好的极压抗磨性和油性，能有效降低摩擦系数。YP-1202 号发动机油减摩节能添加剂由减摩、抗磨、抗氧化和抗腐蚀等多种添加剂调制而成，主要适用于各种内燃机油，能减少摩擦、降低磨损和节省燃料油。YP-1202 号发动机油减摩节能添加剂的典型性能指标如表 3-72 所示。

表 3-72　YP-1202 号发动机油减摩节能添加剂的典型性能指标

项　目		质量指标	试验方法
外观		琥珀色透明液体	目测
运动黏度/(mm^2/s)			GB/T 265
100℃	不小于	13.0	
40℃		120~180	

续表

项　目		质量指标	试验方法
闪点（开口）/℃	不低于	180	GB/T 3536
凝点/℃	不高于	-10	GB/T 510
中和值/(mgKOH/g)		测定	GB/T 264
铜片腐蚀（100℃，3h）/级	不大于	1b	GB/T 5096
承载能力（四球法） 最大无卡咬负荷 P_B/N 烧结负荷 P_D/N	 不小于 不小于	 686 1960	GB/T 3142
抗磨损性能（常温，1500r/min） 磨斑直径（294N，30min）/mm 磨斑直径（392N，60min）/mm	 不大于 	 0.45 测定	SH/T 0189

新戊基多元醇高级脂肪酸酯为淡黄色透明液体，化学结构稳定，耐热性好。其分子中具有多元极性基团，对金属表面有很强的亲和力，可改善油品的清净分散性能和防锈性能。无毒性、无异味，生物降解性好，对环境无影响；作为矿物油和聚α-烯烃油的添加组分，它能显著改善油品的润滑性能；当其用量为5%时，油品摩擦系数可由0.21~0.31下降至0.1左右；作为金属加工液的添加剂组分，能明显降低摩擦系数，并保护金属表面在高温下不受腐蚀；添加于金属轧制液后，可降低轧制机压力，提高轧制速度，延长轧辊寿命，改善轧制品表面质量；用作化纤纺丝油剂的添加组分，能改善润滑性能和抗静电性能等。新戊基多元醇高级脂肪酸酯的典型技术性能指标如表3-73所示。

表3-73　新戊基多元醇高级脂肪酸酯的典型技术性能指标

项　目	质量指标								实验方法
	15	22	32	46	68	100	150	220	
外观	淡黄色透明液体								目测
闪点（开口）/℃　不低于	220	230	240	240	250	250	260	260	GB/T 3536
凝点/℃　不高于	-40	-40	-30	-30	-20	-20	-15	-15	GB/T 510
运动黏度/(mm^2/s) 100℃ 40℃	 3.3±0.35 15±1.5	 5.0±0.5 22±2.0	 6.1±0.6 32±3.0	 8.4±0.7 46±4.0	 11.5±1.0 68±6.0	 14.8±1.3 100±10	 19.2±1.8 150±15	 23.5±2.3 220±20	GB/T 265

4.4.2　国外油性剂和摩擦改进剂品种牌号及技术指标

国外生产油性剂和摩擦改进剂的生产商有Emery工业公司、Mobil、Ferro、Lubrizol、Mayco Oil &Chemical、Polartech、Ethyl、Ciba-Geigy和Vanderbilt等公司，它们生产的主要产品种类及典型技术指标如表3-74~表3-78所示。

表 3－74 国外二聚酸商品牌号及典型技术指标

商品牌号	密度/(kg/m^3)	黏度 Gardner-Holdt	闪点/℃	酸值/(mgKOH/g)	中和值/(mgKOH/g)	二聚酸/%	三聚酸/%	性能和应用	生产厂或公司
Emery 1014	900	Z-3		191～195	288～294	95	4	具有优良抗磨和防锈性能以及一定的抗乳化性能，用于航空煤油、冷轧制油和防锈油品中	Emery
Emery 1016	900	Z-3		190～198	284～295	87	13		
Emery 1018	900	Z-4		188～196	287～299	83	17		
Emery 1022	900	Z-4		186～194	289～301	75	22		
Emery 1024	900	Z-5		186～194	289～301	75	25		

表 3－75 国外硫化鲸鱼油代用品商品牌号

商品牌号	化合物名称	密度/(kg/m^3)	黏度(100℃)/(mm^2/s)	闪点/℃	总硫含量/%	活性硫/%	酸值/(mgKOH/g)	主要性能和应用	生产厂或公司
Mobilad C-109	硫化植物油	980	70	218	10.6			具有极压和减摩性能，用于导轨油、拖拉机油、传动油和润滑脂中	Mobil
Sul-Perm 10S	硫化鲸鱼油代用品		41	221	9.5			具有减摩性能及对铜有减活作用，用于齿轮油、液压油和导轨油中	Ferro
Sul-Perm 307	硫化三甘油酯	930	13	177	6		9	具有减摩性能，用于曲轴箱油和齿轮油中	Ferro
Sul-Perm 60-93	硫化鲸鱼油代用品	970	25	149	6	1.2(氮)	6	具有减摩和抗磨性能，用于燃料经济的曲轴箱油中	Ferro
Sul-Perm 110	硫化鲸鱼油代用品	970	37	218	9.5	<0.5	8	具有减摩性能，用于导轨油和工业齿轮油中	Ferro
SYN-ES TERM WS-915	硫化丁二酸酯	1025				15		水溶性添加剂，用于可溶性切削油、半合成和合成油金属加工液中	Lubrizol
Becrosan LSM15L	硫化植物油脂肪酸酯	998	280～320(40℃)		15			用于水和非水互溶的金属加工液及润滑脂中的极压剂	Lubrizol
Becrosan LSM17		1020	170(40℃)		17			用于水和非水互溶的金属加工液及润滑脂中的极压剂	Lubrizol
Mayco Base 2018	硫化鲸鱼油代用品	1000	39.1	232	17～18			用于金属加工液、重型可溶性切削油、齿轮油和润滑脂	Mayco
Mayco Base 1210	硫化猪油	980	80～100	227	9.5～10.5			用于金属加工液、重型可溶性切削油、齿轮油和润滑脂	Mayco

续表

商品牌号	化合物名称	密度/(kg/m³)	黏度(100℃)/(mm²/s)	闪点/℃	总硫含量/%	活性硫/%	酸值/(mgKOH/g)	主要性能和应用	生产厂或公司
Mayco Base 1214	硫化猪油		107~171	227	13.5~14.5			用于金属加工液、齿轮油和润滑脂	Mayco
Mayco Base 1215	硫化猪油		128~182	232	14.5~15.5			用于金属加工液、齿轮油和润滑脂	Mayco
Mayco Base 1216	硫化猪油		139~193	232	15.5~16.5			用于金属加工液、齿轮油和润滑脂	Mayco
Mayco Base 1217	硫化猪油		171~214	232	16.5~17.5			用于金属加工液、齿轮油和润滑脂	Mayco
Mayco Base 19SP	硫化猪油	997	72	204	17	8		用于重型切削油，延长刀具寿命及表面抛光	Mayco
Mayco Base 1217LV	硫化脂肪油	1010	72	104	17	6		用于金属加工液和其他工业润滑油中	Mayco
Mayco Base 1350	硫化猪油	980	91	204	10.5			油溶性产品，用于环烷基油和石蜡基油	Mayco
Mayco Base 1351	硫化猪油	970	10.5	221	10.5	0		用于制螺钉机和自动车床的双效切削油	Mayco
Mayco Base 1362	硫化猪油	1000	53	221	17.0	6		极压性和抗烧结性好，用于重负荷切削油	Mayco
Mayco Base 3210	硫化甲基酯妥尔油	970	31.9(37.8℃)	210	10			用于双效和多效切削油、水乳化切削油，对铜片腐蚀1A或1B	Mayco
Mayco Base 3220	硫化甲基酯妥尔油	1020	118(37.8℃)	204	18			用于双效和多效切削油、水乳化切削油，有活性硫，对铜片腐蚀4B或5B	Mayco
Base 101	高溶解性硫化猪油	950	25	202	10.0	<1		油溶性低黏度产品，用于高精制矿物油和很多合成油中	Ferro
Base 107	同Base 101	1000	30	202	17.0	4		同Base 101	Ferro
Base 10L	溶解性硫化猪油	980	78	218	11.0	<1		具有低成本的好的极压性能，用于拉拔、可溶性切削油和切削油中	Ferro

续表

商品牌号	化合物名称	密度/(kg/m³)	黏度(100℃)/(mm²/s)	闪点/℃	总硫含量/%	活性硫/%	酸值/(mgKOH/g)	主要性能和应用	生产厂或公司
Base 14L	溶解性硫化猪油	990	108	218	13.4	2~3		同 Base 10L	Ferro
Sul-Perm 10S	硫化鲸鱼油代用品		41	221	9.5			用于齿轮油、液压油和导轨油中	Ferro
Sul-Perm 18	硫化鲸鱼油代用品	1020	54	216	16.5	5~6		用于重负荷切削油	Ferro
Sul-Perm 110	硫化鲸鱼油代用品	970	37	218	9.5	<0.5		用于导轨油和工业齿轮油	Ferro
Base 2240	硫化添加剂	970	83	213	13.5	1~2		用于切削油、可溶性切削油和润滑脂	Ferro
Polartech EPS 10S	硫化天然酯(非活性)	940	40(40℃)		9.5			具有极压和润滑性，用于油基或水混合金属加工液，成形和冲压润滑剂	Polartech
Polartech EPS 15S	硫化天然酯(活性)	960	45(40℃)		12.5			具有极压和润滑性，用于油基或水混合金属加工液，成形和冲压润滑剂	Polartech

表3-76 国外含磷化合物摩擦改进剂

商品牌号	化合物名称	密度/(kg/m³)	黏度(100℃)/(mm²/s)	闪点/℃	磷含量/%	硫含量/%	酸值/(mgKOH/g)	主要性能和应用	生产厂或公司
Hitec 059	含磷化合物	白色蜡状固体	4.0	94	8.3		8	无灰添加剂，推荐0.1%~1%的量，用于汽油机油改进燃料经济性	Ethyl
Mobilad G-204	含硫磷的化合物	950		149	1.7	9.0		具有优良的减摩和极压抗磨性能，用于汽车齿轮油中	Mobil
Mobilad G-205	烷基亚磷酸酯	880	5.73	225				具有优良的减摩性能，用于汽车和工业齿轮油中	Mobil
Irgaluble 211	烷基三苯基硫代磷酸酯	1000	30	108	4.4	4.3		推荐0.5%~20%，用于金属加工液和发动机油	Ciba-Geigy

续表

商品牌号	化合物名称	密度/(kg/m³)	黏度(100℃)/(mm²/s)	闪点/℃	磷含量/%	硫含量/%	酸值/(mgKOH/g)	主要性能和应用	生产厂或公司
EM 706	磷酸酯	1000	32	177	6		160	具有抗烧结、润滑性和抗磨性能；具有水可分散性，可复合于半合成油冷却剂中	Ferro
EM 711	磷酸酯	1010	18	143	11		320	具有抗烧结、润滑性和抗磨性能；具有油溶性，用于切削油和可溶性切削油中	Ferro

表 3-77 国外有机钼摩擦改进剂商品牌号

商品牌号	化合物名称	密度/(kg/m³)	黏度(100℃)/(mm²/s)	闪点/℃	钼含量/%	硫含量/%	磷含量/%	主要性能和应用	生产厂或公司
Molyvan 807	含钼-磷化合物	970	12.74	>160	4.6			具有优良减摩性，推荐0.25%~0.5%，在减低油中磷含量时，使极压性明显增加和抗磨性得到改善	Vanderbilt
Molyvan 822	有机二硫代氨基甲酸钼	970	12.74	>160				具有优良减摩性，推荐0.25%~0.5%，在减低磷含量的情况下，用于保持或改善发动机油的抗磨特性	Vanderbilt
Molyvan 855	有机钼化合物	1040	47.12	>193				具有优良减摩性，推荐0.1%~0.5%，适用汽油机油，不适用于柴油机油	Vanderbilt
Molyvan 856-B	有机钼化合物	990	15.0	>190				推荐0.1%~0.5%，专用于曲轴箱油以减低摩擦系数，不适用于柴油机油	Vanderbilt

表 3-78 国外其他摩擦改进剂商品牌号

商品牌号	化合物名称	密度/(kg/m³)	黏度(100℃)/(mm²/s)	闪点/℃	硼含量/%	酸值/(mgKOH/g)	主要性能和应用	生产厂或公司
LZ 8621		950	10				推荐0.2%~1%，应用于工业润滑油，改善油品的磨损性能	Lubrizol
LZ 8572	有机硫化物	950	12.6		1.5~1.9(s)		用于曲轴箱油中可看、节省燃料消耗	Lubrizol

续表

商品牌号	化合物名称	密度/(kg/m³)	黏度(100℃)/(mm²/s)	闪点/℃	硼含量/%	酸值/(mgKOH/g)	主要性能和应用	生产厂或公司
Hitec 3191							用于工业齿轮油、导轨油中可降低摩擦、噪声和改进经济性	Ethyl
Mobilad C-130	硝化脂肪酯和脂肪酸	925	50(40℃)	204		23	具有优良的减摩性，用于气缸油、压缩机油和蜗轮润滑油中	Mobil
Mobilad M-106	无硫聚异丁烯丁二酸酐(PIBSA)	930	300				具有优良的减摩性，在硫化矿物油中推荐1%～3%，用于切削油中	Mobil
Irgaluble F10	酚酯型	970	300(40℃)	>110			具有优良的减摩性，推荐0.6%～1%，用于酯基的工业润滑油	Ciba-Geigy
Methyl Ester B-LT	脂肪酸酯	884	6.2(37.8℃)				具有优良减摩性和润湿性，用于金属加工液和工业润滑油	Mayco
Mayco Base BFO		970	423	238			具有优良的减摩性和润湿性，用于切削油	Mayco
Lubester 106	合成酯	1000	75.4(37.8℃)			12.5	具有优良的减摩性，用于合成油或半合成油冷却剂	Mayco
Polartech NVL	亲油的改进的天然酯	980				10	具有润滑和乳化性能，用于油基和水混的金属加工液及拉拔、成形和脱模剂	Polartech
Polartech APL	亲油的合成乙二醇酯	900				2.0	具有润滑和乳化性能，用于油基和水混的金属加工液及拉拔、成形和拔丝润滑剂	Polartech
Polartech SEL	亲油的合成聚酯	960	330(40℃)			0.2	同PolartechAPL	Polartech
Polartech PE 1095	水混合液合成润滑剂						用于合成及半合成水混合金属加工液、拔丝和成形润滑剂	Polartech
Base MT	脂肪酸甲酯	870	4.5(40℃)	168	皂化值195	0.5	具有良好的润湿性和减摩性，用于可溶性切削油、发动机油和轧辊油	Ferro
Base ML	甲基酯	880	4.5(40℃)	168	皂化值195	<1	同Base MT	Ferro

续表

商品牌号	化合物名称	密度/(kg/m³)	黏度(100℃)/(mm²/s)	闪点/℃	硼含量/%	酸值/(mgKOH/g)	主要性能和应用	生产厂或公司
EM 550	水溶性脂肪族化合物	1080	88	>177		20	具有良好的油膜强度和清净性，用于水溶性切削液	Ferro
EM 980	混合脂肪酸二乙醇酰胺	1010	27	>177		52	具有润滑性和抗腐蚀性能，用于合成和半合成油的金属加工液	Ferro
EM 985	混合脂肪酸二乙醇酰胺	1000	24	>177		2	具有润滑性和抗腐蚀性能，用于合成和半合成油的金属加工液	Ferro
Inversol 140	水溶性润滑剂	1080	250	>177		15	具有减摩性能，用于水溶性切削液	Ferro
Inversol 170	水溶性润滑剂	1060	230	>177		14	具有减摩性能，用于水溶性切削液	Ferro
LM 1319	水溶性聚合物润滑性添加剂	1010	2288 (37.8℃)	>191		TBN 75	用于合成和半合成液中，加工铁和非铁金属	Ferro

第5节　抗氧剂

5.1　概况

在石油产品中使用抗氧剂的历史，一直可以追溯到20世纪20年代以前，为了改善含烯烃的裂化汽油氧化稳定性，防止过快生成胶质沉淀，开始加入各种屏蔽酚、芳胺及氨基酚等作为抗氧剂。20年代末期，随着汽轮机油的发展，2，6-二叔丁基对甲酚问世，此阶段在变压器油中使用了对苯二酚，使油品的使用寿命由1年提高到15年以上。30年代由于汽车工业的大发展，内燃机油的压缩比大幅度提高，为解决材质的机械强度问题，使用了铜－铅、镉－银等合金，但由于油品的氧化引起这些材质的腐蚀，要求油品中加入抗氧抗腐剂，而单酚型的热稳定性能不够，于是，双酚型抗氧剂在活塞式航空发动机油中获得应用。70～80年代，随着汽车向高速、高负荷发展，促使油品氧化变稠，对油品的抗氧化性能提出更高要求，SF级油除用ZDDP外，还需加入高温抗氧剂。为了减少污染和噪声，70年代以后的小轿车装有废气转化器，而磷对催化转化器中的贵金属有中毒作用，为了避免催化剂中毒，要求油品低磷低灰。于80年代出现了铜盐和无磷等抗氧剂。从1982～1992年，润滑油抗氧化剂专利申请较为活跃，其中酚型抗氧剂占29.6%，胺型抗氧剂占

21.5%，杂原子型占16.7%，氮/硫型化合物占13.2%，硫/磷型化合物占11.6%，硼/铜/钼化合物占7.5%，但仍然以酚型和胺型为主。90年代，控制沉积的添加剂在美国虽然占有总量的一半，但增长率放慢，在1992~1997年的年增长率只有1.6%，低于平均年增长率1.9%，而抗氧剂的年增长率达到2.3%。总之，抗氧剂也是随着工业发展而前进的，总的趋势是需要耐高温的高效抗氧剂。

5.2 抗氧剂的使用性能

由于润滑油在使用中不可避免要与金属接触，受光、热和氧的作用而发生氧化。一般烃与空气接触发生氧化称为自动氧化，包括一系列的游离基连锁反应；而油品的氧化速率不仅取决于润滑油的类型，也取决于油品所经受的温度、氧的浓度和催化剂的存在。

润滑油的三类组分中，以链烷烃的抗常温氧化安定性较好，芳烃的抗热氧化安定性最好，环烷烃较差，特别是带有叔碳原子的环烷烃的抗氧化安定性最差。芳烃的侧链愈多和愈长时，它的抗氧化安定性就越低。但是没有一个商业的润滑油是单一的，其油品性质以占主要组分的类型为主。一般石蜡基基础油适用于内燃机油，而环烷基的基础油适用于电器用油。

润滑油在常温下的氧化是很慢的，即温度在94°C（200℉）以下时和在正常大气下氧化是不明显的。当温度超过94°C（200℉）时，氧化速率变得比较明显，一般温度的影响是每升高10°C（18℉）时，氧化速率增加一倍[9,83]。温度越高，润滑油的氧化就越剧烈。

润滑油的氧化，因为是由溶解油中的氧引起的，所以取决于氧向油中扩散的速度。一般对矿物油，如变压器油的贮存常采用氮气封存的办法，目的就是减少氧的浓度。所以氧的浓度越大，氧化作用也增大。图3-4是氧的浓度对抗氧剂效果的影响。从图中可看到氧的分压为一半的时候，氧化的诱导期发生了相当大的变化。加入相同浓度的抗氧剂，氧的分压为一半时的诱导期延长了很多。

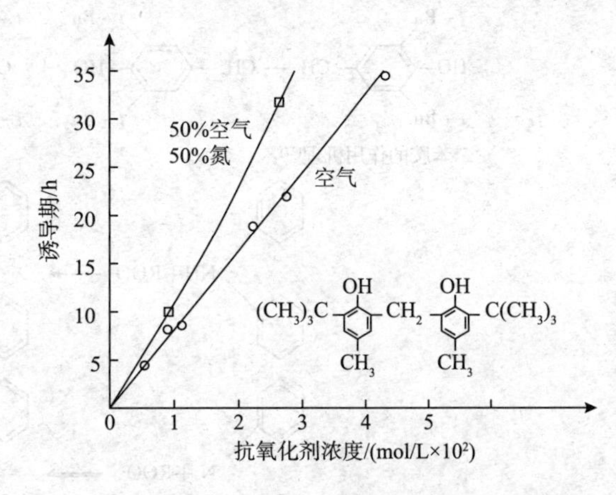

图3-4 氧的浓度对抗氧化剂效果的影响（155℃）

金属尤其是金属离子Cu、Fe、Co，将分解过氧化物：

$$ROOH + M^{2} \rightarrow {}^{+}RO \cdot + M^{3+} + OH^{-},\ ROOH + M^{3+} \rightarrow ROO \cdot + M^{2+} + H^{+}$$

M代表金属离子，由于油中溶解的金属离子而加速了过氧化物的分解，从而加速了氧化反应的进行。

同时ROOH进一步分解和氧化，生成酮、醇、酸和含氧酸，最后进行聚合反应，最终成为漆膜、油泥。无论什么样的氧化产物，一般都是有害的。油泥黏附在金属表面，可能引起运动部件的黏结或磨损、堵塞滤网和油管线，降低循环油量，氧化生成的酸将腐蚀金属，氧化也与油品黏度增加有关；而且氧化产物本身也像催化剂那样作用，进一步加速氧化。

从反应历程可以看出，有两种手段可以控制氧化。一种是防止生成氧化物，即当过氧化物一旦形成，就加以破坏，终止链的继续发展或终止游离基的发展。所以阻止生成氧化物的直接办法，是加入对氧化物有很强亲和力的添加剂——过氧化物分解剂和链终止剂。另外一种手段是研究与油品接触的金属，要中和它的催化效应。按抗氧剂的作用机理，把抗氧剂分为游离基终止剂、过氧化物分解剂、金属钝化剂三种，也有的再加一种紫外线吸收剂。过氧化物分解剂在第 3 节已经叙述过，金属钝化剂将在第 8 节叙述，本节着重叙述游离基终止剂。

酚、胺型抗氧剂就是这种所谓游离基终止剂。这种抗氧剂能够同传递的链锁载体反应，使其变成不活泼的物质，起到终止氧化反应的作用。用 RO · 及 ROO · 表示链锁载体，用 AH 表示抗氧剂分子，其反应如下：

$$\left.\begin{array}{l}RO\cdot+AH\\ ROO\cdot+AH\end{array}\right\}\text{不活泼物质}$$

2，6–二叔丁基对甲酚的作用机理[84]：

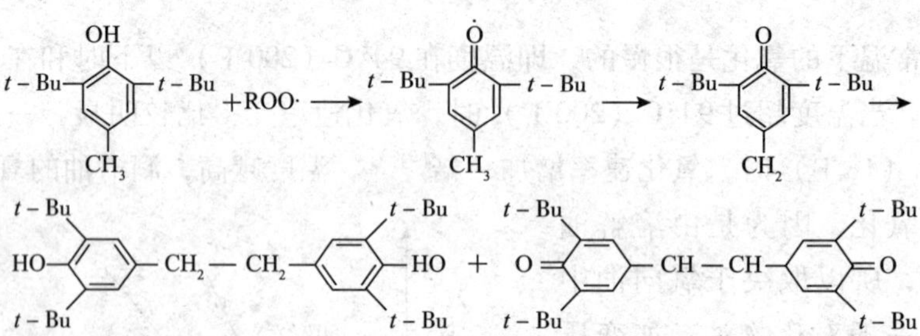

二苯胺的作用机理[27]：

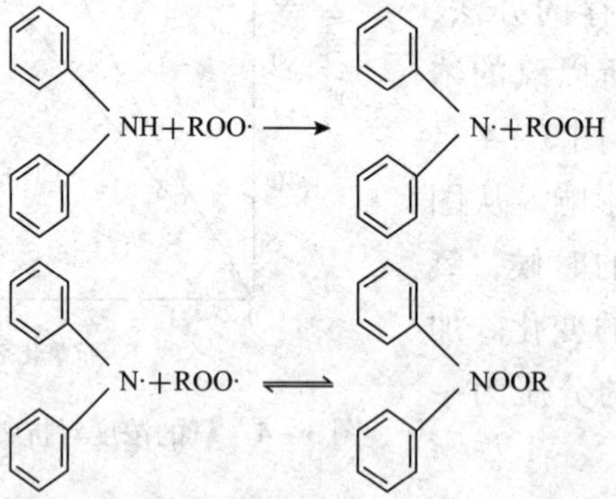

抗氧剂的效果与基础油的精制深度和所含杂质有关，详见图 3 –5。曲线 a 为深度精制的润滑油（SAEl0，VI ll2），f 为正常精制深度的含沥青的润滑油（SAE 10，Vl 20），其抗氧化性能是深度精制的好；在 a 润滑油中加入铜丝和铁丝的曲线 c 和 b，由于金属的催化作用，加速了氧化，但铜比铁的催化作用更大；曲线 d 和 g 是在两个润滑油中加入同样的硫磷抗氧剂，表明深度精制的烷基润滑油可以很容易让硫磷复合抗氧剂起作用，这要比正常的深度精制含沥青的润滑油省劲得多，这意味着随芳烃含量的降低，抗氧剂的效能在提高。

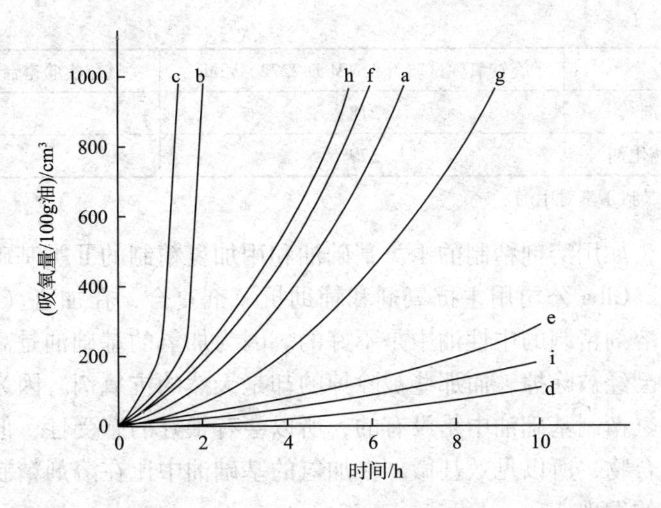

图3-5 基础油、精制深度、加入金属和抗氧化剂对于矿物油在175℃时氧化倾向的影响

a—深度精制润滑油（SAE10，黏度指数112）；b—油品a中加入铁丝；c—油品a中加入铜丝；d—油品a中加入硫磷抗氧剂；e—油品a中加入铜丝及硫磷抗氧剂；f—正常精制深度的含沥青质润滑油（SAE10，黏度指数20）；g-油品f中加入硫磷抗氧剂；h—油品a中加入Ca清净剂；i—油品a中加入Ca清净剂与硫磷抗氧剂

氧化过程是复杂的，它们随温度的变化而变化。为了提高油品的氧化安定性，将不同类型的抗氧剂复合使用有明显的增效作用。因此，抗氧剂一般是两种以上并用时，比单一使用时效果好。例如不同类别或不同品种的抗氧剂复合使用时，抗氧化能力显著提高，能起到相辅相成的作用。几种抗氧剂的配伍效果见表3-79和表3-80。

表3-79 游离基终止剂和过氧化物分解剂的配伍效果

游离终止剂	过氧化物分解剂	过氧化物分解剂浓度/%	诱导期（155℃）/h		
			游离基终止剂浓度/%		
			0	0.0033	0.0067
2，2′-次甲基双（4-甲基叔丁基酚）	二（4-甲基苄基-2）二硫代磷酸锌	0	0.5	6.0	12.7
		0.0063	—	32.0	—
		0.025	12.7	—	55.0
2，2′-次甲基双（4-甲基叔丁基酯）	二正癸基硫酸酯	0	0.5	—	12.7
		0.025	12.2	—	54.7
N，*N*′-二仲丁基对苯二胺	二（4-甲基苄基-2）二硫代磷酸锌	0	0.5	—	16.1
		0.025	12.7	—	38.2
2，2-甲基双（4-甲基叔丁基酚）	*N*，*N*′-二仲丁基对苯二胺（游离基终止剂并用例）	0	0.5	—	12.7
		0.067	16.1	—	17.0

表3-80 复合抗氧剂在汽轮机油中的增效作用

油品	旋转氧弹试验（ASTM D-2272）/min	氧化实验寿命（ASTM D-943）/h
普通汽轮机油（A油）①	211	1211
A油+芳胺	275	2241

续表

油品	旋转氧弹试验（ASTM D-2272）/min	氧化实验寿命（ASTM D-943）/h
A 油 + 金属钝化剂	218	2552
A 油 + 芳胺 + 金属钝化剂	379	3089

①A 油中加有 2，6 二叔丁基对甲酚。

基础油的类型，如用溶剂精制的Ⅰ类基础油和用加氢精制的Ⅱ类基础油，对添加剂的感受性是不一样的。Ciba 公司用主抗氧剂和辅助抗氧剂复合，在加氢（HT）基础油中效果好，但在传统的溶剂精制的中性油中是不好的。因为加氢的基础油是高度精制的，很多含硫－氮的化合物已经被除掉，而那些被除掉的却是天然的抗氧剂。因为所加特殊的含硫辅助抗氧剂，在加氢精制基础油中是没有的，所以会有很好的感受性；但在溶剂精制的基础油中却有这些化合物，所以见效甚微。在加氢的基础油中比在溶剂精制的中性油感受性要好，那是很重要的发现。

5.3 抗氧剂的作用机理

抗氧剂的作用机理和类型见本章 2.3 节。传统抗氧剂中 T501 的销售量最多，但其使用温度低、易挥发，仅适用于 100℃以下的润滑油。为改善高温性能，高分子酚型抗氧剂如双酚抗氧剂、*S*-连双酚抗氧剂、酚酯型抗氧剂在内燃机油中得到广泛应用，尤其酚酯型抗氧剂在高档油品（CF4、CI4）中有明显的效果。胺类抗氧剂成本较高，但高温抗氧性好，有生成沉淀的趋势和潜在的毒性，曾一度使用受到限制。早期的 *N*-苯基-α 萘胺及衍生物因证明是致癌物被淘汰后，胺型抗氧剂毒性大的说法减少了，在某些领域的使用已超过酚型抗氧剂。ZDDP 系列抗氧剂具有抗氧、抗磨、抗腐等多种性能，是内燃机油中主要的添加剂之一，但其所含磷易使催化转化器中的催化剂中毒，随着环保及原料材质的日益苛刻化，研制多功能、低灰或无灰的高温抗氧剂已为各大公司所重视。

5.4 抗氧剂品种及技术指标

5.4.1 国内抗氧剂的品种牌号及技术指标

国内主要的抗氧剂有 501 抗氧剂、杂环衍生物（T553）、杂环衍生物（T552）、苯三唑衍生物（T551）、烷基二苯胺（T557）、对，对－二异辛基二苯胺（T516）、*N*-苯基-α-萘胺（T531）、硫酚型高效抗氧抗磨剂（T503）、二壬基二苯胺抗氧剂 、534（ADPA-98）抗氧剂、533（MD－06）复合抗氧剂、532 复合抗氧剂、512（FZ-125）抗氧剂等。

501 抗氧剂的外观为白色结晶，组成为 2，6-二叔丁基对甲酚，统一代号是 T501。具有良好的抗氧化性能，可有效延长诱导期，用于温度在 100℃以下的油品中效果最好。

501 抗氧剂以对甲酚与异丁烯进行烷基化反应，再经中和、结晶，制得成品。T501 适用于作工业润滑油（如工业齿轮油、抗磨液压油、汽轮机油、变压器油、机床用油等）的抗氧剂、燃料油的抗氧防胶剂和塑料及橡胶的防老剂。它的典型性能指标如表 3－81 所示。

表3－81　501抗氧剂的典型性能指标

项　目		质量指标		试验方法
		一等品	合格品	
外观		白色结晶		目测
初熔点/℃		69.0～70.0	68.5～70.0	GB/T 617
游离甲酚/%	不大于	0.015	0.03	企标
灰分/%	不大于	0.01	0.03	GB/T 508
水分/%	不大于	0.05	0.08	GB/T 606
闪点（闭口）/℃		报告		GB/T 261

512（FZ-125）抗氧剂外观为浅黄色透明液体，组成为3，5-二叔丁基-4-羟基苯基丙酸酯，统一代号是T512（原代号为F-125）。T512是一种液态高分子酚酯型抗氧剂，不含稀释油，100%活性。具有突出的高温抗氧化性能，贮存稳定性好，不分层和不产生结晶。T512以二叔丁基酚、丙烯酸甲酯和高级醇为原料，在一定的温度下反应而制得产品，它适用于柴油机油、汽油机油，对减少活塞顶部环槽沉积物形成有显著效果；也可应用于工业润滑油中，如在汽轮机油、压缩机油、抗磨液压油中也有良好的效果。T512的典型性能指标如表3－82所示。

表3－82　512（FZ-125）抗氧剂的典型性能指标

项　目		质量指标	试验方法
外观		浅黄色透明液体	目测
密度/(kg/m^3)		900～1000	GB/T 1884
运动黏度（100℃）/(mm^2/s)		6.8～8.5	GB/T 265
闪点（开口）/℃	不低于	180	GB/T 3536
灰分/%	不大于	0.02	GB/T 510
3，5-甲酯含量/%	不大于	1	气相色谱法

532复合抗氧剂外观为褐色透明液体，组成为含苯三唑衍生物的复合剂，统一代号为T532。具有助抗氧化性能。T532以苯三唑衍生物为基础原料再与其他添加剂复配而成。T532加0.03%～1.0%的量与其他抗氧剂复合后有明显的增效作用。用于汽轮机油，可大幅度提高其抗氧化能力。T532的典型性能指标如表3－83所示。

表3－83　532复合抗氧剂的典型性能指标

项　目		质量指标	试验方法
外观		褐色透明液体	目测
密度/(kg/m^3)		950～1150	GB/T 2540
运动黏度（100℃）/(mm^2/s)		45.0～55.0	GB/T 265
闪点（开口）	不低于	130	GB/T 3536
碱值/(mgKOH/g)		135.0～155.0	SH/T 0251

533（MD-06）复合抗氧剂外观为黏稠棕色液体，组成为含噻二唑衍生物的复合剂，统一代号是T533。具有助抗氧化性能。533（MD-06）复合抗氧剂以噻二唑衍生物为基础原料，再加入其他添加剂复配而成，加0.03%~1.0%T533的量与其他抗氧剂复合后有明显的增效作用。用于二冲程汽油机油可提高抗氧化和抗腐蚀性能。T533的典型性能指标如表3-84所示。

表3-84　533（MD-06）复合抗氧剂的典型性能指标

项　目		质量指标	试验方法
外观		黏稠棕色液体	目测
密度（20℃）/(kg/m^3)		1000~1200	GB/T 2540
运动黏度（100℃）/(mm^2/s)		11.0~15.0	GB/T 265
闪点（开口）/℃	不低于	130	GB/T 3536
硫含量/%		13~16	SH/T 0303
氮含量/%		4.0~5.5	SH/T 0224

534（ADPA-98）抗氧剂的外观为浅棕色清亮液体，组成为烷基二苯胺，统一代号是T534（原代号ADPA-98）。534抗氧剂不含稀释油，100%活性，具有突出的高温抗氧化性能，能有效控制内燃机油因氧化引起的黏度增长和沉积物的生成量。T534以壬烯烃和二苯胺为原料，在催化剂和一定温度下反应制得成品。T534适用于调配汽油机油、柴油机油、汽轮机油、热传导油和润滑脂。T534的典型性能指标如表3-85所示。

表3-85　534（ADPA-98）抗氧剂的典型性能指标

项　目		质量指标	试验方法
外观		浅棕色清亮液体	目测
密度（20℃）/(kg/m^3)		900~1000	GB/T 1884
运动黏度（100℃）/(mm^2/s)		报告	GB/T 265
闪点（开口）/℃	不低于	180	GB/T 3536
机械杂质/%		无	GB/T 511
氮含量/%		4.0~5.5	ASTM D 2567

二壬基二苯胺抗氧剂具有良好的抗氧性、油溶性及与其他添加剂有良好的配伍性。二壬基二苯胺抗氧剂以壬烯和二苯胺为原料，在催化剂作用下反应而得成品。二壬基二苯胺抗氧剂与其他添加剂复合，可以用于调制高档多级内燃机油、高温航空润滑油、自动传动液、金属加工油和淬火油等油品。二壬基二苯胺的典型性能指标如表3-86所示。

表3-86　二壬基二苯胺抗氧剂的典型性能指标

项　目	质量指标	试验方法
密度（20℃）/(kg/m^3)	实测	GB/T 1884
运动黏度（100℃）/(mm^2/s)	实测	GB/T 265

续表

项 目		质量指标	试验方法
闪点（开口）/℃	不低于	180	GB/T 267
机械杂质/%	不大于	0.07	GB/T 511
水分	不大于	0.03	GB/T 260
氮含量/%		3.0～3.5	SH/T 0224
酸值/(mgKOH/g)	不大于	0.1	GB/T 264

硫酚型高效抗氧抗磨剂为棕色透明黏稠液体。以混合酚和硫磺为原料，经硫化反应及精制处理后制得。T503 具有优良的抗氧性和抗磨性，与胺类抗氧剂复合使用配伍性好。可用于调制高温状态下工作的各类润滑油，如内燃机油、齿轮油和其他工业用油，加入量0.5%。其典型技术性能指标如表 3－87 所示。

表 3－87 硫酚型高效抗氧抗磨剂的典型技术性能指标

项 目		质量指标	试验方法
外观		棕色透明黏稠液体	目测
密度（20℃）/(kg/m^3)		实测	GB/T 1884
运动黏度（100℃）/(mm^2/s)		实测	GB/T 265
闪点（开口）/℃	不低于	150	GB/T 267
硫含量/%		9～11	SH/T 0303

T531 为淡黄色结晶体，具有优良的高温抗氧性能。主要用于各种航空润滑油及其他工业润滑油中，参考用量为 0.5%～3.0%。T531 的典型性能指标如表 3－88 所示。

表 3－88 T531 的典型性能指标

项 目		质量指标	试验方法
熔点/℃		59.5～62.0	GB /T 617
蒸发碱量/%	不大于	1	企标
游离胺/%	不大于	0.2	企标
灰分/%	不大于	0.05	GB /T 510

T516 为白色粉状固体，熔点 100～101℃；溶于醇、苯等有机溶剂，不溶于水，自燃点 498℃；具有优良的高温抗氧性，可延长油品在高温下使用寿命，减少结焦；其纯度高，油溶性好，毒性低；作为合成油脂高档油及橡胶的抗氧剂，合成润滑油的耐高温抗氧剂，无灰抗氧剂，参考用量 0.5%～1.0%。其典型性能指标如表 3－89 所示。

表 3－89　T516 的各项性能指标

项　目		质量指标		试验方法
		一级品	优质品	
外观		白色至灰白色粉妆固体	白色晶状粉末	目测
熔点/℃	不低于	95	98	GB /T 617
灰分/%	不大于	0.1	0.1	GB /T 510
水分/%	不大于	0.5	0.3	GB/T 260

T557 为浅黄色透明液体。以二苯胺和烯烃为原料，经烷基化反应可制得烷基二苯胺。T557 具有优良的高温抗氧性及油溶性，是无灰型抗氧剂。用于调制高档通用内燃机油、透平油、导热油、液压油及润滑脂。参考用量：0.25%～0.5%。其典型性能指标如表 3－90 所示。

表 3－90　T557 的典型性能指标

项　目		质量指标	试验方法
外观		浅黄色透明液体	目测
密度（20℃）/(kg/m^3)		945～995	GB/T 1884
运动黏度（100℃）/(mm^2/s)		100～350	GB/T 265
闪点（开口）/℃	不低于	180	GB/T 267
倾点/℃	不高于	12	GB/T 3535
总碱值/(mgKOH/g)	不小于	160	SH/T 0251
二苯胺含量/%	不大于	1.0	企 标
氮含量/%		3.8～4.3	SH/T 0224
水分/%	不大于	0.15	GB/T 260
机械杂质/%	不大于	0.01	GB/T 511

T551 为棕红色透明液体，具有低挥发性，良好的抗氧化性能。在矿物油中有很好的油溶性，热分解温度为 180℃左右。具有良好的改善油品抗氧化性能的功能，油溶性好。与其他剂复合使用具有优异的增效作用，并降低 T501 用量。不能与 ZDDP 或氨基甲酸盐类复合使用，以防发生沉淀。以配价键在金属表面形成惰性膜或与金属离子形成螯合物，从而抑制金属对氧化反应的催化加速作用。广泛应用与汽轮机油、油膜轴承油、工业齿轮油、变压器油及循环油中。加入量 0.03%～0.1%。其典型性能指标如表 3－91 所示。

表 3－91　T551 的典型性能指标

项　目		质量指标	试验方法
外观		棕色透明液体	目测
密度（20℃）/(kg/m^3)		910～1040	GB/T 1884
运动黏度（100℃）/(mm^2/s)		10～14	GB/T 265
闪点（开口）/℃	不低于	130	GB/T 267
碱值/(mgKOH/g)		210～230	SH/T 0251

续表

项　目		质量指标	试验方法
氧化试验（增值）/min	不小于	90	SH/T 0193—73
溶解度/%		合格	目测
热分解温度/℃		报告	SH/T 0561

T552为黄色透明液体，改进了T551的某些性能，如提高了油溶性，改善了抗乳化性并具有更好的热稳定性。由于它的碱值比T551低，因此与酸性添加剂的作用小。T552除了具备优异的改善油品氧化性及抑制铜腐蚀性能，与各种抗氧剂如2，6-二叔丁基对甲酚（T501）、4，4-亚甲基双（2，6-二叔丁基酚）以及烷基二苯胺（T534）等有良好的抗氧化协同效应，其全面性能优于T551。广泛应用于合成油，HL通用机床油、汽轮机油和润滑脂，还能作为燃料稳定剂中的抗氧化成分。一般加入量0.03%～0.1%。其典型性能指标如表3－92所示。

表3－92　T552的典型性能指标

项　目		质量指标	试验方法
外观		黄色透明液体	目测
密度（20℃）/(kg/m³)		900～1100	GB/T 1884
运动黏度（100℃）/(mm²/s)		45～55	GB/T 265
闪点（开口）℃	不低于	130	GB/T 267
碱值/(mgKOH/g)		145～165	SH/T 0251
氧化试验（增值）/min	不小于	95	SH/T 0193—73
溶解度/%	不低于	10	目测
铜片腐蚀（100℃，3h）		合格	GB/T 5096

T553为黄色透明液体，能改善油品的氧化性能，尤其在变压器油中能代替一定量的T501或苯基-α-萘胺，降低油品成本。与常用的抗氧剂、防锈剂、增黏剂、抗磨剂、清净分散剂等可复合使用。与ZDDP一起使用时，不形成不溶的盐，油溶性相当好。主要应用于变压器油、抗磨液压油、合成油、HL通用机床油以及汽轮机油等产品，对于水包油和油包水乳化液也有效果。推荐用量：0.005%～0.05%。其典型性能指标如表3－93所示。

表3－93　T553的典型性能指标

项　目		质量指标	试验方法
外观		黄色透明液体	目测
密度（20℃）/(kg/m³)		900～1100	GB/T 1884
运动黏度（100℃）/(mm²/s)		28～36	GB/T 265
闪点（开口）/℃	不低于	130	GB/T 267
碱值/(mgKOH/g)		170～185	SH/T 0251

续表

项　目		质量指标	试验方法
氧化试验（增值）/min	不小于	100	SH/T 0193—73
溶解度/%	不低于	10	目测
铜片腐蚀（100℃，3h）		合格	GB/T 5096

5.4.2　国外抗氧剂的品种牌号及技术指标

国外生产抗氧剂的公司主要有 Ethyl、Ciba-Geigy Vanderbilt、Agip、BASF、Lubrizol、Mobilad 等。其品种牌号及典型性能指标如表 3－94～表 3－96 所示。

表 3－94　国外屏蔽酚型抗氧剂商品牌号

商品牌号	化合物名称	密度/（kg/m^3）	黏度（100℃）/（mm^2/s）	闪点/℃	氮含量/%	使用性能	生产单位
Hitec 4701	2，6-二叔丁基酚	914		94		用于工业润滑油、变压器油、航空汽油和喷气燃料中	Ethyl
Hitec 4735	单酚型					用于汽轮机油、抗氧防锈油、液压油、变压器油和工业齿轮油中	Ethyl
Hitec 4782	混合多环酚					适用于高温润滑油，用于发动机油、车辆齿轮油、车辆传动油、淬火油、压缩机油和造纸机油中	Ethyl
Irganox L 101	高分子量酚	白色至浅黄色结晶		297		比普通酚型抗氧剂热稳定性好，推荐用量 0.2%～1%，用于润滑脂	Ciba-Geigy
Irganox L 107	高分子量酚	白色至黄色粉末		237		比 BHT 和甲叉双酚型抗氧剂热稳定性好，推荐用量 0.2%～3%，用于压缩机油和发动机油	Ciba-Geigy
Irganox L 109	高分子量酚	白色颗粒或结晶粉末		280		比 2，6-二叔丁基酚型抗氧剂热稳定性好，推荐用量 0.2%～0.6%，用于汽轮机油、压缩机油、金属加工业和润滑脂	Ciba-Geigy
Irganox L 115	高分子量酚（含硫醚）	白色至浅黄色粉末		279		比普通酚型抗氧剂热稳定性好，推荐用量 0.1%～0.8%，用于合成润滑油和矿物油中的压缩机油、发动机油和润滑脂	Ciba-Geigy
Irganox L 118	液体高分子量酚（含硫醚）	980	300mPa·s（40℃）	123		在加氢和非传统精制基础油中有优良的性能，推荐用量 0.2%～0.8%，用于工业润滑油及发动机油中	Ciba-Geigy
Irganox L 130	叔丁基酚衍生物	1020	10（40℃）	132		100% 的活性组分，用于液压油、汽轮机油和发动机油中	Ciba-Geigy
Irganox L 134	受阻酚混合物	950	25（40℃）	>140	3.8	推荐用量 0.1%～0.5%，用于液压油、汽轮机油、齿轮油和润滑脂	Ciba-Geigy

续表

商品牌号	化合物名称	密度/(kg/m³)	黏度(100℃)/(mm²/s)	闪点/℃	氮含量/%	使用性能	生产单位
Irganox L 135	液体高分子量酚	960	123 (40℃)	152		推荐0.1%~0.8%，用于汽轮机油、空气压缩机油、金属加工液、发动机油和润滑脂	Ciba-Geigy
Vanlube DTB	烷基化苯酚	1050	白色固体			用于润滑脂和工业润滑油及发动机油	Vanderbilt
Vanlube TCX	2，6-二叔丁基对甲酚	1040	白色晶体			用于汽轮机油、液压油、变压器油和循环油及燃料油中	Vanderbilt
MX 3433	苯乙烯酚	1080	200mPa·s (30℃)	200		微橙色黏稠液体，100%活性，溶于苯和矿物油	Agip Petroli (意大利)
MX 3436	受阻酚	940	250mPa·s (30℃)			黄色液体，100%活性，溶于苯和矿物油	Agip Petroli (意大利)
Kerobit TP 26	含75%的2，6-二叔丁基酚	930	8.1 (40℃)	100		用于工业润滑油和汽油机喷气燃料	BASF
Kerobit TP 26S	75%的2，6-二叔丁基酚石脑油溶液	930	7 (40℃)	78		用于工业润滑油和汽油及喷气燃料	BASF

表3-95 国外芳胺型抗氧剂

商品牌号	化合物名称	密度/(kg/m³)	黏度(100℃)/(mm²/s)	闪点/℃	氮含量/%	使用性能	生产厂或公司
LZ 5150C	芳基胺	960	11		3.9	用于抗磨液压油、极压汽轮机油、防锈及抗氧汽轮机油和压缩机油中	Lubrizol
Hitec 4793	苯乙烯基辛基二苯胺					用于发动机油和工业润滑油，也可与受阻酚和含硫抗氧剂复合使用	Ethyl
Irganox L01	高纯度烷基二苯胺	米色粉末		96~99 (熔点)		用于喷气发动机润滑油、汽轮机油、压缩机油和汽车发动机油	Ciba-Geigy
Irganox L06	高纯度烷基化苯基-α-萘胺	浅棕黄色粉末		75 (熔点)		用于喷气发动机润滑油、汽轮机油、压缩机油和传动润滑油	Ciba-Geigy
Irganox L57	锌基/戊基二苯胺	970	11			推荐用量0.1%~3%的量，用于发动机油、压缩机油、汽轮机油、液压油和润滑脂	Ciba-Geigy
Irganox L64	胺类和高分子量酚混合物		800 (40℃)	>140	3.8	推荐用量0.1%~0.8%，用于金属加工液和发动机油	Ciba-Geigy
Irganox L74	胺类及无灰抗磨剂混合物		100mPa·s	108	3.8	还含磷2.3%，推荐用量0.5%~1%，用于空气压缩机油	Ciba-Geigy

续表

商品牌号	化合物名称	密度/(kg/m³)	黏度(100℃)/(mm²/s)	闪点/℃	氮含量/%	使用性能	生产厂或公司
Irganox L150	胺类和高分子量酚混合物	1000	2800 mPa·s(40℃)	180	2.3	推荐用量0.1%～0.5%，用于燃气轮机油、液压油、齿轮油和润滑脂及燃料	Ciba-Geigy
Vanlube DND	二辛基二苯胺	950	19.6	212		是通用的抗氧剂，用于车用和飞机发动机油及润滑脂	Vanderbilt
Vanlube NA	烷基化二苯胺	940	15	213		用于汽轮机油、液压油、循环油、压缩机油和发动机油中	Vanderbilt
Vanlube SL	取代二苯胺	101	16.28	210		用于汽轮机油、燃气轮机油、循环油和润滑脂中	Vanderbilt
Vanlube SS	辛基取代二苯胺	1020	浅棕色粉末			用作矿物油和合成油的高温抗氧剂。用于硅烷、硅氧烷液体和润滑脂的抗氧剂及腐蚀抑制剂以及液压油、ATF和发动机油中	Vanderbilt
Vanlube 81	p′，p-二辛基二苯胺	1010	灰白色粉末			在硅烷、硅氧烷、硅酮和双酯油中加0.5%～2%可抗204～260℃的高温，还可用于润滑脂及喷气发动机油中	Vanderbilt
Mobilad C-146	烷基化萘胺					具有优良的高温性能，推荐1%～4%的量，用于合成压缩机油和燃汽轮机油润滑油	Mobil
Mobilad C-147	烷基化萘胺		26	190		聚优良的高温性能，推荐0.5%～1.5%的量，用于酯类润滑油和发动机油中	Mobil

表3-96　国外其他类型抗氧剂商品牌号

商品牌号	化合物名称	密度/(kg/m³)	黏度(100℃)/(mm²/s)	闪点/℃	硫含量/%	使用性能	生产厂或公司
Vanlube RD	1，2-二氢2，2，4-三甲基喹啉聚合物	1060	琥珀色小颗粒			溶于双酯和聚乙二醇，不溶于矿物油和水，是双酯和聚乙二醇刹车油抗氧剂	Vanderbilt
Vanlube 664	抗氧、防锈和金属钝化剂的复合物	925	4.8	>140		具有抗氧性、防锈性和抗乳化性，用于汽轮机油、液压油和循环油中	Vanderbilt
Vanlube 818-DB	协同复合剂	1030	14.86	>179		具有抗氧和防锈性能，用于汽轮机油、抗氧防锈液压油	Vanderbilt
Vanlube 887-E	甲苯三氮唑酯溶液	1010	21.39	>225		热稳定性好，与化合酚或二硫代氨基甲酸酯复合效果更好	Vanderbilt

续表

商品牌号	化合物名称	密度/（kg/m^3）	黏度（100℃）/（mm^2/s）	闪点/℃	硫含量/%	使用性能	生产厂或公司
Vanlube 871	2，5-二巯基-1，3，4-噻唑衍生物	1110	21.45	>210		具有抗氧和抗磨性能，用于汽油机油及柴油机油	Vanderbilt
Vanlube 887	甲苯三氮唑酯溶液	960	17.76	>150		具有抗氧性能，与化合酚或二硫代氨基甲酸酯复合效果更好	Vanderbilt
MX 3451	苯基亚磷酸酯	990	500mPa·s（50℃）		4.0（磷）	100%的活性，溶于苯和矿物油，用于燃料油及润滑油	Agip Petroli
MX 3470	硫化烷基酚	960	21	>100	4.3	多功能抗氧剂和清净剂	Agip Petroli

第6节　金属钝化剂

6.1　概况

油品在使用过程中，由于有氧存在，受热和光的作用，使油品氧化变质，若润滑油中含有金属，如铜、铁等，这些金属特别是金属离子会加速油品的氧化速度，生成酸、油泥和沉淀。酸使金属部件产生腐蚀、磨损；油泥和沉淀使油变稠，引起活塞环的黏结以及油路的堵塞，从而降低了油品的使用性能。1933年就已经证实了汽油中含微量铜就能引起氧化的结论。即使汽油中添加了抗氧剂，汽油的氧化诱导期也会随汽油中铜含量的增加而降低，当抗氧剂逐渐被消耗掉以后，铜引起的氧化就会迅速进行。为避免金属离子对润滑油的自动氧化的催化加速作用，直接作用手段是借助于抗催化剂添加剂。这类添加剂对金属产生作用，阻碍金属的催化效应。其方式有两种：一是用膜把金属离子包起来使之钝化，人们称这种添加剂为金属钝化剂；二是使它变成非催化物质使之减活，人们称这种添加剂为金属钝化剂。国内把用于润滑油的称为金属钝化剂，用于燃料油的称为金属钝化剂。

6.2　金属钝化剂的使用性能

提高油品的抗氧能力有三条途径：一是加深润滑油的精制深度；二是在精制基础油中加入抗氧剂；三是在精制基础油中加入抗氧剂的同时加入金属钝化剂。精制深度有一定的限度，过深会把一些天然抗氧剂除去，反而使润滑油的抗氧性变坏；加抗氧剂可改善润滑油的抗氧性能，但达到一定浓度后，再增加不但不能改善抗氧性能，甚至起相反的作用，同时不经济；三者结合可达到最佳效果。

金属钝化剂的作用在于与金属离子生成螯合物，或在金属表面生成保护膜，因而它不仅抑制了金属或其离子对氧化的催化作用，成为有效的抗氧剂，同时也是一类很好的铜腐蚀抑制剂、抗磨剂和防锈剂。因此，在各种油品中得到广泛的应用。例如在汽油机油中能显著改善油品的氧化安定性，在齿轮油中能提高油品的抗磨性，在内燃机油中能改进抗氧抗腐性，在抗磨液压油中能抑制对铜的腐蚀等。

金属钝化剂是由含硫、磷、氮或其他一些非金属元素组成的有机化合物。其作用机理：一是金属钝化剂在金属表面生成化学膜，阻止金属变成离子进入油中，减弱其对油品的催化氧化作用，这种化学膜还有保护金属表面的作用，能防止活性硫、有机酸对铜表面的腐蚀；二是络合作用，能与金属离子结合，使之成为非催化活性的物质。两种中任何一种均可降低金属的有害影响。金属钝化剂不单独使用，常和抗氧剂一起复合使用，不仅有协合效应，而且还能降低抗氧剂的用量。

6.3 金属钝化剂的作用机理

人们普遍认为金属钝化剂的作用机理有以下两种类型。

一种为成膜型，即在金属表面生成化学膜，阻止金属或变为离子进入油中，减弱其对油品所产生的催化氧化作用。这种化学膜还有保护金属表面的作用，能防止活性硫、有机酸等对金属表面的腐蚀，下图是钝化剂的作用机理。

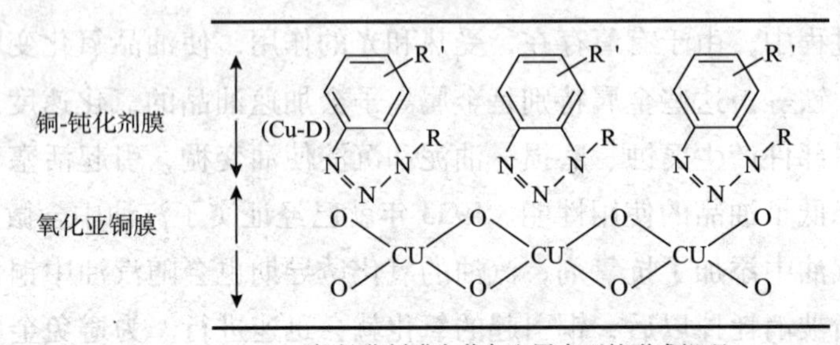

铜钝化剂膜在黄色金属表面的形成机理

另一种是络合作用，能与金属离子络合，对金属离子产生掩蔽作用。金属钝化剂是借助化学键在金属氧化层上形成致密的钝化膜，阻止金属离子逸出渗入油相中发生催化氧化反应，螯合剂能与油中的金属离子螯合，形成铜-*N*，*N*′-二亚水杨基-1，2-丙二胺络合物，使金属离子丧失催化作用。但不与金属表面作用，所以螯合剂不能消除表面的金属离子，一旦抑制作用消失，润滑油仍会受金属的催化氧化，螯合剂的作用机理见下图。

螯合剂的作用机理

6.4 金属钝化剂品种及技术指标

6.4.1 国内金属钝化剂的品种及技术指标

国内金属钝化剂的品种主要有551金属钝化剂（技术指标详见表3－91）和561金属钝化剂。551金属钝化剂的技术指标详见表3－91。561金属钝化剂外观为棕色或深棕色透明液体，组成为噻二唑衍生物，统一代号是T561。具有良好的抑制铜腐蚀的性能和抗氧化性能。用于液压油中能显著降低ZDDP对铜的腐蚀和解决水解安定性问题；用内燃机油中可提高大庆石蜡基油的抗氧化性能，有助于通过MSⅢD台架试验。T561以2，5-巯基噻二唑与硫醇经氧化偶联而制得成品。T561与其他添加剂复合，适用于调配抗磨液压油、工业齿轮油和优质汽油机油等油品，其典型性能指标如表3－97所示。

表3－97 561金属钝化剂的典型性能指标

项目		质量指标		试验方法
		一级品	二级品	
外观		棕色透明液体	棕或深棕色透明液体	目测
密度（20℃）/（kg/m^3）		报告		GB/T 2540
运动黏度（100℃）/（mm^2/s）		10～20	实测	GB/T 265
闪点（开口）/℃	不低于	130		GB/T 3536
酸值/（mgKOH/g）	不大于	12	18	企标
铜片腐蚀/级	不大于	1	1	GB/T 5096
硫含量/%		26～29	24～29	SH/T 0303
水分/%		报告		GB/T 260
机械杂质/%		报告		GB/T 511

6.4.2 国外金属钝化剂的品种牌号及技术指标

国外生产金属钝化剂的厂家主要有Ciba-Geigy、Vanderbilt、Mobil 、Ethyl、Du Pont等企业，其主要品种牌号及典型性能指标如表3－98～表3－100所示。

表3－98 国外外苯三唑衍生物金属钝化剂商品牌号

商品牌号	化合物名称	密度/（kg/m^3）	黏度（100℃）/mPa·s（mm^2/s）	闪点/℃	氮含量/%	使用性能	生产单位
Irgamet 30	液体苯三唑衍生物	920	30（40℃）	158	17.3	推荐0.0005%～0.1%，用于汽轮机油、液压油、空气压缩机油、齿轮油和燃料中	Ciba-Geigy
Irgamet 38S	液体苯三唑衍生物	920	50（40℃）	166		推荐0.02%～0.05%，用于汽轮机油、液压油、空气压缩机油、齿轮油和润滑脂中	Ciba-Geigy

续表

商品牌号	化合物名称	密度/(kg/m^3)	黏度(100℃)/mPa·s(mm^2/s)	闪点/℃	氮含量/%	使用性能	生产单位
Irgamet 39	液体甲苯并三唑衍生物	950	80(40℃)	>150	14.6	推荐0.0005%~0.1%，用于汽轮机油、液压油、空气压缩机油、齿轮油、金属加工液、发动机油、润滑脂和燃料中	Ciba-Geigy
Irgamet T39	液体甲苯并三唑衍生物	950	80(40℃)	>150	14.6	加量0.1%~0.3%，用于液压油和金属加工液中	Ciba-Geigy
Irgamet 42	液体水溶性甲苯并三唑衍生物	1160	33(40℃)	<5(熔点)	17.5	加量0.01%~1%，用于空气压缩机油、齿轮油、金属加工液和润滑脂中	Ciba-Geigy
Irgamet BTAM	苯并三唑(>98%)	1360		195	35.2	加量0.01%~1%，用于空气压缩机油、齿轮油、金属加工液和润滑脂中	Ciba-Geigy
Irgamet TTA	甲苯并三唑	1160		200	31.5	加量0.01%~1%，用于空气压缩机油、齿轮油、金属加工液和润滑脂中	Ciba-Geigy
Irgamet SBT75	四苯甲基苯并三唑	1200			25	加量0.05%~0.3%，用于液压油和金属加工液中	Ciba-Geigy

表3-99　国外噻二唑衍生商品牌号

商品牌号	化合物名称	密度/(kg/m^3)	黏度(100℃)/(mm^2/s)	闪点/℃	硫含量/%	使用性能	生产单位
Cuvan 484	2，5-二巯基-1，3，4-噻二唑衍生物	1070	11	135		加量0.1%~0.5%，是无灰油溶性非金属腐蚀抑制剂和金属钝化剂，对铜特别有效。用于工业润滑油、汽车发动机油、润滑脂和金属加工液	Vanderbilt
Cuvan 484	2，5-二巯基-1，3，4-噻二唑衍生物	1070	11	135		加量0.1%~0.5%，是无灰油溶性非金属腐蚀抑制剂和金属钝化剂，对铜特别有效。用于工业润滑油、汽车发动机油、润滑脂和金属加工液	Vanderbilt
Cuvan 826	2，5-二巯基-1，3，4-噻二唑衍生物	1020	3.85	149		加量0.1%~0.5%，是无灰油溶性非金属腐蚀抑制剂和金属钝化剂，对铜特别有效。用于工业润滑油、汽车发动机油、润滑脂和金属加工液。具有独特的组成，能抑制硫化氢的腐蚀作用	Vanderbilt
NACAP	2-巯基苯并噻二唑钠	1270				加量0.1%~0.6%，水溶性，溶于石油烃，尤其对抑制铜和黄铜的腐蚀更有效。在防冻液用作腐蚀抑制剂和减缓冲剂。在铝、铜和铜合金系统中对铝具有优良的腐蚀抑制作用	Vanderbilt
ROKON	2-巯基苯并噻唑	1500	粉末	—		加量0.0002%~0.25%，用于重负荷切削油、金属加工液、液压油及润滑脂等的铜腐蚀抑制剂或减活剂。也用作汽车用化学品、工业清洗剂和各种化学专用品的铜腐蚀剂	Vanderbilt

续表

商品牌号	化合物名称	密度/(kg/m³)	黏度(100℃)/(mm²/s)	闪点/℃	硫含量/%	使用性能	生产单位
Vanchem NATA	2，5-二巯基唑钠盐	1200	—	—	—	加量0.1%～0.25%，是含水系统中非铁金属的腐蚀抑制剂和金属钝化剂。特别适用于防止焊料、铝、铜和铜合金的腐蚀，也是一种化学中间体	Vanderbilt
Mobilad C-610	烷基噻二唑	1090	11	155		具有优良的腐蚀抑制/铜减活作用，在汽车/工业齿轮油中加0.02%～0.04%，在润滑脂中加0.05%～0.25%	Mobil

表3－100　国外其他金属钝化剂商品牌号

商品牌号	化合物名称	密度/(kg/m³)	黏度(100℃)/(mm²/s)	闪点/℃	氮含量/%	使用性能	生产单位
Mobilad C-611	氮杂环丁二酸酐	1040		115	5.2	具有优良的腐蚀抑制/铜减活作用，在汽车/工业齿轮油中加0.01%～0.5%	Mobil
Mobilad C-613				225		具有优良的铜减活和摩擦改进作用，在导轨油中加0.25%～1.25%，在循环油中加0.25%～1%	Mobil
Vanlube 601-E	环硫氮化合物	960	6.3	157	—	加量0.02%～1%，成膜型钝化剂，腐蚀和锈蚀抑制剂。与极压抗磨剂复合有协同作用，在矿物油、齿轮油、润滑油和合成油脂中作防锈和铜钝化剂	Vanderbilt
Vanlube 691-C	协同复合剂	1110	11.55	175	—	加0.05%～0.25%，可防止活性硫和硫化物对铜及其铜合金的腐蚀。可增强发动机油、汽轮机油和液压油的抗氧化作用	Vanderbilt
Vanlube 704	协同复合剂	1030	80	149	—	加0.05%～0.25%，是矿物油和合成油的防锈和腐蚀抑制剂。是极性添加剂的协同复合剂，可在金属表面形成薄膜或生成螯合物。可防止游离硫或活性硫对铜及其合金的腐蚀。可钝化催化金属表面来增强抗氧化的效果	Vanderbilt
Ortholeum 308	1，4-二羰基蒽醌					用于矿物油、合成油	Du Pont
Hitec 4313	含硫的金属化合物					具有抗磨性和防腐作用，特别对铜银、铅及一系列合金又钝化作用	Ethyl
DMD	*N*，*N*′-二亚水杨-1，2-丙二胺	1070	19(38℃)	42	—	含25%的二甲苯，加0.8～12μg/g用于汽油和润滑脂，改进贮存稳定性	Du Pont

续表

商品牌号	化合物名称	密度/(kg/m³)	黏度(100℃)/(mm²/s)	闪点/℃	氮含量/%	使用性能	生产单位
DMD-2	N，N′-二亚水杨-1，2-丙二胺	999	2.7 (38℃)	41		DMD 稀释品，50% 的二甲苯，加 6 ~ 15μg/g，用于寒冷气候，便于处理	Du Pont
DMS	复合有机胺和有机酸式盐	930	6.9	16		加量 6 ~ 16μg/g，用于汽油、工业油和其他石油产品，抑制铜和铜合金的催化影响	Du Pont

第 7 节　黏度指数改进剂

7.1　概况

为了改善油品的黏温性能，早在 20 世纪 30 年代就在液压油和大炮齿轮油中加高分子化合物。在 30 年代中期应用了聚异丁烯，40 年代出现了聚甲基丙烯酸酯，60 年代末到 70 年代初出现了乙丙共聚物或烯烃共聚物和氢化苯乙烯双烯共聚物，其中包括氢化苯乙烯丁二烯共聚物及氢化苯乙烯异戊二烯共聚物等高分子化合物。人们称这些高分子化合物为增黏剂、黏度改进剂或黏度指数改进剂。进入 80 年代，又出现了新一代具有分散性的黏度指数改进剂。黏度指数改进剂的产量逐年增大，其产量一般占添加剂总产量的 20% 左右。目前，多级油发展很快，对黏度指数改进剂的需求增大，其产量剧增，1998 年，美国消耗的 980kt 添加剂中，黏度指数改进剂的产量高达 245kt，占添加剂总量的 25% 。

总之，黏度指数改进剂开始于 20 世纪 30 年代，50 ~ 70 年代 PIB 和 PMA 占统治地位，70 年代后 OCP 占统治地位，其他黏度指数改进剂也有一定的份额。

黏度指数改进剂之所以受到人们的重视，主要有几个重要原因：

（1）改善油品的黏温性能。用黏度指数改进剂配制的内燃机油、齿轮油、液压油，具有良好的低温启动性和高温润滑性，可同时满足多黏度级别的要求，可四季通用。

（2）省油。多级油与单级油相比，多级油能降低润滑油和燃料油的消耗。

（3）降低磨损。多级油比单级油显著降低了磨损。由于多级油的黏温性能平滑，黏度随温度的变化幅度比单级油小，在高温时仍保持足够的黏度，保证了运动部件的润滑，从而减少了磨损；在低温时黏度又比单级油小，使启动容易，从而节省了动力。与同级别的单级油相比，多级油能省燃料 2% ~3% 。

（4）简化油品品类。可实现油品的通用化，如万能通用拖拉机油可同时作为拖拉机油的发动机油、齿轮油、传动油和刹车油。

（5）合理利用资源。利用黏度指数改进剂可使低黏度的油变成高黏度的油，相对增加了重质油产量，资源更加合理利用。

7.2　黏度指数改进剂的使用性能

一个好的黏度指数改进剂（VII）不仅要求增黏能力强、剪切稳定性好，而且要求好的低温性能和热氧化安定性能。化学结构与性能的关系是密切的，OCP 等碳氢系高聚物增黏作用优异，改进黏度指数（VI）的作用不佳；另一方面，PAM 等含极性基的聚合物增黏作用不如前者，但改进 VI 的作用优异，同时又具有降凝作用；OCP 与 PAM 的混合聚合物的增黏作用、改进 VI 的作用、低温黏度特性都处于两者中间。在这些聚合物分子中引入含氮极性基，就成为具有分散油泥作用的分散型黏度指数改进剂，多数发动机油中就使用这些类型。在接受高剪切力的齿轮油、液压油和自动传动液中使用重均分子量为 20000～100000 的聚合物；注重增黏效果和 VI 改进性能的发动机油中使用 100000～400000 的化合物。常用的几种 VII 的性能比较列入表 3－101 中。

表 3－101　常用的几种 VII 的性能比较

VII		PAM	OCP	SDC	OCP 与 PAM 混合物
增黏作用		○	**○**	**○**	○
VI改进作用		**○**	○	○	○
剪切稳定性		△－○	△－○	**○**	○
降低倾点作用		**○**	×	×	○
低温黏度特性	CCS 黏度	**○**	○	○	**○**
	BF 黏度	**○**	×	×	○
高温剪切黏度		○	○	○	○
氧化稳定性		○	○	○	○

注：**○**—非常好；△—稍差；×—差；BF—Brookfield。

7.2.1　剪切稳定性

剪切稳定性（Shear Stability）是一个重要的使用性能，直接关系到多级油黏度级别的稳定性。聚合物对其抗剪切力的能力称为剪切稳定性。剪切稳定性差的黏度指数改进剂，由于加入油中的高分子化合物在剪切应力作用下主链断裂，使黏度下降，不能保持原有的黏度级别，将导致对磨损和油耗的不利影响。

该性能与 VII 的聚合度（分子量）、分散度（分子量分布）和高聚物在溶液中的流体力学有关。高分子的链愈长（分子量愈大）和分散度愈大，愈易断裂，即剪切稳定性愈差；反之高聚物分子量越小，剪切安定性越好，但加入量就大，对清净性不利。

因此，剪切安定性只要符合规格要求就可以了，而不是一味追求剪切安定性越小越好。图 3－6 示出聚合物的种类与剪切稳定性的关系。

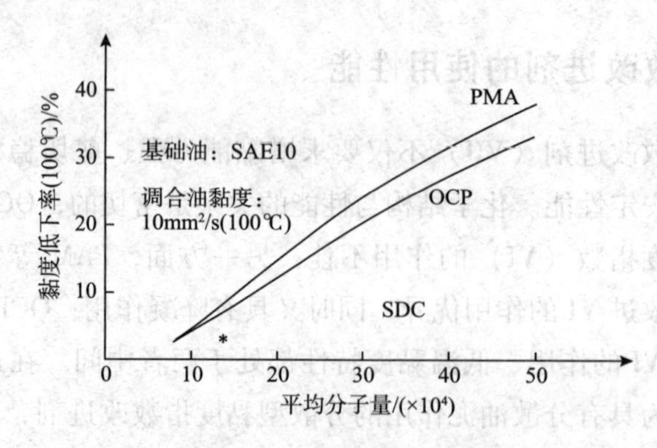

图 3－6　聚合物种类与剪切稳定性的关系

从图 3－6 看出，氢化苯乙烯异戊二烯共聚物显示出最好的剪切稳定性。聚合物分子量直径变大，就容易裂解，剪切稳定性变差。因此，与相同分子量 PAM 及 OCP 比较，分子直径大的 PAM 的剪切稳定性就差。

1. 剪切稳定性的表示方法

作为基础油的矿物油，是黏度与剪切速率无关的牛顿流体，加有 VII 的润滑油（多级油）改变了基础油的流动性能，成为非牛顿流体，随剪切速率的增减而变化。多级油在剪切应力作用下，受剪切的油产生黏度下降，用黏度下降率或黏度损失率（剪切稳定指数）来表示。在高剪切速率下，聚合物的无规线团产生定向排列而产生的黏度损失，是可逆的，而一旦剪切应力消失，则又能恢复。当剪切速率达到 10 以上时，除了暂时黏度损失外，还有高分子断链引起的黏度损失，由断链引起的黏度损失是不可逆的，如图 3－7 所示。前者用暂时剪切稳定指数（Temporary Shear Stability Index，简称 TSSI）来表示，后者用永久剪切稳定指数（Permanent Shear Stability Index，简称 PSSU）来表示。

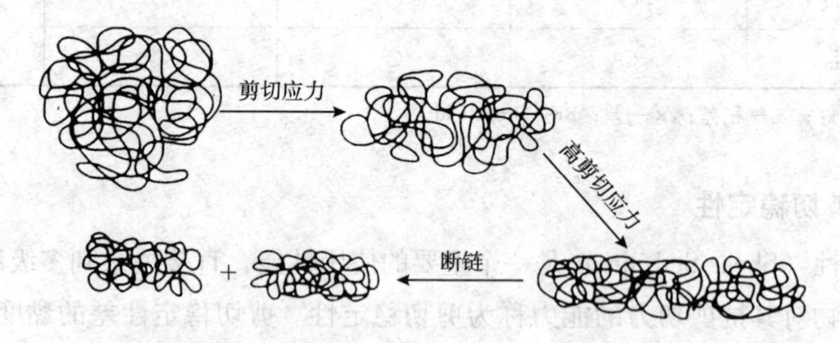

图 3－7　暂时黏度损失和永久黏度损失示意图

在发动机中各部分的剪切速率分布是不同的，暂时黏度损失也不一样，以齿轮、轴承、活塞/气缸壁最大，暂时黏度损失也大，故在该部位容易引起磨损及擦伤，详见表 3－102。

表 3-102　在汽油机油中的剪切速率的情况

剪切速率		发动机的部位	影响的性质
A	$10^3 \sim 10^4$	后活塞环、阀杆、泵入口	油耗、低温流动性
B	$10^5 \sim 10^6$	轴颈轴承、活塞、气缸壁	轴承磨损、擦伤、热起动
C	$10^6 \sim 10^8$	齿轮、凸轮、挺杆	磨损

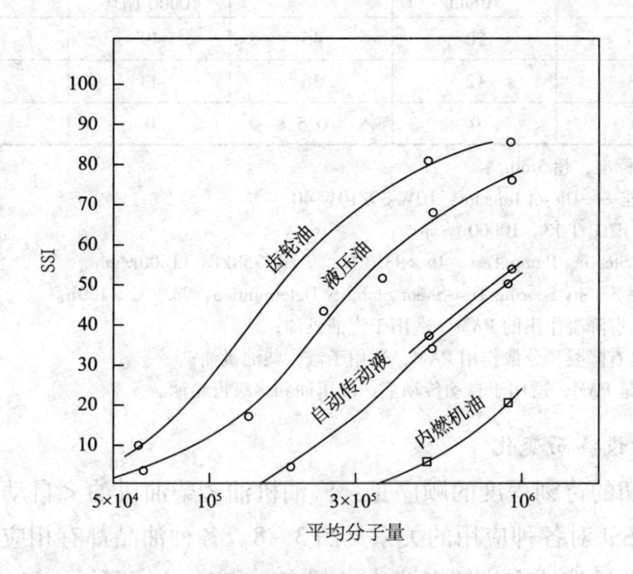

图 3-8　分子量与 SSI 对各种应用的关系

永久剪切稳定指数用下式来表示：

$$\mathrm{PSSI} = V_i - V_f / (V_i - V_0) \times 100$$

式中　V_i——油品剪切前 1000℃时的黏度；

V_f——油品剪切后 1000℃时的黏度；

V_0——基础油 1000℃时的黏度（国外是除 VI 以外的油品全配方的黏度）。

测定剪切安定性常用的方法有三种，即柴油喷嘴法、超声波法和 L-38 发动机运转 10h 后测定其剪切程度，三种方法的苛刻差别很大。美国，欧洲和中国内燃机油的规格分别用 L-38 法、柴油喷嘴法和超声波法，三种方法均要求剪切后的黏度仍然留在规格内。表 3-103 列出乙丙共聚物黏度指数改进剂在不同的方法下的比较。

表 3-103　乙丙共聚物在不同的方法下的比较

项　目	剪切稳定指数（SSI）		
共聚物	柴油喷嘴法	超声波法	L-38 法
符合美国及中国规格常用的乙丙共聚物	48.5	38	20~22
符合欧洲规格常用的乙丙共聚物	28.3	21.7	12

从表 3-103 数据可看出符合美国及中国规格常用的乙丙共聚物的 SSI 在柴油喷嘴法中约为 50%，在超声波法约为 40%，而在 L-38 约法为 20%；符合欧洲规格常用的乙丙共聚

物在柴油喷嘴法中约为30%，在超声波法约为22%，而在L-38法约为12%。由于不同方法测得的SSI差别很大，因而在谈论剪切安定性是一定要说明所用的测定方法。

表3－104　各种剪切试验方法测定的SSI

油品	曲轴箱油			ATF	液压油	齿轮油
试验方法	超声波法①	L-38法 10min	柴油喷嘴法②	Hetc T-13③ 10000循环	泵试验④	ALI VSST⑤
Acryloid 702⑥	30	20	45	49	52	89
Acryloid 955⑥	23	12	36	43	45	—
Acryloid 1017⑥	0	0	0.5	0	1	15～20

注：①ASTM D-2603标准，超5min。
②DIN-51382标准——Diesel Injector：10W-30/10W-40。
③Dexron ATF，HETC T-13，10000循环。
④Chrysler Power Steering Pump Test，4h×93.3℃，负荷2758kPa，1800r/min。
⑤A. L. I. Variable Seveity Scoring Test-Shear Stability Determintion，93.3℃×120h。
⑥Acryloid 702具有降凝作用的PAM，适用于汽油机油；
Acryloid 955具有降凝和分散作用PAM，适用于汽、柴油机油；
Acryloid 1017是PAM，适用于自动传动液、液压油和多级齿轮油。

2. SSI随应用的设备而变化

使用油品的剪切的苛刻程度的顺序是：汽油机油＜柴油机油＜自动传动液＜液压油＜齿轮油，分子量与SSI对各种应用的关系见图3－8。各种油品都有相应的测定方法来适应该油品的要求。如曲轴箱油有：超声波法（超声5和10min两种）、3200km（2000哩）道路剪切试验、L-38法、柴油喷嘴法、Peugeot204；自动传动液和液压油有：Dexron ATF、HETC T-13、10000循环，Chrysler Power Steering Pump Test（4h×93.3℃（有负荷4137 kPa×1700r/min和2758kPa×1800r/min两种））；齿轮油有：A. L. I. Variable Seveity Scoring Test（Shear Stability Determination，93.3 C×120h）。Rohm & Haas公司用这些方法测定了该公司产品的SSI数据，列入表3－104。

7.2.2　增黏能力

增黏能力（Thickening Power）是VII的一个很重要的性能。油品的增黏能力越大，加量越小，多级油的成本也就越低。增黏力主要取决于VII的分子量的大小和分子上的主链碳数、—CH_2以及在基础油中的形态有关。市售的VII的增黏能力顺序如下：OCP＞SDC＞PIB＞PMA。

VII的增黏能力随分子量的增大而加强，主要是高分子链的长度（主链上的碳数）起主要作用。

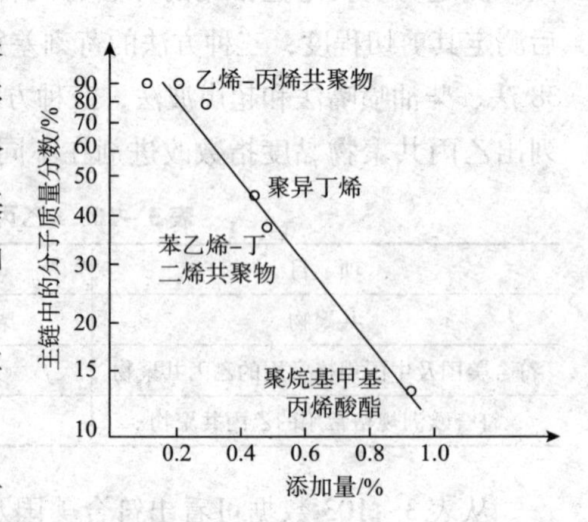

图3－9　黏度指数改进剂的稠化能力

从图3－9可看出，乙丙共聚物的碳原子基本上在主链上，所以稠化能力最强。丁苯共聚物居中，

PMA 最差。如果配制 10W-40 的油，OCP 用量为 0.33%，SDC 为 0.5%，而 PMA 要加 1%，即到达相同稠化能力时，PMA 用量是 SDC 的两倍，是 OCP 的三倍。

多级油中的 VII 的用量多少对油品的清净性有明显的影响，一般是清净性随 VII 的加量增大而变差。所以，一般是多级油的功能添加剂比单级油多加 10% 左右。

VII 的增黏能力还与基础油（溶剂）有关，基础油的黏度和烃族组成对 VII 的增黏能力有一定的影响。这是因为各种烃族对 VII 分子有不同的亲和性（溶剂化作用），一般环烷烃基础油的增黏能力较石蜡基强。

$$R_1—H_2C—\overset{H}{\underset{CH_2—R}{C}}—CH_2—R_3 \qquad (1)$$

$$R_1—H_2C—\overset{H}{\underset{C_6H_5}{C}}—CH_2R_2 \qquad (2)$$

$$R_1—CH{=}CH—\overset{H}{\underset{H}{C}}—R_2 \qquad (3)$$

7.2.3 热氧化安定性

热氧化安定性（Thermal Oxidation Stability）是 VII 的另一个重要性能。VII 在实际使用中要经受高温氧化、热氧化分解，分解将导致黏度下降、酸值增加、环槽积炭增多等系列问题。高分子一般在 60℃以下，不发生明显的热氧化分解，在 100~200℃开始热氧化分解。聚合物的热氧化安定性与 VII 的结构有关。

三种结构的聚合物容易引起氧化降解：第一是叔碳原子上的氢原子容易受到氧的攻击，而发生氧化降解——分子式（1），乙丙共聚物属于这种结构；第二是芳基位置的α-氢原子容易受到氧的攻击——分子式（2），氢化丁苯共聚物属于第二种情况；第三是与双键共轭的氢原子容易受到氧的攻击——分子式（3），氢化丁苯共聚物若加氢不完全还有第三情况的氢原子。

表 3-105 不同 VII 不同用量对低温泵送性能的影响

物理性质①	SAE 5W-30			SAE 10W-40		
	Plexol702	乙丙共聚物	丁苯共聚物	Plexol702	乙丙共聚物	丁苯共聚物
黏度（99℃）/(mm^2/s)	11.41	10.87	10.44	15.10	14.31	13.43
黏度（32℃）/Pa·s	1.2	1.18	1.2	2.4	2.3	2.4
倾点/℃	-46	-40	-43	-46	-34	-43
Brockfield 黏度						
-28.9℃/Pa·s	77.75	117.5	96.5	165	360	227.5
-34.4℃/Pa·s	210	292.5	240	397.5	>1000	560

①99℃、32℃、-28.9℃、-34.4℃分别由华氏温度 210℉、0℉、-20℉、-30℉换算而来。

由此看来，OCP 和 HSD 都有叔碳原子氢，而且 HSD 可能还有双键共轭的氢原子，所以，OCP 和 HSD 的热氧化安定性不好。而 PMA 和 PIB 没有叔碳原子氢，它们的氧化安定性好。而聚正丁基乙烯基醚（BB）不仅有叔碳原子氢，且受到醚键的活化，其稳定性最差。市售的 VII 的氧化安定性的顺序为：

$$\mathrm{PMA} > \mathrm{PIB} > \mathrm{OCP} \approx \mathrm{HSD} > \mathrm{BB}$$

7.2.4 低温性能

低温性是指 VII 对多级油的低温性能的影响。表示多级油低温性能的指标有两个：低温启动性和低温泵送性。

1）低温启动性

影响低温启动性的因素很多，其中很重要的一个指标是低温黏度的大小，低温黏度愈小愈易启动。一般用冷启动模拟机（Cold Cranking Simulator，简称 CCS）来测定多级油的低温时的表观黏度。各种 VII 的低温性能见图 3－10，从图可看出，PMA 在很宽的剪切速率范围内都显示出较低的黏度，所以低温启动性 PMA 最好。而 PIB 分子链因有许多甲基侧链，所以比较刚硬，在低温状态下，它的黏度增长较快，故 PIB 的低温性能最差。

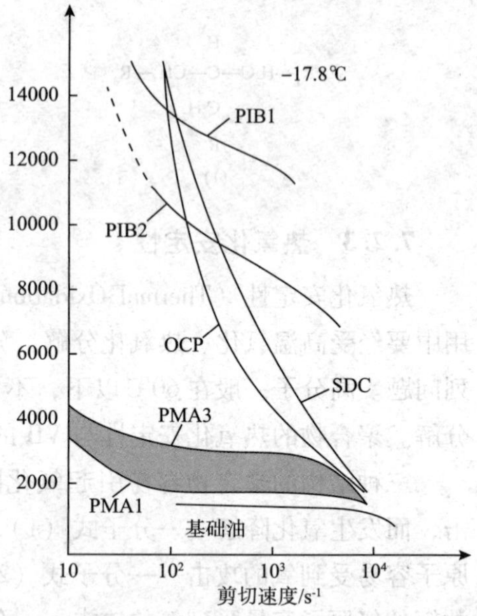

图 3－10　剪切速率与各种聚合物的低温黏度

2）低温泵送性

发动机在低温启动时，必须在短时间内使润滑油系统的油压达到正常，以保证发动机各个部位得到及时充分的润滑，否则将造成磨损。发动机油通过泵送至发动机各个部位的能力，称作泵送能力，发动机油的泵送能力取决于泵送条件下的表观黏度。试验表明，当多级油的低温泵送黏度低于或等于 3Pa · s 时，可保证泵送供油，该黏度称为临界泵送黏度，达到临界泵送黏度的温度叫做临界泵送温度。用小型旋转黏度计（Mini—Rotary Viseometer，简称 MRV）来测定。MRV 既能测定黏度的流动极限，又能测定气阻极限，MRV 预测的平均泵送温度（BPF）与平均发动机的极限泵送温度有较好的关联性。Brookfield 黏度可以测定黏度流动极限，表 3－105 列出不同类型 VII 对低温泵送性能的影响。

Brookfield 黏度计测定的黏度，其流动极限和小型旋转黏度计相一致的。从表 3－105 可看出 99°C 和 32°C 黏度有相近的三个 VII，Brookfield 黏度有较大的差别，以 PMA 为最好，OCP 最差，在 10W-40 油中，VII 的加入量增加，其影响也就扩大。

7.2.5 高温高剪切黏度（High Temperature and High Shear Viscosity）

黏度对润滑作用有决定的意义，多级油的高温黏度是采用低剪切速率的毛细管黏度计测定100°C的运动黏度。而多级油系非牛顿流体，低剪切毛细管测定的黏度，不能反映发动机在高温（150°C）高剪切速率（10^6s^{-1}）工作条件下的黏度。图3－11表明，当剪切速率达到$15\times10^5s^{-1}$时，对剪切稳定性差的VII，黏度已经接近基础油的黏度。经研究表明：在150°C温度和10^6s^{-1}剪切速率条件下测定的表观黏度与发动机轴承的磨损有较好的相关性。因此，各协会对高温（150%）高剪切速率（$10s^{-1}$）的黏度都有一定的要求。表3－106为不同温度和不同剪切速率下测定黏度的方法。

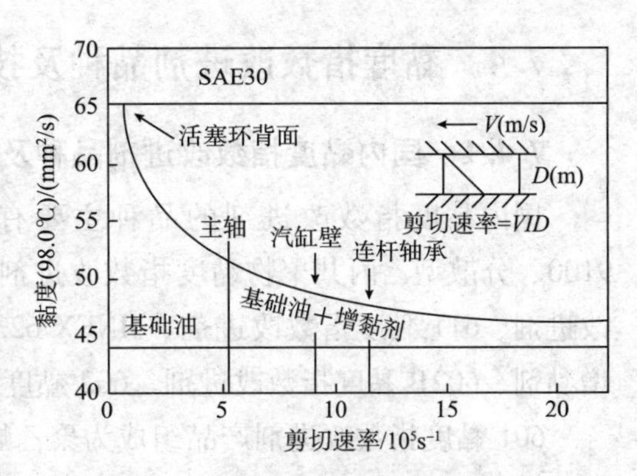

图3－11　多级油和剪切速率的关系

表3－106　不同温度和不同剪切速率下测定黏度的方法

温度/℃	剪切速率/s^{-1}	评定性能	仪器和方法
－10～－35	<10	低温泵送性	小型旋转黏度计：GB/T 9171，ASTM D4684
－5～－30	>10^5	低温启动性	冷启动模拟机（CCS）：GB/T 6538，ASTM D2602
100	<10^2	油耗	毛细管黏度计：GB/T 265，ASTM D445
150	10^6	轴承等磨损	高温高剪切速率黏度计：ASTM D 4683，ASTM D 4741，CEC L-36-A-90，SH/T 0618-95

针对以上使用情况，为进一步改进VII的性能，国内外研究者进行了大量的研究工作。为了适应节能的需要，日本三洋化学工业公司研制了一种适用于高黏度指数（115～150）基础油的VII，可以给出极低的低温黏度；另外国外多功能的VII发展迅速，专利报道很多。根据需要，通过无规共聚、节枝共聚、节枝加成等方法，引入分散性、抗氧性及抗磨性基团，使VII成为具有分散性、抗氧性及抗磨性的多功能添加剂。

7.3　黏度指数改进剂的作用机理

在高温时，黏度指数改进剂的高分子化合物分子线圈伸展，其流体力学体积增大，导致液体内摩擦增大，即黏度增加，从而弥补了油品由于温度升高而黏度降低的缺陷。反之，在低温时，高分子化合物分子线圈收缩卷曲，其流体力学体积变小，内摩擦变小，使油品黏度相对变小，如图3－12所示。

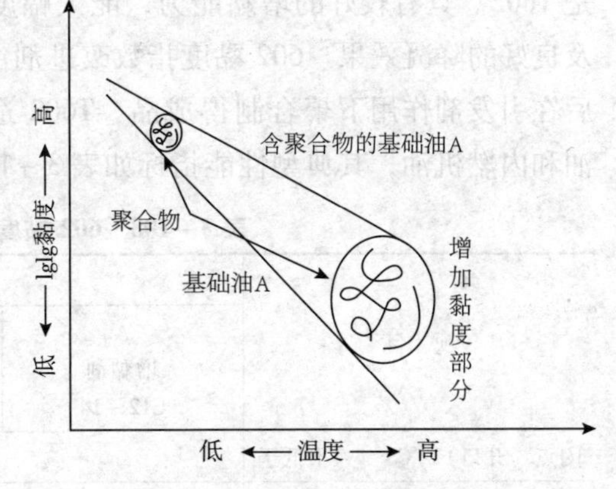

图3－12　高分子的膨胀和收缩

7.4 黏度指数改进剂品种及技术指标

7.4.1 国内黏度指数改进剂品种及牌号

国内黏度指数改进剂的品种主要有 JINEX 9900、JNEX 9600、JINEX 9300、JINEX 9100、分散型乙丙共聚物黏度指数改进剂、613A 黏度指数改进剂、乙丙共聚物黏度指数改进剂、611 黏度指数改进剂、JINEX 6230、JINEX 6130、JINEX 6095、低分子聚异丁烯增黏剂、602B 黏度指数改进剂、602 黏度指数改进剂和 601 黏度指数改进剂等。

601 黏度指数改进剂产品组成为聚乙烯基正丁基醚，统一代号是 T601。具有较好的增黏能力，能提高油品的黏度指数并具有优良的低温性能。601 黏度指数改进剂由乙炔与正丁醇在碱的催化作用下，生成乙烯基正丁基醚，然后进行聚合而制得成品。T601 可用于调制 10 号航空液压油、炮用液压油、8 号液压传动油、内燃机油等油品。T601 的典型性能指标如表 3－107 所示。

表 3－107　601 黏度指数改进剂的典型性能指标

项　目		质量指标	试验方法
色度	不大于	1	GB/T 654
密度（20℃）/(kg/m³)	不小于	910	GB/T 188
闪点（开口）/℃	不低于	170	GB/T 267
苯溶液中运动黏度（100℃）/(mm²/s)		6.0～9.0	GB/T 265
机械杂质/%	不大于	0.05	GB/T 511
挥发度/%	不大于	1	企标
溶解度（在仪表油中）		完全	目测
水溶性酸或碱		无	GB/T 259
折射率		1.4550～1.4600	企标

602 黏度指数改进剂的外观为浅黄色黏稠状液体，组成为聚甲基丙烯酸酯，统一代号是 T602。具有较好的增黏能力，能大幅度提高油品的黏度指数，还具有优良的低温性能及良好的降凝效果。602 黏度指数改进剂由高级醇、酰胺酯化，粗产物经蒸馏、碱洗干燥后在引发剂作用下聚合制得成品。T602 适用于调制航空液压油、自动传动液、低凝液压油和内燃机油，其典型性能指标如表 3－108 所示。

表 3－108　602 黏度指数改进剂的典型性能指标

项　目		质量指标				试验方法
		A 增黏剂 C12～14	B 降凝剂 C14	C 降凝剂 C12	D 增黏剂 C10	
闪点（开口）/℃	不低于	165			—	GB/T 267
稠化能力/%		22～40	—	—	—	企标

续表

项　目		质量指标				试验方法
		A 增黏剂 C12～14	B 降凝剂 C14	C 降凝剂 C12	D 增黏剂 C10	
低温性能/℃	不低于	-60	—	-60	—	企标
降凝效果/℃	不高于		-23	-40	—	企标
运动黏度/(mm^2/s) 50℃ -40℃		—			11.9～12.0 700	GB/T 265
凝点/℃	不高于	—			-60	GB/T 510
酸值/(mgKOH/g)	不大于	—	—	0.2	—	GB/T 264
超声波剪切，50℃黏度下降率/%		—	—	20	—	SH/T 0505
机械杂质/%		—	—	—	实测	GB/T 511

602B黏度指数改进剂的外观为浅色黏稠状液体，组成为聚甲基丙烯酸酯，统一代号是T602B。T602B可调制15W-30、15W-40多级发动机油，以及85W-90、GL-3、GL-4齿轮油，液力传动油等。添加量0.3%～1.0%。T602B的典型性能指标如表3-109所示。

表3-109　602B黏度指数改进剂的典型性能指标

项　目		质量指标	试验方法
闪点（开口）/℃	不低于	165	GB/T 267
降凝效果/℃	不大于	-18	企标

低分子聚异丁烯增黏剂的外观为淡黄色黏稠液体，具有增黏和黏着作用。用异丁烯馏分，在双铝催化剂作用下可聚合成分子量为1500～4000的低分子聚异丁烯增黏剂。低分子聚异丁烯增黏剂适用于润滑油的增黏剂，也可用作黏着剂、密封剂，增塑、软化剂和电气绝缘剂等，其典型性能指标如表3-110所示。

表3-110　低分子聚异丁烯增黏剂的典型性能指标

项　目		质量指标	试验方法
密度（20℃）/(kg/m^3)		报告	QJ/SH 007.02.08.738
色度（稀释）/号	不大于	4	QJ/SH 077.02.08.737
密度（20℃）/(kg/m^3)		报告	QJ/SH 007.02.08.738
色度（稀释）/号	不大于	4	QJ/SH 077.02.08.737
运动黏度（50℃）/(mm^2/s)		240～800	GB/T 265
闪点（开口）/℃	不低于	145	GB/T 267
分子量		1500～4000	QJ/SH007.02.08.791

JINEX 6095 的外观为清净无异物液体，组成为低分子聚异丁烯，是一种化学性能稳定的非挥发性液体，高温挥发或热分解后，不会形成残留物。耐氧化，不透水蒸气，具有憎水性。JINEX 6095 是以轻 C_4为原料，经原料精制、催化剂加料、聚合反应、粗聚物脱灰、脱 C_4后处理等而制得的。JINEX 6095 可用于二冲程汽油机油，亦可作多种材料的增黏剂和作为生产无灰分散剂的原料。JINEX 6095 的典型性能指标如表 3－111 所示。

表 3－111　JINEX 6095 的典型性能指标

项　目		一般值	测试方法
外观		清净无异物	AM-S 77-074
密度（15℃）/(kg/m³)		888	ASTM D 4052
色度（铂-钴）	不大于	70	ASTM D 1209
闪点（闭口）/℃	不低于	165	ASTM D 93B
运动黏度（100℃）/(mm²/s)		230	ASTM D 445
分子量（数均）		950	AM-I 841-86
分子量分布	不大于	2. 5	AM-I 841-86
水分/(mg/kg)	不大于	50	AM-S 90-005

JINEX6130 外观为清净无异物液体，组成为低分子聚异丁烯，是化学性能稳定的非挥发性液体，在高温挥发或热分解后，不会形成残留物。耐氧化，不透水蒸气，具有憎水性。JINEX 6130 是以轻 C_4为原料，经原料精制、催化剂加料、聚合反应、粗聚物脱灰、脱 C_4后处理等而制得，可用于多种材料的增黏剂，其典型性能指标如表 3－112 所示。

表 3－112　JINEX 6130 的典型性能指标

项　目		一般值	测试方法
外观		清净无异物	AM-S 77-074
密度（15℃）/(kg/m³)		895	ASTM D 4052
色度（铂-钴）	不大于	70	ASTM D 1209
闪点（闭口）/℃	不低于	170	ASTM D 93B
运动黏度（100℃）/(mm²/s)		630	ASTM D 445
分子量（数均）		1300	AM-I 841-86
水分/(mg/kg)	不大于	75	AM-S 90-005

JINEX 6230 外观为清净无异物液体，JINEX 6230 是聚异丁烯增黏剂，是一种化学性能稳定的非挥发性液体，在高温挥发或热分解后，不会形成残留物。具有耐氧化，不透水蒸气，具有憎水性。JINEX 6230 是以轻 C_4为原料，经原料精制、催化剂加料、聚合反应、粗聚物脱灰、脱 C_4、后处理等工艺制得。JINEX 6230 可用于多种材料的增黏，典型性能指标如表 3－113 所示。

表 3-113　JINEX 6230 的典型性能指标

项　目		一般值	测试方法
外观		清净无异物	AM-S 77-074
密度（15℃）/(kg/m^3)		908	ASTM D 4052
色度（铂-钴）	不大于	70	ASTM D 1209
闪点（闭口）/℃	不低于	180	ASTM D 93B
运动黏度（100℃）/(mm^2/s)		2700	ASTM D 445
分子量（数均）		2225	AM-I 841-86
分子量分布	不大于	2.8	AM-I 841-86
水分/(mg/kg)	不大于	75	AM-S 90-005

611 黏度指数改进剂产品组成为乙丙共聚物，统一代号是 T611。具有中等剪切稳定指数、良好的增黏能力和热稳定性。611 黏度指数改进剂以聚合级乙烯、丙烯溶于石油醚中，在催化剂、调节剂存在下经聚合反应得乙丙聚合物胶液，再经洗涤、过滤后，用中性油稀释、蒸除溶剂而得成品。T611 适用于调制多级内燃机油，以改善油品的黏温性能，其典型性能指标如表 3-114 所示。

表 3-114　611 黏度指数改进剂的典型性能指标

项　目		质量指标		试验方法
		一等品	二等品	
剪切稳定指数	不大于	36.0	50.0	SH/T 0505
特性黏度（η）/(dm/g)		0.7~1.0	≤1.25	企标
机械杂质/%	不大于	0.1		GB	T 511
凝胶含量/%	不大于	0.05		企标
闪点（开口）/℃	不低于	170	150	GB/T 3536
水分/%	不大于	0.05		GB/T 260

乙丙共聚物黏度指数改进剂的外观为浅黄色液体。具有良好的热稳定性和化学稳定性，增黏能力强。可根据要求生产出不同剪切稳定指数的产品，满足各种内燃机油的需要。按不同的浓度和剪切稳定指数，分成 T612、T612A、T613 和 T614 四个产品。乙丙共聚物黏度指数改进剂是用切好的乙丙胶与基础油按一定的比例混合，在氮气的保护下，边升温边搅拌，在一定的温度下进行溶解，T612 和 T612A 溶解完毕即出料为成品；T613 和 T614 溶解完后还要升到一定温度进行恒温降解，达到质量要求后，降温、出料为成品。T612 和 T612A 适用于配制多级汽油机油，T613 和 T614 适用于配制多级内燃机油、自动传动液和工业润滑油，特别是可以调和多级柴油机油，也可用作其他油品的黏度指数改进剂。乙丙共聚物黏度指数改进剂的典型性能指标如表 3-115 所示。

表3-115　乙丙共聚物黏度指数改进剂的典型性能指标

项　目		质量指标				试验方法
		T612	T612A	T613	T614	
外观		浅黄色或黄色透明黏稠液体				目测
色度/号	不大于	2.5		3.0		GB/T 6540
密度（20℃）/（kg/m^3）		860～880				GB/T 1884
运动黏度（100℃）/（mm^2/s）	不小于	600	900	800	700	GB/T 265
闪点（开口）/℃	不低于	170				GB/T 3536
水分/%	不大于	0.05				GB/T 260
机械杂质/%	不大于	0.08				GB/T 511
干剂含量/%	不大于	6.5	8.5	11.5	13.5	SH/T 0034
稠化能力/（mm^2/s）	不小于	6.5	6.5	4.2	3.4	SH/T 0566
剪切稳定性/%						企标
剪切稳定指数（100℃）	不大于	40.0	40.0	25.0	25.0	

附录A：本方法是将产品加入HVI 150基础油中调和，使调和油品含1%乙丙共聚物（剂），稳定指数（SSI），试验方法按SH/T 0505进行，其结果按下式计算：

$$\mathrm{SSI}(100℃) = \frac{V_i - V_f}{V_i - V_0} \times 100$$

式中　V_i——油品剪切前100℃时的黏度，mm^2/s；

V_f——油品剪切后100℃时的黏度，mm^2/s；

V_0——HVI 150基础油100℃时的黏度，mm^2/s。

613A黏度指数改进剂的外观为透明黏稠液体，组成为乙丙共聚物。具有良好的热稳定、剪切稳定性和化学稳定性，增黏能力强，可改进油品的黏度指数。613A黏度指数改进剂是用切好的乙丙胶与基础油按一定的比例混合，在氮气的保护下，边升温边搅拌，在一定的温度下进行溶解，溶解后升到一定温度进行恒温降解，达到聚合物的黏度后，降温出料得到成品。613A黏度指数改进剂主要用于中、高档内燃机油，稠化润滑油中，其典型性能指标如表3-116所示。

表3-116　613A黏度指数改进剂的典型性能指标

项　目		质量指标	试验方法
外观		透明黏稠液体	目测
色度/号	不大于	3.5	GB/T 6540
密度（20℃）/（kg/m^3）		860～880	GB/T 1884
运动黏度（100℃）/（mm^2/s）	不小于	800	GB/T 265
闪点（开口杯）/℃	不低于	170	G/T 3536
水分/%	不大于	0.05	GB/T 260

续表

项　目		质量指标	试验方法
机械杂质/%	不大于	0.08	GB/T 511
干剂含量/%	不大于	9.5	SH/T 0034
稠化能力/(mm^2/s)	不小于	4.5	SH/T 0566
剪切稳定性 剪切稳定指数（100℃）	不大于	30	SH/T 0622

分散型乙丙共聚物黏度指数改进剂外观为棕色至深棕色黏稠液体。按氮含量的不同分为高氮（统一代号T621）和低氮（统一代号T622）两个产品。具有良好的热稳定性，增黏能力强，除改进油品的黏温性能外，还有一定的分散性能，可减少无灰分散剂的用量。分散型乙丙共聚物黏度指数改进剂以OCP胶液（乙丙胶）为原料，在引发剂存在下与马来酸酐进行接枝反应后，除去未反应的马来酸酐，加入多烯多胺进行胺化，然后进行精制得到产品。其典型性能指标见表3－117。

表3－117　分散型乙丙共聚物黏度指数改进剂的典型性能指标

项　目		质量指标	试验方法
颜色（稀释）/号	不大于	3.5	GB/T 6540
密度（20℃）/(kg/m^3)		860～880	GB/T 1884 和 GB/T 1885
运动黏度（100℃）/(mm^2/s)	不小于	600	GB/T 265
闪点（开口）/℃	不低于	190	GB/T 3536
水分/%	不大于	0.05	GB/T 260
机械杂质/%	不大于	0.08	GB/T 511
氮含量/% 高氮产品 低氮产品	不低于 不低于	0.25 0.09	SH/T 0224
干剂含量/%	不大于	9.0	SH/T 0034
稠化能力/(mm^2/s)	不小于	3.5	SH/T 0566
超声波剪切黏度下降率/%	不大于	20	SH/T 0505
浊度/JTU	不大于	60	SH/T 0028

JINEX 9100的外观为半透明的黏稠液体，是一种乙丙共聚物黏度指数改进剂，具有中等剪切稳定性，对润滑油降凝剂有良好的感受性。JINEX 9100将乙丙干胶在氮封状态下，以一定温度和速率溶于定量基础油中制得成品。JINEX 9100适用于调制各种汽车用内燃机油。调制各种多级油大约所需的加入量见表3－118。

表3－118　JINEX 9100大约所需的加入量

成品油SAE的黏度级别	JINEX 9100加入量/%	40℃时基础油运动黏度/(mm^2/s)
10W-30	6.2～8.0	21～29
10W-40	9.7～11.5	19～27

续表

成品油 SAE 的黏度级别	JINEX 9100 加入量/%	40℃时基础油运动黏度/(mm^2/s)
15W-40	7.1~8.9	35~43
15W-50	10.6~12.4	30~40
20W-740	2.7~4.9	65~80
20W-50	5.8~7.5	60~75

JINEX 9100 的典型性能指标如表 3-119 所示。

表 3-119　JINEX 9100 的典型性能指标

项　目		典型数据	测试方法
外观		稍不透明的黏稠液体	目测
密度（15℃）/(kg/m^3)		870	ASTM D 4052
色度	不大于	2.5	ASTM D 1500
闪点（闭口）/℃		150	ASTM D 93
运动黏度（100℃）/(mm^2/s)		1200	ASTM D 445
剪切稳定指数（超声波法）/%		42	SH/T 0505

JINEX 9300 的外观为半透明的黏稠液体，是一种新型的乙丙共聚物黏度指数改进剂，同时具有降凝作用。具有优良的低温启动性和泵送性能，产品的低温流动性较好，对润滑油降凝剂有良好的感受性。将乙丙干胶在氮封状态下，以一定温度和速率溶于定量基础油中。溶解均匀后，加入一定量降凝剂可制得 JINEX 9300。JINEX 9300 适用于调制多级内燃机油，特别适用于调配 5W-30、10W-30 等黏度级别的多级油。调制各种多级油大约所需的加入量见表 3-120。

表 3-120　JINEX 9300 大约所需的加入量

成品油 SAE 的黏度级别	JINEX 9300 加入量/%	40℃时基础油运动黏度/(mm^2/s)
5W-30	8.6~10.4	17~21
10W-30	6.3~8.1	23~27
10W-40	12.1~13.9	19~23
15W-40	8.8~10.6	26~40

JINEX 9300 的典型性能指标如表 3-121 所示。

表 3-121　JINEX 9300 的典型性能指标

项　目		典型数据	测试方法
外观		稍不透明的黏稠液体	目测
密度（15℃）/(kg/m^3)		871	ASTM D 405Z
色度	不大于	2.5	ASTM D 1 500
闪点（闭口）/℃		170	ASTM D 93

续表

项 目	典型数据	测试方法
运动黏度（100℃）/(mm^2/s) 40℃ 100℃	 12000 1000	ASTM D 445
剪切稳定指数（柴油喷嘴法）/%	40	AM－S 95－005

JNEX 9600 外观为半透明的黏稠液体。是一种新型的乙丙共聚物黏度指数改进剂，同时有降凝作用。具有优良的低温启动性和泵送性能。将乙丙干胶在氮封状态下，以一定温度和速率溶于定量基础油中。溶解均匀后，加入一定量降凝剂制得 JNEX 9600。JNEX 9600 适用于调制多级内燃机油，特别适用于调配 5W-30、10W-30 等黏度级别的多级油。调制各种多级油大约所需的加入量见表 3－122。

表 3－122 JNEX 9600 大约所需的加入量

成品油由 SAE 的黏度级别	JINEX 9600 加入量/%	40℃时基础油运动黏度/(mm^2/s)
5W-30	9.6～11.6	17～21
10W-30	7.0～9.0	23～27
10W-40	13.5～15.5	19～23
15W-40	9.8～11.8	26～40

JNEX 9600 的典型性能指标如表 3－123 所示。

表 3－123 JNEX 9600 的典型性能指标

项 目	典型数据	测试方法
外观	稍不透明的黏稠液体	目测
密度（15℃）/(kg/m^3)	871	ASTM D 4052
色度 不大于	2.5	ASTM D 1500
闪点（闭口）/℃	170	ASTM D 93
运动黏度/(mm^2/s) 40℃ 100℃	 10000 810	ASTM D 445
剪切稳定指数（柴油喷嘴法）/%	37	AM-S 95-005

JINEX 9900 外观为半透明的浅黄色黏稠液体，是聚异戊二烯黏度指数改进剂，具有优良的低温启动性和泵送性能，产品的低温流动性较好，对润滑油降凝剂有良好的感受性。将聚异戊二烯干胶在氮封状态，以一定温度和速率溶于定量基础油中，再稀释到所需浓度制得 JINEX 9900。JINEX 9900 适用于调制多级内燃机油，特别适用于调配 5W-30、10W-30 等黏度级别的多级油。调制各种多级油大约所需的加入量和典型性能指标见表 3－124 和表 3－125。

表 3-124 JINEX 9900 大约所需的加入量

成品油 SAE 的黏度级别	JINEX 9900 加入量/%	40℃时基础油运动黏度/(mm^2/s)
5W-30	6.8~10.4	17~21
10W-30	3.4~8.6	23~27
10W-40	8.6~12.8	19~23
15W-40	4.8~9.5	26~40

JINEX 9900 的典型性能指标如表 3-125 所示。

表 3-125 JINEX 9900 的典型性能指标

项 目	典型数据	测试方法
外观	稍不透明的浅黄色黏稠液体	目测
密度（15℃）/(kg/m^3)	872	ASTM D 4052
色度 不大于	2.5	ASTM D 1500
闪点（闭口）/℃	1 70	ASTM D 93
运动黏度（100℃）/(mm^2/s)	750	ASTM D 445
剪切稳定指数（柴油喷嘴法）/%	25	AM-S 95-005

7.4.2 国外黏度指数改进剂品种及牌号

国外生产黏度指数改进剂的企业主要有 Lubrizol、BASF、Ethyl、RohMax、Chevron、Infineum 等企业，其产品种类牌号及典型性能见表 3-126~表 3-130。

表 3-126 国外聚异丁烯商品牌号

牌号	密度/(kg/m^3)	黏度(100℃)/(mm^2/s)	闪点/℃	分子量	矿物油/%	性质和应用	生产商
LZ 3140	880	623				用于曲轴箱油、ATF 和一些工业润滑油。加 8%的量于 200N 的基础油（100℃黏度为 6.1mm^2/s）中黏度可提高到 10.2~11.4mm^2/s	Lubrizol
LZ 3174	905	790	氮 0.08%		10	用于齿轮油和工业润滑油。加 32.3%的量于 6.1mm^2/s（100℃）、VI=95 的基础油中黏度可提高到 27.3~28.3mm^2/s	
Glissopal V 33	870	33	190	580		非常适合用作润滑剂增稠的高黏度组分，常常用来代替光亮油，特别是在二冲程发动机油中。用于二冲程发动机油、传动润滑油和合成多级齿轮油	BASF
Glissopal V 90	880	90	195	750			
Glissopal V 220	890	190	210	1000			
Glissopal V 500	890	500	215	1300			
Glissopal V 1500	900	1500	220	1500			
Glissopal 550		33	180	550		非常适合用作润滑剂增稠的高黏度组分，但不适合作发动机油的黏度指数改进剂。常常用来代替光亮油，特别适合用于二冲程发动机油中。用于二冲程发动机油、传动润滑油和高比例的聚异丁烯作铝轧制的液压油，因为高纯度的聚异丁烯不会在铝箔上留下任何油斑	
Glissopal 1000		190	210	1000			
Glissopal 1300		480	215	1300			
Glissopal 2300		1500	220	2300			

表3-127　国外聚甲基丙烯酸酯黏度指数改进剂的商品牌号

牌号	密度/(kg/m³)	黏度(100℃)/(mm²/s)	闪点/℃	SSI/%	矿物油/%	性质和应用	生产商
LZ 7720C	930	400				具有增稠和分散性能，用于自动传动液	Lubrizol
LZ 7774						具有增稠和降凝作用，用于液压油	Lubrizol
LZ 7776	921	740		0~2		SSI为DIN51382方法250循环测定的，具有增稠和降凝性能，用于液压油和齿轮油	Lubrizol
LZ 7799						具有增稠和降凝作用，用于液压油	Lubrizol
Hitec 5708						具有增稠和降凝作用，用于液压油	Ethyl
Viscoplex 0-120	930	375	139	35		SSI为CEC L-45-T-93方法测定的，可调制高剪切安定性的多级齿轮油，同时具有降凝作用	RohMax
Viscoplex 0-220	0.93	600	127	45		SSI为CEC L-45-T-93方法测定的，用于矿物油和合成油中，可调制75W-90齿轮油，还可用于ATF和CVT油中	RohMax
Viscoplex 2-360	910	1700	190	32		SSI为ASTM D 3495（A）方法30循环测定的，是PMA和苯乙烯共聚物，具有增黏和降凝效果，用于汽油机油和柴油机油，在多级汽油机油中，不同气候环境下提供高温和低温黏度性能	RohMax
Viscoplex 2-540	890	2300	167	25		SSI为ASTM D 3495（A）方法30循环测定的，由PMA和苯乙烯共聚物混合组成，具有增黏、降凝和分散性能，用于汽油机油和柴油机油中	RohMax
Viscoplex 2-602	910	1750	15	30		SSI为ASTM D 3495（A）方法30循环测定的，由PMA和苯乙烯共聚物混合组成，具有增黏、降凝和分散性能，用于汽油机油和柴油机油中	RohMax
Viscoplex 3-500	920	1200	144	23		SSI为ASTM D 3495（A）方法30循环测定的，具有增黏和降凝作用的PMA，用于内燃机油	RohMax
Viscoplex 6-054	910	478	133	5		SSI为ASTM D 3495（A）方法30循环测定的，具有增黏、分散和降凝作用，优异的剪切稳定性、高温和低温黏度性能及油泥分散性能，用于发动机油，特别适用于长换油周期、高负荷柴油机油	RohMax
Viscoplex 6-565	920	2000	190	30		SSI为ASTM D 3495（A）方法30循环测定的，具有增黏、分散和降凝作用，可有效控制苛刻条件下汽油机油中的沉积物及抑制油泥聚集导致的润滑油黏度增长	RohMax

续表

牌号	密度/(kg/m^3)	黏度(100℃)/(mm^2/s)	闪点/℃	SSI/%	矿物油/%	性质和应用	生产商
Viscoplex 7-310	940	882	89	50		SSI 为 CEC L-45-T-93 方法测定为 50，DIN 51382 法 250 循环测定为 10，专为严寒地区高剪切指数车辆油设计的，适用于多种工业液压油，满足过滤性和破乳化性能要求	RohMax
Viscoplex 8-200	940	674	136	39		SSI 为 CEC L-45-T-93 方法测定为 39，DIN 51382 法 250 循环测定为 4，具有增黏和降凝作用，用于液压油，满足过滤性和破乳化性能要求高的油品。典型加量：ISO VG 46， VI 175 添加量 11.4%	RohMax
Viscoplex 8-251	940	1100	190	47		SSI 为 CEC L-45-T-93 方法测定为 47，DIN 51382 法 250 循环测定为 10，用于液压油，满足过滤性和破乳化性能要求高的油品	RohMax
Viscoplex 8-310	940	1250	136	47		SSI 为 CEC L-45-T-93 方法测定为 47，DIN 51382 法 250 循环测定为 8，具有增黏和降凝作用，用于液压油，具有最佳过滤性和破乳化性能。典型添加量：ISO VG 46，VI 175 添加量 8.4%	RohMax
Viscoplex 8-350	930	1040	128	57		SSI 为 CEC L-45-T-93 方法测定为 57，DIN 51382 法 250 循环测定为 12，具有增黏和降凝作用，用于液压油，满足过滤性和破乳化性能要求。典型添加量：ISO VG 46，VI 175 添加量 7.9%	RohMax
Viscoplex 8-400	930	1100	129	63		SSI 为 CEC L-45-T-93 方法测定为 63，DIN 51382 法 250 循环测定为 15，具有增黏和降凝作用，用于液压油，具有最佳过滤性和破乳化性能。典型添加量：ISO VG 46，VI 175 添加量 7.1%	RohMax
Viscoplex 8-450	930	1520	135	62		SSI 为 CEC L-45-T-93 方法测定为 62，DIN 51382 法 250 循环测定为 22，具有增黏和降凝作用，用于液压油，具有最佳过滤性和破乳化性能。典型添加量：ISO VG 46，VI 175 添加量 5.8%	RohMax
Viscoplex 8-800	950	1094	137	80		SSI 为 CEC L-45-T-93 方法测定为 80，DIN 51382 法 250 循环测定为 54，具有增黏和降凝作用，用于液压油，具有最佳过滤性和破乳化性能。	RohMax
Viscoplex 12-413	920	750	143	68		SSI 为 CEC L-45-T-93 方法测定的，具有增黏和分散性能，用于自动传动液	RohMax
Viscoplex 12-700	910	1750	139	87		SSI 为 CEC L-45-T-93 方法测定的，具有增黏和分散性能，用于自动传动液	RohMax

续表

牌号	密度/(kg/m³)	黏度(100℃)/(mm²/s)	闪点/℃	SSI/%	矿物油/%	性质和应用	生产商
Viscoplex 12-800	900	835	148	85		SSI为CEC L-45-T-93方法测定的，具有增黏和分散性能，用于自动传动液	RohMax
Empicryl HV100	930	250	100	0	30	用于配制要求剪切稳定性极高的液压油和多级齿轮油，加10%的量于油中（100℃，5.2mm²/s，下同），可增黏2.4mm²/s	RohMax
Empicryl HV105	950	1000	100		20	用于配制汽车齿轮油和HVI液压油，配制75W90约加24.5%	RohMax
Empicryl HV110	950	1200	100	1	22	SSI用Kurt Orbahnrig：DIN 51382法250循环测定值，下同。用于配制汽车齿轮油和HVI液压油，配制75W90加22%，80W90约加4%，加12%的量增黏5.6mm²/s	RohMax
Empicryl HV120	930	1200	100	9	35	用于配制HVI液压油，可用于石蜡基油、环烷基油和合成油中，加10%的量可增黏（100℃）6mm²/s	RohMax
Empicryl HV130	920	1300	100	19	41	用于配制HVI液压油，可用于石蜡基油、环烷基油和合成油中，加10%的量可增黏7.4mm²/s	RohMax
Empicryl HV150	910	1400	100	45	50	用于配制液压油，用HV150时，一般不需要补加降凝剂，加6%的量可增黏5.5 mm²/s	RohMax
Empicryl HV200	930	250	100	0	30	用于配制汽车齿轮油，配制80W90和80W140汽车齿轮油，加量分别约为6%和30%，加10%的量可增黏2.3mm²/s	RohMax
Empicryl HV210	950	1200	100	1	22	用于配制汽车齿轮油和HVI液压油，配75W90加22%，80W140加19%加12%的量可增黏5.6mm²/s	RohMax
Empicryl HV211	940	1200	100	1 (SI)	22	用于配制汽车齿轮油和HVI液压油，加12%的量可增黏5.6mm²/s	RohMax
Empicryl HV220	930	1200	100	9	35	用于配制HVI液压油，用HV220时，一般不需要补加降凝剂，加10%的量可增黏6mm²/s	RohMax
Empicryl HV226	930	1600	100	10	33	用于配制HVI液压油，可用于石蜡基油、环烷基油和合成油中，加10%的量可增黏6.9mm²/s	RohMax
Empicryl 6045	900	1100	100	60	60	用于配制HVI液压油，具有优良的倾点性质（可达-40℃以下），最佳过滤性及破乳性，加6.5%的量可增黏11.1mm²/s	RohMax
Empicryl 6052	910	1000	100	8	25	用于配制HVI液压油，具有优良的倾点性质（可达-40℃以下），最佳过滤性及破乳性，加10%的量可增黏6.0mm²/s	RohMax

续表

牌号	密度/(kg/m^3)	黏度(100℃)/(mm^2/s)	闪点/℃	SSI/%	矿物油/%	性质和应用	生产商
Empicryl 6054/D	920	350	100	3	43	用于配制 HVI 液压油，具有优良的倾点性质(可达-40℃以下)，最佳过滤性及破乳性，加10%的量可增黏4.1mm^2/s	RohMax
Empicryl 6058	920	1100	100	24	37	用于配制 HVI 液压油，具有优良的倾点性质(可达-40℃以下)，最佳过滤性及破乳性，加12%的量可增黏8.0mm^2/s	RohMax
Empicryl 6059	910	900	100	14	38	用于配制 HVI 液压油，具有优良的倾点性质(可达-40℃以下)，最佳过滤性及破乳性，加10%的量可增黏6.9mm^2/s	RohMax
Empicryl 6059/D	910	650	100	14	47	用于配制 HVI 液压油，具有优良的倾点性质(可达-40℃以下)，最佳过滤性及破乳性，加10%的量可增黏6.1mm^2/s	RohMax
Empicryl 6059/D	910	650	100	14	47	用于配制 HVI 液压油，具有优良的倾点性质(可达-40℃以下)，最佳过滤性及破乳性，加10%的量可增黏6.1mm^2/s	RohMax
Empicryl 6078	940	1200	100	13.5(SI)	30	专用的环烷基油聚甲基丙烯酸酯溶液，用于配制航空液压油、其他液压油和减震油，可满足英军 DTD585 和 MIL-H-5606 的规格	RohMax
Empicryl 6113	930	1600	100	3	20	用于配制 HVI 液压油，具有优良的倾点性质(可达-40℃以下)，最佳过滤性及破乳性，加10%的量可增黏6.0mm^2/s	RohMax
Empicryl 6113/D	920	350	100	3	43	用于配制 HVI 液压油，具有优良的倾点性质(可达-40℃以下)，最佳过滤性及破乳性，加10%的量可增黏4.1mm^2/s	RohMax
Empicryl PT 1334	900	800	100	52	64	具有降凝作用，用于发动机油，配10W-30、10W-40、14W-40、20W-40 和 20W-50 油时，分别约加4.1%、7.4%、5.3%1%和4%，加6%的量可增黏4.5mm^2/s	RohMax
Empicryl PT 1345	880	900	100	75	72	具有降凝作用，用于发动机油，加6%的量可增黏5.45mm^2/s	RohMax
Empicryl PT 1397	890	200	100	24	58	用于配制 HVI 液压油，具有优良的倾点性质(可达-40℃以下)，最佳过滤性及破乳性，加16%的量可增黏8.5mm^2/s	RohMax
Empicryl PT 1544	900	1300	100	44	48	具有降凝作用，用于发动机油，加6%的量可增黏5.5mm^2/s	RohMax
Empicryl PT 1764/D	900	750	100	29	50	具有降凝作用，用于发动机油，加6%的量可增黏4.0mm^2/s	RohMax

表 3-128 国外乙丙共聚物黏度指数改进剂商品牌号

牌号	密度/(kg/m³)	黏度(100℃)/(mm²/s)	闪点/℃	SSI/%	矿物油/%	性质和应用	生产商
LZ 7060A	865			45	干胶	SSI 用 Orbahn 方法测定，可溶于矿物油、酯类合成油和聚 α-烯烃合成油，用于发动机油，加 1.5% 的量于 HVI 200 石蜡基油中(95 VI，100℃黏度为 6.1mm²/s)，黏度可达 21~24 mm²/s。用于曲轴箱油	Lubrizol
LZ 7065				35	干胶	SSI 用 Orbahn 方法测定，用于曲轴箱油。加 1% 的量于 HVI 200 基油中（95 VI，石蜡基，100℃黏度为 6.1mm²/s），在 100℃黏度时可达 12.5~14.7 mm²/s	Lubrizol
LZ 7067	865			25	干胶	SSI 用 Orbahn 方法测定，用于曲轴箱油。在 200SN 基油中（95 VI，石蜡基，100℃黏度为 6.1mm²/s）加 1% 的量，在 100℃黏度时可达 10~12 mm²/s	Lubrizol
LZ 7070D				45~50	91	SSI 用 Orbahn 方法测定，用于曲轴箱油。在 200SN 基油中（95 VI，石蜡基，100℃黏度为 6.1mm²/s）加 15.9% 的量，在 100℃黏度时可达 17.5~19.9 mm²/s	Lubrizol
LZ 7075	870	1300		28	90.5	SSI 用 Orbahn 方法测定，适用于矿物油、酯类合成油和聚 α-烯烃合成油，用于发动机油。加 10% 的量于 200SN 基油中（95 VI，100℃黏度为 6.1mm²/s），黏度可达 11.7~13.9 mm²/s	Lubrizol
LZ 7077				25	干胶	SSI 用 Orbahn 方法测定，用于发动机油。在 200SN 基油中（95 VI，石蜡基，100℃黏度为 6.1mm²/s）加 1% 的量，在 100℃黏度时可达 12.5~13 mm²/s	Lubrizol
Lubrizol 7070	864	1100		45		适于矿物油、酯类合成油和聚 α 烯烃合成油，用于发动机油，加 15.9% 的量于 HVI 200 石蜡基油中(95 VI，100℃黏度为 6.1mm²/s)，可增黏 11.4 mm²/s，配 15W-40 加 6.5%~8.5%	Lubrizol
Paratone 8002	867	800	≥170	24		具有增黏和降凝作用，用于曲轴箱油	Chevron
Paratone 8006	867	800	≥170		24	具有增黏作用，用于曲轴箱油	Chevron
Paratone 8230	867	620	≥170		29	具有增黏和降凝作用，用于曲轴箱油	Chevron
Paratone 8235	865	950	≥170		29	具有增黏作用，用于曲轴箱油	Chevron
Viscoplex 4-671	900	4500	120	30	75	具有增黏和降凝作用，增黏能力非常强，产品特点是高浓度、低黏度，用于配制多级油，满足 APIA、ACEA 和 OEM 要求	RohMax

续表

牌号	密度/(kg/m^3)	黏度(100℃)/(mm^2/s)	闪点/℃	SSI/%	矿物油/%	性质和应用	生产商
Hitec 5722					干胶	用于发动机油和工业润滑油	
Hitec 5748	870	1000	210	22		用于汽油机油和柴油机油，特别是要求剪切安定性和高温剪切性速率好的油品。超过 ACEA 对剪切安定性的要求	Ethyl
MX 4006				25	干胶	重均分子量 93000，丙烯含量 35%，具有良好的剪切稳定性，用于曲轴箱油	
MX 4043	865				干胶	丙烯含量 45%，具有良好的剪切稳定性，用于曲轴箱油	
MX 4054	865				干胶	丙烯含量 41%，具有良好的剪切稳定指数，用于曲轴箱油	Agip Petroli
MX 4058	865				干胶	丙烯含量 50%，增黏能力大，用于对剪切稳定指数要求不高的油品中	
MX 4106	867	900	170	24	90	SSI 是由 CEC-L 14-A88 方法测定，具有良好的剪切稳定性，用于曲轴箱油	
MX 4141	871	880	170	28	91	SSI 是由 CEC-L 14-A88 方法测定，具有良好的剪切稳定性，用于曲轴箱油	

表 3-129　国外苯乙烯双烯共聚物商品牌号

牌号	密度/(kg/m^3)	黏度(100℃)/(mm^2/s)	闪点/℃	SSI/%	矿物油/%	性质和应用	生产商
Lubrizol 7441				8	干胶	苯乙烯丁二烯共聚物，加 1.5% 的量于 200SN 石蜡基油中（VI=95，100℃黏度 6.1mm^2/s），100℃时黏度可达到 10.7～12.1mm^2/s。配 5W-30、10W-30、10W-40、15W-40，20W-40，加量分别为 1.4%～2.1%，0.9%～1.6%，1.8%～2.4%，1.1%～1.7%，0.2%～0.8%	Lubrizol
Infineum SV140	碎片	白色			干胶	是氢化苯乙烯异戊二烯共聚物，主要用于多级油，能最大限度提高燃料经济性	Infineum
Infineum SV200	860			5	干胶	SSI 用 DIN 51382 方法测定，是星状氢化苯乙烯异戊二烯共聚物，剪切稳定性好，对 CCS 黏度影响小，良好的低温流动性和没有引发结晶的倾向，用于汽、柴油机油	Infineum
Infineum SV206	834	1560	232			它是 15% Infineum SV200 溶于黏度为 6mm^2/s，的 PAO 油中	Infineum
Infineum SV 184A	833	1470	214			它是 15% Infineum SV200 溶于壳牌 XHVI 5 基础油中	Infineum

续表

牌号	密度/(kg/m³)	黏度(100℃)/(mm²/s)	闪点/℃	SSI/%	矿物油/%	性质和应用	生产商
Infineum SV250	860			6	干胶	同 Infineum SV200	Infineum
Infineum SV253	820	475	207			它是10% INfineum SV250溶于壳牌XHVI 5基础油中	Infineum
Infineum SV251	865	1480	204	13		SSI用柴油喷嘴方法测定，氢化苯乙烯异戊二烯共聚物，低温流动性和对降凝剂感受性好，用于汽、柴油机油	Infineum
Infineum SV260				12	干胶	SSI用DIN 51382方法测定，是星状氢化苯乙烯异戊二烯共聚物，对CCS黏度影响小，良好的低温流动性和没有引发结晶的倾向，用于汽、柴油机油	Infineum
Infineum SV261	886	1350	195	25		SSI用柴油喷嘴方法测定，氢化苯乙烯异戊二烯共聚物，低温流动性和对降凝剂感受性好，用于汽、柴油机油	Infineum

表3-130 其他黏度指数改进剂商品牌号

牌号	化合物名称	密度/(kg/m³)	黏度(100℃)/(mm²/s)	闪点/℃	性质和应用	生产商
Hitec 7389					具有增黏降凝作用，剪切稳定性好，用于齿轮油和工业润滑油	Ethyl

第8节 防锈剂

8.1 概况

据统计，世界上冶炼得到的金属中约有三分之一由于生锈在工业使用中报废。许多精密仪器、设备也因腐蚀使其运转不正常或停止运转。早在第一次世界大战中，就有库存的飞机发动机内部生锈的故障，火力发电机的蒸汽透平和配管中混入水而生锈。在第二次世界大战中就有武器装备的运输及贮存中的锈蚀问题，因此，各国都非常重视设备和武器的锈蚀问题。

国外最早是用牛油、羊毛脂、石油脂类进行金属防锈。直到1927年才发展了用油溶性磺酸盐作为防锈剂的专利，30年代出现了酸性磷酸酯、烯基/烷基丁二酸、亚油酸二聚物的防锈剂。20世纪40~50年代武器防锈问题突出，各国进行了大量研究工作，防锈剂品种发展特别迅速，又发展了多元醇、有机金属盐、胺盐、有机胺盐生物、氧化石油脂、氧化石钠及其金属盐、苯并三氮唑等杂环化合物。到60年代，国外报道的防锈剂品种达百种以上。

8.2 防锈剂的使用性能

8.2.1 极性基的影响

防锈剂结构影响性能。Baker等人早就用汽轮机油试验方法（ASTD 665）对76种化合物进行评定，初步得出磺酸盐、羧酸盐（金属盐、胺盐）具有较好的防锈性，羧酸、磷酸酯次之，单胺效果较差，醇、酚、酯、酮、腈基类最差。若从此结果来看，极性基的防锈性可区别如下：

防锈强的极性基：$—SO_3$，—COO—

具有中等防锈性的极性基：—COOH，$>P(=O)—OH$

防锈性弱的极性基：

$>NH$，—OH，—C═O，—C(=O)—OR，—C≡N

多元醇部分酯如山梨糖醇单油酸酯（Sorbitan Monooleate）具有良好的防锈性。虽然它具有防锈弱的醇和酯，但分子中含有5个羟基和1个酯基，综合起来就显出较好的防锈性。不同极性基的化合物在不同的试验中得出的结果也不一样，详见表3－131。

表3－131 油溶性防锈剂在不同试验中的性能

防锈剂的种类	给予非常好结果的试验	示出非常坏结果的试验	防锈剂的种类	给予非常好结果的试验	示出非常坏结果的试验
山梨糖醇单酯	贮存试验	硫酸水浸渍热稳定性	羧酸	贮存试验	盐水浸渍 硫酸水浸渍 热稳定性
石油磺酸盐	盐水浸渍 异种金属浸渍	贮存试验	有机胺皂	硫酸水浸渍	热稳定性 贮存试验
			有机磷酸酯胺盐	湿热 铁氰化钾反应	热稳定性（游离酸的场合下） 贮存试验（铵盐场合下）

8.2.2 亲油基的影响

防锈剂分子在金属表面吸附的同时，其分子间（主要指烃基）依靠范德华引力把它们紧密吸引在一起。烃基之间的引力不可忽视，它占总吸附能的40%。从实践经验知道，相同极性基防锈剂，烃基大的比烃基小的防锈性好，直链烃基比支链烃基防锈性好。如十七烯基丁二酸比十二烯基丁二酸的防锈性要好，直链烯基丁二酸比支链烯基丁二酸的防锈性要好。

8.3　防锈剂的作用机理

防锈剂多是一些极性物质，其分子结构的特点是：一端是极性很强的基团，具有亲水性质；另一端是非极性的烷基，具有疏水性质。当含有防锈剂的油品与金属接触时，防锈剂分子中的极性基团对金属表面有很强的吸附力，在金属表面形成紧密的单分子或多分子保护层，阻止腐蚀介质与金属接触。一般认为其防锈机理如下。

（1）防锈剂分子在金属表面形成吸附性保护层。防锈剂在金属表面由于极性偶极子与金属表面发生静电吸引而产生物理吸附，有些防锈剂极性基团还会与金属表面起化学反应形成化学吸附。这些吸附层起着防止空气中氧和水分及酸性物质侵蚀金属表面的作用，从而达到防锈效果。防锈剂极性越强，吸附越牢固，防锈效果越好。

（2）防锈剂对水和极性物质的增溶作用。防锈剂特别是磺酸皂和羧酸皂，能够捕集与分散油中水和酸等极性物质，将它们包溶于胶束或胶团中，从而排除了它们对金属表面的侵蚀，碱性皂还能起到酸中和作用，这种作用机理特别适用于内燃机油、液压油和齿轮油的使用条件。

（3）防锈剂的水置换作用。加有防锈剂的防锈油，能够置换金属表面的水膜或水滴，从而排除了金属表面的水分，起到脱水作用，这个作用特别适用于金属加工过程中的防锈油。金属加工过程中使用切削液，然后用水清洗，通常不等干燥就得油封，这时防锈油的水置换性就起着重要作用。

8.4　防锈剂品种及技术指标

8.4.1　国内防锈剂品种及技术指标

国内防锈剂的品种主要有701防锈剂、701B防锈剂、葵二酸二钠、防霉防锈复合剂、MA水基防锈剂、RFJ防锈复合剂、AN防锈剂、747防锈剂、746防锈剂、743防锈剂、706防锈剂、二壬基萘磺酸锌、705A防锈剂、705防锈剂、704防锈剂、703（LAN 703）防锈剂、702A防锈剂、702防锈剂等。

701防锈剂的外观为棕褐色、半透明、半固体，组成为石油磺酸钡，统一代号是T701。具有优良的抗潮湿、抗盐雾、抗盐水和水置换性能，对多种金属具有优良的防锈性能。将粗磺酸钠进行脱色、脱油后，加入氯化钡水溶液进行复分解反应后，加溶剂稀释，用水、酒精进行洗涤、沉降，除去杂质，浓缩后得石油磺酸钡成品。701防锈剂适用于在防锈油脂中作防锈剂，如配制置换型防锈油、工序间防锈油、封存防锈用油和润滑防锈两用油及防锈脂等。T701的典型性能指标如表3-132所示。

表 3-132 T701 的典型性能指标

项目		质量指标				试验方法
		1号		2号		
		一等品	合格品	一等品	合格品	
外观		棕褐色、半透明、半固体				目测
磺酸钡含量/%	不小于	55	52	45	45	企标
平均分子量	不小于	1000				企标
挥发物含量/%	不大于	5				企标
氯离子含量/%		无				企标
氯离子含量/%		无				企标
水分/%	不大于	0.15	0.30	0.15	0.30	GT/T 260
机械杂质/%	不大于	0.10	0.20	0.10	0.20	GB/T 511
pH 值		7~8				广泛试纸
钡含量/%	不小于	7.5	7.0	6.0		SH/T 0225
油溶性		合格				企标
防锈性能:						GB/T 2361
湿热实验(49℃±1℃,湿度95%上)	不大于	72h	24h	72h	24h	
10#铜片	不大于	A	A	A	A	
62#黄铜片	不大于	1	1	1	1	
海水浸渍(25℃±1℃,24h)/级						
10#钢片	不大于	A				
62#黄铜片	不大于	1				

701B 防锈剂的外观为棕色、半透明稠状液体,产品为合成磺酸钡化合物,统一代号是 T701B。具有与石油磺酸钡相当的性能。以重烷基苯经磺化后,用氢氧化钡钡化制得成品 701B 防锈剂。701B 防锈剂适用于调制防锈油脂和乳化油,其典型性能指标如表 3-133 所示。

表 3-133 701B 防锈剂的典型性能指标

项目		质量指标	试验方法
外观		棕色、半透明稠状液体	目测
水分/%	不大于	痕迹	GB/T 260
挥发物含量/%	不大于	5	SH/T 0391
灰分/%	不大于	18	GB/T 2433
油溶性		合格	SH/T 0391
机械杂质/%		无	目测
湿热实验(3d,45 号钢)	不大于	0	GB/T 2361

702 防锈剂外观为棕黄或棕红色油状液体,组成为石油磺酸钠,统一代号是 T702。具

有较强的亲水性和较好的防锈及乳化性能。以精制的润滑油馏分经发烟硫酸磺化，再经乙醇碱液抽提、脱油、脱水制得成品 702 防锈剂。T702 适用于配制切削乳化油及防锈油脂，其典型性能指标如表 3－134 所示。

表 3－134　702 防锈剂的典型性能指标

项　目		质量指标	试验方法
外观		棕黄色或棕红色油状液体	目测
矿物油含量/%	不大于	50	企标
磺酸钠含量/%	不小于	50	企标
无机盐含量/%	不大于	0.35	企标
pH 值		7～8	—
水分/%	不大于	1.0	GB/T 260
气味		无	嗅觉

702A 防锈剂的外观为棕红色透明黏稠液体，产品为合成磺酸钠，统一代号是 T702A。具有较强的亲水性和较好的防锈及乳化性能。以重烷基苯经磺化后，再经乙醇碱液抽提、脱油、脱水制得成品 702A 防锈剂。T702A 与石油磺酸钠性质相似，适用于调配切削乳化油和润滑油脂等油品，其典型性能指标如表 3－135 所示。

表 3－135　702A 防锈剂的典型性能指标

项　目		质量指标	试验方法
外观		棕红色黏稠液体	目测
矿物油含量/%	不大于	48	企标
磺酸钠含量/%	不小于	50	企标
无机盐含量/%	不大于	实测	企标
pH 值		7～8	pH 试纸
水分/%	不大于	1.0	GB/T 260

703 防锈剂外观为深色不透明液体，组成为十七烯基咪唑啉烯基丁二酸盐化合物，统一代号是 T703（LAN 703）。具有酸中和、油溶及助溶性能，对黑色金属有良好的防锈、抗湿热性能，对铜、铝及其合金也有一定的防锈作用。以油酸和二乙烯三胺为原料，经胺化缩合后再与烯基丁二酸反应制得成品 703 防锈剂。T703 适用于与防锈剂复合调制各种防锈封存油、润滑防锈两用油及防锈脂等，其典型性能指标如表 3－136 所示。

表 3－136　703 防锈剂的典型性能指标

项　目	质量指标		试验方法
	一级品	二级品	
碱性氮/%	0.8～2.0		SH/T 0413
酸值	30～65	30～80	GB/T 7304

续表

项　目		质量指标		试验方法
		一级品	二级品	
水溶性酸或碱		中性或碱性		GB/T 259
防锈性： 快速试验 45 号钢（2h）/级	不大于	1	2	企标
机械杂质/%	不大于	0.1	0.2	GB/T 511
湿热试验		测定		GB/T 2361
油溶性		透明		目测

704 防锈剂外观为棕色黏稠状物，组成为环烷酸锌，统一代号是 T704。油溶性好，对钢、铜、铝均有良好的防锈性能，但对铸铁防锈性差。以环烷酸或由含环烷酸油品经碱洗、酸化得环烷酸，再与硫酸锌皂化反应，制得环烷酸锌产品。T704 与其他防锈剂复合，用于调制各种防锈油、润滑脂及切削油。T704 的典型性能指标如表 3－137 所示。

表 3－137　704 防锈剂的典型性能指标

项　目		质量指标	试验方法
外观		棕色黏稠状物	目测
锌含量/%	不小于	8	企标
水分/%	不大于	0.05	GB/T 260
机械杂质/%	不大于	0.15	GB/T 511
铜片腐蚀（T3 铜片，100℃，3h）		合格	SH/T 0195
水萃取试验 酸反应 硫酸根 氯离子		 中性 无 无	企标
潮湿箱试验（铜片、钢片）		报告	GB/T 2361

705 防锈剂外观为棕色至褐色透明黏稠液体，组成为碱性二壬基萘磺酸钡，统一代号是 T705 的防锈和酸中和性能，特别对黑色金属防锈性能更好。将壬烯与精萘烃化反应，经碱洗后与发烟硫酸进行磺化反应，经醇洗后与氢氧化钡反应，最后过滤、蒸馏制得成品 705 防锈剂。T705 适用于调制防锈油和润滑脂；也可用作发动机燃料油的防锈剂，其典型性能指标如表 3－138 所示。

表 3－138　705 防锈剂的典型性能指标

项　目		质量指标		试验方法
		一等品	合格品	
外观		棕色透明黏稠液体	棕色至褐色黏稠液体	目测
密度（20℃）/(kg/m^3)	不小于	1000		GB/T 2540
闪点（开口）/℃	不低于	165		GB/T 3536

续表

项　目		质量指标		试验方法
		一等品	合格品	
黏度（100℃）/（mm^2/s）	不大于	100	140	GB/T 265
水分/%	不大于	0.10		GB/T 260
机械杂质/%	不大于	0.10		GB/T 511
钡含量/%	不小于	11.5	10.5	GB/T 0225
总碱值/（mgKOH/g）		35～55	35～55	GB/T 7304
潮湿箱/级 96h 72h	 不低于 不低于	 A —	 A	GB/T 2361
液相锈蚀		无锈	无锈	GB/T 11143B
油溶性		合格	合格	目测

705A防锈剂外观为棕色至褐色透明黏稠液体，组成为中性二壬基萘磺酸钡，统一代号是T705A。具有优良的防锈和破乳化性能。将壬烯与精萘烃化反应，经碱洗后与发烟硫酸进行磺化，经醇洗后与氢氧化钡反应，最后过滤、蒸馏制得成品705A防锈剂。T705A适用于调制防锈油和润滑脂，也可用于抗磨液压油及汽轮机油中作防锈剂和破乳剂。T705A的典型性能指标如表3－139所示。

表3－139　705A防锈剂的典型性能指标

项　目		质量指标	试验方法
外观		棕色或深棕色黏稠液体	目测
密度（20℃）/（kg/m^3）	不小于	1000	GB/T 2540
闪点（开口）/℃	不低于	160	GB/T 3536
黏度（100℃）/（mm^2/s）	不大于	120	GB/T 265
水分/%	不大于	0.10	GB/T 260
机械杂质/%	不大于	0.15	GB/T 511
钡含量/%	不小于	7.0	GB/T 0225
总碱值/（mgKOH/g）	不大于	5	企标
潮湿箱/96h	不低于	A	GB/T 2361

二壬基萘磺酸锌外观为棕色或深棕色黏稠液体，具有优良的防锈和破乳化性能。以二壬基萘磺酸为原料，用氧化锌及羧酸作促进剂，直接化合为成品二壬基萘磺酸锌。二壬基萘磺酸锌适用于调制液压油、齿轮油和其他工业润滑油，其典型性能指标如表3－140所示。

表 3－140　二壬基萘磺酸锌的典型性能指标

项　目		质量指标	试验方法
目测		棕色或深棕色黏稠液体	目测
密度（20℃）/(kg/m³)	不小于	1000	GB/T 2540
闪点（开口）/℃	不低于	160	GB/T 3536
黏度（100℃）/(mm²/s)		实测	GB/T 265
水分/%	不大于	痕迹	GB/T 260
机械杂质/%	不大于	0.15	GB/T 511
锌含量/%		实测	GB/T 0226
总碱值/(mgKOH/g)	不大于	5	GB/T 7304
潮湿箱		实测	GB/T 2361

706 防锈剂外观为白色或微黄色结晶，组成为苯骈三氮唑，统一代号是 T706。对铜、铝及其合金等有色金属具有优良的防锈性能和缓蚀性能。T706 在空气中易氧化而逐渐变黄，加热到 160℃以上开始分解放热。以邻苯二胺与亚硝酸钠重氮化，经精制处理制得成品 706 防锈剂。706 防锈剂适用于调制防锈润滑油和润滑脂，亦可作为乳化油、气相防锈剂和工业循环水中的缓蚀剂。T706 的典型性能指标如表 3－141 所示。

表 3－141　706 防锈剂的典型性能指标

项　目		质量指标			试验方法
		优等品	一等品	合格品	
外观		白色结晶	微黄色结晶	微黄色结晶	目测
色度/号	不大于	120	160	180	GB/T 605
水分/%	不大于	0.15			企标
终熔点/℃	不低于	96	95	94	GB/T 617
醇中溶解性		合格			目测
pH 值		5.3～6.3			GB/T 9724
灰分/%	不大于	0.10	0.15	0.20	GB/T 9741
纯度/%	不低于	98			企标
湿热试验：H62 号铜/d	不小于	7	5	3	GB/T 2361

743 防锈剂的外观为棕褐色膏状物，组成为氧化石油脂钡皂，统一代号是 T743。具有良好的油溶性和成膜性，对黑色金属和有色金属都有较好的防锈性能。由皂化蜡在催化剂存在下进行氧化、钡化反应，经后处理制得成品 743 防锈剂。T743 适用于调配防锈油，用于军工器械、枪支、炮弹及各种机床、配件、工卡量具等的防锈，还可以作为溶剂稀释型防锈油的成膜剂。T743 的典型性能指标如表 3－142 所示。

表 3－142 743 防锈剂的典型性能指标

项 目		质量指标	试验方法
外观		棕褐色膏状物	目测
钡含量/%	不小于	8	SH/T 0225
水分/%	不大于	0.03	GB/T 260
机械杂质/%	不大于	0.05	GB/T 511
水溶性酸或碱		中性至弱碱性	GB/T 259
铜片腐蚀（100℃，3h）		合格	SH/T 0195

746 防锈剂的外观为透明黏稠液体，组成为十二烯基丁二酸，统一代号是 T746。具有良好的抗潮湿性，防锈性好、有极强的吸附能力，能在金属表面形成牢固的油膜，保护金属不被锈蚀和腐蚀。但对铅和铸铁的防腐性差。以叠合汽油或四聚丙烯与顺丁烯二酸酐反应，经蒸馏和水解等工艺制得成品 746 防锈剂。T746 适用于作汽轮机油、液压油和齿轮油等工业润滑油的防锈添加剂。T746 的典型性能指标如表 3－143 所示。

表 3－143 746 防锈剂的典型性能指标

项 目		质量指标		试验方法
		一等品	合格品	
外观		透明黏稠液体		目 测
密度（20℃）/(kg/m^3)		报告	报告	GB/T 1884
运动黏度（100℃）/(mm^2/s)		报告	报告	GB/T 265
闪点（开口）/℃	不低于	100	90	GB/T 3536
酸值/(mgKOH/g)		300～395	235～395	GB/T 7304
pH 值	不小于	4.3	4.2	SH/T 0298
碘值/(gI$_2$/100g)		50～90	50～90	SH/T 0243
铜片腐蚀（100℃，3h）/级	不大于	1	1	GB/T 5096
液相锈蚀试验				GB/T 111431
蒸馏水		无锈	无锈	
合成海水		无锈	无锈	
坚膜韧性		无锈	无锈	

747 防锈剂产品组成为十二烯基丁二酸半酯，由于生产企业的不同，产品分成 747、747A 防锈剂，统一代号是 T747 和 T747A。其性能与十二烯基丁二酸相当，但酸值低（比 T746 低一半），加入后对油品的酸值影响小。747 防锈剂是以叠合汽油或四聚丙烯与顺丁烯二酸酐反应，再与醇反应，经后处理制得成品，适用于作汽轮机油、液压油和齿轮油等工业润滑油的防锈添加剂。747 防锈剂的典型性能指标如表 3－144 所示。

表 3-144 747 防锈剂的典型性能指标

项 目		质量指标		试验方法
		747A	747	
外观		透明液体	透明液体	目测
色度/号	不大于	5		GB/T 6540
运动黏度（100℃）/(mm^2/s)		20~40	40~80	GB/T 265
酸值/(mgKOH/g)		130~180	150~200	GB/T 4945
pH 值	不小于	4.5~4.8	4.4~4.6	SH/T 0578
铜片腐蚀（100℃，3h）/级	不大于	1	1	GB/T 05096
液相锈蚀试验				GB/T 11143
蒸馏水		无锈	无锈	
合成海水		无锈	无锈	
坚膜韧性		无锈		

AN 防锈剂外观为棕黄至棕色，产品为含氮化合物，具有优良的防锈性能。将工业环烷酸与四乙烯五胺加入到反应釜中，加热搅拌到一定温度时通入氮气，经胺化缩合反应，脱水到规定的温度时，再冷却后制得成品 AN 防锈剂。AN 防锈剂适用于防锈油、防锈润滑脂和工业润滑油中，其典型性能指标如表 3-145 所示。

表 3-145 AN 防锈剂的主要性能指标

项 目		质量指标	试验方法
外观		棕黄至棕色	目测
黏度（100℃）/(mm^2/s)	不大于	250	GB/T 265
闪点（开口）/℃	不低于	200	GB/T 267
氮含量/%	不小于	5.0	SH/T 0224
总碱值/(mgKOH/g)	不小于	90	SH/T 0251
机械杂质/%	不大于	0.08	GB/T 511
水分/%	不大于	痕迹	GB/T 260
铜片腐蚀（100℃，3h）/级	不大于	1	GB/T 5096
湿热试验：			GB/T 2361
铜片 10# × 1d/级	不大于	B	
黄铜片 62# ×4d/级	不大于	B	

RFJ 防锈复合剂外观为棕色透明液体。对碳钢、铸铁、铜等金属具有优良的抗湿热性和抗重叠性。RFJ 防锈复合剂是采用多种防锈剂、成膜剂和精制矿物油调制而成。RFJ 防锈复合剂用适当比例的矿物油进行稀释可调配成适合不同防锈周期要求的防锈油，此产品尤其适用于零部件有叠加存放要求的防锈工艺。RFJ 防锈复合剂的典型性能指标如表 3-146 所示。

表 3－146　RFJ 防锈复合剂的典型性能指标

项　目		质量指标	试验方法
外观		棕色透明液体	目测
水分/%		痕迹	GB/T 260
腐蚀试验（55℃±2℃，7d）/级			
T2 铜片	不大于	1	SH/T 0080
45#钢片	不大于	1	
人汗置换性		合格	SH/T 0311
湿热试验（45#钢片，49℃±1℃）/d	不小于	20	GB/T 2361
叠片试验（45#钢片，49℃±1℃）/7d		合格	SH/T 0692

MA 水基防锈剂外观为黄色透明液体。具有优良的防锈、润滑、清洗等性能。无毒、无味、不含亚硝酸钠及无机盐。MA 水基防锈剂采用防锈单剂和表面活性剂复合而成。MA 水基防锈剂既可以一定比例直接加入自来水中调制防锈液，使用浓度为1%～3%，又可加入水基金属加工液中提高产品的防锈性能。MA 水基防锈剂的主要性能指标如表 3－147 所示。

表 3－147　MA 水基防锈剂的主要性能指标

项　目			质量指标	试验方法
浓缩物	外观		黄棕色透明液体	目测
	折射率	不低于	60	自定
稀释液	pH 值		7.5～9	GB/T 6144/5.5
	防锈试验（35℃±2℃，铸铁）			GB/T 6144/5.9
	单片	不小于	24	
	叠片	不小于	4	

防霉防锈复合剂外观为橙色透明液体。具有优良的抗微生物性能和防锈性，能有效延长乳化液的使用寿命。防霉防锈复合剂是采用水溶性防霉、防锈添加剂和 pH 值调整剂等调制而成。防霉防锈复合剂直接添加在使用中的乳化液中，可提高乳化液的抗微生物性能和防锈性能，延长乳化液换液周期。推荐加入量：0.05%～0.1%。防霉防锈复合剂的典型性能指标如表 3－148 所示。

表 3－148　防霉防锈复合剂的典型性能指标

项　目	质量指标	试验方法
pH 值	8～10	SH/T 0578
消泡性/2mL/10min	通过	自定
防锈性（35℃±2℃，24h）	合格	自定
抗菌试验	通过	ASTM D 3946
毒性试验	通过	GB 7919

葵二酸二钠外观为白色粉末状，具有良好的水溶解性，在矿物油中的溶解度小于0.1%。可用作润滑脂和液相体系的腐蚀抑制剂。润滑脂特别是硼润土脂的加量为2%～3%，水基冷却体系的加量为0.3%～4%。其典型性能指标如表3－149所示。

表3－149　葵二酸二钠的典型性能指标

项　目		质量指标	试验方法
外观		棕黄至棕色	目测
黏度（100℃）/(mm^2/s)	不大于	250	GB/T 265
闪点（开口）/℃	不低于	200	GB/T 267
氮含量/%	不小于	5.0	SH/T 0224
总碱值/(mgKOH/g)	不小于	90	SH/T 0251
机械杂质/%	不大于	0.08	GB/T 511
水分/%	不大于	痕迹	GB/T 260
铜片腐蚀（100℃，3h）/级	不大于	1	GB/T 5096
湿热试验：			GB/T 2361
铜片10#×1d/级	不大于	B	
黄铜片62#×4d/级	不大于	B	

8.4.2　国外防锈剂品种牌号及技术指标

国外生产防锈剂的公司主要有Vanderbilt、Polartech、Lubrizol、Ethyl、Mobil、Ciba-Geigy Vanderbilt、Ferro等，它们的主要品种牌号及技术指标如表3－150～表3－154所示。

表3－150　国外主要磺酸盐防锈剂商品牌号

商品牌号	化合物名称	密度/(kg/m^3)	黏度(100℃)/(mm^2/s)	闪点/℃	金属含量/%	*TBN*/(mgKOH/g)	主要性能和应用	生产厂或公司
NA-Sul BSB	碱性二壬基萘磺酸钡		66.4	163	12.4		用于矿物油、合成油和润滑脂中，作黑色金属防锈剂	Vanderbilt
NA-Sul BSN	中性二壬基萘磺酸钡		75.0	160	6.6		具有防锈性、破乳和缓蚀性能，用于工业润滑油和润滑脂中	Vanderbilt
Vanlube RI-BA	磺酸钡	1000	90	≥175			具有优良的防锈性和抗水性能，用于汽车润滑剂、汽轮机油、液压油和循环油中，也常作软膜和硬膜涂层	Vanderbilt
Polartech SS 4060N	合成磺酸钠	1000			磺酸钠60%	0.7	平均分子量400，具有防腐和乳化性能，用于高含水量液压液及半合成水混合液压	Polartech

表3-151 国外主要羧酸及其盐类防锈剂商品牌号

商品牌号	化合物名称	密度/(kg/m³)	黏度(100℃)/(mm²/s)	闪点/℃	金属含量/%	酸值/(mgKOH/g)	主要性能和应用	生产厂或公司
ADDCO CP-9	天然有机酸盐	1130				50	水溶性腐蚀抑制剂，对铸铁和钢铁合金具有高效防锈作用，用于金属加工液，在硬水中稳定性好	Lubrizol
ADDCO EM-CP-20	钡盐和二乙醇胺	997		>204		4	油溶性防腐剂，用于直馏油以及可溶性切削油、半合成金属加工液中	Lubrizol
Hitec 536							低酸值用于液压油、系统循环油	Ethyl
Mobilad C-615	羧酸钠	1213		125		2.8	具有优良防锈性，用于润滑脂	Mobil
Irgacor L190	湿饼状聚羧酸	1100		熔点181	17.6		推荐0.25%～1.1%的用量，用于液压油和金属加工液	Ciba-Geigy
Irgacor 252 LD	(2-硫化苯并三唑)丁二酸	1520		熔点171	4.9	硫含量22.6	推荐0.1%～1.5%的用量，用于金属加工液和润滑脂	Ciba-Geigy
Irgacor NPA	异壬基苯氧基乙酸	1030	1750(40℃)	130			推荐0.002%～2.0%的用量，用于汽轮机油、液压油、空气压缩机油、齿轮油和润滑脂及燃料	Ciba-Geigy
Sarkosyl O	正油烯基肌氨酸	960	350(40℃)	>130	3.7		推荐0.001%～1.0%的用量，用于汽轮机油、液压油、空气压缩机油、齿轮油、金属加工液和润滑脂及燃料	Ciba-Geigy
Sarkosyl DSS G	癸二酸钠	1420	>200(熔点)	>100			0.3%～3.0%的用量，水溶性产品，用于液压油和润滑脂	Ciba-Geigy
Vanlube RI-A	烷基丁二酸衍生物	960	650(40℃)	>149			0.05%～0.25%的用量，用于汽轮机油、液压油、循环油和极压工业齿轮油	Vanderbilt
Vanlube 8816	有机盐混合物	1090					水溶性，用于金属加工液和润滑脂	Vanderbilt
Sykad 6000	羧酸盐衍生物	1100	100(40℃)			138	水溶性锈蚀和腐蚀抑制剂，用于合成拉拔及模压液、合成及半合成切削液和磨削液中	Ferro
Sykad 828	羧酸胺盐	1110	230(37.8%)				水溶性腐蚀抑制剂，用于合成及半合成金属加工液	Ferro
EM 9500	高分子醇、有机酸高分子酯	920	8.3(98.9℃)			90	用于成型润滑油腐蚀抑制剂	Ferro

续表

商品牌号	化合物名称	密度/(kg/m³)	黏度(100℃)/(mm²/s)	闪点/℃	金属含量/%	酸值/(mgKOH/g)	主要性能和应用	生产厂或公司
Polartech DA 2100 S	单和双羧酸链烷醇胺皂	1100				TBN 18	用于合成及半合成水混合切削液、高水含量液压液和工业清洗液的腐蚀抑制剂	Polartech
Polartech DA 4001	单和双羧酸链烷醇胺皂	1050				TBN 45	用于合成及半合成水混合切削液、高水含量液压液和工业清洗液的腐蚀抑制剂	Polartech
Polartech DA 5001S	单和双羧酸链烷醇胺皂	1070				TBN 28	含硼1.0%，用于合成及半合成水混合切削液、压力试验液和水处理系统的腐蚀抑制剂	Polartech
Polartech DA 7005R	单和双羧酸链烷醇胺皂	1150				TBN 18	用于合成及半合成水混合切削液和工业清洗液的腐蚀抑制剂	Polartech
Polartech DA 8001	单和双羧酸链烷醇胺皂	1170				TBN 16	含硼1.0%，用于合成及半合成水混合切削液、高水含量液压液和工业清洗液的腐蚀抑制剂	Polartech
Polartech PN 1782A	单和双羧酸链烷醇胺皂	1100				TBN 18.6	用于合成及半合成水混合切削液、高水含量液压液和工业清洗液的腐蚀抑制剂	Polartech

表3-152　国外主要酯类防锈剂商品牌号

商品牌号	化合物名称	密度/(kg/m³)	黏度(100℃)/(mm²/s)	闪点/℃	氮含量/%	*TBN*/(mgKOH/g)	主要性能和应用	生产厂或公司
Hitec 4313	含氮化合物	1120	13.5	130	6.4		是有效的硫减活剂、腐蚀抑制剂和抗磨剂，可钝化铜、银和铅及其合金，在润滑剂中推荐0~2%的量，对燃料油加10~100μg/g	Ethyl
Mobilad C-603	咪唑啉	920	25	115			具有优良防锈性，用于压缩机油、汽轮机油、金属加工液、喷雾润滑剂和润滑脂	Mobil
Mobilad C-614	咪唑啉	900		93		酸值27	具有优良防锈性，用于压缩机油、汽轮机油、金属加工液和润滑脂	Mobil
Hitec 4313	含氮化合物	1120	13.5	130	6.4		是有效的硫减活剂、腐蚀抑制剂和抗磨剂，可钝化铜、银和铅及其合金，在润滑剂中推荐0~2%的量，对燃料油加10~100μg/g	Ethyl

续表

商品牌号	化合物名称	密度/(kg/m³)	黏度(100℃)/(mm²/s)	闪点/℃	氮含量/%	TBN/(mgKOH/g)	主要性能和应用	生产厂或公司
Mobilad C-603	咪唑啉	920	25	115			具有优良防锈性，用于压缩机油、汽轮机油、金属加工液、喷雾润滑剂和润滑脂	Mobil
Mobilad C-614	咪唑啉	900		93		酸值27	具有优良防锈性，用于压缩机油、汽轮机油、金属加工液和润滑脂	Mobil
Mobilad C-616	含氮有机酸性化合物	1085			4.2	酸值200	具有优良防锈性，用于合成和矿物油润滑脂	Mobil
Amine O	咪唑啉衍生物	940	107mPa·s(40℃)	175			腐蚀抑制剂、脱水剂和乳化剂，用于金属加工液和润滑脂	Ciba-Geigy
Irgacor L184	三乙醇胺与聚羧酸中和的水溶液	1150	80(40℃)				推荐0.5%～2.2%，用于液压油和金属加工液	Ciba-Geigy
Vanlube RI-G	脂肪酸与咪唑啉的反应物	940	95	>200			推荐0.25%～0.5%的量，用于润滑脂	Vanderbilt
Polartech BA 60 DX	硼胺缩合物	1270			硼含量6.0	31	用于合成及半合成水混合切削液、高油含量的切削液及高水量液压液和合成清洗液的腐蚀抑制剂	Polartech
Polartech BA 70 M	硼伯胺缩合物	1240			6.7	56	用于合成及半合成水混合切削液、高水量液压液和合成清洗液的腐蚀抑制剂	Polartech

表3-153　国外主要酯类防锈剂商品牌号

商品牌号	化合物名称	密度/(kg/m³)	黏度(100℃)/(mm²/s)	闪点/℃	硼含量/%	TBN/(mgKOH/g)	主要性能和应用	生产厂或公司
Irgacor L 12	烯基丁二酸半酯	960	1500mPa·s(40℃)	>150			推荐0.02%～0.1%。用于汽轮机油、液压油、空气压缩机油和齿轮油中	Ciba-Geigy
Polartech BA 30 D	乙醇胺硼酸酯	1150			2.9	35	用于合成及半合成水混合切削液、高水量液压液和合成清洗液的腐蚀抑制剂	Polartech
Polartech BA 40 DD	乙醇胺硼酸酯	1240			4.5	26.4	用于合成及半合成水混合切削液、高水量液压液和合成清洗液的金属腐蚀抑制剂	Polartech
Polartech BA 50 M	伯胺乙二醇硼酸酯	1240			4.8	52	用于合成及半合成水混合切削液、高水量液压液和合成清洗液的腐蚀抑制剂	Polartech

续表

商品牌号	化合物名称	密度/(kg/m³)	黏度(100℃)/(mm²/s)	闪点/℃	硼含量/%	*TBN*/(mgKOH/g)	主要性能和应用	生产厂或公司
Polartech BA 50 PD	伯胺乙二醇硼酸酯	1180			4.8	10	用于合成及半合成水混合切削液、铝切削油、高水量液压液和合成清洗液的腐蚀抑制剂	Polartech
Polartech BA 55 MX	伯胺乙二醇硼酸酯	1260			5.2	32	用于合成及半合成水混合切削液、高油含量切削液及高水量液压液和合成清洗液的腐蚀抑制剂	Polartech
Polartech PN 1275B	单乙二醇胺硼酸酯	1180			4.6	39.2	用于合成及半合成水混合切削液、高水量液压液和合成清洗液的腐蚀抑制剂	Polartech
Polartech PN 1528J	单异丙醇胺硼酸酯	1190			5.8	34.1	用于合成及半合成水混合切削液、高水量液压液和合成清洗液的腐蚀抑制剂	Polartech

表 3-154　其他国外防锈剂商品牌号

商品牌号	化合物名称	密度/(kg/m³)	黏度/(mm²/s)	闪点/℃	金属含量/%	酸值/(mgKOH/g)	主要性能和应用	生产厂或公司
ALOX-2211Y				177，93（滴熔点）			它溶于溶剂中是一个触变防锈剂，当溶剂挥发后形成浅色蜡状的软膜，抗潮湿和盐雾，其配方25%～30%+0.4%水+69.6%～74.6%溶剂	Lubrizol
ALOX-2213D	水置换型防锈剂	960		柔软的褐色固体，40（滴熔点）		14.0	它可使机械加工或碱液清洗后的水从金属表面分离出来，形成软薄膜还有一定的抗盐雾能力以及作为润滑剂和渗透剂	Lubrizol
Hitec 559							无灰防锈剂，用于抗氧防锈液亚油、汽轮机油、系统循环油等油品	Ethyl
Vanlube 739	无灰防锈协同剂	910	5.54	150			具有防锈和破乳性能，推荐0.05%～0.5%的量，用于合成油和润滑脂	Vanderbilt
Synkad 303		1080	40（40℃）		碱值215	155	水溶性腐蚀抑制剂，用于合成和半合成金属加工液	Ferro
Synkad 500		1120	300（40℃）		碱值230	170	水溶性腐蚀抑制剂，用于合成和半合成金属加工液	Ferro
EM 9400		940	12	174		25	用于切削油和拉拔油中	Ferro

第9节　降凝剂

9.1　概况

20世纪20年代末期，偶然发现了氯化石蜡与萘的缩合物具有降凝作用，并于1931年申请了第一个降凝剂专利，商品名称Paraflow。30年代相继出现了氯化石蜡与酚的缩合物、聚甲基丙烯酸酯等商品降凝剂，40年代发表了聚丙烯酰胺、烷基聚苯乙烯等，50年代发表了聚丙烯酸酯、马来酸酯-甲基丙烯酸长链烷基酯共聚物等，60年代发表了烯烃聚合物、醋酸乙酯-富马来酸酯共聚物等，70年代发表了α-烯烃共聚物、马来酸酐-醋酸乙酯共聚物等降凝剂专利。迄今为止发表有关降凝剂专利已有数百篇，合成的降凝剂也有数十种之多，但作为商品出售的不过十余种。常用的有烷基萘、聚烯烃类等三类化合物。

倾点是在规定的实验条件下，保持油品流动的最低温度，是汽车在冬季能否启动的重要因素。在低温下，环烷基油由于黏度增加而失去流动性，称为黏度倾点，降凝剂对黏度倾点不起作用；而石蜡基油则由于析出蜡结晶形成三维网状结构而失去流动性，降凝剂就是降低油品的这种倾点。要想得到低凝点的润滑油有两种途径，一是对润滑油进行深度脱蜡，可以得到低倾点的润滑油，这种油品的收率降低，同时脱掉大量的有用正构烃，也有损油品的质量；二是进行适度的脱蜡后，再加降凝剂达到要求的倾点，这是一条比较经济可行的办法，也是当今普遍采用的手段。

9.2　降凝剂的使用性能

9.2.1　降凝剂的化学结构的影响

降凝机理认为：降凝剂是靠与蜡吸附或共晶来改变蜡的结构和大小而起作用，因此降凝剂的化学结构对降凝效果有决定性的影响。

据报道，烷基酚降凝剂从辛基酚开始就显示出降凝作用，烷基侧链愈长效果愈好；烷基萘则是双取代的高分子烷基萘，具有降凝作用，而低分子单取代的烷基萘无降凝作用。对聚合型的PMA和聚α-烯烃降凝剂，侧链的平均碳数对降凝效果有决定性的意义，且对某种油品的降凝作用存在最佳侧链平均碳数。还应当指出，虽然降凝剂对某种油品的降凝作用取决于其分子的侧链平均碳数，但对不同的油品还具有降凝“选择性”——主要取决于降凝剂分子侧链的碳数分布。如表3-155所表明的聚α-烯烃-1降凝剂对浅度脱蜡油的降凝效果较好，而对深度脱蜡油的降凝效果较差；聚α-烯烃-2降凝剂则刚好相反，也是其侧链平均碳数在起作用，侧链碳数分布越宽，降凝效果越好。烷基萘降凝剂对浅度脱蜡油的降凝效果较好；聚甲基丙烯酸十二酯和十四酯的效果中，十四酯最好。

表 3 – 155　烷基侧链和基础油对降凝作用的影响

降凝剂	浅度脱蜡油				深度脱蜡油			
	10# 机械油	20# 机械油	30# 机械油	10# 车用机油	25# 变压器油	10# 机械油	22# 汽轮机油	30# 汽轮机油
基础油	–6	–3	–3	–3	–27	–20	–15	–14
聚 α-烯烃-1	–26	–28	–20	–20	–32	–30	–30	–28
聚 α-烯烃-2	–12	–12	–6	–7	–52	–46	–34	–30
烷基萘	–26	–19	–14	–12	–30	–27	–21	–22
PMA（十二酯）	–8	–4	–1	–8	–34	–19	–13	–12
PMA（十四酯）	–20	–16	–3	–11	–37	–39	–23	–28
Hitec623（PMA）	–19	–14	–3	–9	–36	–40	–23	–27

降凝剂之所以侧链平均碳数起决定性的作用，是因为基础油中固体烃（蜡）开始的结晶温度要求与侧链烷基开始的结晶温度一致。但油品中的固体烃组成比较复杂，结晶范围也较宽，因而具有不同侧链长度和结晶温度的降凝剂结构，比单一烷基侧链和结晶温度的降凝剂效果好。为了有较好的适应性，一般降凝剂的烷基侧链采用不同碳数的单体共聚，调整其平均侧链碳数来适应不同的油品。

9.2.2　基础油的影响

降凝剂的降凝效果与基础油有密切的关系。同一个降凝剂对凝点或馏分组成不同的基础油，其降凝效果有显著差异，这就是降凝剂对油品的感受性。影响降凝剂对油品感受性的因素主要是基础油的脱蜡深度（倾点）和黏度。对脱蜡深度相近的基础油，聚 α-烯烃的最佳侧链平均碳数随基础油黏度的增高而增加。对黏度相近而脱蜡深度不同的基础油，聚 α-烯烃的最佳侧链平均碳数，随基础油脱蜡深度降低而增加。

一般地，降凝剂对不含蜡的环烷烃系油品没有效果，而对含蜡太多的基础油效果也有限；对烷烃和环烷烃，降凝剂感受性最好，对少环长侧链的轻芳烃有一定的降凝感受性；通常降凝剂对低黏度油品效果好，而对高黏度油品，由于在低温下黏度较大以及蜡的组成不同等因素，所以降凝效果有限。

9.3　降凝剂的作用机理

化学降凝剂是由长链烷基基团和极性基团两部分组成的高分子，可依靠自身的分子特点，改变多蜡原油冷却过程中析出的蜡晶形态，抑制蜡晶在原油中形成三维网状结构，从而改善原油的低温流动性。

降凝剂可以通过晶核作用、共晶作用和吸附作用实现降凝的目的。

9.3.1 晶核作用

降凝剂在稍高于原油析蜡点的温度下结晶析出，从而成为蜡晶析出生长的发育中心。

9.3.2 吸附作用

降凝剂在略低于原油析蜡点的温度下结晶析出，因此可吸附在已析出的蜡晶晶核中心上，改变了蜡晶的表面特性，阻碍了晶体的长大或改变了晶体的生长习性，使蜡晶的分散度增加。

9.3.3 共晶作用

共晶作用是指降凝剂在析蜡点时与蜡共晶析出。

不加降凝剂时，蜡晶为二维生长，001 面的生长速率较快。易长成菱形片状，当蜡晶长至 200pm 左右时，连结成网，使原油失去流动性。加入添加剂后，降凝剂分子在原油析蜡点析出，由于降凝剂分子与蜡分子的碳链有足够的相似性，降凝剂可以进入蜡晶的晶格中发生共晶，而降凝剂分子中的极性部分阻碍了蜡晶在 001 面上的生长，却相对加快了蜡晶在 Z 轴方向上的生长速度，晶型由不规则的块状向四棱锥、四棱柱形变。蜡的这种结晶形态，使比表面积相对减小，表面能下降，因而难于聚集形成三维网状结构 。

9.3.4 改善蜡的溶解性

降凝剂如同表面活性剂，加降凝剂以后，增加了蜡在油品中的溶解度，使析蜡量减少，同时又增加了蜡的分散度，且由于蜡分散后的表面电荷的影响。蜡晶之间相互排斥，不容易形成三维网状结构。因此原油的流动性得以改善。

降凝剂的共晶机理是目前为人们所广泛接受的。但是降凝剂的降凝作用不只是一种类型的降凝机理。而是几种机理都可能有，只是在蜡成长的不同的阶段有一种起主导作用。

9.4 降凝剂品种及技术指标

9.4.1 国内降凝剂的主要品种及技术指标

国内降凝剂的主要品种有 801 降凝剂、聚甲基丙烯酸酯、苯乙烯－富马酸酯共聚物降凝剂、803 系列降凝剂等。

801 降凝剂的外观为棕红色黏稠物，组成为烷基萘化合物，统一代号是 T801。具有良好的降凝效果，能改善油品的低温流动性。用定量的萘、三氯化铝和煤油一起搅拌升温至规定的温度，熔萘与三氯化铝络合，然后把氯化石蜡渐加入络合物中进行缩合反应，再用煤油稀释、水解，经后处理蒸除煤油后的成品 801 降凝剂。T80l 主要用于内燃机油、车轴油和全损耗的浅度脱蜡的润滑油中，由于颜色较深不适合在浅色和多级油中使用。其典型质量指标如表 3－156 所示。

表 3－156　801 降凝剂的典型性能指标

项　目		质量指标		试验方法
		一等品	合格品	
运动黏度（100℃）/(mm²/s)		实测	—	GB/T 265
闪点（开口）/℃	不低于	180	180	GB/T 267
倾 点/℃		实测	—	GB/T 3535
色度/号	不大于	4	6	GB/T 6540
有效组分/%	不低于	40	35	企标
氯含量/%	不大于	2	—	SH/T 0161
机械杂质/%	不大于	0.1	0.2	GB/T 511
水分/%	不大于	痕迹	0.2	GB/T 260
灰分/%	不大于	0.1	0.2	GB/T 508
残炭/%	不大于	4.0	4.0	GB/T 268
降凝度/℃	不低于	13	12	GB/T 501

803 系列降凝剂的外观为橙黄色液体，组成是聚 α-烯烃化合物，按分子量大小分成两个产品，其统一代号分别为 T803A 和 T803B。产品颜色浅，降凝效果好，多用于深度脱蜡润滑油中，如多级内燃机油、液压油、齿轮油、汽轮机油等油品，与 T811（α-烯烃共聚物）复合有增效作用。以 α-烯烃为原料，在催化剂的作用下进行聚合，再经后处理可得到成品 803 系列降凝剂。T803A 分子量较大，适用于内燃机油、车轴油及其他润滑油中；T803B 分子量较小、剪切稳定性较好，除适用于内燃机油等油品外，还可用于液压油。803 系列降凝剂的典型性能指标如表 3－157 所示。

表 3－157　803 系列降凝剂的典型性能指标

项　目		质量指标				试验方法
		T803A		T803B		
		一等品	合格品	一等品	合格品	
外观		橙黄色液体		橙黄色液体		目测
运动黏度（100℃）/(mm²/s)	不大于	4000	5000	1500	2300	GB/T 265
闪点（开口）/℃	不低于	135	120	135	120	GB/T 3536
机械杂质/%	不大于	0.06	0.10	0.06	0.10	GB/T 511
灰分/%	不大于	0.10	0.15	0.10	0.15	GB/T 08
水分/%	不大于	0.03	0.05	0.03	0.05	GB/T 260
有效组分/%	不小于	35	30	35	30	SH/T 0034
降凝度/℃	不低于	18	15	18	16	GB/T 510
剪切稳定指数（SSI）		—	—	报告	报告	企标

苯乙烯-富马酸酯共聚物降凝剂外观为浅黄色透明液体，具有良好的降凝效果及低温流动性。按用途不同分为两个牌号，其代号分别为T808A和T808B。以苯乙烯、富马酸为主要原料，在催化剂存在下，经酯化聚合和后处理制得成品苯乙烯-富马酸酯共聚物降凝剂。T808A用于精制的石蜡基、环烷基基础油中，对含蜡量少的基础油的感受性较好；T808B主要用于含蜡量高、黏度较大的基础油中。苯乙烯-富马酸酯共聚物降凝剂的典型性能指标如表3－158所示。

表3－158　苯乙烯-富马酸酯共聚物降凝剂的典型性能指标

项　目		质量指标		试验方法
		T808A	T808B	
运动黏度（100℃）/(mm^2/s)	不大于	400		GB/T 265
闪点（开口）/℃	不低于	135		GB/T 267
水分/%	不大于	痕迹		GB/T 260
降凝度/℃	不低于	12～141	102	GB/T 510
剪切稳定指数（SSI）		实测		企标

聚甲基丙烯酸酯为黏稠液体，是由烷基甲基丙烯酸酯聚合物溶于精炼碳氢基础油中而制成。颜色较浅，降凝效果较好。除具有增黏作用外，还兼具有降凝作用。可以广泛地使用，且普遍具有降凝效果，特别是在中黏度范围（150SN）效果良好。主要用于内燃机油、液压油、齿轮油、机械油等，添加量0.1%～1%。其典型性能指标如表3－159所示。

表3－159　聚甲基丙烯酸酯的典型性能指标

项　目		质量指标	试验方法
形态（20℃）		黏稠液体	目测
颜色		黄色	目测
密度（20℃）/(g/cm^3)		0.9	GB/T 1884 和 GB/T 1885
黏度（100℃）/(mm^2/s)		400	GB/T 265
倾点/℃	不低于	0	GB/T 3535
闪点（开口）/℃	不低于	100	GB/T 267
矿物油含量/%		35	

9.4.2　国外降凝剂的主要品种牌号及技术指标

国外生产降凝剂的公司主要有Lubrizol、Infineum、Ethyl、Rohmax、Agip Petroli等，它们产品主要品种牌号及技术性能指标如表3－160～表3－161所示。

表 3-160 国外聚甲基丙烯酸酯降凝剂

牌号	密度/(kg/m³)	黏度(100℃)/(mm²/s)	闪点/℃	矿物油/%	性质和应用	生产厂或公司
LZ 7749B	912	400			是 LZ 7749 的稀释品，用于发动机油、齿轮油和液压油	Lubrizol
Infineum V 100	870	270	200	30	用于各种黏度级别矿物油基础油中	Infineum
Infineum V 110	870	270	200	30	用于各种黏度级别矿物油基础油中	Infineum
Hitec 623	920	325			对大多数发动机油用 0.025% ~0.5% 的量，对大多数齿轮油用 0.5% ~2.0% 的量	Ethyl
Viscoplex 1-156	910	380	160		推荐用量 0.1% ~0.3%，适用于各种基础油，用于内燃机油、液压油和齿轮油	Rohmax
Viscoplex 1-202	910	1250	160		推荐用量 0.1% ~0.3%，适用于溶剂精制的基础油，用于内燃机油、液压油和齿轮油	Rohmax
Viscoplex 1-250	910	1360	142		推荐用量 0.1% ~0.3%，在石蜡基基础油中有最佳效果，适用于溶剂精制的基础油，用于内燃机油、液压油和齿轮油	Rohmax
Viscoplex 1-300	920	540	135		推荐用量 0.1% ~0.3%，适用于各种基础油，特别使用于催化脱蜡基础油和高乙烯含量 OCP 配方。用于内燃机油、液压油和齿轮油	Rohmax
Viscoplex 1-316	910	100	153		性能和应用同 Viscoplex 1-300	Rohmax
Viscoplex 1-330	920	390	145		性能和应用同 Viscoplex 1-300	Rohmax
Empicryl PPT 38	880	400	100	64	加量 0.1% ~0.5%，其 PMA 的分子量较大，用于石蜡基油，对欧洲油源效果更佳，主要是汽车和工业润滑油	Rohmax
Empicryl PPT 144	900	400	100	35	用于石蜡基油，对欧洲油源效果更佳，主要是汽车和工业润滑油	Rohmax
Empicryl PPT 144/D	900	130	100	60	它是 Empicryl PPT 144 的稀释品	Rohmax
Empicryl PPT 145	910	1000	100	15	用于石蜡基油，对欧洲油源效果更佳，主要是汽车和工业润滑油	Rohmax
Empicryl PPT 147	900	400	100	35	对轻质润滑油（200SN 以下）效果好，如 10W-30 和 32# 液压油	Rohmax

续表

牌号	密度/(kg/m³)	黏度(100℃)/(mm²/s)	闪点/℃	矿物油/%	性质和应用	生产厂或公司
Empicryl PPT 148	900	400	100	35	对中质润滑油（150~500SN）效果更好和北美油源效果更佳，在轻质和重质润滑油中也有效，主要是汽车润滑油	Rohmax
MX 4330	890	80	105		推荐用量0.05%~0.5%，用于发动机油	Agip Petroli
Empicryl PPT 148/D	900	130	100	58	Empicryl PPT 148 的稀释品	Rohmax
MX 4333	910	500	>100		推荐用量0.05%~1.5%，用于发动机油、齿轮油和工业润滑油	Agip Petroli
MX 4337	895	200	>100		推荐用量0.05%~1.5%，用于发动机油、齿轮油和工业润滑油	Agip Petroli

表3-161 国外其他降凝剂

牌 号	化合物名称	密度/(kg/m³)	黏度(100℃)/(mm²/s)	闪点/℃	有效组分/%	性质和应用	生产厂或公司
LZ 6662	含氮化合物	915	300			推荐用量0.3%~2.5%，用于所有的润滑油中	Lubrizol
Infineum V 386	富马酸酯	934	220	140		在轻质基础油和多级内燃机油中特别有效，具有良好的剪切稳定性，特别适用于液压油和其他工业用油	Infineum

第10节 抗泡剂

10.1 概况

在第二次世界大战中，美国飞机和车辆使用的润滑油中发泡成了严重的问题。为了弄明白润滑油生泡的机理和解决办法，国外一些石油公司、研究所等单位进行了大量的研究工作。1943年壳牌发展公司和海湾研究发展公司同时发现液态有机硅氧烷（硅油）是非常有效的抗泡剂，一直到目前仍然是润滑油主要的抗泡剂品种。后来发现，硅油抗泡剂在使用中存在局限，如对调和技术十分敏感，在酸性介质中不稳定等缺点。60年代以后，美国和日本专利先后介绍了用丙烯酸酯或甲基丙烯酸酯的均聚物或共聚物的非硅抗泡剂。目前，市场上应用的抗泡剂主要是含硅、非硅和复合抗泡剂三大类[17]。

10.2　抗泡剂的使用性能

10.2.1　润滑油发泡的原因、危害性和抗泡方法

油品发泡的原因很多，其中主要原因有：

（1）油品使用了各种添加剂，特别是一些具有表面活性的添加剂；

（2）油品本身被氧化变质；

（3）油品急速的空气吸入和循环；

（4）油温上升和压力下降而释放出空气；

（5）含有空气的润滑油的高速搅拌等。

油品发泡的危害性：

（1）油品泵的效率下降、能耗增加、性能变差；

（2）破坏润滑油的正常润滑状态，加快机械磨损；

（3）润滑油与空气的接触面积增大，促进润滑油的氧化变质；

（4）含泡润滑油的溢出；

（5）润滑油的冷却能力下降等。

润滑油抗泡方法通常有物理抗泡法、机械抗泡法和化学抗泡法三种。

（1）物理抗泡法。如用升温和降温破泡，升温使润滑油黏度降低，油膜变薄使泡容易破裂；降温使油膜表面弹性降低，强度下降，使泡膜变得不稳定；

（2）机械抗泡法。如用急剧的压力变化、离心分离溶液和泡沫、超声波以及过滤等方法；

（3）化学抗泡法。如添加与发泡物质发生化学反应或溶解发泡物质的化学品以及加抗泡剂等，通常在油品中加入抗泡剂效果最好、方法简单，因此被国内外广泛采用。

10.2.2　影响抗泡剂使用性能的因素

（1）硅油（Silicon Oil）的抗泡能力与结构有关。一般抗泡剂不溶于油，是以高度分散的胶体粒子状态存在于油中起作用的。硅油是直链状结构，是由无机物的 Si—O 键和有机物（R）组成。当 R 为甲基时，该化合物称甲基硅油，也是目前所应用的主要抗泡剂；若 R 是乙基、丙基时，该化合物变成乙基或丙基硅油，因逐渐丧失了甲基硅油的特性而接近有机物，表面张力也逐渐增大，从而丧失了抗泡能力。

（2）硅油的黏度与抗泡性能的关系。有两方面的意义，一是不同黏度的抗泡剂加入同一黏度的基础油中，其结果是随抗泡剂（硅油）黏度的增大，其油品的抗泡性变好，见表 3－162；二是将不同黏度的硅油加入不同黏度的油品中，其结果是低黏度的润滑油用高黏度的硅油效果较好，高黏度的润滑油用低黏度的硅油为好，也有认为高黏度的硅油在高低黏度的润滑油中均有好的效果，见表 3－163。

表3－162　不同黏度的硅油在机械油中的抗泡效果

硅油黏度（25℃）/（mm^2/s）	无抗泡剂	100	200	500	1×10^3	1×10^4	6×10^4	1×10^5	2×10^5
油品在93℃的发泡倾向/mL	24	60	32	28	18	10	4	3	3

表3－163　不同黏度的硅油在不同黏度油品的抗泡效果

序号	基础油黏度（100℃）/（mm^2/s）	硅油黏度（100℃）/（mm^2/s）	硅油加入量/（μg/g）	抗泡效果/mL		
				Ⅰ	Ⅱ	Ⅲ
1－1	2.35	—	无	200/0	150/0	200/0
1－2	2.35	100	10	150/0	175/0	150/0
1－3	2.35	1000	10	0/0	50/0	0/0
1－4	2.35	硅橡胶	10	0/0	0/0	0/0
2－1	13.73	—	无	260/0	200/0	260/0
2－2	13.73	100	10	60/0	100/0	60/0
2－3	13.73	1000	10	0/0	20/0	0/0
2－4	13.73	硅橡胶	10	0/0	0/0	0/0
3－1	26.13	—	无	280/0	200/0	280/0
3－2	26.13	100	10	50/0	30/0	50/0
3－3	26.13	1000	10	0/0	0/0	0/0
3－4	26.13	硅橡胶	10	0/0	0/0	0/0

（3）硅油在润滑油中的分散度与抗泡性的关系。硅油的抗泡性与硅油在油中的分散状态有关，硅油在油中分散得越好，其抗泡性能就越好，抗泡持续性也就越好。硅油在油中的分散度好坏与硅油的粒子直径有关，硅油的粒子直径越小，分散的体系也就越稳定，其抗泡性能就越好，而且抗泡作用持续时间也越长。一般硅油粒子直径在10μm以下，特别是粒径在3μm以下效果更好。因此如何将硅油尽可能小的粒子分散于油中是抗泡效果好坏的关键。一般有以下几种方法：一是将硅油先溶于溶剂中配成1%的溶液，然后搅拌加入油中，硅油在溶液中的浓度越低，分散于润滑油中的硅油粒子越小，其消泡效果越好；二是在高温、高速搅拌下加入油中；三是用特殊设备将硅油配成母液再加入到润滑油中，如胶体磨。除了分散方法外，选择合适的稀释溶剂与之配合也很重要。能溶解硅油的溶剂比较多，如煤油、柴油、石油醚、苯、甲苯等；也有选乙基硅油作助分散剂效果更好。

10.3　抗泡剂的作用机理

泡沫的抗泡或消泡机理至今尚未完全清楚，有一些不同的理论观点，还有待进一步研究。消泡剂具有两方面的性能，一是破泡性，即将已形成的泡沫迅速破泡的性能，一般来说，铺展性（分散性）好的物质，其破泡性好；二是抑泡性，抑泡性是指抑制溶液起泡的能力，溶解度小的物质其抑泡性好，抑泡剂必须具有破泡能力。所以，理想的消泡剂是既具有良好的铺展性又是溶解度小的化学品。

10.3.1 降低部分表面张力

这种观点认为抗泡剂的表面张力比发泡液小，当抗泡剂与泡膜接触后，使泡膜的表面张力局部降低而其余部分保持不变，泡膜较强张力牵引着张力较弱部分，从而使泡膜破裂。

10.3.2 扩张

这种观点认为抗泡剂侵入泡膜内使之成为膜的一部分，然后在膜上扩张，随着抗泡剂的扩张，抗泡剂最初进入部分开始变薄，最后导致破裂。

10.3.3 渗透

这种观点认为抗泡剂的作用是增加气泡壁对空气的渗透性，从而加速泡沫的合并，减少泡膜壁的强度和弹性，达到破泡作用的目的。

10.4 抗泡剂品种及技术指标

10.4.1 国内抗泡剂品种及技术指标

国内抗泡剂的主要品种有聚甲基硅油抗泡剂、SPG-10 消泡剂、复合抗泡剂、非硅抗泡剂等。

聚甲基硅油抗泡剂是一种无臭、无味的有机液体，广泛用于各类润滑油的抗泡剂，商品牌号为 T901。推荐用量 0.0001% ~0.01%，其典型性能指标如表 3-164 所示。

表 3-164 聚甲基硅油抗泡剂的典型性能指标

项 目		质量指标	实验方法
密度（20℃）/(kg/m^3)		970	GB/T 2540
运动黏度（100℃）/(mm^2/s)	不大于	100 ~ 1000	GB/T 265
闪点（开口）/℃	不低于	300	GB/T 267

非硅抗泡剂外观为淡黄色黏性液体，产品组成为丙烯酸酯与醚的共聚物，按分子量大小和用途不同分为两个牌号，统一代号是 T911 和 T912。它们对润滑油具有良好的抗泡性能，抗泡稳定性能好，在酸性介质中仍保持高效，对空气释放值的影响比硅油小，对调和技术不敏感。在常温下为黏性液体，在实际使用中，可先用溶剂稀释后再使用。但不能与 T109、T601 和 T705 添加剂使用，否则无抗泡效果。以丙烯酸酯、醚为原料，在一定温度和催化剂存在下聚合后，经后处理制得成品非硅抗泡剂。T911 适用于高黏度的润滑油，T912 适用于低、中黏度的润滑油。非硅抗泡剂的典型性能指标如表 3-165 所示。

表 3－165 非硅抗泡剂的典型性能指标

项 目		质量指标		试验方法
		T911	T912	
外观		淡黄色黏性液体		目测
密度（20℃）/（kg/m³）	不大于	900 —	— 910	GB/T 1884
闪点（闭口）/℃	不低于	15	5	GB/T 261
平均分子量		4000～10000	20000～40000	SH/T 0108
分子量分布/D	不大于	6.0	6.0	SH/T 0108
未反应单体含量/%	不大于	5.0	3.0	企标
泡沫性（泡沫倾向性/在 HV1100 基础油中 泡沫稳定性 /在 HV1500 基础油中	不大于 不大于	— 20/0	30/0 30/0	GB/T 12579

复合抗泡剂外观为透明流体，产品为含硅抗泡剂和非硅抗泡剂的复合物，按使用油品的不同分为1号和2号复合抗泡剂。1号复合抗泡剂（T921）与各种添加剂的配伍性好，对空气释放值影响小，对加入方法不敏感、使用方便，但用量大；2号复合抗泡剂（T922）对含有合成磺酸盐或其他发泡性较强物质的油品，具有高效的抗泡能力，对加入方法不敏感、使用方便，但用量大。复合抗泡剂是用多种抗泡剂按比例调配而成。1号复合抗泡剂适用于配方中含有 T705 的高级抗磨液压油，以及有放气性要求的油品；2号复合抗泡剂用于各种牌号的柴油机油以及对抗泡要求高，而对放气性无要求的油品。复合抗泡剂的典型性能指标如表 3－166 所示。

表 3－166 复合抗泡剂的典型性能指标

项 目		质量指标		试验方法
		1号复合抗泡剂	2号复合抗泡剂	
外观		透明流体		目测
密度（20℃）/（kg/m³）	不大于	780	780	GB/T 1884
闪点（闭口）/℃	不低于	30	30	GB/T 261
机械杂质/%		无	无	
泡沫性（在 HVI 500 中）（泡沫倾向/泡沫稳定性）24℃/（mL/mL）	不大于	10/0	25/0	GB/T 12579
放气性（在 HVI 500 中）/min	不大于	12	12	SH/T 0308

SPG-10 消泡剂水溶液具有优良的消泡性能，消泡时间短、效率高、抗泡稳定性好。

以丙醇为原料在碱性条件下与环氧丙烷、环氧乙烷聚合，再与硬脂酸反应生成聚氧乙烯丙烯醚硬脂酸酯后与烷基苯复配制得成品 SPG-10 消泡剂。SPG-10 消泡剂在石油工业中用作消泡助剂；也可用作水基润滑剂、乳化油的消泡剂，其各项典型性能指标如表 3－167 所示。

表 3－167　SPG-10 消泡剂的典型性能指标

项　目		质量指标	试验方法
消泡实验/1mL 泡高	不小于	2mL 刻度	Q/G04－029—84
闪点/℃	不低于	120	Q/GQ4－029—84
色泽（伽德法）	不大于	12	Q/GQ4－029—84

10.4.2　国外抗泡剂品种牌号及技术指标

国外生产消泡剂的公司主要有 Lubrizol、Polartech、Mobil、Vanderbilt 等，它们的品种牌号及技术指标如表 3-168～表 3－169 所示。

表 3－168　国外硅型抗泡剂

商品牌号		密度/(kg/m^3)	黏度(25℃)/(mm^2/s)	闪点/℃	分子量	性能和应用	生产厂或公司
Polartech Antiums 2000X	聚硅氧烷	1050				推荐 0.005%～0.01% 的量，用于半合成水混合液和水基液压液	Polartech

表 3－169　国外非硅型和复合抗泡剂

商品牌号	化合物名称	密度/(kg/m^3)	黏度(100℃)/(mm^2/s)	闪点/℃	分子量	性能和应用	生产厂或公司
LZ 889A	丙烯酸辛酯、乙酯和乙酸乙烯酯共聚物			14.5		适用于各类润滑油。特别是适用于高黏度润滑油	Lubrizol
Mobilad C-402	聚丙烯酸质	920	60(27.8℃)	38		具有较好抗泡稳定性和空气释放值，推荐 0.05%～0.30% 的量，用于汽车/工业齿轮油中	Mobil
Mobilad C-405	非硅型	1150	6.2	249		具有优良的破乳和抗泡性能，推荐 0.02%～1.0% 的量，用于齿轮油、压缩机油和液压油中	Mobil
Vanlube DF-283	聚丙烯酸酯	920	65(40℃)	>38		推荐 0.05%～0.1% 的量，用于齿轮油和汽轮机油中	Vanderbilt
Polartech Antifoam HW	非硅型	800				推荐 0.3%～0.5% 的量，用于半合成水混合液、可溶性切削油和水基液压液	Polartech

第4章　润滑油复合添加剂

早期使用的添加剂大多是单剂，润滑油复合添加剂是随着油品应用技术的不断提高而发展起来的。在润滑油复合剂中，内燃机油复合剂占很大的比重。内燃机油在数量上和质量上都占有特别重要的地位，它被认为是带动整个润滑油工艺技术进步的主要油品之一。

2015～2017年，全球润滑油添加剂需求量分别为417×10^4t、429×10^4t及450×10^4t，市场规模分别为135亿美元、141亿美元及145亿美元。预计至2020年，全球润滑油添加剂将从2017年的450×10^4t增长到2020年的504×10^4t，复合增长率达3.85%。

第1节　内燃机油复合添加剂

1.1　概况

内燃机油（Internal Combustion Engine Oil）包括汽油机油（Gasoline Engine Oil）、柴油机油（Diesel Engine Oil）、通用车用发动机油（MuhifunctionalCrankcase Oil）、二冲程汽油机油（Two—stock Gasoline Engine Oil）、天然气发动机油（Natural GasEngine Oil）、铁路机车用油（Railroad Engine Oil）、拖拉机发动机油（Tractor Oil）和船舶柴油机润滑油（Marine Diesel Engine Oil）及陆地固定式发动机油（Stationary Engine Oil）。内燃机油所用的添加剂占整个添加剂种类的20%，而数量约占整个添加剂总量的80%）。它们所用添加剂的类型有清净剂、分散剂、抗氧抗腐剂，降凝剂、黏度指数改进剂（VII）、防锈剂、抗磨及摩擦改进剂（FM）和抗泡剂等。

1.2　内燃机油复合添加剂品种及技术指标

1.2.1　国内内燃机油复合添加剂品种及技术指标

国内的内燃机油复合添加剂品种牌号主要有SL 3051 SF汽油机油复合剂、TLB4030船用中速筒状活塞柴油机油复合剂、TLB 4015船用中速筒状活塞柴油机油复合剂、TLC3008船用系统油复合剂、TLA5070H船用气缸油复合剂、TLA5070船用气缸油复合剂、TLA5040船用气缸油复合剂、TLA5010船用气缸油复合剂、RIPP-T 3541中速筒状活塞发动机油复合剂、RIPP-T 3521船用系统油复合剂、RIPP-T 3501船用气缸油复合剂、RIPP-T

3422 铁路机车非锌四代油复合剂、RIPP-T3411 铁路机车三代油复合剂、RHY3401 低灰分燃气发动机油复合剂、RIPP-T3057 LPG/SF 液化石油气-汽油双燃料发动机油复合剂、E-6100S四冲程摩托车油复合剂、TH3058 四冲程摩托车油复合剂、TH3328 二冲程摩托车油复合剂、SL 3321 L-ERC 二冲程汽油机油复合剂、SL 3311 L-ERB 二冲程汽油机油复合剂、3303 二冲程汽油机油复合剂、3302 二冲程汽油机油复合剂、3301 二冲程汽油机油复合剂、3253 SF/CD 通用发动机油复合剂、SL 3251 SF/CD 通用发动机油复合剂、LAN 3231 SF/CD 通用发动机油复合剂、3231 SF/CC 通用发动机油复合剂、3222 SE/CC 通用发动机油复合剂、3214 SD/CC 通用发动机油复合剂、SL 3221 SE/CC 通用发动机油复合剂、RHY3150 发动机油复合剂、INEX1286 重型柴油/汽油机油复合剂、JINEX2860 通用发动机油复合剂、JINEX3500 汽油机油/柴油机油通用复合剂、JINEX1288 通用发动机油复合剂、RY 3213 SD/CC 通用复合剂、RIPP-T 3213 SD/CC 通用发动机油复合剂、LAN 3213 SD/CC 通用发动机油复合剂、SL 3211 SD/CC 通用发动机油复合剂、3211 SD/CC 通用发动机油复合剂、T3158 CF-4 柴油机油复合剂、RHY3146 柴油机油复合剂、JINEX3300 发动机油复合剂、3211 HWX 发动机油复合剂的核心剂、T 3155 CD 柴油机油复合剂、T 3155 CD 柴油机油复合剂、LAN 3144 CD 柴油机油复合剂、LAN 3143 CD 柴油机油复合剂、LAN 3143 CD 柴油机油复合剂、RIPP-T3139 CD 柴油机油复合剂、3138 CD 柴油机油复合剂、3136 CD 柴油机油复合剂、3135 CD 柴油机油复合剂、3135 CD 柴油机油复合剂、SL 3131 CD 柴油机油复合剂、SL 3131 CD 柴油机油复合剂、T3060 SJ 级汽油机油复合剂、RHY 3062 汽油机油复合剂、JM-SF 专用复合剂、RIPP-T3059 SF 汽油机油复合剂、3056 SF 汽油机油复合剂、3054 SF 汽油机油复合剂、RHY 3053 汽油机油复合剂、LAN 3052 SF 汽油机油复合剂、3052 SF 汽油机油复合剂、3052 SF HWX 发动机油复合剂的核心剂等。

SL 3051 SF 汽油机油复合剂的外观为褐色黏稠液体。具有良好的清净、分散和抗氧化性能。SL 3051 SF 汽油机油复合剂是用清净剂、分散剂和抗氧抗腐剂及专用辅剂等多种功能添加剂调配成的磺酸盐型复合剂。加入本产品 9.7% 到适当的基础油中，能满足 GB 11121—1995 标准各黏度等级的 SF 汽油机油的性能要求。SL 3051 SF 汽油机油复合剂的典型性能指标如表 4－1 所示。

表 4－1　SL 3051 SF 汽油机油复合剂的典型性能指标

项　目		典型数据	试验方法
密度（20℃）/(kg/m³)		981	GB/T 1884
运动黏度（100℃）/(mm²/s)		103.55	GB/T 265
钙含量/%		3.84	SH/T 0297
锌含量/%		1.72	SH/T 0226
氮含量/%		0.96	SH/T 0224
总碱值/(mgKOH/g)	不小于	115	SH/T 0251
闪点（开口）/℃	不低于	224	GB/T 3536

3052 SF HWX 发动机油复合剂的核心剂外观为暗褐色黏稠液体。具有优良的清净分散、润滑和氧化稳定性能。3052 SF HWX 发动机油复合剂的核心剂是由多种添加剂复合调制而成的，主要用于调制 3052 SF 级复合添加剂。3052 SF HWX 发动机油复合剂的典型性能指标如表 4－2 所示。

表 4－2　3052 SF HWX 发动机油复合剂的典型性能指标

项　目		质量指标	试验方法
密度（20℃）/(kg/m³)		报告	GB/T 2540
运动黏度（100℃）/(mm²/s)		报告	GB/T 265
闪点（开口）/℃	不低于	170	GB/T 3536
钙含量/%		5.00～7.00	SH/T 0297
镁含量/%		1.50～1.75	SH/T 0225
总碱值/(mgKOH/g)	不小于	190～210	SH/T 0251

3052 SF 汽油机油复合剂外观为暗褐色黏稠液体，统一代号是 T3052。具有优良的清净分散性、抗磨性、润滑性、氧化安定性和抗腐蚀等性能。3052 SF 汽油机油复合剂是由清净剂、分散剂、含铜抗氧剂、抗氧抗腐剂等添加剂调和而成。分别加入本产品 7.7%，7.0%、5.0% 于适合的基础油中，可调制 SF、SE、SD 10W-30 和 15W-40 多级汽油机油；3052 SF 汽油机油复合剂的典型性能指标如表 4－3 所示。

表 4－3　3052 SF 汽油机油复合剂的典型性能指标

项　目		质量指标	试验方法
外观		暗色黏稠液体	目测
密度（20℃）/(kg/m³)		报告	GB/T 1884
运动黏度（100℃）/(mm²/s)		报告	GB/T 265
闪点（开口）/℃	不低于	150	GB/T 3536
钙含量/%		1.80～2.20	SH/T 0297
镁含量/%		0.50～0.70	SH/T 0225
锌含量/%		1.60～2.00	SH/T 0226
铜含量/%		0.15～0.30	SH/T 0472
氮含量/%		1.10～1.70	SH/T 0224
磷含量/%		0.70～1.10	SH/T 0224
总碱值/(mgKOH/g)		报告	SH/T 0251

LAN 3052 SF 汽油机油复合剂的外观为褐色透亮液体，代号是 LAN 3052。具有优良的清净分散性、抗磨性、润滑性、氧化安定性和抗腐蚀等性能。LAN 3052 SF 汽油机油复合剂是由清净剂、分散剂、抗氧剂、抗腐蚀和抗磨剂等添加剂调和而成。加入本产品 6.4% 于适合的基础油中，可调配 SF 30 和 40 单级汽油机油。LAN 3052 SF 汽油机油复合剂的典型技术性能指标如表 4－4 所示。

表 4 -4　LAN 3052 SF 汽油机油复合剂的典型技术性能指标

项　目		质量指标	试验方法
密度（20℃）/(kg/m³)		实测	GB/T 1884 和 GB/T 1885
运动黏度（100℃）/(mm²/s)		实测	GB/T 265
闪点（开口）/℃	不低于	170	GB/T 267
机械杂质/%	不大于	0.10	GB/T 511
水分/%	不大于	0.15	GB/T 260
硫酸灰分/%		实测	GB/T 2433
钙含量/%	不小于	1.40	SH/T 0297
锌含量%	不小于	1.60	SH/T 0226
氮含量/%	不小于	0.60	SH/T 0224

RHY 3053 汽油机油复合剂由金属清净剂、高分子无灰分散剂、抗氧抗腐剂等调配而成。具有优良的高温清净性、低温分散性以及抗氧抗腐抗磨性。调制油品满足 GB/T 11125 要求，可调制 10W-30、15W-40SF 汽油机油，加剂量 5.5%。其典型性能指标如表 4 -5 所示。

表 4 -5　RHY 3053 汽油机油复合剂的典型性能指标

项　目		典型数据	试验方法
运动黏度（100℃）/(mm²/s)		143.4	GB/T 265
钙含量/%		3.36	SH/T 0297
锌含量/%		1.46	SH/T 0226
氮含量/%		0.51	SH/T 0224
总碱值/(mgKOH/g)	不小于	99.0	SH/T 0251
机械杂质/%	不大于	0.008	GB/T 511
水分/%	不大于	0.05	GB/T 260
硫含量	不大于	2.78	SH/T 0303
闪点（开口）/℃	不低于	224	GB/T 3536
硫酸灰分/%		11.15	GB/T 2433

3054 SF 汽油机油复合剂的外观为暗褐色黏稠液体，统一代号是 T3054。具有良好的清净分散性、抗磨性、润滑性，氧化安定性、抗腐蚀性和低温启动性。3054 SF 汽油机油复合剂由清净剂、分散剂、抗氧剂、抗磨剂和抗腐剂等添加剂调和而成。加入本产品 9.2% 于适合的基础油中，可满足 SF 5W-30、10W-40、15W-40、20W-40 和 20W-50 多级汽油机油的要求。3054 SF 汽油机油复合剂的典型技术性能指标如表 4 -6 所示。

表4-6 3054 SF汽油机油复合剂的典型技术性能指标

项 目		质量指标	试验方法
外观		暗褐色黏稠液体	目测
密度（20℃）/(kg/m³)		报告	GB/T 2540
运动黏度（100℃）/(mm²/s)		报告	GB/T 265
闪点（开口）/℃	不低于	170	GB/T 3536
钙含量/%	不小于	2.8	SH/T 0228
锌含量/%	不小于	1.5	SH/T 0226
氮含量/%	不小于	0.5	SH/T 0224
总碱值/(mgKOH/g)	不小于	75	SH/T 0251

3056 SF汽油机油复合剂外观为暗褐色黏稠液体，统一代号是T3056。具有优异的低温油泥分散性和高温清净好的防锈性能。3056 SF汽油机油复合剂是由高分子量无灰分散剂、钙盐、铜盐等添加剂调和而成。分别加入本产品6.7%、6.2%和5.0%于适合的基础油中，可满足SF、SE和SD多级汽油机油的要求，分别加入6.2%、5.8%和4.5%于适合的基础油中，可满足SF、SE和SD单级汽油机油的要求。3056 SF汽油机油复合剂的典型技术性能指标如表4-7所示。

表4-7 3056 SF汽油机油复合剂的典型技术性能指标

项 目		质量指标	试验方法
外观		褐色黏稠液体	目测
运动黏度（100℃）/(mm²/s)		300~450	GB/T 265
闪点（开口）/℃	不低于	150	GB/T 3536
钙含量/%	不小于	2.00~2.50	SH/T 0228
镁含量/%		0.60~0.80	SH/T 0225
锌含量/%		1.80~2.10	SH/T 0226
铜含量/%		0.20~0.30	SH/T 0472
氮含量/%		0.55~0.75	SH/T 0224
总碱值/(mgKOH/g)	不小于	90	SH/T 0251

RIPP-T3059 SF汽油机油复合剂是在大庆石蜡基基础油中，调配的油品通过了ⅡD、ⅢD、ⅤD和L-38台架试验，达到国家标准GB/T 11122。可以调配以下黏度级别的SF油品：10W-30、15W-40、20W-40、20W-50、30、40等，加剂量4.7%。该复合剂的典型技术条件如表4-8所示。

表4-8 RIPP-T3059 SF汽油机油复合剂的典型技术条件

项 目		质量指标	试验方法
运动黏度（100℃）/(mm²/s)		80~140	GB/T 265
闪点（开口）/℃	不低于	170	GB/T 3536
钙含量/%	不小于	3.3	SH/T 0228

续表

项　目		质量指标	试验方法
锌含量/%	不小于	1.80	SH/T 0226
氮含量/%	不小于	0.7	SH/T 0224
总碱值/(mgKOH/g)		85	SH/T 0251

JM-SF专用复合剂采用荆门加氢改质油，可调制10W-30、15W-30、15W-40 SF级发动机油，模拟评定结果，质量符合10W-30、15W-30、15W-40 SF级发动机油规格要求，加剂量5.9%。其典型技术性能指标如表4－9所示。

表4－9　JM-SF专用复合剂的典型技术指标

项　目		质量指标	试验方法
运动黏度(100℃)/(mm^2/s)		报告	GB/T 265
密度(20℃)/(kg/m^3)		报告	GB/T 2540
闪点(开口)/℃	不低于	170	GB/T 3536
钙含量/%	不小于	3.1	SH/T 0228
锌含量/%		1.5～2.5	SH/T 0226
氮含量/%	不小于	0.5	SH/T 0224
总碱值/(mgKOH/g)		100	SH/T 0251

RHY 3062汽油机油复合剂是由金属清净剂、无灰分散剂、抗氧抗腐剂等调配而成，具有优良的高温清净性、油泥分散性和抗氧抗腐抗磨性。调制油品满足API SJ汽油机油要求。可调制5W-30、10W-40、15W-40SJ汽油机油，加剂量9.8%。其典型技术性能指标如表4－10所示。

表4－10　RHY 3062汽油机油复合剂的典型技术性能指标

项　目		质量指标	试验方法
运动黏度(100℃)/(mm^2/s)		258.2	GB/T 265
密度(20℃)/(kg/m^3)		996.2	GB/T 2540
闪点(开口)/℃	不低于	175	GB/T 3536
钙含量/%		3.74	SH/T 0228
锌含量/%		1.05	SH/T 0226
氮含量/%	不小于	0.74	SH/T 0224
总碱值/(mgKOH/g)		100	SH/T 0251
硫含量		2.70	SH/T 0303
机械杂质/%		0.015	GB/T 511
水分/%		0.04	GB/T 260
硫酸灰分/%		13.84	GB/T 2433

T3060 SJ级汽油机油复合剂可在Ⅰ、Ⅱ类混合基础油中调配黏度级别为5W-30的油品，通过MS ⅢD、ⅢE、VE和L-38台架试验，加剂量7.8%。其典型技术性能指标如表4－11所示。

表4-11 T3060 SJ级汽油机油复合剂的典型技术性能指标

项 目		质量指标	试验方法
运动黏度（100℃）/(mm^2/s)		报告	GB/T 265
密度（20℃）/(kg/m^3)		900～1200	GB/T 2540
闪点（开口）/℃	不低于	170	GB/T 3536
钙含量/%		1.6	SH/T 0228
锌含量/%		0.9	SH/T 0226
磷含量/%	不小于	1.3	SH/T 0296

SL 3131 CD柴油机油复合剂外观为棕褐色黏稠液体。具有优良的清净分散性、抗氧性、抗磨性和润滑性能，代号3131（统一代号T3131）。由清净剂、分散剂和抗氧抗腐剂等多种功能添加剂调配成的磺酸盐型复合添加剂。加入本产品8.5%于适合的基础油中，能满足GB 11122—1997标准的各黏度等级的柴油机油的性能要求。其典型性能指标见表4-12所示。

表4-12 SL 3131 CD柴油机油复合剂的典型性能指标

项 目	典型数据	试验方法
密度（20℃）/(kg/m^3)	1013	GB/T 1884
运动黏度（100℃）/(mm^2/s)	122.87	GB/T 265
钙含量/%	5.84	SH/T 0228
锌含量/%	1.08	SH/T 0226
氮含量/%	0.45	ASTM D 4629
总碱值/(mgKOH/g)	145	SH/T 0251

3135 CD柴油机油复合剂外观为棕褐色黏稠液体。统一代号是T3135。具有优良清净分散性、抗氧性、抗磨性和润滑性能。本产品是以钙盐为主剂的复合添加剂。分别加入本产品5.75%和8.42%于适合的基础油中，可满足CC和CD单级柴油机油的要求。3135 CD柴油机油复合剂的典型技术性能指标如表4-13所示。

表4-13 3135 CD柴油机油复合剂的典型技术性能指标

项 目		质量指标	试验方法
密度（20℃）/(kg/m^3)		实测	GB/T 1884和GB/T 1885
运动黏度（100℃）/(mm^2/s)		报告	GB/T 265
闪点（开口）/℃	不低于	180	GB/T 267
钙含量/%	不小于	2.3	SH/T 0297
锌含量/%	不小于	3.0	SH/T 0226
氮含量/%	不小于	0.5	QJ/JSH 741
总碱值/(mgKOH/g)	不小于	75	QJ/JSH 736

3136 CD 柴油机油复合剂外观为暗褐色黏稠液体。具有优良的清净分散、抗氧、抗腐蚀性能。3136 CD 柴油机油复合剂由清净剂、分散剂、抗氧剂、抗磨剂和抗腐蚀等添加剂调和而成。加入本产品 8.5% 于适合的基础油中，可满足 CD 15W-30、15W-40 和 20 W-40 多级柴油机油的要求。加入 7.7% 可满足 CD 30 和 40 单级柴油机油的要求。3136 CD 柴油机油复合剂的典型技术性能指标如表 4－14 所示。

表 4－14　3136 CD 柴油机油复合剂的典型技术性能指标

项　目		质量指标	试验方法
密度（20℃）/(kg/m³)		报告	GB/T 2540
运动黏度（100℃）/(mm²/s)		报告	GB/T 265
闪点（开口）/℃	不低于	180	GB/T 3536
钙含量/%	不小于	4.50	SH/T 0270
锌含量/%	不小于	0.97	SH/T 0226
氮含量/%	不小于	0.40	SH/T 0224
总碱值/(mgKOH/g)	不小于	120	SH/T 0251

3138 CD 柴油机油复合剂具有优良的清净分散、抗氧、抗腐蚀性能。可满足高强化系数、大马力、重负荷柴油机油的要求。3138 CD 柴油机油复合剂由清净剂、分散剂、抗氧剂、抗磨剂和抗腐剂等添加剂调和而成。加入本产品 6.5% 于大连基础油中，可调制 CD 40 柴油机油，达到国家标准 GB 11122—1997 的技术标准。3138 CD 柴油机油复合剂的典型技术性能指标如表 4－15 所示。

表 4－15　3138 CD 柴油机油复合剂的典型技术性能指标

项　目		质量指标	试验方法
密度（20℃）/(kg/m³)		报告	GB/T 2540
运动黏度（100℃）/(mm²/s)		报告	GB/T 265
闪点（开口）/℃	不低于	180	GB/T 3536
钙含量/%	不小于	4.0	SH/T 0270
锌含量/%	不小于	0.9	SH/T 0226
氮含量/%	不小于	0.25	SH/T 0224
硼含量	不小于	0.15	SH/T 0227—92
总碱值/(mgKOH/g)	不小于	135	GB/T 7304

RIPP-T3139 CD 柴油机油复合剂在荆门基础油中，调制的 15W-40CD 级柴油机油能达到国家标准 GB/T 11122，同时符合 API CD 级柴油机油的要求。调制的油品可满足高强化系数、大马力、重负荷柴油机的使用工况，加剂量 7.0%。其典型技术性能指标如表4－16 所示。

表4－16　RIPP－T3139 CD柴油机油复合剂的典型技术指标

项　目		质量指标	试验方法
密度（20℃）/（kg/m³）		950～1100	GB/T 2540
运动黏度（100℃）/（mm²/s）		报告	GB/T 265
闪点（开口）/℃	不低于	180	GB/T 3536
钙含量/%	不小于	3.5	SH/T 0270
锌含量/%	不小于	1.2	SH/T 0226
磷含量/%	不小于	1.0	SH/T 0296
总碱值/（mgKOH/g）	不小于	100	GB/T 7304

LAN 3143 CD柴油机油复合剂外观为褐色透亮液体。具有优良的清净分散性、抗磨性和润滑性能。由清净剂、分散剂、抗氧剂、抗磨剂和抗腐剂等添加剂按一定比例调和而成。加入8.5%于适合的基础油中，可调配CD 10W-40和15W-40级柴油机油。LAN 3143 CD柴油机油复合剂的典型技术性能指标如表4－17所示。

表4－17　LAN 3143 CD柴油机油复合剂的典型技术性能指标

项　目		质量指标	试验方法
密度（20℃）/（kg/m³）		实测	GB/T 1884
运动黏度（100℃）/（mm²/s）		实测	GB/T 265
闪点（开口）/℃	不低于	170	GB/T 267
机械杂质/%	不大于	0.10	GB/T 511
水分/%	不大于	0.15	GB/T 260
钙含量/%	不小于	3.0	SH/T 0297
锌含量/%	不小于	1.0	SH/T 0226
氮含量/%	不小于	0.4	SH/T 0224
硫酸灰分/%		实测	GB/T 2433

LAN 3144 CD柴油机油复合剂外观为褐色透亮液体。具有优良的清净分散性、抗磨性和润滑性能。LAN 3144 CD柴油机油复合剂由清净剂、分散剂、抗氧剂、抗磨剂和抗氧抗腐剂等添加剂按一定比例调和而成。加入本产品7.5%于适合的基础油中，可满足CD 30、CD 40、10W-40和15W-40单级和多级柴油机油的要求。LAN 3144 CD柴油机油复合剂的典型性能指标如表4－18所示。

表4－18　LAN 3144 CD柴油机油复合剂的典型性能指标

项　目		质量指标	试验方法
密度（20℃）/（kg/m³）		实测	GB/T 1884
运动黏度（100℃）/（mm²/s）		实测	GB/T 265
闪点（开口）/℃	不低于	160	GB/T 267
机械杂质/%	不大于	0.10	GB/T 511
水分/%	不大于	0.15	GB/T 260

续表

项　目		质量指标	试验方法
钙含量/%	不小于	2.20	SH/T 0297
锌含量/%	不小于	0.90	SH/T 0226
氮含量/%	不小于	0.45	SH/T 0224
硫含量/%		实测	SH/T 0303
硫酸灰分/%	不小于	10.5	GB/T 2433
总碱值/(mgKOH/g)	不小于	86	SH/T 0251

T3155 CD 柴油机油复合剂由金属清净剂、无灰分散剂、抗氧抗腐剂为主剂调配而成，具有优良的高温清净性、分散性、抗氧抗腐及抗磨性能。调制的 CD 柴油机油符合 GB/T 11122 和 API CD 级柴油机油要求。调制 30、40、50CD 柴油机油加剂量为 5.7%，调制 15W-40CD 柴油机油及剂量为 6.5%。其典型技术性能指标如表 4-19 所示。

表 4-19　T 3155 CD 柴油机油复合剂的典型技术性能指标

项　目		质量指标	试验方法
密度（20℃）/(kg/m^3)		报告	GB/T 1884
运动黏度（100℃）/(mm^2/s)		报告	GB/T 265
闪点（开口）/℃	不低于	170	GB/T 267
机械杂质/%	不大于	0.08	GB/T 511
水分/%	不大于	0.30	GB/T 260
钙含量/%		4.9～5.4	SH/T 0297
锌含量/%		0.93～1.15	SH/T 0226
氮含量/%	不小于	0.46	SH/T 0224
硫含量/%		报告	SH/T 0303
总碱值/(mgKOH/g)	不小于	136	SH/T 0251

3211 HWX 发动机油复合剂的核心剂的外观为暗褐色黏稠液体。具有优良的清净分散、润滑和氧化稳定性能。3211 HWX 发动机油复合剂的核心剂由各种添加剂复合调制而成。3211 HWX 发动机油复合剂的核心剂主要用于配制 3211 SD/CC 通用汽、柴油机油复合添加剂，其典型技术性能指标如表 4-20 所示。

表 4-20　3211 HWX 发动机油复合剂典型技术性能指标

项　目		质量指标	试验方法
密度（20℃）/(kg/m^3)		报告	GB/T 2540
运动黏度（100℃）/(mm^2/s)		报告	GB/T 265
闪点（开口）/℃	不低于	170	GB/T 3536
钙含量/%	不小于	8.50	SH/T 0270
锌含量/%	不小于	0.25	SH/T 0226
总碱值/(mgKOH/g)	不小于	220	SH/T 0251

JINEX3300是一种高性能的柴油机油复合添加剂，在大庆石蜡基基础油中或加氢基础油中，可调制质量符合CF-4级的柴油机油，加剂量为9.6%。其典型技术性能指标如表4-21所示。

表4-21 JINEX3300柴油机油复合添加剂的典型性能指标

项目		质量指标	试验方法
密度(20℃)/(kg/m^3)		993	GB/T 1884
运动黏度(100℃)/(mm^2/s)		360	GB/T 265
闪点(开口)/℃	不低于	165	GB/T 267
钙含量/%		44	SH/T 0297
锌含量/%		0.95	SH/T 0226
氮含量/%		0.50	SH/T 0224
磷含量/%		0.80	SH/T 0296
总碱值/(mgKOH/g)		130	SH/T 0251

RHY3146柴油机油复合剂由金属清净剂、无灰分散剂、抗氧抗腐剂、辅助抗氧剂等调配而成。具有优良的高温清净性、分散性、抗氧抗腐抗磨性。调制15W-40 CF-4柴油机油通过了Cat.1K、L-38以及东风汽车公司的台架试验。可调制30、40、50、15W-40、20W-40、20W-50等黏度级别的CD柴油机油，加剂量1.5%。其典型技术性能指标如表4-22所示。

表4-22 RHY3146柴油机油复合剂的典型技术性能指标

项目		质量指标	试验方法
密度(20℃)/(kg/m^3)		990.7	GB/T 1884
运动黏度(100℃)/(mm^2/s)		166.3	GB/T 265
闪点(开口)/℃	不低于	192	GB/T 267
钙含量/%	不小于	3.52	SH/T 0297
锌含量/%	不小于	0.87	SH/T 0226
氮含量/%	不小于	0.68	SH/T 0224
磷含量/%		0.72	SH/T 0296
硫含量/%		2.0	SH/T 0303
机械杂质/%	不大于	0.017	GB/T 511
水分/%		痕迹	GB/T 260
硫酸灰分/%	不小于	12.25	GB/T 2433
总碱值/(mgKOH/g)	不小于	130	SH/T 0251

T3158 CF-4柴油机油复合剂由金属清净剂、高分子无灰分散剂、复合抗氧剂等调配而成，具有优良的高温清净性、分散性、抗氧抗腐及抗磨性能，调制的油品经分析评定，符合API CF-4级柴油机油的要求，加剂量9.6%。其典型技术性能指标如表4-23所示。

表 4-23　T3158 CF-4 柴油机油复合剂的典型技术性能指标

项　目		质量指标	试验方法
密度（20℃）/(kg/m^3)		报告	GB/T 1884
运动黏度（100℃）/(mm^2/s)		报告	GB/T 265
闪点（开口）/℃	不低于	165	GB/T 267
钙含量/%	不小于	4.0	SH/T 0297
锌含量/%	不小于	0.84	SH/T 0226
氮含量/%	不小于	0.46	SH/T 0224
磷含量/%	不小于	0.68	SH/T 0296
机械杂质/%	不大于	0.2	GB/T 511
水分/%	不大于	0.2	GB/T 260
总碱值/(mgKOH/g)	不小于	105	SH/T 0251

3211 SD/CC 通用发动机油复合剂外观为暗褐色黏稠液体，统一代号为 T3211。具有优良的清净分散、润滑和氧化稳定性能。3211 SD/CC 通用发动机油复合剂是在中黏度指数（MVI）基础油中，加入清净剂、分散剂、抗氧剂、抗磨剂和抗腐蚀剂等而成。加入本产品 6.0% 于适合的基础油中，可满足 SD/CC 20W-40 多级通用汽、柴油机油的要求；加入 5.5% 可满足 SD/CC 单级汽、柴油机油的要求；加入 4.0% 可满足 SC 单级汽油机油的要求。3211 SD/CC 通用发动机油复合剂的典型技术性能指标如表 4-24 所示。

表 4-24　3211 SD/CC 通用发动机油复合剂的典型技术性能指标

项　目		质量指标	试验方
密度（20℃）/(kg/m^3)		报告	GB/T 2540
运动黏度（100℃）/(mm^2/s)		报告	GB/T 265
闪点（开口）/℃	不低于	170	GB/T 3536
钙含量/%	不小于	3.50	SH/T 0228
锌含量/%	不小于	1.5	SH/T 0226
氮含量/%	不小于	0.35	SH/T 0224
总碱值/(mgKOH/g)	不小于	90	SH/T 0251

SL 3211 SD/CC 通用发动机油复合剂具有优良的清净分散性、抗氧抗磨性和润滑性能。代号是 SL 3211（统一代号 T3211）。SL 3211 SD/CC 通用发动机油复合剂是由清净剂、分散剂和抗氧抗腐剂等多种功能添加剂调配成的磺酸盐型复合添加剂。加入本产品 6.0% 于适合的基础油中，能满足 GB 11121—1995 标准黏度等级的 SD/CC 通用汽、柴油机油的性能要求。SL 3211 SD/CC 通用发动机油复合剂的典型技术性能指标如表 4-25 所示。

表4－25 SL 3211 SD/CC通用发动机油复合剂的典型技术性能指标

项　目		典型数据	试验方法
密度（20℃）/(kg/m^3)		976	GB/T 1884
运动黏度（100℃）/(mm^2/s)		54.52	GB/T 265
钙含量/%		3.5	SH/T 0228
锌含量/%		1.80	SH/T 0226
氮含量/%		0.42	SH/T 0224
总碱值/(mgKOH/g)		98	SH/T 0251

LAN 3213 SD/CC通用发动机油复合剂外观为褐色透亮液体。具有优良的清净分散性、抗磨性和润滑性能。LAN 3213 SD/CC通用发动机油复合剂是由清净剂、分散剂、抗氧剂、抗磨剂和抗氧抗腐剂等添加剂按一定比例调和而成。加入6.0%于适合的基础油中，可满足SD/CC 30和40单级通用汽、柴油机油的要求。LAN 3213 SD/CC通用发动机油复合剂的典型技术性能指标如表4－26所示。

表4－26 LAN 3213 SD/CC通用发动机油复合剂的典型技术性能指标

项　目		质量指标	试验方法
密度（20℃）/(kg/m^3)		实测	GB/T 1884
运动黏度（100℃）/(mm^2/s)		实测	GB/T 265
闪点（开口）/℃	不低于	170	GB/T 267
机械杂质/%		0.08	GB/T 511
水分/%	不大于	0.15	GB/T 260
钙含量/%	不小于	0.45	SH/T 0297
锌含量/%	不小于	1.13	SH/T 0226
氮含量/%	不小于	0.38	SH/T 0224
钡含量/%	不小于	7.50	SH/T 0225
硫酸灰分/%		实测	GB/T 2433

RIPP-T 3213 SD/CC通用发动机油复合剂在大庆原油生产的基础油中，调制的15W-40黏度等级油品，通过了CAU3D程序Ⅱ、Ⅲ、Ⅴ以及Caterpillar1H2发动机台架试验，性能满足SD/CC要求，加剂量4.2%。该复合剂典型技术性能指标如表4－27所示。

表4－27 RIPP-T 3213 SD/CC通用发动机油复合剂典型技术性能指标

项　目		质量指标	试验方法
密度（20℃）/(kg/m^3)		实测	GB/T 1884
运动黏度（100℃）/(mm^2/s)		实测	GB/T 265
闪点（开口）/℃	不低于	170	GB/T 267
钙含量/%	不小于	3.3	SH/T 0297
锌含量/%	不小于	1.4	SH/T 0226
氮含量/%	不小于	0.4	SH/T 0224
总碱值/(mgKOH/g)	不小于	90	SH/T 0251

RY 3213 SD/CC 通用复合剂采用金属清净剂、无灰分散剂、抗氧抗腐剂等复配而成，油品质量符合 GB/T 11121 和 GB/T 11122 要求，主要适用于中间基基础油及石蜡基基础油，可调制 SD/CC 级发动机油。该复合剂的典型技术性能指标如表 4－28 所示。

表 4－28　RY 3213 SD/CC 通用复合剂的典型技术性能指标

项　目		质量指标	试验方法
密度（20℃）/(kg/m³)		实测	GB/T 1884
运动黏度（100℃）/(mm²/s)		实测	GB/T 265
闪点（开口）/℃	不低于	170	GB/T 267
钡含量/%	不小于	7.50	SH/T 0225
锌含量/%	不小于	1.13	SH/T 0226
氮含量/%	不小于	0.38	SH/T 0224
机械杂质/%	不大于	0.08	GB/T 511
水分/%	不大于	0.15	GB/T 260
硫酸灰分/%		实测	GB/T 2433
钙含量/%	不小于	0.45	SH/T 0297
总碱值/(mgKOH/g)	不小于	90	SH/T 0251

JINEX1288 是一种高效通用发动机油复合添加剂，可调制质量符合美国石油学会 API SF/CD 的汽油/柴油发动机通用机油。其典型技术性能指标如表 4－29 所示。

表 4－29　JINEX1288 通用发动机油复合剂的典型技术性能指标

项　目		质量指标	试验方法
外观		透明，无浑浊	目测
密度（20℃）/(kg/m³)		1016	GB/T 1884
运动黏度（100℃）/(mm²/s)		119	GB/T 265
闪点（开口）/℃	不低于	110	GB/T 267
镁含量/%		2.60	SH/T 0225
锌含量/%		2.35	SH/T 0226
氮含量/%		0.53	SH/T 0224
总碱值/(mgKOH/g)		135	SH/T 0251

INEX3500 是一种高性能的汽油机油/柴油机油通用复合添加剂。在大庆石蜡基基础油中，可调质量符合 SF/CC 级的汽油机油/柴油机油，加剂量 4.7%。其典型技术性能指标如表 4－30 所示。

表4-30 JINEX3500汽油机油/柴油机油通用复合剂的典型技术指标

项 目		质量指标	试验方法
密度（20℃）/(kg/m³)		1018	GB/T 1884
运动黏度（100℃）/(mm²/s)		180	GB/T 265
闪点（开口）/℃	不低于	198	GB/T 267
钙含量/%		3.60	SH/T 0297
锌含量/%		2.4	SH/T 0226
氮含量/%		0.8	SH/T 0224
总碱值/(mgKOH/g)		112	SH/T 0251

JINEX2860是一种通用发动机油复合添加剂。可调质量符合美国石油学会API SF/CD的汽油/柴油发动机通用机油，以及API SF的汽油机油。配合JINEX 9600黏度指数改进剂，可调出SAE 15W-40多级油。其典型技术性能指标如表4-31所示。

表4-31 JINEX2860通用发动机油复合添加剂的典型性能指标

项 目		质量指标	试验方法
外观		透明，无浑浊	目测
密度（20℃）/(kg/m³)		998	GB/T 1884
运动黏度（100℃）/(mm²/s)		140	GB/T 265
闪点（开口）/℃	不低于	110	GB/T 267
钙含量/%		1.83	SH/T 0297
锌含量/%		0.67	SH/T 0226
氮含量/%		0.50	SH/T 0224
总碱值/(mgKOH/g)		85	SH/T 0251

J1NEXl286是一种高效重型柴油/汽油机油复合添加剂。可调制符合API CF-4/SG要求的油品，加剂量10.0%。其典型技术性能指标如表4-32所示。

表4-32 J1NEXl286重型柴油/汽油机油复合添加剂的典型性能指标

项 目		质量指标	试验方法
外观		透明，无浑浊	目测
密度（20℃）/(kg/m³)		975	GB/T 1884
运动黏度（100℃）/(mm²/s)		140	GB/T 265
闪点（开口）/℃	不低于	110	GB/T 267
镁含量/%		1.45	SH/T 0225
锌含量/%		1.60	SH/T 0226
氮含量/%		0.70	SH/T 0224
磷含量/%		0.68	SH/T 0296
总碱值/(mgKOH/g)		82	SH/T 0251

RHY3150 发动机油复合剂由金属清净剂、无灰分散剂、抗氧抗腐剂等调配而成。具有优良的高温清净性、分散性、以及抗氧抗腐抗磨性。加剂量 14.0% 可调制 30、40、50、10W-30、10W-40、15W-40、20W-40、20W-50 等黏度级别的 CH-4/SJ 发动机油。其典型技术性能指标如表 4－33 所示。

表 4－33　RHY3150 发动机油复合剂的典型性能指标

项　目		质量指标	试验方法
外观		透明，无浑浊	目测
密度（20℃）/（kg/m³）		967.8	GB/T 1884
外观		透明，无浑浊	目测
密度（20℃）/（kg/m³）		967.8	GB/T 1884
运动黏度（100℃）/（mm²/s）		101.9	GB/T 265
闪点（开口）/℃	不低于	218	GB/T 267
机械杂质/%		0.012	GB/T 511
水分/%		痕迹	GB/T 260
硫酸灰分/%		10.24	GB/T 2433
磷含量/%		0.65	SH/T 0296
锌含量/%		0.73	SH/T 0226
氮含量/%		0.58	SH/T 0224
总碱值/（mgKOH/g）		75.2	SH/T 0251
钙含量/%		2.69	SH/T 0297
硫含量/%		1.88	SH/T 0303

SL 3221 SE/CC 通用发动机油复合剂具有优良的清净分散性、抗氧、抗磨性和润滑性能。代号是 SL 3221（统一代号 T3221）。SL 3221 SE/CC 通用发动机油复合剂是由清净剂、分散剂和抗氧抗腐剂等多种功能添加剂调配成的磺酸盐型复合添加剂。加入 8.0% 于适合的基础油中，能满足 GB 11121—1995 标准各黏度等级的 SE/CC 通用汽、柴油机油的性能要求。SL 3221 SE/CC 通用发动机油复合剂的典型技术性能指标如表 4－34 所示。

表 4－34　SL 3221 SE/CC 通用发动机油复合剂的典型技术性能指标

项　目	典型数据	试验方法
密度（20℃）/（kg/m³）	988	GB/T 1884
运动黏度（100℃）/（mm²/s）	95	GB/T 265
钙含量/%	3.00	SH/T 0296
锌含量/%	1.50	SH/T 0226
氮含量/%	1.40	SH/T 0224
总碱值/（mgKOH/g）	95	SH/T 0251

3214 SD/CC 通用发动机油复合剂具有优良的清净分散性、抗氧、抗磨性和润滑性能。

代号是 T 3214（统一代号 T 3211）。3214 SD/CC 通用发动机油复合剂是由清净剂、分散剂和抗氧抗腐剂等多种功能添加剂调配成的复合添加剂。加入 4.2% 的该产品于大庆原油生产的基础油中，能满足 SD/CC 15W-40 通用汽、柴油机油的性能要求；加入 3.8% 可满足单级 CC 柴油机油的性能要求；加入 3.5% 可满足单级 SC 汽油机油的性能要求。3214 SD/CC 通用发动机油复合剂的典型技术性能指标如表 4－35 所示。

表 4－35　3214 SD/CC 通用发动机油复合剂的典型技术性能指标

项　目		典型数据	试验方法
密度（20℃）/（kg/m^3）		报告	GB/T 2540
运动黏度（100℃）/（mm^2/s）		报告	GB/T 265
钙含量/%	不低于	170	GB/T 3536
锌含量/%	不小于	3.3	SH/T 0228
氮含量/%	不小于	1.7	SH/T 0228
总碱值/（mgKOH/g）	不小于	90	SH/T 0251

3222 SE/CC 通用发动机油复合剂外观为暗褐色黏稠液体，统一代号是 T3222。具有优良的清净、分散、润滑和氧化稳定性能，能防止高温沉积物和漆膜的生成，其抗腐蚀、防锈性也较好。3222 SE/CC 通用发动机油复合剂是在低凝高黏度指数基础油中，加入清净剂、分散剂、抗氧剂、抗磨剂和抗氧抗腐剂等添加剂调和而成。加入本产品 7.8% 于适合的基础油中，可满足 SE/CC 10W-30、15W-40、20W-40 和 20W-50 多级通用汽、柴油机油的要求；加入 7.0% 可满足 SE/CC 30、40 和 50 单级汽、柴油机油的要求。3222 SE/CC 通用发动机油复合剂的典型技术性能指标如表 4－36 所示。

表 4－36　3222 SE/CC 通用发动机油复合剂的典型技术性能指标

项　目		质量指标	试验方法
密度（20℃）/（kg/m^3）		报告	GB/T 2540
运动黏度（100℃）/（mm^2/s）		报告	GB/T 265
闪点（开口）/℃	不低于	170	GB/T 3536
钙含量/%	不小于	2.3	SH/T 0228
锌含量/%	不小于	1.7	SH/T 0226
氮含量/%	不小于	0.65	SH/T 0224
总碱值/（mgKOH/g）	不小于	85	SH/T 0251

3231 SF/CC 通用发动机油复合剂具有优良的清净分散、润滑和氧化稳定性能。能防止高温沉积物和漆膜的生成，其抗腐蚀、防锈性能也较高，统一代号是 T 3231。3231 SF/CC 通用发动机油复合剂用清净、分散、抗氧、抗磨和抗腐蚀等多种添加剂调和而成。加入本产品 5.9% 于中东含硫基础油中，可满足 SF/CC 15W-40 通用多级汽、柴油机油的要求；加入 5.5% 可满足 SE 10W-30 和 15W-40 多级汽油机油的要求。3231 SF/CC 通用发动

机油复合剂的典型技术性能指标如表4－37所示。

表4－37 3231 SF/CC通用发动机油复合剂的典型技术性能指标

项 目		质量指标	试验方法
密度（20℃）/(kg/m³)		报告	GB/T 2540
运动黏度（100℃）/(mm²/s)		报告	GB/T 265
闪点（开口）/℃	不低于	170	GB/T 3536
钙含量/%	不小于	1.2	SH/T 0228
镁含量/%	不小于	1.6	SH/T 0225
锌含量/%	不小于	1.50	SH/T 0226
氮含量/%	不小于	0.50	SH/T 0224
总碱值/(mgKOH/g)	不小于	110	SH/T 0251

LAN 3231 SF/CD通用发动机油复合剂外观为褐色透亮液体。具有优良的清净分散性、抗磨性和润滑性能。LAN 3231 SF/CD通用发动机油复合剂是由清净剂、分散剂、抗氧剂、抗磨剂和抗氧抗腐剂等添加剂按一定比例调和而成。加入8.5%的LAN 3231 SF/CD通用发动机油复合剂于适合的基础油中，可满足SF/CD 10W-30和15W-40通用多级汽、柴油机油的要求。LAN 3231 SF/CD通用发动机油复合剂的典型技术性能指标如表4－38所示。

表4－38 LAN 3231 SF/CD通用发动机油复合剂的典型技术性能指标

项 目		质量指标	试验方法
密度（20℃）/(kg/m³)		990～1100	GB/T 1884
运动黏度（100℃）/(mm²/s)		实测	GB/T 265
闪点（开口）/℃	不低于	165	GB/T 267
机械杂质/%	不大于	0.10	GB/T 511
水分/%	不大于	0.15	GB/T 260
钙含量/%	不小于	4.0	SH/T 0297
锌含量/%	不小于	1.4	SH/T 0226
氮含量/%	不小于	0.4	SH/T 0224
总碱值/(mgKOH/g)	不小于	100	SH/T 0251

SL 3251 SF/CD通用发动机油复合剂具有优良的清净分散性、抗氧、抗磨性和润滑性能。代号是SL 3251（统一代号T3251）。SL 3251 SF/CD通用发动机油复合剂是由清净剂、分散剂和抗氧抗腐剂等多种功能添加剂调配成的磺酸盐型复合添加剂。加入8.7%的SL 3251 SF/CD通用发动机油复合剂于适合的基础油中，能满足GB 11121—1995标准各黏度等级的SF/CD通用汽、柴油机油的性能要求。SL 3251 SF/CD通用发动机油复合剂的典型技术性能指标如表4－39所示。

表4－39　SL 3251 SF/CD通用发动机油复合剂的典型技术性能指标

项　目	典型数据	试验方法
密度（20℃）/(kg/m^3)	989	GB/T 1884
运动黏度（100℃）/(mm^2/s)	104.63	GB/T 265
钙含量/%	3.51	SH/T 0297
锌含量/%	1.82	SH/T 0226
氮含量/%	0.77	SH/T 0224
总碱值/(mgKOH/g)	118	SH/T 0251

3253 SF/CD通用发动机油复合剂外观为暗褐色黏稠液体。具有优良的清净分散、润滑和氧化稳定性能，能防止高温沉积物和漆膜的生成，其抗腐蚀、防锈性能也较高。统一代号是T3253。3253 SF/CD通用发动机油复合剂是在高黏度指数（HVI）基础油中，加入清净、分散、抗氧、抗磨和抗氧抗腐剂等添加剂调和而成。加入8.5%的3253 SF/CD通用发动机油复合剂于适合的基础油中，可满足SF/CD 10W-30多级通用汽、柴油机油的要求；加入7.8%可满足SF/CD 15W-40多级通用汽、柴油机油的要求；加入7.0%可满足SF/CD单级通用汽、柴油机油的要求。3253 SF/CD通用发动机油复合剂的典型技术性能指标如表4－40所示。

表4－40　3253 SF/CD通用发动机油复合剂的典型技术性能指标

项　目		质量指标	试验方法
密度（20℃）/(kg/m^3)		报告	GB/T 2540
运动黏度（100℃）/(mm^2/s)		报告	GB/T 265
闪点（开口）/℃	不低于	170	GB/T 3536
钙含量/%	不小于	3.80	SH/T 0228
锌含量/%	不小于	1.50	SH/T 0226
氮含量/%	不小于	0.50	SH/T 0224
总碱值/(mgKOH/g)	不小于	100	SH/T 0251

3254 SF/CD通用发动机油复合剂的外观为暗褐色黏稠液体。具有优良的清净分散、润滑和氧化稳定性能，能防止高温沉积物和漆膜的生成，同时具有较高的抗腐蚀和防锈性能。统一代号是T3254。3254 SF/CD通用发动机油复合剂是在中黏度指数（HVI）基础油中，加入清净、分散、抗氧、抗磨和抗腐蚀等添加剂调和而成。加入8.3%于适合的基础油中，可满足SF/CD 20W-40多级通用汽、柴油机油的要求；加入7.5%可满足SF/CD单级通用汽、柴油机油的要求。3254 SF/CD通用发动机油复合剂的典型技术性能指标如表4－41所示。

表4－41　3254 SF/CD 通用发动机油复合剂的典型技术性能指标

项　目		质量指标		试验方法
		T3254	T3254－1	
密度（20℃）/（kg/m^3）		报告	报告	GB/T 2540
运动黏度（100℃）/（mm^2/s）		报告	报告	GB/T 265
闪点（开口）/℃	不低于	170	170	GB/T 3536
钙含量/%	不小于	3.80	3.30	SH/T 0228
锌含量/%	不小于	1.40	1.40	SH/T 0226
氮含量/%	不小于	0.50	0.40	SH/T 0224
总碱值/（mgKOH/g）	不小于	90	90	SH/T 0251

3301 二冲程汽油机油复合剂的外观为暗红色液体，统一代号是 T 3301。具有优良的清净分散和润滑性能，能防止油品氧化在部件上产生沉积和漆膜，能使尾气排放达到要求。3301 二冲程汽油机油复合剂是由大连高黏度指数（HVI）基础油作稀释剂，加多种添加剂调和而成。加入 4.4% 的 3301 二冲程汽油机油复合剂于适当的基础油中可调制二冲程Ⅱ档汽油机油，可满足各种中等排量风冷Ⅱ档汽油机油的要求。3301 二冲程汽油机油复合剂的典型技术性能指标如表 4－42 所示。

表4－42　3301 二冲程汽油机油复合剂的典型技术性能指标

项　目		质量指标	试验方法
密度（20℃）/（kg/m^3）		报告	GB/T 13377
运动黏度（100℃）/（mm^2/s）		报告	GB/T 265
闪点（开口）/℃	不低于	180	GB/T 3536
硫酸灰分/%	不大于	4.00	GB/T 2433
氮含量/%	不小于	0.60	SH/T 0224

3302 二冲程汽油机油复合剂外观为暗红色液体，统一代号是 T 3302。具有优良的清净分散和润滑性能，能防止油品氧化在部件上产生沉积和漆膜，能使尾气排放达到要求。

3302 二冲程汽油机油复合剂是由稀释剂与多种添加剂调和而成。加量 5.5% 的 3302 二冲程汽油机油复合剂于适当的基础油中，可调制各种大功率大排量风冷二冲程汽油机油。3302 二冲程汽油机油复合剂的典型技术性能指标如表 4－43 所示。

表4－43　3302 二冲程汽油机油复合剂的典型技术性能指标

项　目		质量指标	试验方法
密度（20℃）/（kg/m^3）		报告	GB/T 13377
运动黏度（100℃）/（mm^2/s）		报告	GB/T 265
闪点（开口）/℃	不低于	180	GB/T 3536
硫酸灰分/%	不大于	4.20	GB/T 2433
氮含量/%	不小于	0.65	SH/T 0224

3303 二冲程汽油机油复合剂具有优良的清净分散和润滑性能，能防止油品氧化在部件上产生沉积和漆膜，能使尾气达到要求。统一代号是 T 3303。由稀释剂与多种添加剂调和而成。加入 5.5% 的 3303 二冲程汽油机油复合剂于适当的基础油中，可调制各种大功率大排量风冷二冲程汽油机油。3303 二冲程汽油机油复合剂的典型技术性能指标如表 4－44 所示。

表 4－44　3303 二冲程汽油机油复合剂的典型技术性能指标

项　目		质量指标	试验方法
密度（20℃）/(kg/m³)		900～1200	GB/T 2540
运动黏度（100℃）/(mm²/s)		60.0～120.0	GB/T 265
闪点（开口）/℃	不低于	180	GB/T 3536
硫酸灰分/%	不大于	5.0	GB/T 2433
氮含量/%	不小于	0.60	SH/T 0224

SL 3311 L-ERB 二冲程汽油机油复合剂具有优良的清净分散和润滑性能，能防止油品氧化在部件上产生沉积和漆膜，能使尾气达到要求。代号是 SL 3311（统一代号T 3311）。

SL 3311 L-ERB 二冲程汽油机油复合剂是由清净剂、无灰分散剂等多种功能添加剂调配成的。加入 4.4% 于适合的基础油中，能满足Ⅱ档（L-ERB）二冲程汽油机油的质量要求，性能与 SAE TSC-2 及日本 JASO FB 相当，等同 API TC 质级别。SL 3311 L-ERB 二冲程汽油机油复合剂各项技术性能指标如表 4－45 所示。

表 4－45　SL 3311 L—ERB 二冲程汽油机油复合剂典型技术性能指标

项　目	典型数据	试验方法
密度（20℃）/(kg/m³)	969	GB/T 1884
运动黏度（100℃）/(mm²/s)	60	GB/T 265
钙含量/%	0.73	SH/T 0228
硫含量/%	0.5	SH/T 0227-92
氮含量/%	0.78	SH/T 0224

SL 3321 L-ERC 二冲程汽油机油复合剂具有优良的清净分散和润滑性能，能防止油品氧化在部件上产生沉积和漆膜，能使尾气排放达到要求。代号是 SL 3321（统一代号 T3321）。SL 3321 L-ERC 二冲程汽油机油复合剂是由清净剂、无灰分散剂等多种功能添加剂调配而成的。加入 5.7% 于适合的基础油中，能满足Ⅲ档（L-ERC）二冲程汽油机油的质量要求，性能达到 JASO FC、API TC 质量级别。SL 3321 L-ERC 二冲程汽油机油复合剂的典型技术性能指标如表 4－46 所示。

表 4-46　SL 3321 L-ERC 二冲程汽油机油复合剂的典型技术性能指标

项　目	典型数据	试验方法
密度（20℃）/(kg/m³)	972	GB/T 1884
运动黏度（100℃）/(mm²/s)	63	GB/T 265
钙含量/%	0.92	SH/T 0228
硫含量/%	0.5	SH/T 0227-92
氮含量/%	0.81	SH/T 0224

TH3328 二冲程摩托车油复合剂属多功能复合剂，选用优质分散剂和高温抗氧剂等多种添加剂调制而成。不含降凝剂、聚异丁烯和稀释剂所调油品具有良好的润滑性和混合能力，可防止高温活塞环黏结和由燃烧室沉积物引起提前点火，同时满足发动机其他性能要求。在稀释剂、聚异丁烯、降凝剂后的基础油中，加入 4% 剂量可调制 FB 级二冲程摩托车油，加入 5.5% 剂量可调制 FC 级二冲程摩托车油。其典型技术性能指标如表 4-47 所示。

表 4-47　TH3328 二冲程摩托车油复合剂的典型性能指标

项　目		典型数据	试验方法
密度（20℃）/(kg/m³)		900	GB/T 1884
运动黏度（100℃）/(mm²/s)		70	GB/T 265
钙含量/%	不小于	1.0	SH/T 0228
氮含量/%	不小于	0.7	SH/T 0224
硫酸灰分/%	不大于	6.0	GB/T 2433
总碱值/(mgKOH/g)	不小于	30	SH/T 0251
机械杂质/%	不大于	0.10	GB/T 511

TH3058 四冲程摩托车油复合剂采用清净剂、分散剂和无灰抗氧剂等调制而成。经理化分析、性能评定、使用试验证明，调制的油品有良好的高温清净性、低温分散性，优异的抗氧化、抗磨损性能。在石蜡基和中间基的基础油中，可调制 10W-30、10W-40 及 15W-40 SF 级四冲程摩托车机油，其油品质量符合美国石油学会 API SF 油规格要求，加剂量 6.0%。其典型技术性能指标如表 4-48 所示。

表 4-48　TH3058 四冲程摩托车油复合剂的典型性能指标

项　目		典型数据	试验方法
密度（20℃）/(kg/m³)		900	GB/T 1884
运动黏度（100℃）/(mm²/s)		85	GB/T 265
钙含量/%	不小于	2.5	SH/T 0228
氮含量/%	不小于	0.6	SH/T 0224
闪点（开口）/℃	不低于	170	GB/T 3536
总碱值/(mgKOH/g)	不小于	85	SH/T 0251

续表

项　目		典型数据	试验方法
机械杂质/%	不大于	0.10	GB/T 511
锌含量/%	不小于	1.0	SH/T 0226
磷含量/%	不小于	0.8	SH/T 0296

E-6100S 四冲程摩托车油复合剂采用多种原料加工配制而成。具有良好的抗氧性和抗磨性。无灰、无毒。利用“共晶滚球”润滑技术，实现变“滑动摩擦”为“滚动摩擦”。具有较高承载能力和抗磨性，高温抗氧化性优异，高温清净性和低温分散性良好，可抑制积炭、漆膜和油泥的产生，保持发动机清洁。润滑效果突出，能延长发动机大修周期，提高密封性能，节省燃油，减少有害气体的排放，降低震动噪声，车辆行驶时有舒服感。适用于调配 SE、SF、SG 等级别的四冲程摩托车油。其典型技术性能指标如表 4－49 所示。

表 4－49　E-6100S 四冲程摩托车油复合剂的典型性能指标

项　目		典型数据	试验方法
密度（20℃）/(kg/m^3)		1048	GB/T 1884
运动黏度（100℃）/(mm^2/s)		50	GB/T 265
闪点（开口）/℃	不低于	204	GB/T 3536
总碱值/(mgKOH/g)		100	SH/T 0251

RIPP-T3057 LPG/SF 液化石油气-汽油双燃料发动机油复合剂采用高黏度指数（HVI）基础油，可调配出 15W-40、10W-30 LPC/SF 液化石油气-汽油双燃料发动机油。加剂量为 5.7%。该复合添加剂还可调配黏度级别为 SAE 20W-40、30、40 的液化石油气-汽油双燃料发动机油。用此复合添加剂调制的 SF 15W-40 级油品，通过了 LPG 15000km 以上的国家级行车试验。其典型性能指标如表 4－50 所示。

表 4－50　RIPP-T3057 LPG/SF 液化石油气-汽油双燃料发动机油复合剂的典型性能指标

项　目		典型数据	试验方法
密度（20℃）/(kg/m^3)		950～1100	GB/T 1884
运动黏度（100℃）/(mm^2/s)		70～100	GB/T 265
钙含量/%	不小于	2.50	SH/T 0270
锌含量/%	不小于	2.0	SH/T 0226
氮含量/%	不小于	1.0	SH/T 0224
闪点（开口）/℃	不低于	180	GB/T 3536
总碱值/(mgKOH/g)		100～120	SH/T 0251

RHY3401 低灰分燃气发动机油复合剂由金属清净剂、无灰分散剂、抗氧抗腐剂等调配而成。具有优良的高温清净性、油泥分散性和抗氧抗磨性。调制油品满足 API SJ 汽油机油要求。可调制 10W-30、15W-40 液化石油气、压缩天然气为燃料的发动机油或液化石油

气、汽油、压缩天然气、汽油双燃料发动机机油，加剂量6.5%。其典型性能指标如表4－51所示。

表4－51 RHY3401低灰分燃气发动机油复合剂的典型性能指标

项 目	典型数据	试验方法
硫酸盐灰分/%	8.85	GB/T 2433
机械杂质/%	0.022	GB/T 511
水分/%	0.04	GB/T 260
钙含量/%	1.87	SH/T 0270
锌含量/%	1.74	SH/T 0226
氮含量/%	0.98	SH/T 0224
闪点（开口）/℃	210	GB/T 3536
硫含量/%	3.24	SH/T 0227-92
磷含量/%	1.55	SH/T 0296

3411铁路机车三代油复合剂具有优良的清净、分散、润滑、抗磨和抗氧化性能，能防止高温沉积物和漆膜的生成，同时具有较高的抗腐蚀、防锈性能。统一代号是T 3411。用T3411复合剂配制的铁路三代润滑油性能达到LMOA三代润滑油的技术指标。3411铁路机车三代油复合剂是以中性油为稀释剂，加多种添加剂调和而成。加人11.0%于适当的基础油中，可调制铁路机车三代润滑油。3411铁路机车三代油复合剂的典型技术性能指标如表4－52所示。

表4－52 3411铁路机车三代油复合剂的典型技术性能指标

项 目		质量指标	试验方法
密度（20℃）/（kg/m^3）		900～1210	GB/T 2540
闪点（开口）/℃	不低于	180	GB/T 3536
钙含量/%	不小于	3.50	SH/T 0270
锌含量/%	不小于	0.85	SH/T 0226
氮含量/%	不小于	0.48	SH/T 0224
总碱值/（mgKOH/g）		100～120	SH/T 0251

3422铁路机车非锌四代油复合剂外观为暗褐色液体，统一代号是T3422。具有优良的清净、分散、润滑、抗磨和抗氧化性能。能防止高温沉积物和漆膜的生成，同时具有较高的抗腐蚀和防锈性能。经台架和160000 km的行车试验证明，用T3422复合剂配制的四代润滑油性能达到LMOA四代润滑油的技术指标和CE公司超性能柴油机油的技术要求。

3422铁路机车非锌四代油复合剂是以中性油为稀释剂，加入多种添加剂调和而成。分别加入13.63%和12.73%于适当的基础油中，可调制SAE 20W-40多级和SAE 40单级铁路机车非锌四代润滑油。可满足ND4机车和国产高功率铁路机车的润滑要求。3422铁路机车非锌四代油复合剂的典型技术性能指标如表4－53所示。

表 4-53 3422 铁路机车非锌四代油复合剂的典型技术性能指标

项 目		质量指标	试验方法
密度（20℃）/（kg/m^3）		报告	GB/T 13377
运动黏度（100℃）/（mm^2/s）		报告	GB/T 265
闪点（开口）/℃	不低于	180	GB/T 3536
钙含量/%	不小于	3.50	SH/T 0270
氮含量/%	不小于	0.50	ASTM D 4629
总碱值/（mgKOH/g）	不小于	97	SH/T 0251

3501 船用气缸油复合剂具有优良的酸中和、清净、分散、润滑、抗磨和抗氧化性能。具有较强的抗酸腐蚀和防锈性能。统一代号是 T 3501。3501 船用气缸油复合剂是采用清净剂、分散剂等多种添加剂调和而成。加入 18.2% 和 32.0% 的 3501 船用气缸油复合剂于适当的基础油中，可分别配制总碱值为 40 和 70 的船用气缸油。3501 船用气缸油复合剂的典型技术性能指标如表 4-54 所示。

表 4-54 3501 船用气缸油复合剂的典型技术性能指标

项 目		质量指标	试验方法
密度（20℃）/（kg/m^3）		900 ~ 1200	GB/T 2540
闪点（开口）/℃	不低于	220	GB/T 3536
钙含量/%	不小于	7.00	SH/T 0228
锌含量/%	不小于	0.01	SH/T 0226
硫含量/%	不小于	0.18	SH/T 0172
氮含量/%	不小于	0.10	SH/T 0224
总碱值/（mgKOH/g）	不小于	210	SH/T 0251

3521 船用系统油复合剂具有优良的清净、分散、酸中和、润滑、抗磨、抗氧化和分水性能以及较好的抗酸腐蚀和防锈性能。统一代号是 T 3521。3521 船用系统油复合剂是采用清净剂、分散剂和抗氧抗腐剂等多种添加剂调和而成的。加入 4.7% 到适当的基础油中可满足船用系统油的技术要求。3521 船用系统油复合剂的典型技术性能指标如表 4-55 所示。

表 4-55 3521 船用系统油复合剂的典型技术性能指标

项 目		质量指标	试验方法
密度（20℃）/（kg/m^3）		900 ~ 1200	GB/T 2540
闪点（开口）/℃	不低于	180	GB/T 3536
钙含量/%	不小于	4.5	SH/T 0228
锌含量/%	不小于	1.1	SH/T 0226
硫含量/%	不小于	0.35	SH/T 0172
氮含量/%	不小于	0.1	SH/T 0224
总碱值/（mgKOH/g）	不小于	100	SH/T 0251

3541中速筒状活塞发动机油复合剂具有优良的清净、分散、酸中和、润滑、抗磨、抗氧化和分水性能以及较强的抗酸腐蚀和防锈性能。统一代号是T3541。3541中速筒状活塞发动机油复合剂是由清净剂、分散剂、抗氧抗腐剂等多种添加剂调和而成。加入10.0%到适当的基础油中，可满足中速筒状活塞发动机润滑油的要求。3541中速筒状活塞发动机油复合剂典型技术性能指标如表4-56所示。

表4-56　3541中速筒状活塞发动机油复合剂典型技术性能指标

项　目		质量指标	试验方法
密度（20℃）/(kg/m^3)		900~1200	GB/T 2540
闪点（开口）/℃	不低于	180	GB/T 3536
钙含量/%	不小于	4.0	SH/T 0228
锌含量/%	不小于	0.9	SH/T 0226
硫含量/%	不小于	0.4	SH/T 0172
氮含量/%	不小于	0.35	SH/T 0224
总碱值/(mgKOH/g)	不小于	120	SH/T 0251

TLA5010船用气缸油复合剂是调和的船用气缸油，通过了模拟评定试验和实船试验，同时满足交通行业标准JT/T375.1要求。具有良好的配方经济性。推荐加剂量5.57%。其典型技术性能指标如表4-57所示。

表4-57　TLA5010船用气缸油复合剂的典型性能指标

项　目		质量指标	试验方法
密度（20℃）/(kg/m^3)		1040	GB/T 2540
闪点（开口）/℃	不低于	196	GB/T 3536
钙含量/%	不小于	6.7	SH/T 0228
硫含量/%	不小于	1.54	SH/T 0172
硫酸盐灰分/%		1.54	GB/T 2433
机械杂质/%		0.03	GB/T 511
水分/%		0.09	GB/T 260
总碱值/(mgKOH/g)	不小于	188	SH/T 0251

TLA5040船用气缸油复合剂所调和的船用气缸油，通过了上海船舶运输科学研究所Bolnes 3DNL 170/600HF三缸发动机台架试验和实船试验，同时满足交通行业标准Jrf JT/T375.1要求。具有良好的配方经济性。推荐加剂量16.1%。其典型技术性能指标如表4-58所示。

表4-58 TLA5040船用气缸油复合剂的典型性能指标

项 目		质量指标	试验方法
密度(20℃)/(kg/m^3)		1090	GB/T 2540
闪点(开口)/℃	不低于	189	GB/T 3536
钙含量/%	不小于	9.4	SH/T 0228
硫含量/%	不小于	1.80	SH/T 0172
硫酸盐灰分/%		30.74	GB/T 2433
机械杂质/%		0.027	GB/T 511
水分/%		0.07	GB/T 260
总碱值/(mgKOH/g)	不小于	253	SH/T 0251

TLA5070船用气缸油复合剂所调和的船用气缸油,通过了上海船舶运输科学研究所Bolnes 3DNL 170/600HF三缸发动机台架试验和实船试验,同时满足交通行业标准JT/T 375.1要求。具有良好的配方经济性。推荐用量27.59%。其典型技术性能指标如表4-59所示。

表4-59 TLA5070船用气缸油复合剂的典型性能指标

项 目		质量指标	试验方法
密度(20℃)/(kg/m^3)		1093	GB/T 2540
闪点(开口)/℃	不低于	196	GB/T 3536
钙含量/%	不小于	9.8	SH/T 0228
硫含量/%	不小于	1.27	SH/T 0172
硫酸盐灰分/%		30.74	GB/T 2433
机械杂质/%		0.023	GB/T 511
水分/%		0.12	GB/T 260
总碱值/(mgKOH/g)	不小于	264	SH/T 0251

TLA5070H船用气缸油复合剂所调和的船用气缸油,通过了上海船舶运输科学研究所Bolnes 3DNL 170/600HF三缸发动机台架试验和行船试验,同时满足交通行业标准JT/T 375.1要求。具有良好的配方经济性。推荐加剂量28.76%。其典型技术性能指标如表4-60所示。

表4-60 TLA5070H船用气缸油复合剂的典型性能指标

项 目		质量指标	试验方法
密度(20℃)/(kg/m^3)		1088	GB/T 2540
闪点(开口)/℃	不低于	186	GB/T 3536
钙含量/%	不小于	9.1	SH/T 0228
硫含量/%	不小于	1.29	SH/T 0172
硫酸盐灰分/%		30.96	GB/T 2433

续表

项　目		质量指标	试验方法
机械杂质/%		0.026	GB/T 511
水分/%		0.11	GB/T 260
总碱值/(mgKOH/g)	不小于	254	SH/T 0251

TLC3008 船用系统油复合剂所调和的船用系统油，通过了台架试验和行船试验，同时满足交通行业标准 M375.3 要求。具有良好的配方经济性。推荐加剂量 5.49%。其典型技术性能指标如表 4－61 所示。

表 4－61　TLA5070HTLC3008 船用系统油复合剂的典型性能指标

项　目		质量指标	试验方法
密度（20℃）/(kg/m^3)		1006	GB/T 2540
闪点（开口）/℃	不低于	211	GB/T 3536
钙含量/%	不小于	4.7	SH/T 0228
硫含量/%	不小于	1.29	SH/T 0172
硫酸盐灰分/%		16.72	GB/T 2433
机械杂质/%		0.029	GB/T 511
水分/%		0.05	GB/T 260
总碱值/(mgKOH/g)	不小于	151	SH/T 0251

TLB 4015 用中速筒状活塞柴油机油复合剂调和的船用中速筒状活塞柴油机油通过了台架试验和行船试验，同时满足交通行业标准 JT/T 375.2 要求。具有良好的配方经济性，推荐加剂量 9.75%。其典型技术性能指标如表 4－62 所示。

表 4－62　TLB 4015 用中速筒状活塞柴油机油复合剂的典型性能指标

项　目		质量指标	试验方法
密度（20℃）/(kg/m^3)		101.6	GB/T 2540
闪点（开口）/℃	不低于	203	GB/T 3536
钙含量/%	不小于	5.4	SH/T 0228
硫含量/%	不小于	1.67	SH/T 0172
硫酸盐灰分/%		19.35	GB/T 2433
机械杂质/%		0.032	GB/T 511
水分/%		0.10	GB/T 260
总碱值/(mgKOH/g)	不小于	159	SH/T 0251

TLB4030 船用中速筒状活塞柴油机油复合剂调和的船用中速筒状活塞柴油机油，通过了台架试验和实船试验，同时满足交通行业标准 JT/T 375.1 要求。具有良好的配方经济性。推荐加剂量 15.6%。其典型技术性能指标如表 4－63 所示。

表4-63 TLB4030船用中速筒状活塞柴油机油复合剂的典型性能指标

项 目		质量指标	试验方法
密度（20℃）/(kg/m³)		104.8	GB/T 2540
闪点（开口）/℃	不低于	213	GB/T 3536
闪点（开口）/℃	不低于	213	GB/T 3536
钙含量/%	不小于	7.0	SH/T 0228
硫含量/%	不小于	1.80	SH/T 0172
硫酸盐灰分/%		25.48	GB/T 2433
机械杂质/%		0.015	GB/T 511
水分/%		0.12	GB/T 260
总碱值/(mgKOH/g)	不小于	202	SH/T 0251

1.2.2 国外内燃机油复合添加剂品种及技术指标

国外生产内燃机油复合添加剂的企业主要有Lubrizol、Infineum、Chevron、Ethyl、Agip Petroli（意大利）等公司，它们的主要品种牌号及技术性能指标如表4-64～表4-67所示。

表4-64 国外汽油机油复合添加剂的商品牌号及典型性能指标

商品牌号	密度/(kg/m³)	黏度(100℃)/(mm²/s)	闪点/℃	Ca/Mg/%	P/%	Zn/%	N/%	TBN/(mgKOH/g)	性能和应用	生产厂或公司
LZ 9845									加10.2%的量，可满足5W-30和10W-30和SH/GF-1，SJ/GF-2油的性能要求	Lubrizol
Infineum P5021	954	165	165	/1.02	0.94	1.03	0.12	62	加9.9%的量于认可的基础油中，可满足5W/30、10W/30和10W/40的SAC GF-1、GF-2油品的要求	Infineum
OLOA 55004	982	147	>182	2.33/	1.0	Mo 0.11	0.89	74	推荐9.64%的量可满足SL/ILSAC GF-3质量水平的多级润滑油的要求	Chevron
ZOLOA 9262	965	82	180	2.20/	1.05	1.14	0.53	67	复合剂中还含有0.05%的硼和0.06%的钼。加9.0%的量可满足SJ/CF、ILSAC GF-2单级和多级润滑油的要求	Chevron
Hitec 1117	960	115	Na 0.18	0.99/0.43	0.87	0.95	0.87	B 0.13	加10.85%的量可满足ILSAC GF-2/SJ多级油的要求	Ethyl
MX 5152	988	231	185	2.50/	1.16	1.28	0.67	81	加8.6%的量可满足SG/CD质量级别的单级和多级润滑剂的性能要求	Agip Petroli（意大利）

表 4-65　国外柴油机油复合添加剂的商品牌号

商品牌号	密度/(kg/m^3)	黏度(100℃)/(mm^2/s)	闪点/℃	Ca/Mg/%	P/%	Zn/%	N/%	TBN/(mgKOH/g)	性能和应用	生产厂或公司
LZ 4970S	980	250		2.20/0.45	0.90	0.99	0.70		加12.45%的量，可满足CF-4/CE/SG、MB 227.1/228.1/227.5、MAN 271、Volvo VDS、VW 501.01/505.00、Mack EO-K/2等油品的要求	Lubrizol
LZ 4980A	970	100		2.24/	0.88	0.98	0.66		加13%的量，可满足MB228.1/229.1、ACEA E2-96/B3-98/A3-98、MAN271、Mack EO-M、CH-4/CG-4/CF-4/CF/SJ、Volvo VDS、Cummins CES 20.071等油品的要求	
LZ 4981A	972	90		2.42/	0.82	0.90	0.61		加13%的量，可满足MB228.1/229.1、ACEA E2-96/B3-98/A3-98、MAN271、Mack EO-M、CH-4/CG-4/CF-4/CF/SJ、Volvo VDS、Cummins CES 20.071等油品的要求	
Infineum D 2056	1027	70	100	5.10/	0.8	0.88	0.39	138	加3.5%、5.9%的量和6.5%的量可分别满足CC和CD级单级和CD多级润油的要求	Infineum
Infineum D 1131	1005	84	180	2.17/2.40	1.02	1.12		176	加3%、4%的量和7%、8.1%可分别满足CC和CD级单级和多级润油的要求	Infineum
Infineum D 3393	996	65	110	/3.14	1.12	1.23	0.60	163	加6.5%的量，可分别满足15W40 CD和CF/CF-2级柴油机油的要求	Infineum
MX 5228	1066	109	>100	6.51/	1.63	1.80	0.27	176	加2.6%和4.9%的量，可分别满足CC和CD质量水平的单级油的性能要求	Agip Petroli
MX 5235		114	170	4.80/	0.63	0.69	0.28	129	加6.4%的量，满足CF单级油的性能要求	Agip Petroli
MX 5263	986	194	180	2.65/0.28	0.90	0.99	0.65	95	加9.0%的量，满足CF、ACEA E2-96 Issue2多级油的性能要求	Agip Petroli

表4-66 国外通用汽、柴油机油复合添加剂的商品牌号

商品牌号	密度/(kg/m^3)	黏度(100℃)/(mm^2/s)	闪点/℃	Ca/Mg/%	P/%	Zn/%	N/%	TBN/(mgKOH/g)	性能和应用	生产厂或公司
LZ 7819A	1016	200		1.01/1.22	2.29	2.54	0.62		加5.4%和5.0%的量，可分别满足SF/CC和SE/CC级质量级别的单级多级油品的要求	Lubrizol
LZ 8900	1018	105		3.89/	2.14	2.36	0.5		加4.9%的量可满足SF/CD、CD/SE、加3.80%的量可满足SD/CC、加3.5%的量可满足SC/CC、加3.30%可满足CC/SB多级油品的要求。加3.8%及3.2%的量可分别满足SE/CC和SD/CC单级油的要求	Lubrizol
LZ 9828	973	275		2.17/	0.65	0.72	0.69		加14.2%的量可满足SJ/CF、VW 500.00/501.01/505.00、ACEA A3-98/B3-98润滑油的性能要求	Lubrizol
Infineum P5510	965	197	110	1.52/0.36	0.76	0.84	0.58	68	加13%的量，可满足5W/30的SJ/CF、SH/CD、ACEA A3-98/B3-98、CCMC G5/PD2、MB 229.1、BMW、VW 500/505/502、GM 6094M、FORD M2C153G等油品规格的要求	Infineum
Infineum P5264	994	110	90	/2.64	1.78	1.95	0.48	109.6	加4.5%的量，可调15W/40 SF/CC级质量水平的润滑油	Infineum
Infineum P5265	1003	95	110	/2.8	1.63	1.80	0.40	134	加4.9%和5.4%的量，可分别调单级和15W-40的CD/SF润滑油	Infineum
Infineum P5275	993	160	110	/2.09	1.49	1.65	0.50	103	加6.1%的量，可满足10W-30、15W-40 SE/CC级油品要求，再补加0.5% ZDDP可满足SF/CC、CCMC G2/D1、MB 226.0/1要求	Infineum
Infineum P5283	1020	143	110	/3.71	1.40	1.54	0.53	178	加3.0%、3.3%和5.7%、6.0%的量，可分别满足SD/CC和SF/CD级质量水平的单级和多级油的要求	Infineum
Infineum P1454	953	160	168	1.06/0.86	0.80	0.90		78	加12.3%的量，可满足SH/CD 10W30、VW501/505、CCMC D4/G4/PD-2 20W-50油品要求	Infineum
Infineum P1456	949	123	152	0.82/0.92	0.84	0.93		74	加13.1%的量，可满足15W-40、20W-50油品的要求	Infineum

续表

商品牌号	密度/(kg/m³)	黏度(100℃)/(mm²/s)	闪点/℃	Ca/Mg/%	P/%	Zn/%	N/%	TBN/(mgKOH/g)	性能和应用	生产厂或公司
Infineum D1216	979	174	110	0.01/1.73	1.54	1.70	0.65	93	含硼 0.13%，加 8.1 和 8.3% 的量，可分别满足 10W-30 级别以上多级油和 CD/SG/CF-4 油品要求	Infineum
Infineum D1286	968	174	110	/1.47	1.3	1.44	0.73	84	含硼 0.13%，加 9.8% 的量，可分别满足 CF-4/CD/SG 10W-30 级别以上多级油和 CF/CD/SG 单级油要求	Infineum
Infineum D1288	1012	175	110	/2.94	1.80	1.98	0.57	142.7	含硼 0.10%，加 4.7% 和 7.1% 的量，可分别满足 CD/SF 和 CF/SF、MB 227.0 多级油和单级油的要求	Infineum
Infineum D1572	949	160	110	0.37/0.76	0.83	0.92	0.56	56	加 14.4% 的量，可满足 CH-4/CG-4/SJ 15W-40 油品的要求	Infineum
Infineum D2076	967	111	177	2.33/	0.95	0.86		78	加 13.1% 和 13.8% 的量，可分别满足 CF-4/SG、CCMC D4/G4/PD-2、VW501/505、MAN271、Mack EO-K/2、MB 227.0、Volvo VDS 单级和 15W/40 多级油的要求	Infineum
Infineum D2077	967	111	177	2.33/	0.95	0.86		78	在 Infineum D2076 中加入硅化物抗泡剂，即为 Infineum D2077	
Infineum D2075	976	102	178	2.56/	0.88	0.98		84	加 12.1% 和 12.7% 的量，可分别满足 CE/SF、CCMC D4/G4/PD-2、MAN271、VW501/505、MB227.0/227.1、单级和 15W-40 多级油的要求	Infineum
Infineum D2150	972	53	174	2.68/	0.73	0.80		92	加 7.95% 的量，可满足 CF/CF-2 单级油的要求	Infineum
Infineum D2153	949	167	192	1.28/0.40	0.74	0.83		65	加 13.3% 的量，可满足 CF-4/SH 10W/30 和 MB 228.1、EO-K/2、CCMC D4 15W-40、20W/50 油品要求	Infineum
Infineum D3900	986	135	150	2.32/0.40	1.04	1.16	0.59	93	加 11/5% 的量，可满足 CF-4/SG、MB 227.5、MIL-L-46153E、VW501/505、MAN 270/271、Volvo VDS 油品要求	Infineum

续表

商品牌号	密度/(kg/m³)	黏度(100℃)/(mm²/s)	闪点/℃	Ca/Mg/%	P/%	Zn/%	N/%	TBN/(mgKOH/g)	性能和应用	生产厂或公司
OLOA 4594C	977	90		2.34/0.26	0.98	1.08	0.42	76.3	加9.4%的量，能满足CF-4、加12%的量满足CG-4/SJ/CF、ACEA A3-98、B2-98、B2-98、B4-98、E2-96以及MB 228.0～229.1等润滑油性能要求	Chevron
OLOA 4616	964	60.0		1.95/	0.80	0.87	0.35	63.0	加12.0%的量，能满足SJ/CF、MB 229.1等润滑油性能要求	Chevron
OLOA 4616B	964	75		1.94/0.26	0.79	0.87	0.35	62.9	加12.1%的量，能满足SL/SJ/CF、ACEA A3-98/B3-98、MB 229.1、VW 505.00等多级润滑油性能要求	Chevron
OLOA 8805XL	1008	206	>180	4.33/	1.27	1.37	0.44	123	加2.6%、2.8%、3.8%、4.4%、4.6%和6.0%的量可分别满足SC/CB、SC/CC、SD/CC、SE/CC、SF/CC、SF/CF/CF-2等单级润滑油的要求，多级油相应增加10%的量即可满足要求	Chevron
Hitec 1288	1021	130	200	3.25/	2.04	2.29		104	加5.1%和5.5%的量，可分别满足SF/CC单级油和多级油的要求	Ethyl
Hitec 9210	1010	122	168	2.12/	2.28	2.63		76	加6.9%的量于基础油中，可分别满足SF/CC单级油和多级油的要求	Ethyl
Hitec 8696	923	95	160	1.34/	0.48	0.52		41	含有VII的复合剂，加25%的量，可满足CH-4/SJ、ACEA E3-96-3/E5-99、B3-98/A3-98、MB 228.3、MAN3275、Cummins 20072/20076/20077、Volvo VDS-2、Mack EOM+等油品要求	Ethyl
Hitec 8576	990	160	150	2.3/	0.80	0.87		83	加13.5%的量可分别满足CF/CF-4、CG-4/SJ、ACEA A3-96/B2-96/E2-96、MB228.1/229.1、VW 500.00/505.00、Allison C-4等油品要求	Ethyl

续表

商品牌号	密度/(kg/m³)	黏度(100℃)/(mm²/s)	闪点/℃	Ca/Mg/%	P/%	Zn/%	N/%	TBN/(mgKOH/g)	性能和应用	生产厂或公司
Hitec 9373	974	115	140	2.04/0.15	0.78	0.86		75	加12.5%的量,能满足SL/SJ/CF/CF-4、ACEA A2-96/A3-98/B2-98/B3-98/E2-96、BMW"专用油"、VW 500.00/501.00/505.00等10W40油品的要求	Ethyl
MX 5122	970	176	170	2.02/0.21	0.80	0.88	0.59	74	加13.0%的量,能满足ACEA A3-98、B3-98、B4-98、E2-96SSUE2、VW 500.00/505.00、MB 228.1和再补加1%的分散剂可满足SJ/CF/CG-4润滑油性能要求	Agip Petroli
MX 5124	957	123	175	1.67/0.17	0.66	0.72	0.55	62	加15.8%的量，能满足SJ/CF、ACEA A3-98、B3-98、B4-98、MB 229.1、VW 502.00/505.00润滑油性能要求	Agip Petroli
MX 5140	1000	180	>100	2.33/	1.78	1.96	0.65	77	加4.5（4.9）%和5.3（5.8）%和5.7（6.2）%的量可分别满足SE/CC、SF/CC、SF\ CD级别的单级（多级）油性能要求	Agip Petroli
MX 5196	1013	199	160	2.95/	1.78	1.96	0.70	97	加4.7（4.9）%和5.3（5.8）%的量可分别满足SE/CC、SF/CC级别的单级（多级）油性能要求	Agip Petroli
MX 5213	1001	173	>150	2.64/0.44	1.15	1.27	0.70	105	加10%、8.3%和7.2%的量可分别满足CF-4/CE/SG、CE/SF和CD/SF级别的单级（多级）油性能要求	Agip Petroli
MX 5225	1060	97	170	5.84/	1.52	1.67	0.47	155	加2.6%、5.7%和7.3（7.6）%的量可分别满足CC/SD、CD/SD级别的单级（多级）油性能要求	Agip Petroli
MX 5271	1046	164	150	5.80/	1.43	1.50	0.53	164	加2.4%、3.8%和6.4（6.8）%的量可分别满足CC/SC、CD/SE和CD/SF级别的单级（多级）油性能要求	Agip Petroli
MX 5293	1030	162	>160	5.02/	1.38	1.52	0.51	140	加2.8%、6.5%和7.3（7.6）%的量可分别满足CC/SC、CD/SE和CD/SF级别的单级（多级）油性能要求	Agip Petroli

表4-67　国外二、四冲程摩托车汽油机油复合添加剂的商品牌号

商品牌号	复合剂类别	密度/(kg/m³)	黏度(100℃)/(mm²/s)	Ca/%	S/%	B/%	N/%	性能和应用	生产厂或公司
Lubrizol 400	二冲程	908	76				1.24	加13.5%的量，可分别满足NMMA、TC-W3润滑剂性能的要求	Lubrizol
Lubrizol 600	二冲程							加6.2%的量，可满足JASO FA、FB、FC润滑油的性能要求	Lubrizol
Lubrizol 601	二冲程	939	170	1.14	1.0		0.69	加1.0%~4.6%的量，用于风冷二冲程摩托车润滑油中	Lubrizol
Lubrizol 7819	四冲程							加5.4%、7.4%和8.1%的量，可分别达到SF/CC、SG/CC和SG/CD级别的性能要求	Lubrizol
Infineum S 833	二冲程	915	195				1.66	是无灰弦外机油复合剂，加28%可调质量符合NMMA TC-W3质量级别的润滑油，优良的抗凝胶性能，对水生物毒性特别低	Infineum
Infineum S 901	二冲程	944	150	0.89			0.97	加4.0%和5%~5.4%的量，可分别符合TC/FB和FC二冲程汽油机油的要求	Infineum
Infineum S 900			120	0.61		0.189	0.94	加2.1%、2.4%和3.1%的量，可分别符合TC/FB、FC和ISO-L-EGD二冲程汽油机油的要求	Infineum
Infineum S 931	二冲程	921	76	0.76				加3.5%和4.4%的量，可分别符合FB和FC二冲程汽油机油的要求	Infineum
Infineum S 1054	二冲程	888	230					是分子量950聚异丁烯，用来降低排烟量和增加润滑性	Infineum
Infineum S 850	四冲程	976	56	1.57	Mg 0.61	Zn 1.32	0.76	推荐7.5%和9.5%与OCP配合可分别配制10W-30和10W-40优质四冲程摩托车润滑油	Infineum
OLOA 340R	二冲程	922	46				5.61	是无灰复合剂，不会产生提前点火。加9.8%和10.5%的量，可分别满足NMMA TC-Ⅱ和TC-W3润滑剂要求	Chevron
OLOA 5596	二冲程	924		0.78	0.61		0.88	加1.5%、2.0%、2.5%、4.1%和6.2%的量，可分别满足JASO FA/API TA、API TB、JASO FB/API TC、JASO FC/TISI和ISO EGD润滑剂的要求	Chevron

续表

商品牌号	复合剂类别	密度/(kg/m^3)	黏度(100℃)/(mm^2/s)	Ca/%	S/%	B/%	N/%	性能和应用	生产厂或公司
Hitec 2235	二冲程	930	190	0.53				加3%、3.8%和7.5%的量，可分别满足FB/ISO EGB、API TC/JASO FC/ISO EGC/TISI.1040和ISO EBD等润滑油性能要求	Ethyl
MX 5503	二冲程	990	41.0	4.9				加2.0%可调制API TA/TB质量水平的二冲程汽油机油的要求	Agip Petroli
MX 5546	二冲程	200	168	1.26/1.01	2.03	2.30	0.51	加2.2%、4.0%和5.5%的量，可分别满足API TB、API TC/JASO FB、API TC+/JASO FC质量水平的二冲程汽油机油的要求	Agip Petroli

第2节　齿轮油复合添加剂

2.1　概况

齿轮油复合添加剂（Gear oil additive package）包括汽车齿轮油复合添加剂（Automotive gear oil additve package）、工业齿轮油复合添加剂（Industrial gear oil additve package）和通用齿轮油复合添加剂（Multipurpose gear oil additive package）。齿轮油复合剂一般用极压抗磨剂（含硫、磷和氯极压抗磨剂）、摩擦改进剂、抗氧剂、抗乳化剂、防锈及防腐剂、降凝剂、黏度指数改进剂和抗泡沫剂等复合而成。

齿轮是把旋转运动和动力从机械的一部分传递到另一部分。齿轮类型一般有正齿轮、螺旋齿轮、斜（伞）齿轮和蜗轮蜗杆。而现代齿轮技术的发展是美国1925年在汽车上采用了准双曲面齿轮。这是因为准双曲面齿轮具有较高负荷承载能力，并能稳定、平衡和有效地运转。但准双曲面齿轮是滑动和滚动相结合，接触面间的相对滑动速度较大，使润滑剂承受更苛刻的条件。因此，准双曲面齿轮要求齿轮油的极压防护水平比其他任何形式的齿轮要高。所以汽车齿轮的进步，促使齿轮油的质量逐步提高。作为提高油品性能的重要手段之一的添加剂，也由简单到复杂，从低质量向高质量方向发展。

2.2　齿轮油复合添加剂品种及技术指标

2.2.1　国内齿轮油复合添加剂品种牌号及技术指标

国内齿轮油复合添加剂的品种主要有RY 4021中负荷工业齿轮油复合剂、RHY4161

轿车手动变速箱油复合剂、RHY4161 轿车手动变速箱油复合剂、RI-IY4208 车辆齿轮油复合剂、RY4204 齿轮油复合剂、RHY4206 车辆齿轮油复合剂、4201 通用齿轮油复合剂、LAN4204 车辆齿轮油复合剂、4143 车辆齿轮油复合剂、4142B 车辆齿轮油复合剂、4142A 车辆齿轮油复合剂、4142 齿轮油复合剂、4122 车辆齿轮油复合剂、RIIY 4022 重负荷工业齿轮油复合剂、4024 中负荷工业齿轮油复合剂、4023 工业齿轮油复合剂、RC 9410 多功能复合剂等。

RY 4021 中负荷工业齿轮油复合剂为棕红色透明液体。它采用特色的极压抗磨剂、摩擦改进剂、金属钝化剂及抗氧剂等功能剂复合剂调制而成。生产的 CKC 系列中负荷工业齿轮油，满足 GB 5903—1995，以及 AGMA250. 03MEP 质量要求，添加量 1. 4%。其典型技术性能指标如表 4 – 68 所示。

表 4 – 68 RY 4021 中负荷工业齿轮油复合剂的典型性能指标

项 目		质量指标	试验方法
外观		棕红色透明液体	目测
闪点（开口）/℃	不低于	100	GB/T 3536
硫含量/%	不小于	29. 0	SH/T 0172
磷含量/%	不小于	1. 9	SH/T 0296
机械杂质/%		0. 08	GB/T 511
水分/%		0. 2	GB/T 260

RC 9410 多功能复合剂为浅色透明液体。具有优良极压，抗磨，抗氧和防锈性能。用于调配工业齿轮油，符合 DIN51517，AGMA250. 04（极压齿轮油）、AGMA9005-D94（极压齿轮油），U. S. Steel 224、U. S. Steel 223 等规格要求。此外，也用于调配钻孔，切削，磨削，深孔钻，铣加工用金属加工液。其典型技术性能指标如表 4 – 69 所示。

表 4 – 69 RC 9410 多功能复合剂的主要性能指标

项 目		质量指标	试验方法
外观		浅色清晰液体	目测
密度（20℃）/（kg/m^3）		970	GB/T 2540
运动黏度（100℃）/（mm^2/s）		70	GB/T 265
闪点（开口）/℃	不低于	150	GB/T 3536
硫含量/%	不小于	16. 0	SH/T 0172
磷含量/%	不小于	1. 3	SH/T 0296
氮含量/%	不小于	1. 0	SH/T 0224

4023 工业齿轮油复合剂的外观为暗褐色黏稠液体，统一代号是 T4023，属硫磷型工业齿轮油复合剂。具有优良的极压抗磨性、润滑性、热氧化安定性、防锈性及抗乳化性能。4023 工业齿轮油复合剂采用极压抗磨剂、抗氧剂、防锈剂等多种添加剂调和而成。加入

2.8%和1.9%的4023工业齿轮油复合剂可调和满足各种黏度级别的重负荷和中负荷工业齿轮油。4023工业齿轮油复合剂的典型技术性能指标如表4-70所示。

表4-70　4023工业齿轮油复合剂的典型性能指标

项　目		质量指标	试验方法
密度（20℃）/(kg/m³)		850~1200	GB/T 1884
运动黏度（100℃）/(mm²/s)		10.0~15.0	GB/T 265
闪点（开口）/℃	不低于	180	GB/T 3536
硫含量/%	不小于	15.0	SH/T 11140
磷含量/%	不小于	1.0	SH/T 0296

4024中负荷工业齿轮油复合剂采用硫-磷型添加剂、防锈防腐剂等调配而成。具有优良的极压抗磨性、防锈防腐性、氧化安定性和抗乳化性。调制油品能有效地防止齿轮齿面的擦伤、磨损、点蚀及剥落，在潮湿及有水的环境下能有效防止齿轮表面的锈蚀和腐蚀。产品达到GB/T 5903要求。可以调制不同黏度的重负荷工业齿轮油，加剂量1.0%。其典型技术性能指标如表4-71所示。

表4-71　4024中负荷工业齿轮油复合剂的典型性能指标

项　目		质量指标	试验方法
外观		透明油状液体	目测
密度（20℃）/(kg/m³)		1080.2	GB/T 1884
闪点（开口）/℃	不低于	136	GB/T 3536
硫含量/%	不小于	32.77	SH/T 11140
磷含量/%	不小于	1.2	SH/T 0296
氮含量/%	不小于	0.91	SH/T 0224
机械杂质/%	不大于	0.003	GB/T 511
水分/%	不大于	痕迹	GB/T 260

RHY 4022重负荷工业齿轮油复合剂采用硫-磷型添加剂、防锈防腐剂等调配而成。具有优良的极压抗磨性、防锈防腐性、氧化安定性和抗乳化性。调制油品能有效地防止齿轮齿面的擦伤、磨损、点蚀及剥落，在潮湿及有水环境下能有效防止齿轮表面的锈蚀和腐蚀。产品达到GB/T 5903要求。可以调制不同黏度的重负荷工业齿轮油，加剂量1.4%~1.6%。其典型技术性能指标如表4-72所示。

表4-72　RIIY 4022重负荷工业齿轮油复合剂的典型性能指标

项　目		质量指标	试验方法
外观		棕红色透明液体	目测
密度（20℃）/(kg/m³)		1074.5	GB/T 1884
闪点（开口）/℃	不低于	134	GB/T 3536

续表

项　目		质量指标	试验方法
硫含量/%	不小于	34.24	SH/T 11140
磷含量/%	不小于	1.32	SH/T 0296
氮含量/%	不小于	0.82	SH/T 0224
机械杂质/%	不大于	0.008	GB/T 511
水分/%	不大于	0.04	GB/T 260

4122车辆齿轮油复合剂具有优良的极压抗磨性、润滑性、热氧化安定性、防腐性及抗泡沫性能。属硫磷型车辆齿轮复合剂。4122车辆齿轮油复合剂由硫磷型极压抗磨剂、抗氧剂、防腐防锈剂等多种功能添加剂调和而成。加量4.0%的4122车辆齿轮油复合剂可调制GL-3质量水平的各种黏度等级的车辆齿轮油。4122车辆齿轮油复合剂的典型技术性能指标如表4-73所示。

表4-73　4122车辆齿轮油复合剂的典型性能指标

项　目	典型数据	试验方法
密度（20℃）/(kg/m³)	921	GB/T 1884 和 GB/T 1885
运动黏度（100℃）/(mm²/s)	8.5	GB/T 265
硫含量/%	26.8	RIPP 130
磷含量/%	3.5	RIPP 130

4142齿轮油复合剂外观为暗褐色黏稠液体，统一代号是T 4142，属硫磷型车辆齿轮油复合剂。具有优良的极压抗磨性、润滑性、热氧化安定性、防腐性及抗泡沫性能，能防止高速低扭矩、低速高扭矩及高速冲击负荷条件下的擦伤和磨损。4142齿轮油复合剂是用极压抗磨剂、抗氧剂、防锈剂等多种添加剂调和而成。加量6.0%的4142齿轮油复合剂可调制GL-3质量水平的85W/90、85W/140和90车辆齿轮油；加量3.0%可调制GL-3车辆齿轮油。4142齿轮油复合剂的典型技术性能指标如表4-74所示。

表4-74　4142齿轮油复合剂的典型性能指标

项　目		质量指标	试验方法
密度（20℃）/(kg/m³)		900~1200	GB/T 1884
运动黏度（100℃）/(mm²/s)		60.0~80.0	GB/T 265
闪点（开口）/℃	不低于	180	GB/T 3536
硫含量/%	不小于	28.0	SH/T 11140
磷含量/%	不小于	2.0	SH/T 0296
氮含量/%	不小于	1.0	SH/T 0224

4142A车辆齿轮油复合剂外观为褐色黏稠液体。是GL-3车辆齿轮油复合添加剂，统一代号为T4142A。具有优良的极压抗磨性、润滑及防腐性能。4142A车辆齿轮油复合剂

是用极压抗磨剂、抗氧剂、防锈剂等多种添加剂调和而成。加入 1.6% 的 4142A 车辆齿轮油复合剂可调制 GL-3 80W/90 和 85W/90 车辆齿轮油。4142A 车辆齿轮油复合剂的典型技术性能指标如表 4－75 所示。

表 4－75　4142A 车辆齿轮油复合剂的典型性能指标

项　目		质量指标	试验方法
外观		褐色黏稠液体	目测
运动黏度（100℃）/(mm^2/s)	不大于	5.0	GB/T 265
闪点（开口）/℃	不低于	110	GB/T 3536
硫含量/%	不小于	14.0	GB/T 11140
磷含量/%	不小于	2.7	SH/T 0296
总碱值/(mgKOH/g)	不小于	28.0	SH/T 0251

4142B 车辆齿轮油复合剂外观为褐色黏稠液体。是 GL-4 车辆齿轮油复合添加剂，统一代号为 T4142B。具有优良的极压抗磨性、润滑及防腐性能。4142B 车辆齿轮油复合剂是采用极压抗磨剂、抗氧剂、防锈剂等多种添加剂调和而成。加入 2.65% 的 4142B 车辆齿轮油复合剂可调制 GL-4 80W-90 车辆齿轮油。4142B 车辆齿轮油复合剂的典型技术性能指标如表 4－76 所示。

表 4－76　4142B 车辆齿轮油复合剂的典型性能指标

项　目		质量指标	试验方法
外观		褐色黏稠液体	目测
运动黏度（100℃）/(mm^2/s)	不大于	8.5	GB/T 265
运动黏度（100℃）/(mm^2/s)	不大于	8.5	GB/T 265
闪点（开口）/℃	不低于	110	GB/T 3536
硫含量/%	不小于	16.0	GB/T 11140
磷含量/%	不小于	2.8	SH/T 0296
总碱值/(mgKOH/g)	不小于	35.0	SH/T 0251

4143 车辆齿轮油复合剂为 GL-4 车辆齿轮油复合添加剂，属硫磷型，统一代号是 T4143。具有优良的极压抗磨性、润滑性、热氧化安定性、防腐性及抗泡沫性能。能防止高速低扭矩、低速高扭矩及高速冲击负荷条件下的擦伤和磨损。4143 车辆齿轮油复合剂采用极压抗磨剂、抗氧剂、防锈剂等多种添加剂调和而成。加入 4.8% 的 4143 车辆齿轮油复合剂可调制 GL-5 80W-90、85W-90 和 85W-140 多级车辆齿轮油；加入 4% 可调 GL-4 车辆齿轮油。4143 车辆齿轮油复合剂的典型技术性能指标如表 4-77 所示。

表 4-77　4143 车辆齿轮油复合剂的典型性能指标

项　目		质量指标	试验方法
运动黏度（100℃）/(mm^2/s)		45～65	GB/T 265
闪点（开口）/℃	不低于	110	GB/T 3536
硫含量/%	不小于	25.0	GB/T 11140
磷含量/%	不小于	1.8	SH/T 0296
氮含量/%	不小于	0.7	SH/T 0224

LAN4204 车辆齿轮油复合剂的外观为棕红色透明液体，属硫磷型车辆齿轮油复合剂。具有优良的极压抗磨性、润滑性、热氧化安定性、防腐性及抗泡沫性能。能防止高速低扭矩、低速高扭矩及高速冲击负荷条件下的擦伤和磨损。LAN4204 车辆齿轮油复合剂由多种抗磨剂、油性剂调和而成。加入 2.4% 和 4.8% 的 LAN4204 车辆齿轮油复合剂于适宜的基础油中，可分别调制 GL-4 和 GL-5 质量水平的各种黏度等级的车辆齿轮油。LAN4204 车辆齿轮油复合剂的典型技术性能特点如表 4－78 所示。

表 4－78　LAN4204 车辆齿轮油复合剂的典型性能指标

项　目		质量指标	试验方法
密度（20℃）/(kg/m^3)		实测	GB/T 1885
运动黏度（100℃）/(mm^2/s)		实测	GB/T 265
闪点（开口）/℃	不低于	95	GB/T 267
机械杂质/%	不大于	0.08	GB/T 511
水分/%	不大于	0.40	GB/T 260
硫含量/%	不小于	28.0	GB/T 11140
磷含量/%	不小于	2.0	SH/T 0296
氮含量/%	不小于	0.5	SH/T 0224
酸值/(mgKOH/g)		实测	GB/T 264

4201 通用齿轮油复合剂 4201 是既可用于工业齿轮油，又可用于车辆齿轮油的通用齿轮油复合添加剂，统一代号是 T4201。具有优良的极压抗磨性、润滑性、热氧化安定性、防腐性及抗泡沫性能。能防止高速低扭矩、低速高扭矩及高速冲击负荷条件下的擦伤和磨损，属硫磷型复合剂。4201 通用齿轮油复合剂采用极压抗磨剂、抗氧剂、防锈剂等多种添加剂调和而成。加入 4.8% 和 2.4% 的 4201 通用齿轮油复合剂于适当的基础油中，可分别调制 GL-5 和 GL-4 质量水平的 90、80W-90、85W-90 和 85W-140 车辆齿轮油；加入 1.2% 可调制中负荷工业齿轮油，加入 1.6% 可调制重负荷工业齿轮油。4201 通用齿轮油复合剂的典型技术性能指标如表 4－79 所示。

表 4-79　4201 通用齿轮油复合剂的典型性能指标

项　目		质量指标	试验方法
密度（20℃）/(kg/m³)		900～1200	GB/T 1884
运动黏度（100℃）/(mm²/s)		40.0～70.0	GB/T 265
闪点（开口）/℃	不低于	110	GB/T 3536
硫含量/%	不小于	25.0	SH/T 0303
磷含量/%	不小于	1.5	SH/T 0296
氮含量/%	不小于	0.5	SH/T 0224

RHY4206 车辆齿轮油复合剂采用硫-磷型添加剂、油性剂、防锈防腐剂等调配而成。具有优良的极压抗磨性、防锈防腐性、热氧化安定性和抗乳化性。调制油品达到 API GL-5 以及 GB/T 13895 要求。可以调制中、重负荷车辆齿轮油。推荐用量：GL-5 车辆齿轮油 4.5%，GL-4车辆齿轮油 2.25%，GL-3 车辆齿轮油 1.15%。其典型技术性能指标如表 4-80 所示。

表 4-80　RHY4206 车辆齿轮油复合剂的典型技术性能指标

项　目		质量指标	试验方法
密度（20℃）/(kg/m³)		1050	GB/T 1884
运动黏度（100℃）/(mm²/s)		5.342	GB/T 265
闪点（开口）/℃	不低于	124	GB/T 3536
硫含量/%	不小于	34.8	SH/T 0303
磷含量/%	不小于	2.34	SH/T 0296
氮含量/%	不小于	0.4	SH/T 0224

RY4204 齿轮油复合剂为棕红色透明液体。采用优质的含硫含磷添加剂、抗氧剂、防锈防腐剂等配制而成。本产品是一种性能全面的多功能通用复合剂。在高速冲击和高扭矩等苛刻条件下能有效地防止齿轮齿面的擦伤、磨损、点蚀及剥落；在高温高负荷情况下能防止油泥及沉积物的生成，保持齿轮表面的清洁；在潮湿及有水环境下能有效的防止齿轮表面的锈蚀及腐蚀。可调制各种黏度级别的 GL-4、GL-5 车辆齿轮油。在 GL-5 中的最低剂量为 4.8%。其典型技术性能指标如表 4-81 所示。

表 4-81　RY4204 齿轮油复合剂的典型技术性能指标

项　目		质量指标	试验方法
外观		棕红色透明油状液体	目测
密度（20℃）/(kg/m³)		报告	GB/T 1884
运动黏度（100℃）/(mm²/s)		报告	GB/T 265
闪点（开口）/℃	不低于	100	GB/T 3536
硫含量/%	不小于	28.0	SH/T 0303
磷含量/%	不小于	2.0	SH/T 0296

续表

项 目		质量指标	试验方法
氮含量/%	不小于	0.5	SH/T 0224
酸值/(mgKOH/g)		实测	GB/T 264
机械杂质/%	不大于	0.08	GB/T 511
水分/%	不大于	0.40	GB/T 260

RI-IY4208 车辆齿轮油复合剂采用硫-磷型添加剂、油性剂、防锈防腐剂等调配而成。具有优良的极压抗磨性、防锈防腐性、热氧化安定性和抗乳化性。在高速冲击和高扭矩等苛刻条件下，能有效地防止齿轮齿面的擦伤、磨损、点蚀及剥落。在高温高负荷情况下，能防止油泥及沉积物的生成，保护齿轮表面的清洁。在潮湿及有水环境下，能有效防止齿轮表面的锈蚀和腐蚀。调制油品达到 GL-5 要求。可以调制不同级别的重负荷及超重负荷车辆齿轮油。推荐用量：GL-5 车辆齿轮油 4.2%，75W-90 轿车手动变速箱通用油 4.5%。其典型技术性能指标如表 4－82 所示。

表 4－82 RI-IY4208 车辆齿轮油复合剂的典型技术性能指标

项 目		质量指标	试验方法
外观		透明油状液体	目测
密度（20℃）/(kg/m^3)		1096.2	GB/T 1884
运动黏度（100℃）/(mm^2/s)		7.94	GB/T 265
闪点（开口）/℃	不低于	128	GB/T 3536
硫含量/%	不小于	38.54	SH/T 0303
磷含量/%	不小于	0.76	SH/T 0296
氮含量/%	不小于	0.38	SH/T 0224
酸值/(mgKOH/g)		9.68	GB/T 264
机械杂质/%	不大于	0.006	GB/T 511
水分/%	不大于	痕迹	GB/T 260

RHY4161 轿车手动变速箱油复合剂采用硫-磷型添加剂、抗氧剂、防腐剂等调配而成。具有优良的极压性、抗磨耐久性、高温清净性、防腐性、热氧化安定性和密封适应性。是一种性能全面的手动变速箱油复合剂。调制油品通过了 FZG 齿轮机试验、密封适应性试验、L-60-1 热氧化安定性试验以及 Mack 循环台架，达到 API MT-1 要求，加剂量 3.5%。其典型技术性能指标如表 4－83 所示。

表4-83　RHY4161轿车手动变速箱油复合剂的典型技术性能指标

项　目		质量指标	试验方法
外观		透明油状液体	目测
密度（20℃）/（kg/m³）		1096.2	GB/T 1884
运动黏度（100℃）/（mm²/s）		7.94	GB/T 265
闪点（开口）/℃	不低于	128	GB/T 3536
硫含量/%	不小于	38.54	SH/T 0303
磷含量/%	不小于	0.76	SH/T 0296
氮含量/%	不小于	0.38	SH/T 0224
酸值/（mgKOH/g）		9.68	GB/T 264
机械杂质/%	不大于	0.006	GB/T 511
水分/%	不大于	痕迹	GB/T 260

2.2.2　国外齿轮油复合添加剂品种牌号及技术指标

国外齿轮油复合剂的生产商主要有 Lubrizol、Infineum、Mobil、Ethyl 等公司，其主要品种牌号及技术指标如表4-84～表4-86所示。

表4-84　国外工业齿轮油复合剂商品牌号

商品牌号	密度/（kg/m³）	黏度（100℃）/（mm²/s）	闪点/℃	S/%	P/%	N/%	B/%	Ca/%	性能和应用	生产厂和公司
LZ 5034D	971	6.5		18.5	2.18	2.06			加1.75%的量可满足USS 224、AGMA 250.04、DIN 51517Part3、David Brown S1.53.101（5E）油品性能要求	Lubrizol
LZ 5045	1022	14.3		19.6	1.61	1.21	0.36		加2.05%的量可满足USS 224、AGMA 9005-D94、DIN 51517Part3、David Brown S1.53.101（5E）、Cincinnati Milacron油品性能要求	Lubrizol
LZ 5056	1000	6.7		23.60	1.20	1.17		0.12	加1.8%的量可满足USS 224、AGMA 9005-D94、DIN 51517Part3、David Brown S1.53.101（5E）、Cincinnati Milacron油品性能要求	Lubrizol
Infineum M 4490	978	2.70	94			1.22			加1.35%的量可满足USS 224、AGMA 250.04、AGMA 9005-D94、David Brown S1.53.101、Cincinnati Milacron P-74油品性能要求	Infineum

续表

商品牌号	密度/(kg/m³)	黏度(100℃)/(mm²/s)	闪点/℃	S/%	P/%	N/%	B/%	Ca/%	性能和应用	生产厂和公司
OLOA 4900C	1010			17.3	1.25	0.63			加1.0% ~2.5%的量可满足USS 224、DIN 51517、AGMA MILD EP、Cincinnati Milacron P-47油品性能要求	Mobil
Mobilad G-305	1060	9.67	104	28.0	1.35				加2.2%的量可满足USS 224、AGMA 250.04油品性能要求	Mobil
Mobilad G-351	973	3.1	96	25.0	2.0	Cl < 0.001			加1.5%的量可满足USS 224、AGMA 250.04、Cincinnati Milacron正式批准油品性能要求	Mobil
Mobilad G-361	1011	6.5	82	25.9	1.4				加入量、性能和应用同Mobilad G-351	Mobil

表4-85 国外车辆齿轮油复合剂商品牌号

商品牌号	密度/(kg/m³)	黏度(100℃)/(mm²/s)	闪点/℃	S/%	P/%	N/%	B/%	Mg/Zn/%	性能和应用	生产厂和公司
Anglamol 88A	992	6.8		32.9	1.24	0.39			加2.15%和4.3%的量，可分别满足GL-4和GL-5质量水平的齿轮油的要求	Lubrizol
Anglamol 99	1065	68(40℃)		31.8	1.72	0.94			加3.25%和6.5%的量，可分别满足GL-4和MIL-L-2105D、GL-5油品性能要求	Lubrizol
Anglamol 88A	992	6.8		32.9	1.24	0.39			加2.15%和4.3%的量，可分别满足GL-4和GL-5质量水平的齿轮油的要求	Lubrizol
Anglamol 99	1065	68(40℃)		31.8	1.72	0.94			加3.25%和6.5%的量，可分别满足GL-4和MIL-L-2105D、GL-5油品性能要求	Lubrizol
Anglamol 2000	1017	8.8		20.6	1.63	0.61	0.52	0.95	加8.5%的量可满足MIL-PRF-2105E、API MT-1和申请的PG-2油品的性能要求	Lubrizol
Anglamo 6043	969	18.5		22.5	1.4	0.9	0.24		加7.0%的量可满足MIL-PRF-2105E、MIL-L-2105D、API MT-1、GL-5、Mack GO-H和申请的PG-2油品的性能要求	Lubrizol

续表

商品牌号	密度/（kg/m³）	黏度（100℃）/（mm²/s）	闪点/℃	S/%	P/%	N/%	B/%	Mg/Zn/%	性能和应用	生产厂和公司
Anglamo 6085	978	8.5（40℃）		30.1	1.32	0.76			加4.8%的量可满足GL-5油品的性能要求	Lubrizol
Infineum T4405	970	2.78	>80	26.5	1.41	0.71	0.02		加2.4%和4.8%的量，可分别满足80W90、GL-4和80W-90、85W-140 GL-5质量水平的车辆齿轮油的要求	Infineum
Hitec 338	1005	12.5	80	22.5	0.87				加3.8%和7.5%的量，可分别满足GL-4和MT-1/GL-5/MIL-PRF-2105E/Mack GO-J等齿轮油的要求	Ethyl
Mobilad G-201	1050	9.3	125	28.7	1.8				加3.1%和6.2%的量，可分别满足GL-4和MIL-L-2105D、GL-5齿轮油的要求	Mobil
Mobilad G-210	1070	11.4	102	33.0	0.94				加2.88%、3.25%、5.75%和7.5%的量可分别满足GL-4、Daimler-Benz 235.1、GL-5/MT-1/MIL-L-2105D/Mack GOG和Daimler-Benz 235齿轮油的要求	Mobil
Mobilad G-221A	1030	6.9	107	26.8	1.29				加2.5%和5.0%的量可分别满足GL-4和GL-5、MIL-L-2105D、Mack GOG齿轮油的要求	Mobil
Mobilad G-251	990	7	82	25	1.4		Cl<0.001		加3.2%和6.4%的量可分别满足GL-4和MIL-PRF-2105E、MIL-L-2105D、MT-1、GL-5、Mack GOH、Mack GO-J齿轮油的要求	Mobil
Mobilad G-252	990	4.5	82	28	1.8		Cl<0.001		加2.4%、4.8%和5.6%的量可分别满足GL-4、GL-5和MIL-L-2105D齿轮油的要求	Mobil

表4-86　国外通用齿轮油复合剂商品牌号

商品牌号	密度/(kg/m^3)	黏度(100℃)/(mm^2/s)	闪点/℃	S/%	P/%	N/%	Zn/%	性能和应用	生产厂和公司
Anglamol 6044B	1055	70（40℃）		30.2	2.03	1.12		加2.7%和5.5%的量可分别满足GL-4和MIL-L-2105D、GL-5、Mack GO-G油品性能要求；加2.0%的量可满足USS 224、AGMA 250.04性能要求	Lubrizol
Hitec 321	1060	8.4	62	30.7	1.98			加1.5%、2%和1.8%～2%的量可分别满足USS 220/DIN 51517-3、USS 224和David Brown S1.53.101E油品性能要求；加2.6%和5.25%的量可分别满足GL-4和MIL-L-2105D/GL-5（对75W加7%）等齿轮油要求	Ethyl
Mobilad G-221	1040	8.8	131	29.3	1.7			加1.2%、2.75%和5.5%的量可分别满足USS 224/AGMA 250.04、GL-4和GL-5、MIL-L-2105D、Mack GO-G油品性能要求	Mobil

第3节　液压油复合添加剂

3.1　概况

自18世纪发明水压机后，液压技术开始获得较广泛的应用。最早期液压系统用的液体是水，这就限制了工作温度，且易引起腐蚀和润滑问题。直到20世纪20年代后期，矿物油才被逐渐采用。这些无添加剂的矿物油比水有更好的润滑性，但仍存在因生成胶质和酸值而腐蚀设备的问题。在40年代防锈抗氧（R&O）油广泛用作液压油。防锈抗氧液压油中的防锈剂通常是有机羧酸而抗氧剂多为受阻酚。这些液体在某些特定的工况下运行良好，故至今仍广泛地应用于工业中。

随着泵的设计现代化，以及在液压系统中广泛使用叶片泵，在其工作压力大于6.9MPa的状态下，磨损问题变得突出，因而在液压油中使用了抗磨剂。最早使用的是三甲酚磷酸酯（TCP），其抗磨性能比防锈抗氧液压油有显著的改善。然而与50～60年代的普通机油相比其抗磨性能不足。这些机油能很好保护叶片泵不受磨损，所使用的抗磨剂是二烷基二硫代磷酸锌（ZDDP）。此后的液压油（Hydraulic Fluid）就加有这种多效添加剂，加有此剂的油品，不仅提供抗磨性、防锈性和抗氧性，还表现出良好的抗乳化性能。几种液压油的性能对比见表4－87。

表4－87 液压油磨损试验性能比较

试验	方法	液压油类型		
		R&O	含TCP剂	含ZDDP剂
100h叶片泵磨损试验环和叶片磨损/mg	ASTM D2882	691	240	19
FZG/级	DIN 51354第二部分	6	8	12
Ryder/N	ASTM D1947	8896	9408	13789
四球机磨损直径/mm	ASTM D4172	0.60	0.30	0.30

含ZDDP添加剂的液压油在60～70年代得到了广泛的应用。但到70年代中期，由于高压泵的出现，产生了对铜的腐蚀和磨损。在1976年，某些高压活塞泵在满负荷状态（2400r/min，93℃）及34.5MPa压力下操作，当时的含锌液压油对青铜活塞箍磨损严重，据分析可能与ZDDP的热分解有关，从而产生了无锌（无灰）油，以及含稳定的伯烷基ZDDP低锌油。目前广泛应用的还是含稳定的ZDDP或硫/磷（无灰）型添加剂的液压油。

由于石油易燃，使用于高温热源和明火附近的液压系统中有危险，50年代出现了能抗燃的磷酸酯、水-乙二醇、水包油和油包水乳化液等抗燃液压油。

美国2018年液压油中，矿物油基础油约占87.39%，包括环烷基和石蜡基基础油，其中石蜡基基础油占矿物油的大多数，还有乳化液及水乙二醇，详见表4－88。

表4－88 2018年美国各类液压油的比例

类　型	油耗比例/%	类　型	油耗比例/%
矿物油	87.39	其他（磷酸酯、合成液等）	2.72
乳化液型	7.23	合计	100
水乙二醇	2.66		

3.2 液压油复合添加剂品种及技术指标

3.2.1 国内液压油复合添加剂品种牌号及技术指标

国内液压油复合添加剂的主要品种牌号有SL 5021含锌抗磨液压油复合剂、TI-15034液力传动液复合剂、6051 HL液压油复合剂、RC 9202液压油复合剂、RC 9200抗磨液压油复合剂、DL 9203抗磨液压油复合剂、DL HM-A抗磨液压油复合剂、SL 5032无灰抗磨液压油复合剂、5022低锌抗磨液压油复合剂、SL 5022低锌抗磨液压油复合剂等。

SL 5021含锌抗磨液压油复合剂具有较好抗磨性、润滑性、氧化安定性、水解安定性及良好的防锈性和空气释放性。代号是SL 5021（统一代号为T 5021）。SL 5021含锌抗磨液压油复合剂由抗磨剂、抗氧剂、腐蚀抑制剂和抗水解剂等多种功能添加剂调和而成。加入2.2%～2.9%到适当的基础油中可调制GB/T 1118.1—94的规格要求的各种黏度等级的矿物型抗磨液压油。SL 5021含锌抗磨液压油复合剂的典型技术性能指标如表4－89

所示。

表4－89 SL 5021含锌抗磨液压油复合剂的典型技术性能指标

项 目		典型数据	试验方法
密度（20℃）/（kg/m³）		933	GB/T 1884
运动黏度（100℃）/（mm²/s）		5.5	GB/T 265
硫含量/%	不小于	4.15	SH/T 0303
磷含量/%		2.61	SH/T 0296
锌含量/%		2.11	SH/T 0226

SL 5022低锌抗磨液压油复合剂具有较好抗磨性、润滑性、氧化安定性和水解安定性及良好的防锈性和空气释放性。代号是SL 5022。SL 5022低锌抗磨液压油复合剂由抗磨剂、抗氧剂、腐蚀抑制剂和抗水解剂等多种功能添加剂调和而成。加入2.0%到适当的基础油中可调配GB/T 1118.1—94规格要求的各种黏度等级的矿物型抗磨液压油。其质量水平达到美国丹尼森公司（Denison）HF-0抗磨液压油的规格要求。SL 5022低锌抗磨液压油复合剂的典型技术性能指标如表4－90所示。

表4－90 SL 5022低锌抗磨液压油复合剂的典型技术性能指标

项 目	典型数据	试验方法
密度（20℃）/（kg/m³）	921	GB/T 1884
运动黏度（100℃）/（mm²/s）	5.1	GB/T 265
硫含量/%	3.20	SH/T 0303
磷含量/%	2.36	SH/T 0296
锌含量/%	1.48	SH/T 0226

SL 5032无灰抗磨液压油复合剂具有较好抗磨性、润滑性、氧化安定性和水解安定性，还具有良好的防锈和空气释放性。SL 5032无灰抗磨液压油复合剂由抗磨剂、抗氧剂、腐蚀抑制剂和抗水解剂等多种功能添加剂调和而成。加入1.5%于适当基础油中，可满足各种黏度等级的高档HM抗磨液压油、HV低温抗磨液压油的性能要求，还达到GB/T 1118.1—1994的规格要求。其质量水平达到美国丹尼森公司（Denison）HF-0抗磨液压油的规格要求。SL 5032无灰抗磨液压油复合剂的典型技术性能指标如表4－91所示。

表4－91 SL 5032无灰抗磨液压油复合剂的典型技术性能指标

项 目	典型数据	试验方法
密度（20℃）/（kg/m³）	915	GB/T 1884
运动黏度（100℃）/（mm²/s）	5.25	GB/T 265
硫含量/%	4.75	SH/T 0303
磷含量/%	2.68	SH/T 0296

DL HM-A抗磨液压油复合剂的外观为棕色透明液体，具有良好的抗磨性、氧化安定

性、防锈性、抗乳化性、空气释放性、橡胶密封适应性和剪切安定性。DL HM-A 抗磨液压油复合剂是由极压剂、抗磨剂、抗氧剂、腐蚀抑制剂和抗乳化剂等多种添加剂调和而成。加入 0.6% 复合剂及 0.5% T501 于中性油中，可达到 L-HM 质量水平，可用于采煤机、工程机械的各种液压泵型的中压液压系统的润滑。DL HM-A 抗磨液压油复合剂的典型技术性能指标如表 4-92 所示。

表 4-92　DL HM-A 抗磨液压油复合剂的典型技术性能指标

项　目		质量指标	试验方法
外观		棕色透明液体	目测
密度（20℃）/(kg/m^3)		报告	GB/T 2540
运动黏度（100℃）/(mm^2/s)	不大于	报告	GB/T 265
闪点（开口）/℃	不低于	160	GB/T 3536
水分/%	不大于	0.05	GB/T 260
机械杂质/%	不大于	0.10	GB/T 511
硫含量/%		报告	SH/T 0303
磷含量/%(DG12.577mm)	不小于	4.0	SH/T 0296
锌含量/%(DG12.577mm)	不小于	4.5	SH/T 0226
抗磨液压油性能（按 GB 11118.1 中 L-HM 要求）		通过	

DL 9203 抗磨液压油复合剂外观为棕色透明液体。具有良好抗磨性、氧化安定性、防锈性、抗乳化性、空气释放性、密封适应性、水解稳定性、过滤性、热稳定性和剪切安定性。DL 9203 抗磨液压油复合剂由极压剂、抗磨剂、抗氧剂、腐蚀抑制剂和抗乳化剂等多种添加剂调和而成。加入 1.96% 的复合剂及 0.5% T 501 于中性油中，可达到 L-HM 的质量水平。用于起重机、注塑机、采煤机等各种液压泵型高压液压系统的润滑。DL 9203 抗磨液压油复合剂的典型技术性能指标如表 4-93 所示。

表 4-93　DL 9203 抗磨液压油复合剂的典型技术性能指标

项　目		质量指标	试验方利
外观		棕色透明液体	目测
密度（20℃）/(kg/m^3)		920~1000	GB/T 2540
运动黏度（100℃）/(mm^2/s)		40~48	GB/T 265
闪点（开口）/℃	不低于	160	GB/T 3536
水分/%	不大于	0.05	GB/T 260
机械杂质/%	不大于	0.10	GB/T 511
硫含量/%		报告	SH/T 0303
磷含量/%		报告	SH/T 0296
锌含量/%		报告	SH/T 0226
抗磨液压油性能（按 GB 11118.1—94 中液压油优等品，并能通过国内高压泵台架试验）		通过	

RC 9200 抗磨液压油复合剂浅棕色透明液体，是含锌抗氧、防锈和抗磨添加剂复合

剂。调制油品具有优异的抗氧、防腐和抗磨性能，热稳定性能，水解稳定性和过滤性能，加入量为0.6%～0.8%。其典型技术性能指标如表4－94所示。

表4－94 RC 9200 抗磨液压油复合剂的典型技术性能指标

项 目		质量指标	试验方利
外观		浅棕色透明液体	目测
密度（20℃）/(kg/m³)		998	GB/T 2540
运动黏度（100℃）/(mm²/s)		40～48	GB/T 265
闪点（开口）/℃	不低于	150	GB/T 3536
硫含量/%		4	SH/T 0303
钙含量/%	不小于	1.0	SH/T 0228

RC 9202 液压油复合剂为浅棕色透明液体。具有优良的抗氧、防腐和抗磨性。由于RC9202承载能力强，可配制高级抗磨液压油。当使用非常致密的滤网时，仍具有良好的过滤性。加入量为0.6%～0.8%。其典型技术性能指标如表4－95所示。

表4－95 RC 9202 液压油复合剂的典型技术性能指标

项 目		质量指标	试验方利
外观		浅棕色透明液体	目测
密度（20℃）/(kg/m³)		1100	GB/T 2540
运动黏度（100℃）/(mm²/s)		100	GB/T 265
闪点（开口）/℃	不低于	160	GB/T 3536
硫含量/%		15	SH/T 0303
磷含量/%		7	SH/T 0296
锌含量/%		8	SH/T 0226
钡含量/%	不小于	7.50	SH/T 0225

6051 HL 液压油复合剂的外观为淡褐色液体，具有良好的氧化安定性和防锈性能。统一代号是T6051。T6051 HL 液压油复合剂由多种添加剂调和而成，但该复合剂中不含T501和稀释油。加入0.35%～0.7%的6051 HL 液压油复合剂于适合的基础油中，可调配32、46、68、100等黏度等级的满足HL油质量水平的液压油。产品质量达到GB/T 1118.1 L-HL规格要求。其典型技术性能指标如表4－96所示。

表4－96 6051 HL 液压油复合剂的典型技术性能指标

项 目		质量指标	试验方法
密度（20℃）/(kg/m³)		900～1000	GB/T 1884
运动黏度（100℃）/(mm²/s)		15.0～30.0	GB/T 265
闪点（开口）/℃	不低于	90	GB/T 3536
酸值/(mgKOH/g)		20.0～30.0	SH/T 0163
氮含量/%		0.45～0.70	SH/T 0224

TI-15034 液力传动液复合剂采用高效抗氧剂和抗磨剂等多种添加剂调制而成。具有良

好的抗氧化性能、防锈性能及抗磨损性能。可防止机件的磨损，延长其使用寿命。用于调制液力传动液。参考用量为0.8%～1.2%。TI-15034液力传动液复合剂的典型技术性能指标如表4－97所示。

表4－97　TI-15034液力传动液复合剂的典型技术性能指标

项　目		质量指标	试验方法
密度（20℃）/(kg/m³)		实测	GB/T 1884，GB/T 1885
运动黏度（100℃）/(mm²/s)		实测	GB/T 265
闪点（开口）/℃	不低于	1130	GB/T 3536
机械杂质/%	不大于	0.1	GB/T 511
水分/%	不大于	痕迹	GB/T 260

3.2.2　国外液压油复合添加剂品种牌号及技术指标

国外生产液压油复合添加剂的商家主要有Lubrizol、Mobil、Chevron、Ciba-Geigy等公司，其品种牌号及技术性能指标如表4－98和表4－99所示。

表4－98　国外抗氧防锈液压油和其他液压油复合剂商品牌号

商品牌号	密度/(kg/m³)	黏度(100℃)/(mm²/s)	闪点/℃	S/%	P/%	N/%	Zn/%	Ca/%	性能和应用	生产商
LZ 5158	935	5.9							加0.85%的量，可满足抗氧防锈液压油和汽轮机油的要求，如Dension HF-1、Cincinnati Milacron P-38、P-54、P-55、P-57、DIN 51524 Part1、USS 126等规格的要求	Lubrizol
LZ 5160	935	64（40℃）				2.31			加0.4%的量于高黏度指数的基础油中，或加0.7%的量，可满足或超过抗氧防锈液压油和汽轮机油的要求。其油品同LZ 5158的应用	Lubrizol
LZ 5790	952	55.8		1.6	0.84	0.21	0.79	1.09	水基乳化型抗燃液压油，加8.5%于环烷基或石蜡基（40℃黏度15～30mm²/s）基础油，配成油/添加剂浓缩物，然后浓缩物再用40%的水乳化成转化型抗燃液压油，可满足Dension HF-3、USS 168、Ford M-6C 36A等规格油品的要求	Lubrizol
MOBILAD H-410	901	45	175		0.14		0.52		加6.1%～7.6%的量，可配制成水/油型具有抗磨性的抗燃液压油，可满足使用旋转叶片泵、活塞泵和齿轮泵液压油的性能要求	Mobil

表4-99 国外抗磨液压油复合剂商品牌号

商品牌号	密度/(kg/m³)	黏度(100℃)/(mm²/s)	闪点/℃	S/%	P/%	N/%	Zn/%	Ca/%	性能和应用	生产商
LZ 5042	1029	12.5(40℃)		21.8	1.97		1.97		加1.0%和1.5%的量可分别满足德国钢铁工业液压油(SEB-181-222)和德国钢铁工业齿轮油(SEB-181-226)的要求	Lubrizol
LZ 5138	1010	47		9.0	4.54		1.68		具有优良的抗磨、防锈和抗乳化性能,加1.35%的量可满足抗磨液压油和要求极压性能的压缩机油的要求	Lubrizol
LZ 5178J	1037	70(40℃)		7.8	3.92	7.8		0.84	加0.85%~1.2%的量,可满足抗磨液压油Dension HF-0、Cincinnati Milacron P-68、Cincinnati Milacron P-69、P-70的规格,加1.25%的量可满足造纸机械油,加0.6%的量可满足HF-2、Vickers 1-286-S的普通工业油规格	Lubrizol
LZ 5186	1005	32(40℃)		8.9	4.22		1.40		加1.25%量可满足Dension HF-1、HF-2、HF-0、Cincinnati Milacron P-68、69和Vickers 1-286-S、M-2950-S等规格的油品要求	Lubrizol
LZ 5186B	985	25(40℃)		6.2	2.95		1.56		加1.25%量可满足Dension HF-1、HF-2、HF-0、Cincinnati Milacron P-68、69和Vickers 1-286-S、M-2950-S等规格的油品要求	Lubrizol
LZ 5703	1030	86(40℃)		7.7	3.92	4.88		0.47	加0.85%~1.2%的量,可满足大多数抗磨液压油规格要求;加0.6%的量,可满足Dension HF-2、Vickers 1-286-S油品要求	Lubrizol
LZ 5705	1090	10.7		15.20	7.13	7.59			加0.6%~0.8%量可满足Dension HF-2、Vickers 1-286-S、M-2950-S、USS 126、127、136、175、DIN 51524 Part 2、GM LH-04-01等规格的油品要求	Lubrizol
OLOA 4992	1043	13.7		8.27	3.86	4.25		1.40	加0.36%和0.45%的量,可分别满足Anfor NF E48-603 HL、DIN 51524 Part1的防锈抗氧液压油和Afnor NFE 48-603 HM、DIN 51524 Part2、Cincinnati Milacron P-70抗磨液压油规格的要求	Chevron

续表

商品牌号	密度/(kg/m³)	黏度(100℃)/(mm²/s)	闪点/℃	S/%	P/%	N/%	Zn/%	Ca/%	性能和应用	生产商
OLOA 4994	1022	7.8		6.74	3.38	3.83		0.63	加0.65%和0.9%的量。可分别满足Dension HF-2和Dension HF-0、Vickers M-2952或超过这些油品的要求	Chevron
Irgaluble ML 3010A	1000	57（40℃）	>100	5.4	3.25				加0.55%的量，可满足DIN 51524 Part2、Vickers 1-286-S、Afnor NFE 48-603HM、Cincinnati Milacron P-68、P-69、P-70抗磨液压油规格的要求	Ciba-Geigy
Irgaluble ML 3050A	1004	40（40℃）	>100	7.45	4.2				加0.85%的量，可满足Dension HF-1、HF-2、HF-0、DIN 51524 Part2、Vickers 1-286-S、M-2950-S、Afnor NFE 48-690（干）、48-690（湿）、48-603HM、Cincinnati Milacron P-68、P-69、P-70抗磨液压油规格的要求	Ciba-Geigy

第4节　其他复合添加剂

4.1　概况

除了前面叙述的几种复合剂以外，还有一些复合剂，其中用得较多的有补充复合剂、导轨油复合剂、润滑脂复合剂和防锈复合剂等。

4.1.1　补充复合剂

补充复合剂不能单独使用，它主要是与主复合剂配合后才能起作用，一般可提高主复合利的性能或等级。补充复合剂有几种类型，一种是与主复合剂复合后提高原复合剂的等级；一种是加不同的量与主复合剂复合后可满足不同等级的要求；也是有成品油增强剂，在一定质量水平的油品中补加这种成品油加强剂就可提高原成品油的等级；也有碱值补强剂；另一种合成油处理剂，它可使10W级油变成5W级油，既降低油品的倾点，也改进了油品的低温启动性和燃料经济性，这种处理复合剂中含有大量的合成油，加相当量后稀释了原成品油的黏度，如ECA 7876。补充复合剂和碱值补强剂的应用见表4－100及表4－101。

表 4－100 补充复合剂的应用

API 质量等级	主复合剂 OLOA8805XL	增强剂 OLOA2982	主复合剂 OLOA4594C	增强剂 OLOA65703
SF/CF/CF-2	6%			
SF/CE/CF	6%	1.9%		
SG/CF/CF-4	6%	2.6%		
CG-4/SJ/CF			12%	
CH-4			12%	2.1%

表 4－101 船用油碱值补强剂的应用

TBN	主复合剂 OLOA 857R	碱值补强剂 OLOA 759R	*TBN*	主复合剂 OLOA 857R	碱值补强剂 OLOA 759R
6	3.45%	0.60%	20	7.90%	3.85%
10	7.90%		30	7.90%	7.70%
12	7.90%	0.77%	40	7.90%	11.50%

4.1.2 其他复合剂

其他复合剂有导轨油复合剂、汽轮机油复合剂、压缩机油复合剂、热传导油复合剂、淬火油复合剂、润滑脂复合剂、防锈复合剂、金属加工液复合剂等。这些复合剂与补充复合剂不同，它可单独使用。

4.2 其他复合添加剂的品种及技术指标

4.2.1 国内其他复合添加剂的品种及技术指标

国内其他复合添加剂的品种主要有 RIPP-T 6001 汽轮机油复合剂、R806H 乳化复合剂、R806G 乳化复合剂、R806F 乳化复合剂、R806D 乳化复合剂、R806C 乳化复合剂、R806B 乳化复合剂、1R806A 乳化油复合剂、StarOil 2303 冲压拉伸油复合剂、StarOil 2006 深孔钻油复合剂、StarOil 2016 钛合金切削油复合剂、StarOil 2017 不锈钢合金钢切削油复合剂、Santap Extra ST-3 蓝色低味不锈钢攻牙油复合剂、Santap ST-2 浅黄色低味强力攻牙油复合剂、Santap ST-1 黑色强力攻牙油复合剂、StarOil 2302 重负荷冲压拉伸油复合剂、Smart Base 1103B 强力拉伸、成型切削油复合剂、Smart Base 1103SS 拉伸、成型切削油复合剂、Smart Base 1102C 拉伸、成型、切削油复合剂、StarOil 2008Q 高性能通用型切削油复合剂、StarOil 2009B 切削油复合剂、StarOil 2019 重负荷切削油复合剂、SANCUT EP 365 高级通用极压半合成复合剂、SANCUT EP 363 环保型半合成复合剂、Smart Base 3215C 高级长寿乳化油复合剂、Smart Base S2215C 通用乳化油复合剂、StarSol 1318 全能型乳化油复合剂、MHE 磨削油复合添加剂、TH 5035 导轨油复合剂、T6048 液压导轨油复合剂、WXl2-蜗轮蜗杆油复合剂、L-DAH 螺杆空气压缩机油复合剂、RY 6001 汽轮机油复合剂等。

RIPP-6001 汽轮机油复合剂外观为棕色透明液体。具有良好的氧化安定性和防锈性能，统一代号是 T 6001。6001 汽轮机油复合剂由抗氧剂、防锈剂、抗泡剂等多种添加剂调和而成，但该复合剂中不含 T501、T551 和稀释油。加入 0.4% ~0.7% 于适合的基础油中，可调配 32、46、68、100 等各种黏度级别的满足 L-TSA 质量水平的汽轮机油，产品质量达到 GB/T 1120—89 规格要求。6001 汽轮机油复合剂的典型技术性能指标如表 4 – 102 所示。

表 4 – 102　RIPP-T 6001 汽轮机油复合剂的典型技术性能指标

项　目		质量指标	试验方法
外观		棕色透明液体	目测
密度（20℃）/（kg/m^3）		900 ~ 1000	GB/T 1884
运动黏度（100℃）/（mm^2/s）		32.0 ~ 42.0	GB/T 265
闪点（开口）/℃	不低于	93	GB/T 3536
酸值/（mgKOH/g）		34.0 ~ 42.0	SH/T 0163

L-DAH 螺杆空气压缩机油复合剂是由液体和固体组分组成。液体组分为浅褐色，固体组分为浅黄色或淡灰色。具有良好热氧化安定性和润滑性。L-DAH 螺杆空气压缩机油复合剂由多种添加剂调和而成，液体组分和固体组分分别调制和存放。加入 0.6% 液体组分和 0.54% 固体组分于基础油中，可满足低、中负荷螺杆空气压缩机油的要求。L-DAH 螺杆空气压缩机油复合剂的典型技术性能指标如表 4 – 103 所示。

表 4 – 103　L-DAH 螺杆空气压缩机油复合剂的典型技术性能指标

项　目			质量指标	试验方法
液体组分	密度（20℃）/（kg/m^3）	不小于	1000	GB/T 1884 和 GB/T 1885
	运动黏度（100℃）/（mm^2/s）	不小于	70	GB/T 265
	闪点（开口）/℃	不低于	150	GB/T 267
固体组分	外观		混合均匀	目测

WXl2 蜗轮蜗杆油复合剂具有优良的润滑性、抗磨性、抗乳化性、抗腐防锈性、氧化安定性及抗泡沫等性能。复合剂适用于 N68、N100、N150、N220、N320、N460 等不同黏度等级。其典型技术性能指标如表 4 – 104 所示。

表 4 – 104　WXl2 蜗轮蜗杆油复合剂的典型技术性能指标

项　目		质量指标	试验方法
密度（20℃）/（kg/m^3）		900 ~ 1100	GB/T 1884
运动黏度（100℃）/（mm^2/s）		45.0 ~ 55.0	GB/T 265
氮含量/%	不小于	0.6	SH/T 0224
硫含量/%	不小于	28.0	SH/T 0303
磷含量/%	不小于	1.0	SH/T 0296

T6048 液压导轨油复合剂具有优良的油性，良好的极压抗磨性、防锈抗氧性。适用于调制精密的机床导轨油，还可作为减摩、极压、抗磨、抗氧、防锈，多功能添加剂用于其他工业润滑油中。

TH 5035 导轨油复合剂由抗氧剂和抗磨剂等多种添加剂调制而成。具有良好的抗氧化、抗腐蚀性能、防锈性能及优异的抗磨损性能。可用于调制不同黏度的导轨油。参考用量：0.5% ~1.0%。其典型技术性能指标如表 4 – 105 所示。

表 4 – 105 TH 5035 导轨油复合剂的典型技术性能指标

项 目		质量指标	试验方法
运动黏度（100℃）/(mm^2/s)		实测	GB/T 265
闪点（开口）/℃	不低于	180	GB/T 3536
硫含量/%	不大于	11.5	SH/T 0303
磷含量/%	不小于	6.5	SH/T 0296
机械杂质/%	不大于	0.1	GB/T 511

MHE 磨削油复合添加剂的外观为棕色透明液体。具有良好的冷却性能、减磨性能和分散性能，能有效防止加工件烧伤、变色。采用抗磨、分散等添加剂复合而成。MHE 磨削油复合添加剂适用于加入至 32 号汽轮机油或指定的基础油中，调制成磨削油。专用于磨槽加工的润滑、清洗和冷却。推荐用量为 6%。MHE 磨削油复合添加剂的典型技术性能指标如表 4 – 106 所示。

表 4 – 106 MHE 磨削油复合添加剂的典型技术性能指标

项 目		质量指标	试验方法
运动黏度（100℃）/(mm^2/s)		450	GB/T 265
腐蚀（100℃，3h，45 号钢片）		合格	SH/T 0195
磨斑直径 d_{30min}^{392}/mm	不大于	0.56	GB/T 3142
冷却特性		报告	自定

StarSol 1318 全能型乳化油复合剂为桔红色透明液体。是一种通用高性能乳化油复合剂。乳液稳定性好、使用寿命长。与机床油漆兼容性优良。不含酚及亚硝酸盐，对人体无害，不刺激皮肤。对于纯水、自来水、硬水均有良好的适应性。在铝合金加工中有优异的润滑性和抗腐蚀性，在不锈钢和黑色金属中有良好的抗烧结能力和防锈性。推荐配方：StarSol 1318 为 15%，高桥、茂名或大连 150SN 基础油 85%。长寿命配方是在乳化油中补加 Nipacide MBM 1% ~1.5%，极压配方是在乳化油中补加氯化石蜡 3% ~5% 或 GS-440 2% ~3%。其典型技术性能指标如表 4 – 107 所示。

表 4－107　StarSol 1318 全能型乳化油复合剂的典型技术性能指标

项　目	质量指标	试验方法
外观	桔红色透明液体	目测
运动黏度（100℃）/(mm^2/s)	报告	GB/T 265
密度（20℃）/(kg/m^3)	1006	GB/T 1884

Smart Base S2215C 通用乳化油复合剂属磺酸盐型乳化复合剂，并含有适量抗细菌及真菌剂。具有良好的润滑性、极压性和防锈性，使用寿命长。适合加工铜、铸铁、不锈钢及铝合金。在基础油中加入 15% ~33%，可调配成不同等级的乳化油。以 2% 的稀释比例，可作为水基防锈油使用。其典型技术性能指标如表 4－108 所示。

表 4－108　Smart Base S2215C 通用乳化油复合剂的典型技术性能指标

项　目	质量指标	试验方法
外观	棕色透明液体	目测
运动黏度（40℃）/(mm^2/s)	510	GB/T 265
密度（20℃）/(kg/m^3)	1030	GB/T 1884

Smart Base 3215C 高级长寿乳化油复合剂属磺酸盐型乳化复合剂，并含有适量抗细菌及真菌剂。具有良好的润滑性、极压性和防锈性，使用寿命长。适合加工铜、铸铁、不锈钢及铝合金。在基础油中添加 15% ~33%，可调配成不同等级的乳化油。拉丝铜、铝油液中推荐加入量为 20% ~25%。其典型技术性能指标如表 4－109 所示。

表 4－109　Smart Base 3215C 高级长寿乳化油复合剂的典型技术性能指标

项　目	质量指标	试验方法
外观	棕色透明液体	目测
运动黏度（40℃）/(mm^2/s)	500	GB/T 265
密度（20℃）/(kg/m^3)	1040	GB/T 1884

SANCUT EP 363 环保型半合成复合剂是一种通用型半合成浓缩液。含有极压、润滑、抗菌、抗腐蚀等添加剂。不含硫、氯、磷系极加剂。既能保护工件不受腐蚀，又可长时间使用不变质。适用于一般有色及黑色金属。可用于磨、车、铣、钻、攻丝等各类中、重负荷操作工艺。推荐最大的稀释比例：40（EP365）：60（水）。最终用户的稀释比例：攻丝、冲剪、拉伸 1 :（10 ~20），牟、铣、钻 1 :（20 ~30），磨削 1 :（30 ~40）。其典型技术性能指标如表 4－110 所示。

表 4－110　SANCUT EP 363 环保型半合成复合剂的典型技术性能指标

项　目	质量指标	试验方法
外观	茶绿色透明液体	目测
密度（20℃）/(kg/m^3)	1000	GB/T 1884

SANCUT EP 365 高级通用极压半合成复合剂是一种优异的通用半合成浓缩液，具有优良的润滑、抗热、抗腐蚀等性能。不含硫、氯、磷系极压剂。既能保护工件不受腐蚀，又可长时间使用而不变质。适用于一般有色及黑色金属。可用于极压攻丝、铰孔、冲剪、拉伸等各类重负荷操作工艺。推荐最大的稀释比例：40（SANCUT EP 365）：60（水）。最终用户的稀释比例：攻丝、冲剪、拉伸 1：(10～20)，车、铣、钻 1：(20～30)，磨削 1：(30～40)。其典型技术性能指标如表4－111所示。

表4－111 SANCUT EP 365 高级通用极压半合成复合剂的典型技术性能指标

项 目	质量指标	试验方法
外观	茶绿色透明液体	目测
密度（20℃）/（kg/m^3）	1000	GB/T 1884

StarOil 2019 重负荷切削油复合剂为浅黄色液体。含有多种极压、润滑添加剂。含有活性硫。其颜色浅，气味小。是专为不锈钢、合金钢、碳钢的重负荷切削加工而开发的纯油切削油复合剂。具有优异的抗烧结能力和渗透性。对刀具的保护效果好，抗磨性优良，可有效延长刀具使用寿命。抗油雾性能和切屑排出性能良好。调制产品适用于攻丝、套扣、拉削等苛刻加工。推荐配方：40℃运动黏度 10～22mm^2/s 的基础油 85%～90%，复合剂 10%～15%。其典型技术性能指标如表4－112所示。

表4－112 StarOil 2019 重负荷切削油复合剂的典型技术性能指标

项 目	典型值	试验方法
外观	浅黄色透明液体	目测
运动黏度（40℃）/（mm^2/s）	23	GB/T 265
密度（20℃）/（kg/m^3）	1040	GB/T 1884

StarOil 2009B 切削油复合剂为深棕色液体。含有多种极压、润滑添加剂。具有良好的渗透性、防锈性和抗烧结能力。抗磨性优异，有效延长刀具使用寿命。调制产品适用于加工各种黑色金属及其合金。推荐使用40℃运动黏度为 22～32mm^2/s 的基础油进行调配。加剂量：冷挤压攻丝 13%～15%，一般切削 5%～10%，重负荷切削 10%～20%。其典型技术性能指标如表4－113所示。

表4－113 StarOil 2009B 切削油复合剂的典型技术性能指标

项 目		典型值	试验方法
外观		深棕色液体	目测
运动黏度（40℃）/（mm^2/s）		35	GB/T 265
密度（20℃）/（kg/m^3）		1037.7	GB/T 1884
闪点（开口）/℃	不低于	186	GB/T 3536

StarOil 2008Q 高性能通用型切削油复合剂为棕色透明液体。含有硫极压添加剂、润滑

性、抗磨性、防锈性等添加剂。颜色浅，气味小。调制产品适用于不锈钢和有色金属的切削加工。推荐使用40℃运动黏度为22mm²/s左右的基础油进行调配。加剂量：一般加工15%，重负荷加工20%～25%，铜及其合金5%～15%。其典型技术性能指标如表4－114所示。

表4－114　StarOil 2008Q高性能通用型切削油复合剂的典型技术性能指标

项　目		典型值	试验方法
外观		棕色透明液体	目测
密度（20℃）/(kg/m³)		990	GB/T 1884
闪点（开口）/℃	不低于	186	GB/T 3536

Smart Base 1102C淡黄色拉伸、成型、切削油复合剂为淡黄色液体。是一种专为加工不锈钢等坚硬金属的切削油复合剂。含有硫、氯及高渗透性脂肪润滑剂。能有效地降低切削刀口的摩擦阻力及操作负荷，同时提高加工精度及工件表面光洁度，防止金属接触面烧结。气味温和，即使在严峻加工时其冒出油烟也较少。适用于拉伸、成型及切削等工艺。推荐稀释比例为1：1。其典型性能指标如表4－115所示。

表4－115　Smart Base 1102C拉伸、成型、切削油复合剂的典型技术性能指标

项　目		典型值	试验方法
外观		淡黄色透明液体	目测
密度（20℃）/(kg/m³)		1100	GB/T 1884
运动黏度（40℃）/(mm²/s)		52	GB/T 265
硫含量/%	不小于	10.0	SH/T 0303
氯含量/%	不小于	26	GB/T 1679

Smart Base 1103SS黑色拉伸、成型切削油复合剂是一种用于加工不锈钢等坚硬金属的切削油复合剂。含有硫、氯及高渗透性脂肪润滑剂，能有效地降低切削刀口的摩擦阻力及操作负荷，同时提高加工精度及工件表面光洁度，防止金属接触面烧结。气味温和，即使在严峻加工时其冒出油烟亦较少。适用于拉伸、成型及切削等工艺。与Smart Base 1103B按合适的比例加入矿物油中使用，效果更显著。加剂量3%～10%。其典型技术性能指标如表4－116所示。

表4－116　Smart Base 1103SS拉伸、成型切削油复合剂的各项技术性能指标

项　目		典型值	试验方法
外观		黑色油状液体	目测
密度（20℃）/(kg/m³)		1140	GB/T 1884
运动黏度（40℃）/(mm²/s)		125	GB/T 265
硫含量/%	不小于	8.4	SH/T 0303
氯含量/%	不小于	30	GB/T 1679

Smart Base 1103B 黑色强力拉伸、成型切削油复合剂是一种用于加工不锈钢等坚硬金属的切削油复合剂。含有硫、氯及高渗透性脂肪润滑剂，能有效地降低切削刀具的摩擦阻力及操作负荷，同时提高加工精度及工件表面光洁度，防止金属接触面烧结。气味温和，即使在严峻加工时其冒出油烟也较少。黏度较低，利于稀释使用，与 Smart Base 1103SS 按合适的比例加入矿物油中使用，效果更显著。推荐加入量 5% ~15%。其典型技术性能指标如表 4-117 所示。

表 4-117 Smart Base 1103B 强力拉伸、成型切削油复合剂的典型技术性能指标

项目		典型值	试验方法
外观		黑色油状液体	目测
密度 (20℃)/(kg/m^3)		1100	GB/T 1884 和 GB/T 1885
运动黏度 (40℃)/(mm^2/s)		60	GB/T 265
硫含量/%	不小于	9	SH/T 0303
氯含量/%	不小于	18	GB/T 1679

StarOil 2302 重负荷冲压拉伸油复合剂为浅棕色液体。本品含有多种极压、润滑添加剂。有活性硫。与适当黏度的基础油配合，可调制不锈钢和较硬黑色金属板材的重负荷冲压拉伸加工油。推荐使用 40℃ 运动黏度为 22 ~32mm^2/s 的基础油进行调配。加剂量：冲压拉伸 30% ~40%，大变形率深拉 50% ~60%。其典型技术性能指标如表 4-118 所示。

表 4-118 StarOil 2302 重负荷冲压拉伸油复合剂的典型技术性能指标

项目	典型值	试验方法
外观	浅棕色液体	目测
密度 (20℃)/(kg/m^3)	1154	GB/T 1884 和 GB/T 1885
运动黏度 (40℃)/(mm^2/s)	185	GB/T 265

Santap ST-1 黑色强力攻牙油复合剂是一种用于攻牙、车牙、攻丝及钻孔等工艺重负荷切削油复合剂。含有多种高浓度硫、氯、高渗透性脂肪等极压添加剂。操作时油烟极少、且不发出浓烈气味。能降低操作负荷，减少刀具损耗，提高机械寿命。适合于不锈钢、合金钢、高抗力钢及其他坚硬钢铁金属的加工工艺。其典型技术性能指标如表 4-119 所示。

表 4-119 Santap ST-1 黑色强力攻牙油复合剂的典型技术性能指标

项目		典型值	试验方法
外观		深棕色油状液体	目测
密度 (20℃)/(kg/m^3)		950	GB/T 1884
运动黏度 (40℃)/(mm^2/s)		90.8	GB/T 265
闪点 (开口)/℃	不低于	200	GB/T 3536

Santap ST-2 浅黄色低味强力攻牙油复合剂是一种用于攻牙、车牙、攻丝及钻孔等工艺的重负荷切削油复合剂。含有多种高浓度的硫、氯等极压添加剂以及高渗透性脂肪润滑

剂。能降低操作负荷，减少刀具损耗，提高机械寿命。适合于不锈钢、合金钢、高抗力钢及其他坚硬钢铁金属的加工工艺。其典型技术性能指标如表4－120所示。

表4－120 Santap ST-2浅黄色低昧强力攻牙油复合剂的典型技术性能指标

项　目		典型值	试验方法
外观		深棕色油状液体	目测
密度（20℃）/(kg/m^3)		950	GB/T 1884
运动黏度（40℃）/(mm^2/s)		86	GB/T 265
闪点（开口）/℃	不低于	200	GB/T 3536

Santap Extra ST-3蓝色低味不锈钢攻牙油复合剂是一种低气味、高黏度的攻牙、车牙、攻丝及钻孔用油复合剂。含有高硫、氯的脂肪及酯类化合物。抗磨损、抗卡咬能力强，可延长机械及刀具寿命。加工过程中产生的气味低。适合加工一些极难加工的金属材料，如合金钢及高抗力钢等。其典型技术性能指标如表4－121所示。

表4－121 Santap Extra ST-3蓝色低味不锈钢攻牙油复合剂的典型技术性能指标

项　目		典型值	试验方法
外观		蓝色油状液体	目测
密度（20℃）/(kg/m^3)		960	GB/T 1884
运动黏度（40℃）/(mm^2/s)		27.9～28.9	GB/T 265
闪点（开口）/℃	不低于	200	GB/T 3536

StarOil 2017不锈钢合金钢切削油复合剂为浅棕色透明液体。StarOil 2017是高性能、低成本的切削油复合剂。有活性硫，气味极低，防锈性好，具有优良的渗透性和抗烧结能力，抗磨性优异，能有效延长刀具使用寿命。适合不锈钢、合金钢和黑色金属的各种切削加工。其典型技术性能指标如表4－122所示。

表4－122 StarOil 2017不锈钢合金钢切削油复合剂的典型技术性能指标

项　目		典型值	试验方法
外观		浅棕色透明液体	目测
密度（20℃）/(kg/m^3)		1064	GB/T 1884
运动黏度（40℃）/(mm^2/s)		85	GB/T 265
闪点（开口）/℃	不低于	150	GB/T 3536

StarOil 2016钛合金切削油复合剂为浅黄色透明液体。不含氯，颜色浅，气味小，调制产品具有优良的渗透性，抗磨性，能有效延长刀具使用寿命。适用于强度大、硬度高、加工中易硬化、切削温度高、刀具磨损严重的钛合金、镍基合金等难加工材料推荐配方：StarOil 2016 60%～70%，$10^{\#}$环烷基油30%～40%。

StarOil 2006深孔钻油复合剂为棕色透明液体。本品含有活性硫极压添加剂、润滑性、抗磨性、防锈性等添加剂。适用于调配深孔钻油，也用于不锈钢和黑色金属的切削加工油。推荐选用低黏度的基础油（如 10#变压器油）。一般加入量 10% ~15%，如果要求特别苛刻，加入量适当提高到 15% ~20%。其典型技术性能指标如表 4 - 123 所示。

表 4 - 123 StarOil 2006 深孔钻油复合剂的典型技术性能指标

项 目		典型值	试验方法
外观		棕色透明液体	目测
密度（20℃）/（kg/m^3）		1014	GB/T 1884
运动黏度（40℃）/（mm^2/s）		23	GB/T 265
闪点（开口）/℃	不低于	158	GB/T 3536

StarOil 2303 冲压拉伸油复合剂为浅棕色液体。含有多种极压、润滑添加剂。具有良好的渗透性和润滑性。调制油品可进行中等负荷的冲压拉伸加工，也适用于各种黑色金属和有色金属的高速切削操作。推荐使用 40℃运动黏度为 10 ~15mm^2/s 的基础油进行调配。加剂量：冲压拉伸 10% ~15%，不锈钢高速切削 10% ~15%，铝合金铜合金高速切削 5% ~10%。其典型技术性能指标如表 4 - 124 所示。

表 4 - 124 StarOil 2303 冲压拉伸油复合剂的典型技术性能指标

项 目		典型值	试验方法
外观		浅棕色油状液体	目测
密度（20℃）/（kg/m^3）		1018	GB/T 1884
运动黏度（40℃）/（mm^2/s）		35	GB/T 265
闪点（开口）/℃	不低于	158	GB/T 3536

R806A 乳化油复合剂适宜与石蜡基加氢精制矿物油、黏度指数在 90 以上的油品进行调和。大庆、大连、茂名，以及高桥石化公司生产的 150SN，200SN 等基础油都可使用。带钢乳化轧制油、铝带热轧乳化油、乳化切削油配方：83% ~85% 的基础油，加 15% ~17% 的 R806A。如果希望以上的配方更加完善，可酌情加入油性剂，抗氧剂、极压剂、防锈剂等来提高产品整体的功效。

R806B 乳化油复合剂适宜配置半合成微乳化切削液、磨削液半合成配方：40% 的 R806B +30%（7 号、10 号、15 号基础油）+30% 的软化水。如果配成的产品外观不透明，需加 7% ~8% 的司盘 80，搅拌均匀，静置透明。

R806C 乳化油复合剂适宜与非标矿物油复合使用，调配乳化油。

R806D 乳化油复合剂适宜乳化象 10 号、25 号变压器油等低凝环烷基基础油。

R806F 乳化油复合剂可以乳化各类油品，主要用于制造乳化针织机油，基础油为 7 号、10 号、15 号白油，添加 7% 左右。具有良好的清洗性、不污染针织成品，易冲洗。

R806G 乳化油复合剂主要用于油酸乳化产品，润滑性良好，易生物降解，环保，添加量 7% 左右。

R806H 乳化油复合剂主要用于制造油包水型乳化液产品，用于脱模剂、隔离剂等工艺。生产工艺简单，成本较低，适用于任何矿物油，添加量8%左右。

4.2.2 国外其他复合添加剂的品种及技术指标

国外其他复合添加剂的生产商主要有Lubrizol、Infineum、Chevron、Ethyl、Ciba-Geigy、Polartech等公司，其产品品种与技术指标见表4－125和表4－126。

表4－125 国外自动传动液复合剂商品牌号

商品牌号	密度/(kg/m^3)	黏度(100℃)/(mm^2/s)	闪点/℃	S/%	P/%	N/%	Ca%	Zn%	B/%	性能和应用	生产厂和公司
LZ 6701D	930	230		2.0	0.19	0.88			0.19	加9.3%于适当基础油中，可满足DexronⅡ规格油品的要求	Lubrizol
LZ 760A	1080	28		4.6	1.20		6.71	1.33		加4.6%于适当基础油中，可满足Allsion C-3规格的液压传动液的要求	Lubrizol
LZ 7907	935	155		1.8	0.16	0.6	0.71		0.18	加10.9%于适当基础油中，可满足DexronⅡ D、Allsion C-4、Ford Mercon、Daimler Chrsyler236.6、ZF TE-ML 09、ZF TE-ML11、ZF TE-ML14、Cat TO-2规格油品的要求	Lubrizol
LZ 9614R	867	7.1		0.3	0.02	0.09	0.021		0.008	可满足Dexron-Ⅲ/Mercon、Allsion C-4、Caterpillar TO-2油品的要求	Lubrizol
LZ 9692A	1036	43		4.5	1.32	0.04	3.69	1.48		加8.8%于适当基础油中，可满足Cat TO-2、Allsion C-4、ZF TE-ML 03、ZF TE-ML 01规格油品的要求	Lubrizol
Infineum T4031	924	177	110		0.29	1.23	Mg 0.05	0.22	0.036	加11.8%可满足DexronⅡ D、Daimler Benz 236.7、Cat TO-2、ZF TE-ML 09/11/14规格油品的要求	Infineum
Infineum T4208	885	8.84	147	0.62	0.06	0.23		0.04		推荐5.15%可满足Dexron-Ⅱ、Allsion C-4规格油品要求	Infineum
Infineum T4556	917	260	145	0.64	0.19	1.06			0.08	推荐10.5%可满足Dexron-Ⅲ、Mercon、Allsion C-4规格油品要求	Infineum

续表

商品牌号	密度/(kg/m^3)	黏度(100℃)/(mm^2/s)	闪点/℃	S/%	P/%	N/%	Ca%	Zn%	B/%	性能和应用	生产厂和公司
OLOA 978E	933	60			0.82	1.29	0.42	0.89		加7.6%于适当基础油中，可满足DexronⅡ规格油品的要求	Chevron
OLOA 9790F	1038	40			1.01	0.12	4.57	1.15		加9.2%于适当基础油中，可满足Cat TO-4、Allsion C-4、ZF TE-ML 01、ZF TE-ML 03规格油品的要求	Chevron
Hitec 436	904	220	138							加12%的量，可满足Dexron-Ⅲ、Mercon、Allsion C-4、Caterpillar TO-2规格油品的要求	Ethyl

表 4－126　国外其他复合剂商品牌号

商品牌号	复合剂类别	密度/(kg/m^3)	粘度(100℃)/(mm^2/s)	闪点/℃	Ca%	P/%	N/%	Zn/%	TAN/(mgKOH/g)	性能和应用	生产厂和公司
Lubrizol 885	润滑脂复合剂									含磷、硫极压抗磨和抗氧复合剂，推荐 1.5% ～ 3.0% 的量用于锂基、铝基和钙基润滑脂	Lubrizol
OLOA 2982	内燃机油增强剂	936	101	>180	0.63	0.75	0.52	0.82		6% OLOA 8805XL 再分别补加 1.9%、2.6% 该剂，可分别提高到 SF/CE/CF 和 SG/CE/CF－4 规格油品要求	Chevron
OLOA 65703	内燃机油增强剂									2.1% +12% OLOA 4594C 可提高到 CH－4 和 ACEA E3－96 的要求	Chevron
OLOA 65704	内燃机油增强剂									3% +12% OLOA 4594C 可提高到 DHD－1、CH－4、ACEA E5－99 规格油品要求	Chevron
Hitec 579	冷/热淬火油复合剂	935	155	170	0.60				49	推荐 1% ～3%、2% 和 3% ～5% 的量可分别配制冷淬火油、热传导油和热淬火油，可提高冷却速率、延长油品寿命和减少部件沉积	Ethyl
Hitec 595	优质淬火油复合剂									具有优良抗氧性和沉积控制性，改善工件硬度和减少次品，能满足欧洲和北美标准	Ethyl
Hitec 596	快速淬火油复合剂	980	98	110	Na2.07		0.6			具有优良抗氧性和沉积控制性，加 2% 的量可达 GM QUENCHO METER 标准	Ethyl
Irgaluble 820	汽轮机油复合剂	950	65(40℃)	120			3.3			推荐 0.3% ～0.6% 的量，用于汽轮机油和防锈抗氧液压油	Ciba－Geigy
Irgaluble 2030A	燃气轮机油复合剂	1020	95(40℃)	125						含有抗氧剂、腐蚀抑制剂和金属减活剂的复合剂，加 0.43% 的量用于高温循环油和汽轮机油中	Ciba－Geigy
Irgaluble 2040A	循环油复合剂	1000	100(40℃)	149						含有抗氧剂、腐蚀抑制剂和金属减活剂的复合剂，加 0.43% 的量用于高温循环油和汽轮机油中	Ciba－Geigy
Polartech 890 Soluble Oil Base	常用乳化剂复合剂	1000						TBN5.5	37	乳化剂和腐蚀抑制剂复合物，用于水混合的金属加工液和水基液压液	Polartech
Polartech Superbase 013	含硼乳化剂复合剂	1050					B1.5	TBN10.0		乳化剂和腐蚀抑制剂复合物，用于高油含量的金属加工液	Polartech
Polartech Superbase 003	含硼乳化剂复合剂	1070					B1.5	TBN13.0		乳化剂和腐蚀抑制剂复合物，用于半合成水混合金属加工液和高油含量的金属加工液	Polartech

第5章　环境友好润滑油脂添加剂

第1节　环境友好润滑油脂添加剂概述

近10多年来，大量润滑油和工业液体进入环境，使人们逐渐认识到这些液体对环境的影响，特别是对水生植物和动物的影响。因此，人们对环境的保护意识越来越强，尤其是工业发达国家的环境保护不仅引起了政府的高度重视，而且社会上也自发地成立了很多环境保护组织。现代润滑剂中加有各种各样的添加剂，可以说没有添加剂就没有现代润滑剂。环境友好润滑剂也需要加入添加剂才能满足使用要求，但环境友好润滑剂对添加剂的要求更为严格，除必须能改善润滑油的性能外，还必须符合生态要求，如低毒性、低污染、可生物降解等。德国"蓝色天使"组织对可生物降解润滑剂的添加剂做了以下规定：无致癌物、无致基因诱变、畸变物；不含氯和亚硝酸盐；不含金属（钙除外）；最大允许使用7%的具有潜在可生物降解性的添加剂（OECD302B法测定，生物降解率大于20%）；可添加2%不可生物降解的添加剂，但必须低毒；对可生物降解添加剂则无限制（根据OECD301A－E）；水污染等级最大为1（德国化学法）；限制非生物降解添加剂的用量。由此可见，环境友好润滑剂对添加剂要求最重要特性之一是毒性及其对环境的影响要尽可能小。

由于基础油类型不同，环境友好润滑剂与难降解矿物润滑剂的物理化学性质不尽相同，两者在添加剂的感受性上有较大差异，基础油与添加剂的相互作用机制也有所不同。现今使用的大部分润滑剂的添加剂主要是针对矿物油设计的，追求的主要是添加剂的使用效能，对添加剂的生态效能重视不够。针对环境友好润滑剂的基础油类型，如果习惯性地沿用传统添加剂，就很难使润滑剂达到理想的使用效能和生态效能双重要求，如有些添加剂会对基础油降解过程中的活性微生物或酶产生危害，对基础油本身的生物降解性能造成不良影响，降低基础油的生物降解率；有些添加剂会增大润滑剂的毒性。当然，传统的润滑剂添加剂在环境友好润滑剂中也并非一无所是。表5－1所示为部分生态效能较好的添加剂的水污染等级和生物降解率，表5－2为部分添加剂的一般毒性。

表 5－1 部分添加剂的水污染等级和生物降解率

添加剂	化学物质	水污染等级	生物降解率/%	评价方法
极压剂	硫化脂肪酸（10%硫）	0	>80	CEC L-33-T82
	硫化脂肪酸（18%硫）	0		
防腐剂	二烷基苯磺酸钙	1	60	CEC L-33-T82
	琥珀酸衍生物	1	>80	CEC L-33-T82
	无灰磺酸盐	1	50	CEC L-33-T82
	苯三唑	1	70	OECD 302B
抗磨/防锈剂	部分酯化的丁二酸酯	—	>90	OECD 302B
	三羟甲基丙烷酯	—	>80	
	磺酸钙	—	>60	
抗氧化剂	2、6-二叔丁基对甲酚	1	17（28d） 24（35d）	MITI II
	烷基二苯酚	1	9	OECD 301D

表 5－2 部分添加剂的一般毒性

添加剂类型	添加剂名称	口服，LD_{50}/（mg/kg）	经皮，LD_{50}/（mg/kg）	眼睛刺激性	皮肤刺激性	皮肤过敏性
极压剂	硫化植物油	>5000	>2000	无	无	估计无过敏
	硫化烯烃	>5000	>2000	无	无	未确认（数据不足）
腐蚀抑制剂	烷基胺	>5000	>2000	无	无	未确认（数据不足）
清净剂	低碱性磺酸钙	>5000	>2000	有	有	有过敏可能
	高碱性磺酸钙	>5000	>2000	无	无	无过敏性
	烷基酚钙（S交联）	>5000	>2000	有	有	未确认
分散剂	丁二酰亚胺	>5000	>2000	无	无	估计无过敏
	丁二酰亚胺硼化物	>5000	>2000	有	有	未确认（数据不足）
摩擦改进剂	磷酸酯铵盐	>5000	>2000	有，腐蚀	无	未确认（数据不足）
抗氧剂	ZDDP	2000～5000	>2000	有	有	估计无过敏
	羧酸酯硫化物处理物	>5000	>2000	无	无	估计无过敏

表5－3列出了添加剂对合成酯生物降解性的影响。可以看出不同的添加剂对合成酯的生物降解性有不同的影响。

表 5－3 添加剂对合成酯的生物降解性影响（CEC L-33-T82）

酯的生物降解率/%	54	78	88	97	97
添加剂生物降解率/%	16	59	59	—	16
酯6%～10%添加剂的生物降解率/%	32	74	95	92	48

目前适于环境友好润滑剂的添加剂还较少，大力研究适于环境友好润滑剂的各种类型的添加剂是发展环境友好润滑剂的重要前提。研究表明，一般含有过渡金属元素的添加剂和某些影响微生物活性和营养成分的清净分散剂会降低润滑剂的生物降解性，而含N和P元素的添加剂因为能提供有利于微生物成长的养分，可提高润滑剂的生物降解性。硫化脂肪酸是一类适用于环境友好润滑剂的极压抗磨添加剂，但如果用植物油或合成酯作为基础油，则由于植物油或合成酯具有较强的极性，会与硫化脂肪酸添加剂在摩擦表面形成竞争吸附，所以硫化脂肪酸在植物油或合成酯基础油中的添加量应比在矿物基础油中的添加量大些。此外，无灰杂环类添加剂是一类很好的多功能润滑油添加剂，预计其在环境友好润滑油中将有良好的应用前景。部分酯化的丁二酸酯、琥珀酸衍生物及TMP酯的生物降解率也均大于80%，磺酸钙的生物降解性较差。在抗氧剂中，酚型抗氧剂及铜型氧化抑制剂有较好的生物降解性，而胺型抗氧剂的生物降解性较差。润滑脂的生物降解性还受稠化剂的影响，适合作为生物降解润滑脂的稠化剂主要有硬脂酸钙、12-羟基硬脂酸锂、12-羟基硬脂酸锂及其复合铝，无机稠化剂没有生物降解性。另外，利用来自植物油的脂肪酸和直链酯可合成各种添加剂，这类添加剂的主要优点是具有良好的生物降解性及环境相容性。

第2节 环境友好润滑油脂添加剂种类及性质

2.1 氧化菜籽油油性剂

菜籽油具有优良的润滑性能及良好的破乳化、防腐蚀等性能，但由于其含有较多的不饱和键，因而化学稳定性差，易酸败变质，工业应用受到一定限制。氧化菜籽油在一定程度上克服了菜籽油化学稳定性差的问题，并可在一定程度上增强其润滑等优点。其理化性能指标见表5-4。

表5-4 氧化菜籽油理化指标

项 目		理化指标	试验方法
外观	≤	黄35 红3.3 白1.8	GB 5525
运动黏度（100℃）/(mm^2/s)		30~35	GB 265
闪点（开口）/℃	不低于	200	GB 26
水分	不大于	痕迹	GB 26
机械杂质		无	GB 51
铜片腐蚀（100℃，3h）/级	不大于	1	GB 5096
四球机试验			
最大无卡咬负荷 P_B/N	不小于	785	GB 3142
磨斑直径 D_{20}^{30}/mm		0.38	SY 2665
碘值/(gI_2/100g)	不大于	20	GB 5532

氧化菜籽油在常温时显示出优异的抗磨减摩性能，作为油性添加剂在液压油、导轨油、切削油、主轴油等润滑油中已得到应用。此外，氧化菜籽油生物降解性好，毒性低，生产工艺和设备简单，作为环境友好润滑剂的油性添加剂有较好的应用前景。我国菜籽油产量大，为氧化菜籽油作为环境友好油性添加剂提供了充足的资源。

2.2 植物油脂肪酸添加剂

研究表明，植物油深加工得到的十八酸、二十二酸、十八烯酸、二十二烯酸等作为润滑油添加剂具有良好的抗磨减摩作用。

脂肪酸的润滑作用是由于脂肪酸在金属摩擦表面形成了吸附膜，饱和脂肪酸与摩擦金属表面发生化学反应形成脂肪酸皂吸附膜，这层膜可以是单分子层，也可以是多分子层。当它吸附于金属表面时，有垂直取向的特性，由于分子间的吸力作用，使分子致密地排布在金属表面上，将相互摩擦的金属表面隔开，从而减小金属的摩擦与磨损。脂肪酸的碳原子数影响总的吸附能，当碳原子数较少时，一般是随碳原子数增加，吸附膜的强度增强，当碳数增加到某个值时，吸附膜具有最大强度和最大致密度。对于饱和脂肪酸，当碳原子数大于16时，润滑性能基本不受碳数影响，如C_{18}的十八酸和C_{22}的二十二酸润滑性能相当；如果同系酸中存在极性的不饱和键，则由于不饱和键的吸附作用，会降低吸附膜的强度和致密度，使润滑性能变差，因此碳数相同时，饱和脂肪酸比不饱和脂肪酸润滑性好。对不饱和脂肪酸而言，一般情况是碳链越长，吸附膜中分子间的横向内聚力越大，吸附膜强度和致密度越大，润滑性能也越好，如二十二烯酸比十八烯酸抗磨减摩性能要好些。脂肪酸吸附膜的强度和形成金属皂的熔点不高，这类添加剂只能在中等负荷、速度和温度下起抗磨减摩作用，极压性较差。

2.3 硼化植物油添加剂

含硼化合物尤其是硼酸酯作为减摩添加剂已有较多的研究和应用。硼酸酯的特点是无毒，润滑性好，并有较好的防锈性能；缺点是抗水性能较差，单独使用时其抗磨极压性能不够理想，原因是由于硼酸酯易水解，不太容易吸附在金属表面发生摩擦化学反应而形成润滑膜。如果将硼元素引入植物油分子中制成硼化植物油（如硼化大豆油、棉籽油和菜籽油），可以较为显著地提高含硼化合物的抗磨减摩性能。

胡志孟等人以植物油深加工得到的脂肪酸为原料合成出了硼化植物油，以1%添加量分别添加到烷基苯和变压器油中进行摩擦磨损试验，并与硫化棉籽油（T405）和芥酸硫钼、二羟基二十二酸（从菜籽油衍生得到）进行比较，发现硼化植物油的极压抗磨性能明显优于其他添加剂，并且硼化植物油的抗磨性能和油膜承载能力均不随基础油黏度变化而变化，见表5-5。

表 5-5 硼化植物油的抗磨性能和油膜承载能力

油 样	平均磨损直径 D_{441N}^{30min}/mm	P_B/N
1:1 烷基苯 + 植物油	1.78	/
烷基苯 +1% 硼化植物油	0.48	1029
45 号变压器油 +1% 硼化植物油	0.48	1029
5 号白油 +1% 硫化芥酸	0.70 *	1029
5 号白油 +1% 芥酸硫钼	0.58 *	1078
SN400 +0.2% 二羟基二十二酸	0.68	1029
SN400 +1% T405	0.80	882

注：* 的载荷为 392N；烷基苯和 45 号变压器油在 40℃时的运动黏度分别为 4.2mm^2/s 和 10.2mm^2/s。

2.4 羟基脂肪酸添加剂

在植物油脂肪酸分子中引入二个羟基，制成 13，14 - 顺式二羟基二十二脂肪酸、9，10 - 顺式二羟基十八脂肪酸、13，14 - 反式二羟基二十二脂肪酸、9，10 - 反式二羟基十八脂肪酸等化合物，将经过羟基化的菜籽油脂肪酸加入基础油中，发现羟基化脂肪酸具有较好的抗磨减摩性能，且反式二羟基脂肪酸明显优于顺式二羟基脂肪酸。

表 5-6 所示为在菜籽油中分别加入 0.6%9（10）-单羟基十八酸（简称为 MHOA）、13（14）-单羟基二十二酸（简称为 MHDA）、9，10 - 二羟基十八酸（简称为 DHOA）、13，14 - 二羟基二十二酸（简称 DHDA）后，四种润滑剂体系的摩擦学性能指标。

表 5-6 羟基脂肪酸添加剂的摩擦学性能

添加剂名称	P_B/N	P_D/N	平均磨损直径 D_{392N}^{30min}/mm	摩擦系数 f
MHOA	712	1600	0.58	0.055
MHDA	680	1600	0.55	0.053
DHOA	680	1600	0.46	0.052
DHDA	720	1600	0.42	0.047

关于羟基脂肪酸的抗磨机制问题，Okabe 通过对 2 - 羟基十八酸添加剂润滑下摩擦表面的偏光反射红外分析发现，该添加剂通过吸附而起润滑作用并经由摩擦化学反应生成酯，且其在摩擦表面的吸附形态不同于化学合成的同种酯，因而具有更好的减摩性能。胡志孟等采用 XPS 和表面反射红外技术分析了羟基脂肪酸的润滑机理并提出了其润滑作用模型。他们认为，羟基脂肪酸在摩擦过程中发生了摩擦聚合，二羟基脂肪酸能形成网状吸附聚酯膜，单羟基脂肪酸则形成线型聚酯膜，由此导致二者抗磨能力的差异。在此基础上，王大璞等进一步研究了二羟基脂肪酸立体构型对抗磨性能的影响，发现反式二羟基脂肪酸的抗磨性能明显优于顺式。这是由于顺式二羟基脂肪酸中的二个羟基极易吸附于摩擦表面，不仅使垂直作用的烃链变短，而且使其在摩擦过程中无法形成摩擦聚合物膜，而只能

通过范德华力进行第 2 层、第 3 层的吸附，所以膜的强度较差，而反式二羟基脂肪酸中的两个羟基可以都伸展于空间中，也可以一个吸附，一个伸展，能够提供形成聚酯或聚醚的自由羟基，在摩擦表面上易于生成聚合物膜，从而提高抗磨效果。

2.5 苯并噻唑衍生物添加剂

研究表明，在菜籽油中加入苯并噻唑衍生物可显著改善菜籽油的抗磨减摩性能，有望作为一类新型的环境友好润滑添加剂。合成的两种苯并噻唑衍生物添加剂（分别用 A 和 B 表示），其结构如下：

(苯并噻唑)—$NHCOCH_2SC(=S)NR_2$

R为—C_4H_9(化合物A)；—C_8H_{17}(化合物B)

表 5 - 7 显示出了在菜籽油中加入 2% 质量分数的添加剂 A 和 B 后，润滑体系的摩擦学性能。

表 5 - 7　苯并噻唑衍生物添加剂的摩擦学性能

添加剂名称	P_B/N	P_D/N	平均磨损直径 D_{392N}^{30min}/mm	摩擦系数 f
A	850	2500	0.41	0.051
B	820	2000	0.43	0.054

大量表面分析实验结果表明，苯并噻唑衍生物在摩擦过程中吸附和反应有效地改善了菜籽油的抗磨减摩性能。

2.6 硫化脂肪酸添加剂

通过在十八烯酸、二十二烯酸的双键上引入硫元素，得到两种硫化脂肪酸润滑添加剂硫化十八酸（简称 SOA）及硫化二十二酸（简称 SDA）。表 5 - 8 所示为在菜籽油中添加 0.2% 质量分数硫化脂肪酸添加剂的润滑体系的摩擦学性能。

表 5 - 8　硫化脂肪酸添加剂的摩擦学性能

添加剂名称	P_B/N	P_D/N	平均磨损直径 D_{392N}^{30min}/mm	摩擦系数 f
SOA	750	2000	0.50	0.065
SDA	780	2500	0.43	0.055

两种硫化脂肪酸在菜籽油中的减摩抗磨效果不同于十八酸，这可能是由于其润滑机制不同所致。十八酸通过在摩擦表面形成化学吸附膜而起减摩抗磨作用，相应地，吸附膜在中等速度、中等载荷及中等温度下能够发挥有效的减摩抗磨作用，在高载荷下则易失效；同十八酸相比，在较低载荷下，硫化脂肪酸的减摩抗磨效果不明显，则可能是由于其摩擦化学作用较弱，在摩擦表面主要形成较弱的吸附膜，而在高载荷下则主要通过摩擦化学作

用形成极压保护膜，从而起明显的减摩抗磨效果。

胡志孟等[17]也曾详细研究了硫化脂肪酸在矿物基液体石蜡中的润滑行为及机理，发现在液体石蜡中，硫化二十二酸的减摩效果比硫化十八酸好，但抗磨能力不如后者，这与它们在菜籽油中的反应有一定的差异。二者在液体石蜡中也主要通过摩擦化学作用起润滑作用。另外，在菜籽油中，菜籽油与添加剂在摩擦过程中发生了竞争吸附，而在极性较低的液体石蜡中则不存在这一现象。

2.7 磷氮化菜籽油添加剂

将菜籽油进行化学改性，在其中引入磷元素和氮元素，分别得到两种磷氮化改性菜籽油润滑添加剂——饱和磷氮化菜籽油润滑添加剂（简称 PN1）和不饱和磷氮化改性菜籽油润滑添加剂（简称 PN2)。表 5 -9 所示为在菜籽基础油和 350SN 矿物基础油中添加 2% 的 PN1 和 PN2 的润滑体系的摩擦学性能。

表 5 -9 磷氮化菜籽油添加剂的摩擦学性能

添加剂名称	P_B/N	P_D/N	平均磨损直径 D_{392N}^{30min}/mm	摩擦系数 f
PN1 + RO	750	2000	0.50	0.065
PN2 + RO	780	2500	0.43	0.055
PN1 +350SN	500	1500	1.58	0.058
PN2 +350SN	520	1500	0.63	0.056

从表 5 -9 可以看出，磷氮化改性菜籽油润滑添加剂在菜籽基础油中具有良好的抗磨减摩性能，但在矿物基础油中不明显。两种磷氮化改性菜籽油添加剂，其中 PN1 主要在羧基上引入磷和氮，PN2 主要在不饱和菜籽油分子双键上引入磷和氮，长链的菜籽油分子相当于一个载体，能强烈地吸附于金属表面，使磷更易与金属表面作用生成极压膜。即使在苛刻润滑条件下，磷 - 氧键断裂，菜籽油分子仍能很好地起载体作用，磷与摩擦金属间的键合由于菜籽油分子的载体作用而得到加强，即协同增强了表面膜的强度。另一方面，由于氮元素的电负性高，原子半径小，在摩擦过程中，当磷氮型改性菜籽油添加剂吸附于摩擦面时，分子之间易于形成氢键而使吸附膜分子内聚力增强，使油膜强度提高。此外，磷、氮化改性菜籽油添加剂的极压抗磨机理，实质上是一种控制性腐蚀现象，由于摩擦过程产生的局部高温，导致母体磷酸的生成，而磷、氮型添加剂中的氮是一种较强的路易斯碱，能有效地抑制元素磷的过度腐蚀。

当以菜籽油为基础油时，PN1、PN2 均能较好地溶于基础油中，长链菜籽油分子的载体作用在菜籽油基础油中得到加强，故表现出较好的极压抗磨和减摩性能。当以 350SN 为基础油时，由于 PN1、PN2 分子的极性远远大于基础油，故 PN1、PN2 在 350SN 中的溶解性不如在菜籽油中好，因而长链菜籽油分子的载体作用在 350SN 基础油中有所削弱，添加剂分子在金属表面的吸附能力降低，抗磨极压性能和减摩性能变差。但无论是以菜籽油为基础油还是以350SN为基础油，在低负荷时，PN2的减摩效果比PN1要好。这是因为PN2是饱和分子，当它吸附于金属表面时，有垂直取向的特性，使分子间的吸力增大，分子致密地吸附在金属表面上，增大油膜强度，从而减小了金属的摩擦和磨损。PN1中含有大量的不饱和双键，当它吸附于金属表面时，由于烯键的吸附作用，使排列的吸附膜变得不再致密，分子间的横向内聚力（相互吸引力）减小，吸附膜强度和润滑性能都变得较差。而在高负荷下，PN1的极压抗磨效果优于PN2，这一方面是因为PN1中的有效组分磷元素含量高于PN2，另一方面是因为PN1中含有大量的不饱和双键，分子键能较大，活性较高，在摩擦过程中比PN2更易与金属表面作用并发生摩擦化学反应，生成极压膜的速度和强度较高的缘故。

2.8 硼氮化菜籽油添加剂（BN1）

将菜籽油进行化学改性，在其分子的双键上引入硼和氮，可得到硼氮化改性菜籽油润滑添加剂（简称为BN1）。表5-10所示为在菜籽基础油和水中添加2%质量分数的BN1的润滑体系的摩擦学性能。

表5-10 硼氮化改性菜籽油润滑添加剂的摩擦学性能

添加剂名称	P_B/N	P_D/N	平均磨损直径 D_{392N}^{30min}/mm	摩擦系数f
BN1 + RO	932	2000	0.25	0.038
BN2 + H_2O	580	1260	0.63	0.92

在菜籽油分子中引入硼和氮元素时，硼氮化改性菜籽油显示出极强的抗磨极压性，从抗磨减摩机理研究表明，长链的菜籽油分子能强烈地吸附于金属表面，作为B和N元素的载体，使硼更易与金属表面作用生成极压膜。即使在苛刻润滑条件下，B—O键断裂，由于强烈的分子色散力作用，菜籽油分子仍能很好地起载体作用，硼与金属表面间的键合由于菜籽油分子的载体作用而得到加强。此外，硼元素的空p轨道能将摩擦金属中的d或f轨道电子或摩擦过程中产生的外逸电子俘获，使B渗透到摩擦金属的亚表面。表面层的硼由于浓度较高，在摩擦热的作用下易与摩擦金属反应生成FeB、Fe_2B等形式的化学反应膜。亚表面层的硼因浓度较低，主要与铁形成Fe-B或B-Fe-C渗透层。化学反应和渗透的共同作用使表面的化学反应膜强度变得更加牢固。另一方面，由于氮元素的电负性高，原子半径小，在摩擦过程中，当硼氮型改性菜籽油添加剂吸附于摩擦面时，分子之间比较容易形成氢键而导致横向引力的增强，对提高油膜强度也起到一定的作用。

2.9 硼氮化蓖麻油添加剂（BN2）

与菜籽油相比，蓖麻油中各种酸的组成含量有较大的区别，在蓖麻油分子中引入硼和氮，得到硼氮化改性蓖麻油润滑添加剂（简称BN2）。与BN1相比，二者结构相似，但具有相同结构的添加剂分子含量不同。表5-11所示为在菜籽基础油和水中添加2%的BN2

的润滑体系的摩擦学性能。

表 5－11 硼氮化改性蓖麻油润滑添加剂的摩擦学性能

添加剂名称	P_B/N	P_D/N	平均磨损直径 D_{392N}^{30min}/mm	摩擦系数 f
BN2 + RO	981	2000	0.25	0.038
BN2 + H2O	610	1260	0.6	0.9

从表 5－11 可以看出，硼氮化改性蓖麻油 BN2 润滑添加剂在菜籽基础油和水中均具有优良的抗磨减摩性能，其作用机理可能与硼氮化改性菜籽油（BN1）相似，是由长链蓖麻油分子的载体作用、硼的缺电子性及氮的高电负性所致。

2.10 硫、硼改性菜籽油添加剂（BSR）

在菜籽油分子的双键上引入硫元素和硼元素，可得到含硫和硼的改性菜籽油润滑添加剂（简称 BSR）。表 5－12 所示为在菜籽基础油中添加 2% 质量分数的 BSR 的润滑体系的摩擦学性能。

表 5－12 BSR 的摩擦学性能

添加剂名称	P_B/N	P_D/N	平均磨损直径 D_{392N}^{30min}/mm	摩擦系数 f
BSR + RO	932	3922	0.43	0.056

2.11 硫化菜籽油添加剂（SRO）

采用低温硫化法，在菜籽油分子中引入硫元素，得到无臭硫化改性菜籽油润滑添加剂（简称 SRO）。表 5－13 所示为在菜籽基础油中添加 2% 的 SRO 的润滑体系的摩擦学性能。

表 5－13 SRO 的摩擦学性能

添加剂名称	P_B/N	P_D/N	平均磨损直径 D_{392N}^{30min}/mm	摩擦系数 f
SRO + RO	932	3039	0.49	0.046

研究表明，硫化改性菜籽油润滑添加剂的润滑机理主要是形成 FeS 保护膜。由于长链菜籽油分子的载体作用，活性硫元素更易与摩擦表面发生摩擦化学反应。另外，结合摩擦磨损性能和 XPS 综合分析可以看出，硫化改性菜籽油润滑添加剂的磨损机理主要是一种腐蚀磨损。

2.12 羟基化菜籽油添加剂（HORO）

采用碱性条件下强氧化剂氧化的方法，在菜籽油分子的双键上引入两个羟基，得到羟基化改性菜籽油润滑添加剂（简称 HORO）。表 5－14 所示为在菜籽基础油中添加 2% 质量分数的 HORO 的润滑体系的摩擦学性能。

表 5－14　HORO 的摩擦学性能

添加剂名称	P_B/N	P_D/N	平均磨损直径 D_{392N}^{30min}/mm	摩擦系数 f
HORO + RO	755	2452	0.48	0.047

根据表面分析结果表明，羟基化改性菜籽油的作用机理主要是添加剂在摩擦表面通过分子间酯化聚合起润滑作用。此外，长链菜籽油分子在摩擦过程中极易吸附于摩擦表面，并很快形成吸附膜而起润滑作用。另一方面，金属表面氢键的作用以及氧元素参与形成的氧化铁膜或铁皂，与摩擦聚酯膜共同组成了起抗磨作用的润滑膜。

2.13　其他含钼、硼的添加剂

国内太平洋联合（北京）石油化工有限公司生产的含钼、硼等功能元素的润滑添加剂，不但具有优异的抗磨减摩性能，而且还具有环境友好性。其主要性能见表 5－15。

表 5－15　其他环境友好润滑添加剂

牌　号	主要应用范围及性能
POUPC1001 有机钼化合物	硫磷氮钼配合物，具有优良的减摩、抗氧化性能、油溶性好、无腐蚀，广泛用于内燃机油、齿轮油、液压油及润滑脂中
POUPC1002 氨基甲酸钼化合物	非硫磷型氮钼配合物，具有优良的减摩抗磨性能、抗氧化性能，用于中高档汽柴机油及润滑脂中
POUPC1003 钼胺络合物	非硫磷型氮钼配合物，具有优良的减摩抗磨性能、抗氧化性能，用于中高档汽柴机油及润滑脂中与其他添加剂配伍效果好
POUPC1003A 钼硼配合物	钼硼络合物，具有优良的减摩抗磨性能、抗氧化性能，用于中高档汽柴机油及润滑脂中与其他添加剂配伍效果好
POUPC1004 水基钼配合物	非硫磷水溶性有机钼配合物，能显著提高含水化合物的极压、减摩性能，广泛适用于抗燃液压液、切削液、金属加工液等工业油中
POUPC1004B 硫-磷水基钼配合物	硫磷水溶性有机钼配合物，能显著提高含水化合物的极压、减摩性能，广泛适用于抗燃液压液、切削液、金属加工液等工业油中
POUPC3001 含氮硼酸酯	含氮硼酸酯类衍生物，具有优异的减摩抗磨性、良好的水解安定性及高温抗氧性，是一种多效添加剂
POUPC3002 脂肪酸咪唑啉硼酸酯	水基硼配合物，一种新型的极压减摩添加剂，它能显著提高含水化合物的极压、减摩性能，广泛适用于抗燃液压液、切削液、金属加工液等工业油中

2.14　环境友好水基润滑添加剂

水基润滑剂在过去几十年获得了很大发展，其中水基液压液和水基金属加工液发展更为迅速。水是无毒、无臭且来源丰富的绿色基础液，与油基润滑剂相比，水基润滑剂具有冷却性好、难燃、低污染等优点，但是水基润滑剂往往润滑性和防蚀性较差，为了改善和提高水基润滑剂的性能，需要在水基润滑剂中加入多种添加剂和表面活性剂，这无形中也对水基润滑剂的生理生态毒性造成了负面影响。例如从健康方面考虑，水基润滑剂中使用的多种表面活性剂对人体皮肤有脱脂作用，长期接触会使皮肤变得粗糙、干燥；水基润滑剂中的有机胺、无机碱具有强烈的刺激作用；水基润滑剂滋生的某些微生物能导致一些疾病的发生（如分枝杆菌能与胺、乙二醇等组分共同作用，增加患超感性肺炎的危险）；绝大多数杀菌剂与皮肤相容性差，容易引发皮炎和呼吸道疾病等。此外，在废液处理方面，油基润滑剂废液除了可以作为燃料油直接消耗以外，还可回收再生处理，而水基润滑剂废液到目前为止尚无较好的经济处理方法。水基润滑剂的润滑性能、生理生态毒性、废液处理问题是当前制约其发展的三大因素。因此在提高水基润滑剂润滑性和防蚀性的同时，努力减小添加剂的生理生态毒性、发展环境友好水基润滑剂是今后水基润滑剂发展的主要方向。

发展环境友好水基润滑剂的关键是必须研发高性能、低污染、低毒性的添加剂。在润滑添加剂方面，目前国内外主要从以下几个方面开展研究：

1. 传统添加剂的改造

通过对油溶性添加剂进行改性，提高其在水中溶解度，保持或进一步改善润滑性。近几年来，分子设计方法在指导水溶性添加剂的制备上取得了可喜的进展。分子设计方法通常是把赋予水溶性的亲水性基团、赋予油性剂作用的吸附性基团和赋予极压、抗磨作用的反应性基团集合于一个分子内从而合成出兼具有油性、抗磨性和极压性等多功效的水溶性润滑添加剂。赋予水溶性的基团主要有—COOH、—OH、—NH_2等，其中以羧基、酰胺基较为理想；起油性剂作用的分子包括两部分，即起吸附作用的极性基团（如—COOH、—COOR、—$CONH_2$等）和起隔离作用的非极性基团（烃基），两者的匹配非常重要；而起极压剂作用的基团一般包含S、P、Cl、Mo等化学反应活性高的元素，经摩擦化学反应生成金属化合物，从而起到润滑作用。最近几年有关水溶性润滑添加剂的报道，大都直接或间接体现和应用了分子设计的方法。

1）硫磷系水溶性润滑添加剂

硫元素是传统润滑添加剂中应用最早的活性元素，其优异的极压抗磨性能在水溶性添加剂中也有很好的体现。如官文超等合成的含硫元素的季铵盐衍生物，其水溶液的P_B值为745N，当在该化合物中进一步引入锌元素后，硫、锌产生协同作用，P_B值上升到1969N。黄伟九等合成了3-（*N*，*N*-二正丁基二硫代氨基甲酸基）丙酸与3-（*N*，*N*-二正丁基二硫代氨基甲酸基）丙二酸两种水溶性添加剂，试验结果表明这两种化合物能显著提高承载能力和烧结负荷，并且后者的抗磨性能优于前者。这说明当碳链相同时，二元羧酸的润滑性能优于一元羧酸。巯基苯并噻唑羧酸衍生物（BT—S—RCOOH）由于具有长碳链、两个羧基，因此本身具有抗磨、极压、防锈多重功效。

有机磷化合物的抗磨机理，最早认为是“化学抛光”作用过程，1974年Forbes提出了二烷基亚磷酸酯生成无机亚磷酸铁膜的减摩原理。但有机磷化合物抗磨性能优于含硫化合物，而抗烧结负荷低于含硫化合物这一特性是为众人认同的。因此，将 P、S 共同引入水溶性润滑添加剂后，其减摩作用是非常显著的。官文超等人对合成的水溶性烷基硫代磷酸锌的润滑薄膜分析结果进一步验证了上述理论，同时还证明了该化合物与溶液的表面张力具有很好的相关性[26]。林峰等合成的二壬基酚聚氧乙烯醚（硫）磷酸锌三元配合物，不仅水解安定性好，并且抗磨性能优于含 1% ZDTP 的矿物油；而黄雪红对同类化合物研究表明，当聚乙二醇的平均分子量为 1000 左右时，该类化合物的抗磨效果最佳，同时她还尝试将 Ce 元素引入该类化合物，结果证明 Ce 元素的抗磨性能优于 Zn 元素。以上含磷金属有机物包括传统的 ZDTP、MoDTP、S_bDTP，由于它们生物降解性较差，因此国外学者研究了用不含金属的二硫代磷酸的衍生物取代金属硫代磷酸盐的可能性，国内学者则合成了硫代磷酸酯一元羧酸衍生物，润滑性能优异。

含磷化合物虽然具有优良的极压抗磨性能，但是磷酸盐的积累会使河流、湖泊因营养富化而出现赤潮，因此含磷润滑添加剂正逐渐被限制使用。所以，在以后开发水溶性润滑添加剂时应尽量避免磷元素的引入。

2）脂肪酸及其盐（酯）系水溶性润滑添加剂

水溶性的脂肪酸及其盐（酯）类作为润滑添加剂，具有突出的优点。首先，这类化合物的合成工艺成熟，这就为工业化生产提供了条件；其次，不同链长的脂肪酸（盐、酯）具有不同的润滑选择性；最后，一些脂肪酸（盐、酯）还具有一定的防锈、清洗作用。因此，脂肪酸及其盐（酯）是目前有较多工业实践应用的水溶性润滑添加剂品种。例如国外学者利用三羟甲基丙烷与不同的脂肪酸合成一系列酯类添加剂，不仅成功解决水解安定性的问题，而且该系列添加剂还具有润滑、防锈、抗泡、表面活性等诸多功能。此外，国外文献对于 *N*-酰基各类氨基酸作为润滑添加剂的报道较多，例如金刚烷羧酸链烷醇胺酯是集润滑、杀菌、抗泡、防锈为一体的多功能水溶性润滑添加剂。而国内对于脂肪酸及其盐（酯）的报道多集中于对传统水溶性脂肪酸（盐、酯）的摩擦性能改性研究。

3）硼系水溶性润滑添加剂

含硼润滑添加剂包括无机硼酸盐和有机硼酸酯两大类化合物，而有机硼酸酯由于其分子设计性强，并且具有良好的极压抗磨性、防锈性和杀菌防腐性，因此有关有机硼酸酯作为水溶性润滑添加剂的研究近几年来陆续有些报道。例如，国内张秀玲等采用乳液聚合法合成的聚甲基丙烯酸酯含硼润滑添加剂，其 5% 的水溶液的 P_B 值达到 902N，并且防锈、抗泡性能优异。黄伟九等对合成的脂肪酸咪唑啉硼酸酯进行了摩擦学性能考察，结果表明含氮硼酸酯在水中具有良好的减摩抗磨性能和承载能力；万福成等对烷基咪唑啉硼酸酯与油酸、二硫代氨基甲酸钠之间的配伍性进行了研究，试验表明其与这两种添加剂协同效应明显；此外黄雪红分别将氯、磷两种元素引入硼酸酯，结果表明两种活性元素的引入明显提高了硼酸酯的润滑性能，并且含磷硼酸酯的最大无卡咬负荷值大于含氯硼酸酯。以上具有代表性的研究表明，只要解决了硼酸酯水解安定性问题，作为多功能水溶性润滑添加剂，含硼有机化合物将具有很大的发展潜力。

2. 研究纳米润滑添加剂

纳米摩擦学是90年代以来摩擦学研究领域最活跃最前沿的领域之一。研究表明纳米材料用作润滑添加剂可起到特殊的减摩、抗磨和极压作用。过去诸多有关纳米润滑添加剂的报道大多集中于作为油基润滑添加剂，作为水基润滑添加剂的纳米微粒的研究最近几年才陆续出现。高永健等合成了油酸修饰TiO_2纳米微粒，在添加质量分数为0.1% ~1.0%时，可使水的承载能力提高6~12倍，烧结负荷提高51% ~100%。官文超等利用富勒烯（C_{60}）合成了一系列纳米级水基润滑添加剂，并考察它们的摩擦学性能。结果表明：富勒烯纳米微粒在摩擦条件下能起到弹性“滚珠”润滑作用，从而有效隔离两摩擦表面，提高水基润滑剂的承载能力及降低磨损。需要特别注意的是，由于纳米微粒的特殊结构，也使其在润滑剂中的分散性、稳定性方面存在着许多不足，这也是纳米润滑添加剂研究报告多，应用成果少的重要原因，如果能有效解决这一问题，纳米水基润滑添加剂应用前景将十分广阔。

3. 应用水溶性高分子化合物

在金属加工领域，尤其是在金属锻造领域，水溶性高分子化合物由于具有较强的皮膜黏附性和皮膜生长性，因此可以把这类化合物作为石墨的替代物，其使用量正在逐渐增多。作为锻造润滑添加剂，水溶性高分子化合物同样必须具备吸附性基团（如羧基、羟基、氨基等），以保证皮膜的黏附性能。典型代表性化合物有聚（烷撑）二醇（PAG）、聚乙烯醇（PVA）、羧甲基纤维素盐（CMC-Na）、聚丙烯酸盐（PA-Na）、烷基马来酸盐聚合物（PAM）、聚乙烯磺酸盐（PSS-Na）等。其中，水溶性PAG在水溶液中具有逆溶性特点，这一特性可以大大改善润滑剂的润滑性能，并且PAG比水溶性油剂具有更好的冷却性、稳定性、抗菌性，因此广泛应用于金属加工液中。以上这些化合物都是一些传统的润滑添加剂，而具有优异摩擦学性能的水溶性高分子化合物的研究报道还很少，国内唐林生等采用化合物无机值（I）和有机值（O）作为水溶性高分子化合物分子设计的理论依据是一次有益的尝试。

以上介绍的水基润滑添加剂反映了当前水基润滑添加剂研究的概貌，从环境友好润滑剂的角度讲，在研发新型水基润滑剂的添加剂时，还必须十分重视添加剂的生理生态毒性和生物降解性问题。

作者以生物降解性能良好的高级脂肪酸为原料，采用硼氮化技术，制备出了硼氮化改性脂肪酸环境友好型水基润滑添加剂（简称BNR3），下面对其性能进行介绍。表5-16所示为在水中加入添加剂BNR3后润滑体系的摩擦学性能情况。

表5-16 BNR3的摩擦学性能

添加剂名称	P_B/N	P_D/N	平均磨损直径 D_{392N}^{30min}/mm	摩擦系数f
BNR3 + H_2O	834	2452	0.59	0.048

硼氮化改性脂肪酸添加剂BNR3的抗磨作用机理主要是在长链脂肪酸分子中引入硼元素和氮元素，长链的脂肪酸分子相当于一个载体，能强烈地吸附于摩擦表面，使硼、氮更易与

摩擦表面发生化学反应，生成高强度的摩擦化学反应膜，从而减小摩擦磨损。因此，即使在边界润滑条件下，由于长链脂肪酸分子的极性和载体作用，添加剂分子也能很快地吸附于摩擦表面，形成良好的润滑膜。即使 B—O 键断裂，脂肪酸分子仍能很好发挥载体作用。

2.15 环境友好抗氧化剂

氧化安定性是润滑剂的重要性能之一，是决定润滑剂使用性能和使用寿命的重要因素。润滑剂在使用过程中经常处于较高温度并与空气接触，加上金属的催化氧化作用而容易发生氧化反应。润滑剂氧化可导致生成酸性组分、腐蚀金属、磨损增大、防护和冷却性下降等不良后果。目前环境友好润滑油所用基础油以植物油居多，植物油分子中含有大量的不饱和双键，氧化安定性较差。改善植物油氧化安定性的方法除了对植物油进行改性外，抗氧化添加剂的使用也十分重要。目前在矿物润滑油中对各种抗氧化添加剂的研究较多，适于该类润滑剂的抗氧化添加剂也比较成熟，但对于环境友好植物油基润滑油的抗氧化安定性研究则较少。有研究表明，作为环境友好润滑油（菜籽油为基础油）的抗氧剂，酚系抗氧剂的抗氧化性能比胺系抗氧剂好。王毓民、任天辉等对植物油基润滑油的抗氧化安定性作了研究，考察了 ZDDP、CuDDP、DNA（烷基化芳胺）等添加剂在植物油中的抗氧化性能，发现几种抗氧抗腐剂在菜籽油为主的基础油中所起的作用与其在矿物基础油中不同，对抗氧抗腐性的提高作用不显著，但几种抗氧添加剂复配后可在一定程度上提高抗氧化性能。表 5－17 所示为四种酚型抗氧剂对菜籽油的抗氧化性能，表 5－18 所示为在菜籽油中几种抗氧剂的生物降解情况。

表 5－17 四种酚型抗氧剂对菜籽油的抗氧化性能

抗氧剂	二叔丁基羟基甲苯	2，6－二叔丁基酚油基丙酸酯	2，6－二叔丁基酚	甲撑双酚	未加
添加量/%	2	2	1	2	0
寿命（ASTM D 2272）/min	30	15	50	20	4
40℃黏度变化（ASTM D 2272）/%	33	194	15	50	>4000

表 5－18 菜籽油中几种抗氧剂的生物降解情况

温度/℃	80～110				
时间/h	0	600		1000	
生物降解情况	原始/%	剩余量/%	降解率/%	剩余量/%	降解率/%
酚型抗氧剂	1.4	0.4	71.4	0	100
含铜抑制剂	0.1	<0.05	50	0	100
胺型抗氧剂	0.65	0.65	0	0.38	41.5

关于植物油的抗氧化问题，研究发现一些合成化合物和天然化合物对提高植物油的抗

氧化性能有较好效果，这些化合物在今后开发环境友好润滑剂时作为植物油的抗氧化添加剂将可能有较好的应用价值，下面对这些抗氧剂进行简要介绍。

2.15.1　合成抗氧剂

1）BHA（叔丁基羟基茴香醚）

BHA 是由 2-叔丁基茴香醚（简称 2-BHA）和 3-叔丁基羟基茴香醚（3-BHA）两种异构体以 9∶1 的比例混合而成混合体。BHA 对植物油有良好的抗氧化作用，且对热较稳定，在弱碱条件下也不易被破坏。BHA 的相对毒性（LD_{50} 4.1～5.0g，大鼠）略低于 BHT（LD_{50} 1.7～2.5g/kg，大鼠）。易溶于油脂而不溶于水。

2）BHT（二叔丁基羟基甲苯）

BHT 又称二叔丁基对甲酚，学名 2，6-二叔丁基-4-甲基苯酚，俗称抗氧剂 264，又称 T501，是重要的通用型酚类抗氧剂之一。它广泛用于食品加工，油脂防腐，燃料油防胶以及接触食品、医疗用品的包装材料中。由于其性能优越，迄今在受阻酚类抗氧剂中仍占主导地位。

3）TBHQ（叔丁基对苯二酚）

又称叔丁基氢醌。黄绍华等的研究表明，添加 0.02% TBHQ 的植物油在 105℃、140℃的情况下具有很高的氧化稳定性，优于添加 BHT。何碧烟等[55]的研究表明 TBHQ 对花生油的氧化抑制作用显著。姜爱莉等用 TBHQ 和高级脂肪醇制备出一种 TBHQ 的衍生物 2-叔丁基-5-十八烷基-1，4-对苯二酚（DTBHQ），该衍生物具有较好的耐热性和较好的抗氧化活性，大白鼠经口 LD_{50} = 4000mg/kg。吴若峰等通过 TBHQ 与苯乙烯－马来酸酐交替共聚物的酯化反应制备了高分子化的叔丁基氢醌（PTBHQ）。经测定，高分子化的叔丁基氢醌的抗氧化活性、热稳定性和持久抗氧化能力均有所增强。

4）抗坏血酸及其衍生物

抗坏血酸及其衍生物中用作抗氧化剂的有抗坏血酸钠、抗坏血酸钙、异抗坏血酸及其钠盐、抗坏血酸棕榈酸酯和抗坏血酸硬脂酸酯等。由于它们本身极易被氧化，能降低介质中的含氧量，即通过除去介质中的氧而延缓油脂等氧化反应的发生，因此是一类氧的清除剂。抗坏血酸类起作用时，本身被氧化并降解。赵克华等的研究结果表明，抗坏血酸脂肪酸脂（AS）阻抑油脂自动氧化的作用非常显著，高度精炼的色拉油比豆油更适宜添加 AS。耿志明等的研究表明，L-抗坏血酸脂肪酸脂不但可以与自由基作用，而且还可以与氧气反应，另外，它与维生素 E 配合使用还有增效作用。

此外，金属离子对植物油的氧化也有很强的催化作用，可利用金属离子螯合剂与金属离子络合后形成稳定的金属结合物而使之失去氧化催化作用。在植物油中用得较多的螯合剂是各种有机酸（如多元羧酸、如柠檬酸、苹果酸、酒石酸、植酸、琥珀酸等），而其中以柠檬酸及其衍生物的螯合作用为最强，用得也较多。此外，磷酸盐如三聚磷酸盐、六偏磷酸盐等长链的聚合磷酸盐对钙、镁等轻金属离子有很强的螯合作用，焦磷酸盐等短链缩合磷酸盐则对铜、铁等离子有很好的螯合作用，磷脂对络合金属离子也有一定作用。

2.15.2 天然抗氧剂

1）天然维生素 E

天然维生素 E 是植物油脂中普遍存在的一类抗氧化剂。它有两种基本结构，一种是母育酚结构，另一种是三烯酚结构。随着 5、7、8 三个位置上的甲基数目的不同，维生素 E 的结构与性质也不同。具有母育酚结构的同系物称为生育酚，具有三烯酚结构的同系物称为生育三烯酚。生育酚有 14 种异构体，植物油的抗氧化效果，一般而论以 δ 最强，按 γ、β、α 的顺序减弱。但因植物油的种类、发生氧化温度和添加的浓度等不同，也会发生异常的情况。

2）芝麻酚

芝麻酚是芝麻油的特殊成分，它的前驱物质是芝麻酚林，在酸性条件下水解即生成芝麻酚和萨明。除从芝麻油中提取外，用 3，4-甲撑二氧基苯甲醛（胡椒醛）也可合成芝麻酚。芝麻酚是一种优良的抗氧化剂。胡春等采用高压液相色谱分析了 120 ~ 200℃ 的油炸温度下芝麻油中的组成变化，发现 180℃ 时芝麻酚林在 2h 后分解结束，在油炸温度下加热 1h 以后的主要抗氧化物是芝麻酚。同时发现介质中游离的羧基促进芝麻酚林的分解，水分可以促进芝麻酚的分解。

3）棉酚

棉酚是存在于棉籽油中的特殊成分，毛棉油含有 0.08% ~ 0.31% 这种脂溶性红色色素。棉酚具有良好的抗氧化效果，但有一定毒性。

4）阿魏酸和咖啡酸

阿魏酸是芳香族羟基酸之一，能生成多种酯类化合物。米糠油及其他多种植物油中均存在阿魏酸酯，阿魏酸酯水解后，释放出的阿魏酸有抗氧化作用。另外，咖啡豆等油料中含有分子结构类似阿魏酸的咖啡酸，但其抗氧化效果不如阿魏酸好。

5）磷脂

磷脂具有一定的抗氧化效果，其中卵磷脂和脑磷脂效果最好，而脑磷脂比卵磷脂效果又要好。把它们与其他抗氧化剂配合使用，抗氧效果更佳。

6）茶多酚

茶多酚是一种从茶叶中提取的天然多酚类物质，主要由儿茶素组成，约占茶多酚总量的 60% ~ 80% 左右，包括表儿茶素（EC）、没食子儿茶素（GC）、表没食子儿茶素（EGC）、表儿茶素没食子酸酯（ECG）、表没食子儿茶素没食子酸酯（EGCG）。具有无毒、无副作用、抗氧效果好等优点。傅冬和等通过比较植物油中儿茶素不同的质量分数及含咖啡因与否的抗氧化作用。结果显示，去咖啡因儿茶素比含咖啡因儿茶素的抗氧化作用强。茶多酚属水溶性物质，一般制成乳剂或增溶于植物油中使用。为解决茶多酚的油溶性问题，林新华等利用复配非离子表面活性剂作为溶剂，制备了增效脂溶性茶多酚溶液，许少玉等研制成 20% 的茶多酚乳剂，傅冬和等用短碳链脂肪醇作为茶多酚的脂溶性溶剂。

7）异黄酮

韩丽华等在大豆油、棉籽油和葵花籽油中添加大豆异黄酮，观察其对食用油的抗氧化作用，用乙醇来解决大豆异黄酮在食用油中的均匀分散问题。实验表明，大豆异黄酮是一种优良的天然抗氧化剂，其抗氧化能力强于 TBHQ。姚明兰等对发酵豆粕中异黄酮（FSMI）的抗氧化性的初步研究表明，FSMI 在较高温度下对大豆油和菜籽油都具有抗氧化作用，且强于等量的未发酵豆粕中异黄酮（SMI）和合成抗氧化剂 BHT。

8）山茱萸多糖

李平等以四川山茱萸为原料，得出的碱提山茱萸多糖（PGCCⅠ）对动物油脂的抗氧化能力强，对植物油有一定的抗氧化能力，但效果比 TBHQ 稍弱。多糖 PFCCI 对 Fenton 体系产生的羟基自由基和邻苯三酚自氧化反应体系产生的超氧阴离子自由基都有较好的清除作用。

9）迷迭香提取物

迷迭香是一种有悠久历史的香料植物，它包含有多种具有抗氧化作用的酚类。其中的高效抗氧化物质是双酚类二萜，其中鼠尾草酸和鼠尾草酚是主要的活性成分，此外还有几种二萜，如迷迭香酚等。这些成分都不容易挥发，且具有良好的热稳定性。迷迭香提取物在鸡油和大豆油中的抗氧化效果优于 VE、BHA、BHT。

10）没食子酸丙酯

没食子酸丙酯是一种白色或褐黄色晶状粉末，或乳白色针状结晶，无臭、稍有苦味，易溶于热水或乙醇。添加油脂含量的万分之一的没食子酸丙酯就能起到良好的抗氧化性，在动物油脂中效果极佳。没食子酸丙酯来源于天然的五倍子，现多为人工合成。

11）植酸

植酸又叫环已醇六磷酸酯或肌醇六磷酸酯，为浅黄色液体，易溶于水、乙醇和丙酮。目前大部分植酸来源于脱脂米糠、玉米及食品加工中的废液。植酸的抗氧性和螯合三价铁的性质使其可以防止植物油的自动氧化和水解。用 0.02% 的植酸对菜油、茶油进行抗氧化性试验，证明它的抗氧化效力与 BHA 的抗氧效力相似。植酸基本无毒。另外，植酸也可以用作金属缓蚀剂。

12）香辛料

香辛料是指一类具有芳香和辛香等典型风味天然植物性制品，或从植物（花、叶、茎、根、果实或全草等）所提取某些香精油。翁新楚等对 700 余种中药和香辛料的抗氧化活性进行了筛选，发现有 64 种植物有明显的抗氧化活性，24 种植物的抗氧化活性很强。

此外，去甲二氢愈创酸（NDGA），抗坏血酸及其钾盐，异抗坏血酸及其钠盐，黄酮类等，都有良好的抗氧化效果。甘草抗氧化物、鞣花酸、洋葱提取物等都可以作为抗氧剂在油脂中使用。

第6章　纳米添加剂

第1节　纳米添加剂概述

纳米材料是指几何尺寸达到纳米尺度并具有特殊性能的材料，其主要类型包括零维纳米颗粒与粉体、一维纳米碳管和纳米线、二维纳米薄膜及三维纳米晶块体材料等。纳米材料结构的特殊性（如大的比表面、小尺寸效应、界面效应、量子效应和量子隧道效应）赋予其不同于传统材料的各种独特性能。其中尤以特异的电学、热学、磁学、光学及力学性能等最为引人注目，具有重要的应用和开发价值。而纳米材料的摩擦学应用同样立足于其独特的性能。润滑油脂的服役行为在很大程度上取决于润滑添加剂的性能。毋庸讳言，传统润滑油脂依然占据着当今润滑油脂市场的主导地位，但其在高承载能力及环境友好等方面的应用局限性不容忽视。正因如此，新型润滑油脂的研究开发受到了国内外摩擦学家和润滑油品研制开发人员的广泛关注，其中纳米颗粒材料作为润滑油添加剂的研究更成为国内外关注的焦点之一。我国在该领域的研究工作得到了863计划和国家自然科学基金的大力支持，同时得到了中国科学院等相关研究院所和中国石油天然气股份公司等特大型相关企业的有力支持，取得了长足进展。目前，几种具有代表性的产品业已获得初步应用推广。

第2节　纳米添加剂种类及性质

2.1　MgO/SiO_2复合纳米粒子的抗磨自修复性能

谢学兵、陈国需等将纳米MgO与SiO_2以4：1的比例按质量分数4%的添加量加入350SN基础油中，超声分散10min后，在HQ-l摩擦磨损实验机上进行抗磨自修复试验。首先将试块磨出磨痕，所有磨痕试验条件相同（载荷500N，转速800r/min，磨损时间30min，150BS基础油润滑）；然后用MgO/SiO_2纳米复合添加剂进行修复，称量修复前后试块的质量变化；最后运用粗糙度测量仪测量试验修复后试块表面粗糙度，结果发现MgO/SiO_2复合纳米粒子具有优良的抗磨自修复效果。

在50N、100N、150N、200N、250N等5种载荷下进行修复试验，其余条件相同（转速800r/min，修复时间50min）。载荷与试块质量变化关系见图6－1，由图6－1可以看出载荷在50～150N时，试块出现增重，结果表明纳米MgO/SiO有效修复载荷为50～150N，随着载荷的增大，修复前后试块质量变化逐渐下降。

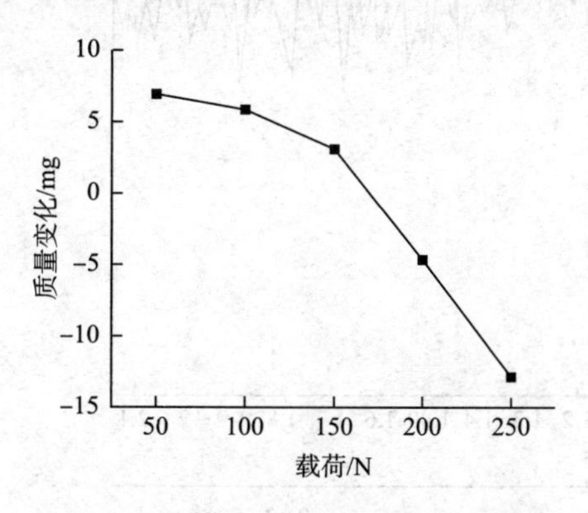

图6－1　载荷对试块质量变化的影响

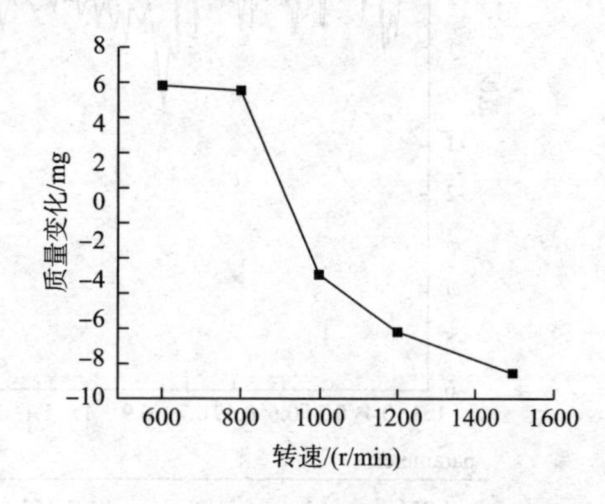

图6－2　转速对试块质量变化的影响

分别在转速600r/min、800r/min、1000r/min、1200r/min、1500r/min下进行修复试验，其余条件相同（载荷为100N，修复时间为50min）。转速与试块质量变化关系见图6－2，从图中可以看出转速在600～800r/min时，试块出现增重，1000～1500r/min时，试块出现磨损，且随转速增大、磨损加剧。

对磨痕试块分别修复20min、50min、90min、120min、150min，其余条件均相同（载荷为100N，转速为800r/min）。修复时间与试块质量变化关系见图6－3。从图中可以看出，在载荷为100N、转速为800r/min时，在20～150min内，试块出现增重，随修复时间的增加试块增重呈增大趋势。

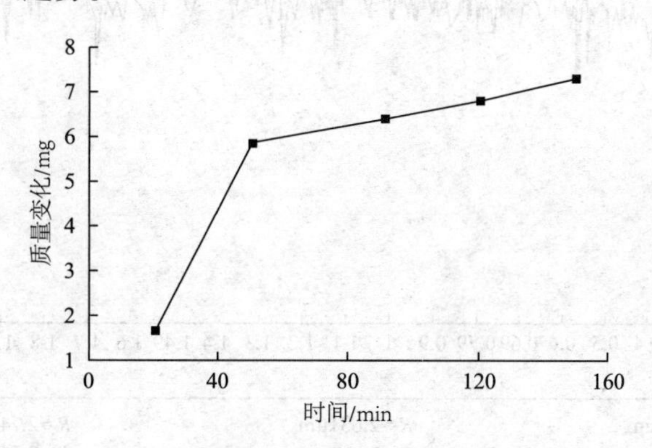

图6－3　修复时间与试块质量变化关系

从图6－4和图6－5可以看出，磨损表面粗糙度R_0修复后较修复前降低了11.2%，这表明纳米MgO/SiO添加剂对磨斑表面具有一定的填平作用，在一定程度上能够改善磨斑表面的粗糙度。

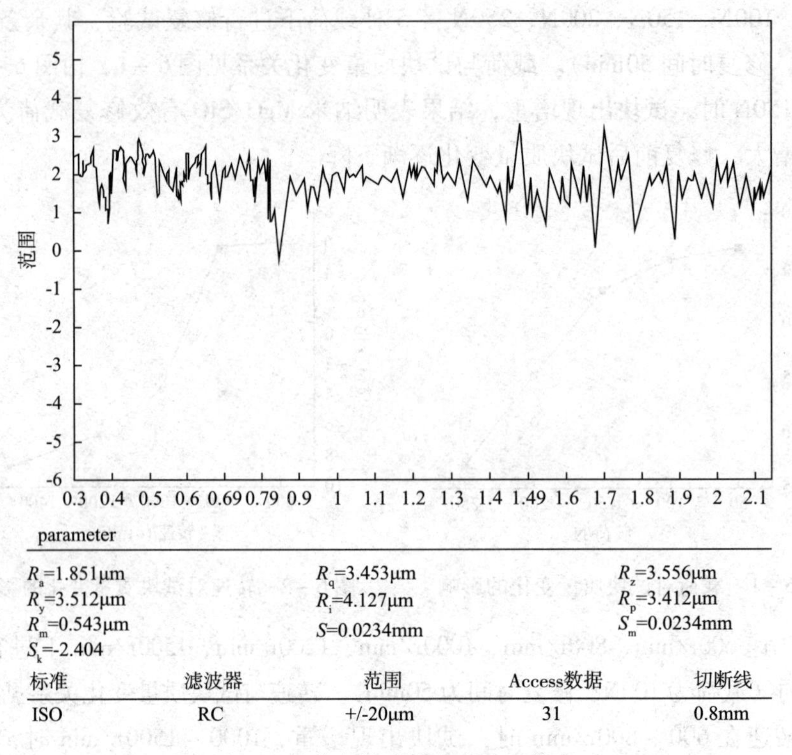

图 6-4　修复前试块磨痕表面轮廓

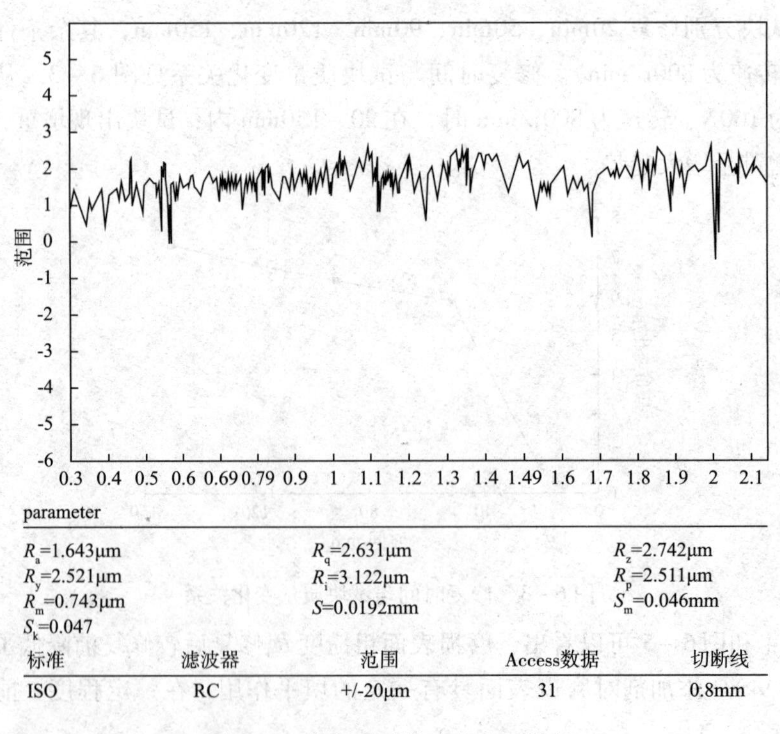

图 6-5　修复后试块磨痕表面轮廓

2.2 $MnZnFe_2O_4$ 磁性纳米添加剂的抗磨减摩及自修复性能

冯雪君、杨志伊等采用化学共沉淀法制备纳米磁性粒子粉体 $MnZnFe_2O_4$，发现其具有优良的抗磨减摩和自修复性能。

表 6－1 $MnZnFe_2O_4$ 不同添加量油液承载能力

添加剂含量/%	0.00	0.50	1.00	2.00	3.00	4.00	5.00
P_B/N	310	760	610	610	760	560	1520
P_D/N	800	2000	3150	3150	2000	2000	2000

从表 6－1 可以看出，添加量为 1.00%，2.00% 时烧结负荷（P_D 值）是基础油的烧结负荷（P_D 值）近 3 倍，而添加量为 0.50% 和 3.00% 时最大无卡咬负荷（P_B 值）提高近一倍，添加量为 5.00% 其最大无卡咬负荷（P_B 值）几乎是基础油的 3 倍，说明添加 $MnZnFe_2O_4$ 纳米微粒能明显提高基础油的最大无卡咬负荷和烧结负荷值，提高油液的承载能力。图 6－6 为 $MnZnFe_2O_4$ 不同添加量时摩擦系数随时间变化关系曲线。

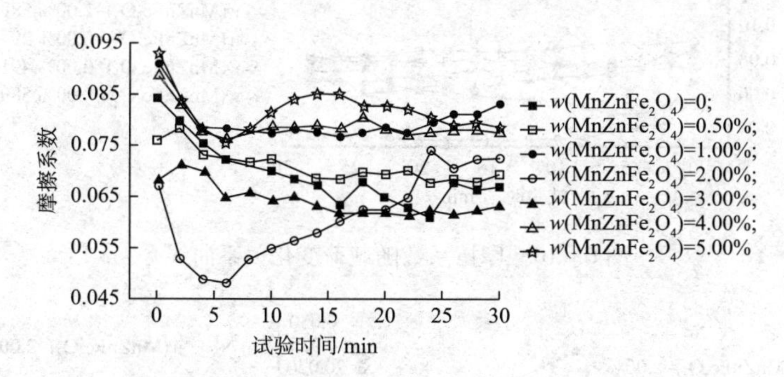

图 6－6 摩擦系数随时间变化关系曲线

从图 6－6 可以看出，当载荷为 294N、转速相同以及加载时间相同的情况下，加入纳米 $MnZnFe_2O_4$ 油液的摩擦系数的变化并无明显差异。但是磨斑直径更小（见图 6－7），钢球失重也更少（见图 6－8 和图 6－9）。尤其在 $MnZnFe_2O_4$ 为 2.00%、3.00% 的剂量时，磨斑直径明显更小，而且有随添加量增加钢球失重减少的趋势，同时钢球表面的犁沟要比没有添加纳米粉体的基础油要浅得多。

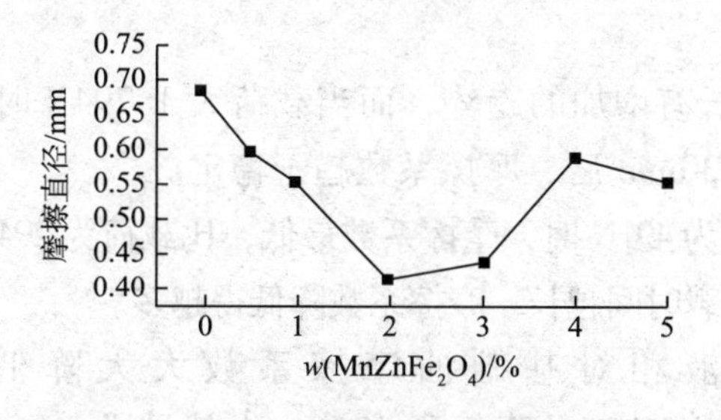

图 6－7 磨斑直径随添加剂变化关系

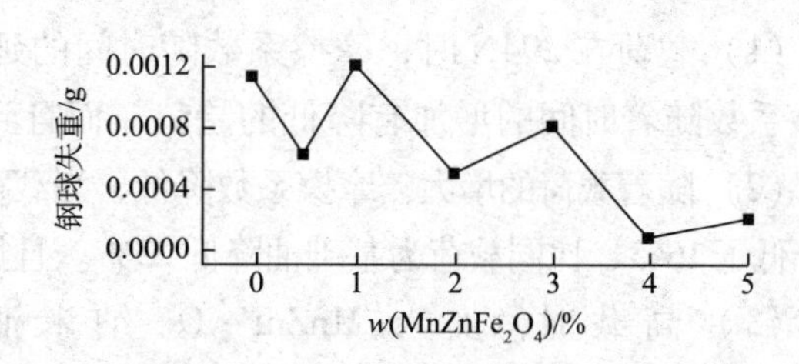

图 6－8 钢球磨损质量损失随浓度的变化关系

(a) $w(MnZnFe_2O_4)$=3.00%，载荷为294N加载时间60min(×800)

(b) 基础油，载荷为294N加载时间60min(×800)

图6-9　不同试验条件下钢球磨损表面形貌

图6-10为 $MnZnFe_2O_4$ 不同质量分数时摩擦系数随载荷变化的关系曲线。图6-11为 $MnZnFe_2O_4$ 不同质量分数时磨斑直径和钢球失重随载荷的变化曲线。

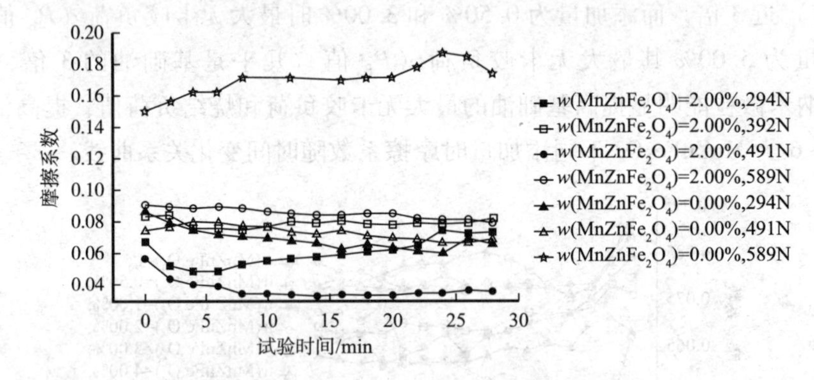

图6-10　摩擦系数随载荷变化关系曲线

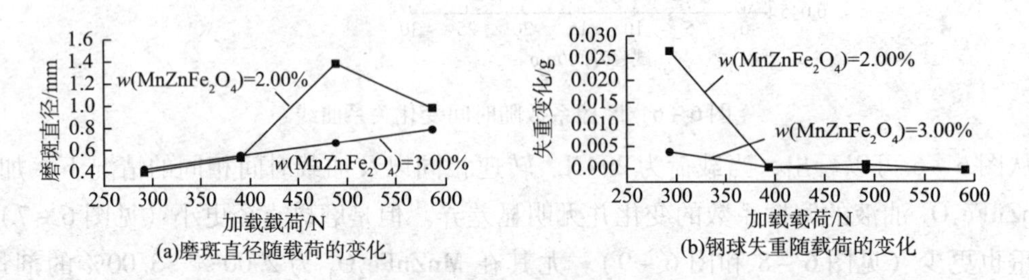

(a)磨斑直径随载荷的变化　(b)钢球失重随载荷的变化

图6-11　$MnZnFe_2O_4$ 在不同质量分数时磨斑直径及钢球失重随载荷的变化

当增加载荷时，加入 $MnZnFe_2O_4$ 纳米油液的摩擦系数的变化有新的规律。从图6-10中可以看出：

（1）载荷在294N时，摩擦系数随时间的延长有增加的趋势，而当载荷大于294N时，摩擦系数随着时间的增加有降低的趋势，而且到30min后，摩擦系数趋于稳定。

（2）随着载荷的增大，摩擦系数降低，当载荷为491N时，摩擦系数最低，比载荷为294N时降低了16%，比同载荷为基础油降低23%。且加载时间越长，摩擦系数降低得越多。

（3）高载时，加入 $MnZnFe_2O_4$ 纳米油液相对基础油摩擦系数大大降低，$w(MnZnFe_2O_4)$为2.00%，载荷为589N摩擦系数比基础油降低了40%。也就是说，加入 $MnZnFe_2O_4$ 纳米润滑油的抗磨减摩效果与所受载荷有关。高载荷下在接触处形成较高温度和压力，有利于纳米微粒熔融铺展形成低剪切强度的表面膜，从而减轻摩擦界面的黏着磨损。从图6－11（a）和（b）钢球磨斑直径和失重的变化规律也证明了这一点，虽然（a）中载荷增加，磨斑直径增加，但钢球失重量却在减少。这同样说明，在摩擦过程中，高载下纳米颗粒向磨擦表面沉积熔融铺展形成低剪切强度的表面膜，从而在一定程度上对磨损表面实现自修复。

2.3 表面修饰 n-MoS_2 和 n-TiO_2 纳米粒子的摩擦学性能

乌学东等分别用沉淀法和溶胶-凝胶法在混合溶剂中制备出二烷基二硫代磷酸（DDP）分子表面修饰的纳米粒子（n-MoS_2）和硬脂酸表面修饰的纳米粒子（n-TiO_2），研究表明这两种纳米粒子在液体石蜡基础油中具有优良的抗磨减摩性能。

最大无卡咬试验数据表明：液体石蜡的最大无卡咬负荷为294 N，ZDDP在1%浓度时为588 N，DDP表面修饰的 MoS_2 纳米粒子（浓度为0.4%）和硬脂酸表面修饰的 TiO_2 纳米粒子（浓度为0.4%）的极压值分别为764N和678N。可以发现，较基础油有大幅度提高，也明显优于T202，而且其最低使用浓度可以低于T202的最低使用浓度。

分别在300N、400N、500N、550N负荷下，在四球机上测试了各样品油的抗磨减摩性能，时间为30min（若发生卡咬就停止试验）。从图6－12（a）中可见，n-MoS_2 抗磨性能稍逊于ZDDP，但 n-TiO_2 却具有优良的抗磨性能，优于ZDDP，而且负荷越高，效果相对就越明显。从图6－12（b）中可知，无论 n-MoS_2 还是 n-TiO_2 减摩性能均优于ZDDP，而且 n-MoS_2 在中、低负荷性能优异，而 n-TiO_2 在高负荷下性能卓越。

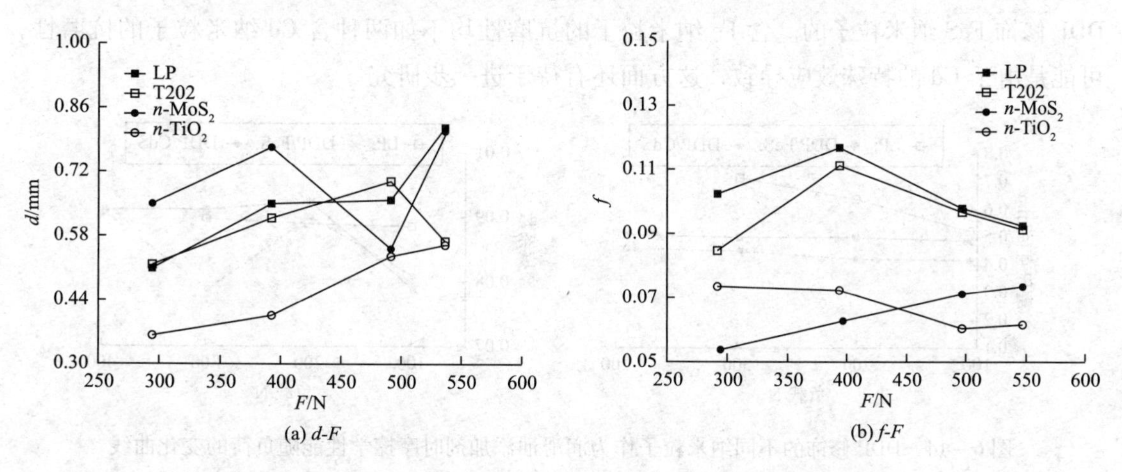

图6－12 各样品油磨斑直径 d、摩擦系数 f 与负荷 F 的关系

2.4 DDP所修饰的FeS和CdS纳米粒子的摩擦学性能

刘红华等利用表面修饰法合成了表面为DDP所修饰的FeS和CdS纳米粒子，发现它们在液体石蜡中具有优良的抗磨减摩性能。

图6－13 给出了 DDP 修饰 FeS 和 CdS 纳米粒子作为润滑油添加剂时添加浓度对磨斑直径和摩擦系数的影响。结果表明这些 DDP 修饰的纳米粒子作为润滑油添加剂时均可明显提高基础油的抗磨能力，但对减摩性能贡献不大。当添加浓度为 0.1% 时，所合成的纳米粒子作为润滑油添加剂均能明显提高基础油的抗磨能力。其中，添加 DDP 修饰 FeS 纳米粒子能够使基础油的磨斑直径降低 28%；添加 DDP 修饰 CdS 纳米粒子能够使基础油的磨斑直径降低 31%；抗磨性能差别不大。然而进一步增大添加浓度，添加 DDP 修饰 FeS 和 CdS 纳米粒子试验中磨斑直径都有增大的趋势。

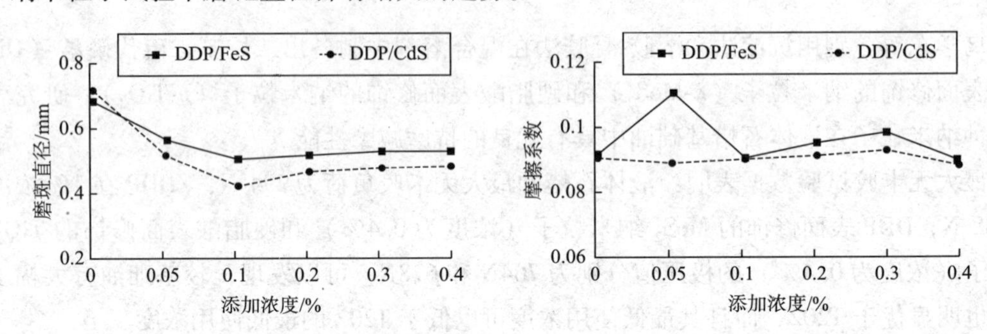

图6－13　DDP 修饰的不同纳米粒子作为润滑油添加剂时摩擦学性能随添加浓度的变化曲线

图6－14 为 DDP 修饰 FeS 和 CdS 纳米粒子在各自的最佳添加浓度下磨斑直径和摩擦系数随负荷的变化曲线，为了便于比较，同时给出了单独使用纯液体石蜡润滑的结果。可以看出，DDP 修饰纳米粒子作为润滑油添加剂时具有明显的抗磨性能，然而减摩性不好，摩擦系数均与基础油的相当或比基础油的略大。DDP 修饰 CdS 纳米粒子的抗磨性能优于 DDP 修饰 FeS 纳米粒子的。含 Fe 纳米粒子的抗磨性均不如两种含 Cd 纳米粒子的抗磨性，可能是由于 Cd 的特殊效应导致，这方面还有待于进一步研究。

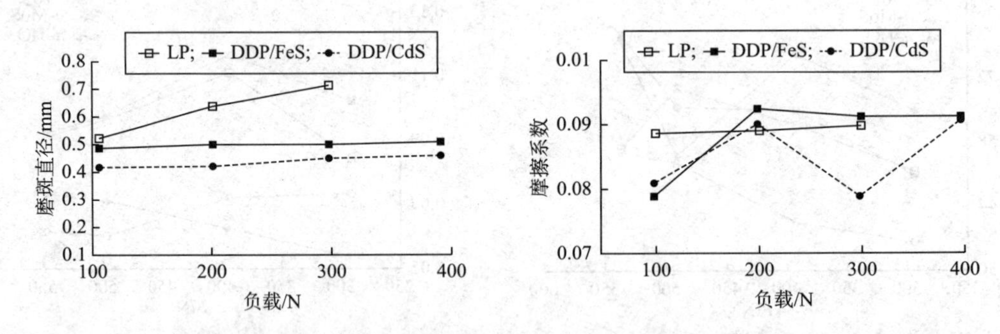

图6－14　DDP 修饰的不同纳米粒子作为润滑油添加剂时摩擦学性能随负荷的变化曲线

2.5　纳米二硫化钼（MoS_2）、聚四氟乙烯（PTFE）和氟化石墨（C_xF_y）添加剂的摩擦学性能

叶斌等采用机械化学修饰法研制了纳米二硫化钼（MoS_2）、聚四氟乙烯（PTFE）和氟化石墨（C_xF_y）三种纳米润滑添加剂，考察了他们在蓖麻油、菜籽油等环境友好基础油中

的摩擦学性能，结果表明：三种纳米添加剂在环境友好基础油中具有优良的抗磨减摩性能。详情见表6－2。

表6－2　三种添加剂在环境友好基础油中的摩擦因数（10^{-3}）

基础油名称	载荷/N																			
	无添加剂				加 MoS_2				加 C_xF_y				加 PTFE				加 ZDTP			
	98	196	294	392	98	196	294	392	98	196	294	392	98	196	294	392	98	196	294	392
蓖麻油	70	72	72	87	55	57	58	61	54	56	56	60	57	58	62	64	62	70	63	75
菜籽油	67	71	78	85	57	59	63	64	58	60	62	68	55	61	66	70	69	70	78	80
豆油	78	80	94	96	56	58	60	65	62	66	72	74	58	62	64	68	71	74	78	88
季戊四醇酯（$C_{7\sim9}$）	74	80	91	98	62	66	69	74	64	70	74	80	61	64	65	66	68	77	82	88
己二酸二辛酯	114	126	130	141	78	84	87	61	78	88	92	96	77	86	88	91	80	90	96	102
癸二酸二丁酯	108	118	129	137	81	88	95	97	80	90	96	98	82	91	92	96	83	91	99	103
癸二酸二异辛酯	94	102	106	114	79	82	88	90	81	88	92	98	80	88	90	94	82	90	94	101
油酸甲酯	89	95	101	112	76	85	90	97	78	86	91	99	81	88	90	96	80	91	98	104
油酸乙酯	88	92	100	111	78	84	87	95	75	82	88	97	80	86	88	82	91	97	106	
油酸丁酯	82	980	99	107	74	81	85	88	70	77	84	90	72	78	83	89	77	81	88	92

2.6　纳米硼酸镧、硼酸铜、十二烷基硼酸锌的摩擦学性能

叶毅、胡泽善等考察了纳米硼酸镧、硼酸铜、十二烷基硼酸锌的摩擦学性能，发现它们具有优良的抗磨减摩性能。表6－3列出了以500 SN作为基础油，分别加入2.0%、0.75%及2.6%的纳米硼酸镧、硼酸铜、十二烷基硼酸锌制成的润滑油的摩擦学性能参数。

表6－3　三种纳米粒子的摩擦磨损性能

项　目	500SN	500SN＋2.0% 纳米硼酸铜	500SN＋0.75% 纳米硼酸铜	500SN＋2.6% 纳米十二烷基硼酸锌
长磨载荷/N	294	392	294	294
长磨时间/min	30	30	30	30
P_B/N	550	780	760	680
WSD/min	0.69	0.38	0.60	0.42
XPS 分析		有 B_2O_3 和 La_2O_3	有 B_2O_3 和 FeB	有 FeB 和 FeB_2
EDAX 表征分析		有 B	有 B	有 B

2.7　纳米三氟化镧、纳米二氧化钛、纳米草酸镧的摩擦学性能

张泽抚、高永建、梁起等人制备了含氮有机物修饰的纳米三氟化镧、油酸修饰的纳米二氧化钛、烷基磷酸盐修饰的纳米草酸镧，考察了它们在石蜡基油中的摩擦学性能，结果表明，三种纳米粒子具有优良的摩擦磨损性能。详情见表6－4。

表 6-4 三种纳米粒子的摩擦磨损性能

项目	石蜡基油	石蜡基油 + 0.2% $La_2(C_2O_4)_3$	石蜡基油 + 1% La_2F_3	H_2O + 1% TiO_2
长磨载荷/N	392/300	300	392	300
长磨时间/min	30	30	30	30
WSD/mm	0.81/0.70	0.47	0.42	0.64
P_B/N	372	783	735	1000
XPS 分析		La_2O_3、Fe_2O_3、$Fe_4(PO_4)_3$等	N、La_2O_3、FeF_2、Fe_2O_3、LaF_3等	C、O、TiO_3、Fe_2O_3等

2.8 金属纳米添加剂的摩擦学性能

刘新等考察了纳米 Cu、纳米 TiO_2、纳米 Al_2O_3在液体石蜡中的摩擦磨损性能，发现三种粒子具有优良的摩擦学性能。

从图 6-15（a）可以看出，纳米 Cu 在液体石蜡中的加量达 1.5% 时摩擦力矩最小。添加量增加到 3.5%，摩擦力矩反而变大，且发现 3.5% 添加量情况下实验完废油中黑色粉状磨损物明显增多，磨斑表面轻微划痕增多。从图 6-15（b）可以看出，纳米 TiO_2 1.0% 加量在试验磨合期后摩擦力矩最低，添加量增加到 1.5%，摩擦力矩也有所增大。从图 6-15（c）可以看出，纳米 Al_2O_3在 1.5% 加量时摩擦力矩增加幅度很大，且试验完废油中发现黑色沉淀物，金属表面磨痕较为严重。分析原因可能是由于摩擦时，纳米粒子在边界润滑状态下浓度增大，粒接触的几率增大，活性很高的纳米粒子很容易发生团聚生成较大的颗粒，产生磨粒磨损，从而使摩擦力矩增加。从图 6-15（d）可以看出，比较三种添加剂在 0.5% 浓度时的摩擦力矩可以清楚地看到，纳米铜添加剂的减摩性能优于纳米 TiO_2；纳米 TiO_2较优于 Al_2O_3。在相同条件下做液体石蜡空白样摩擦磨损试验，试验到 10~20 min 左右均发生卡咬，摩擦力矩在 800~1000N·mm。

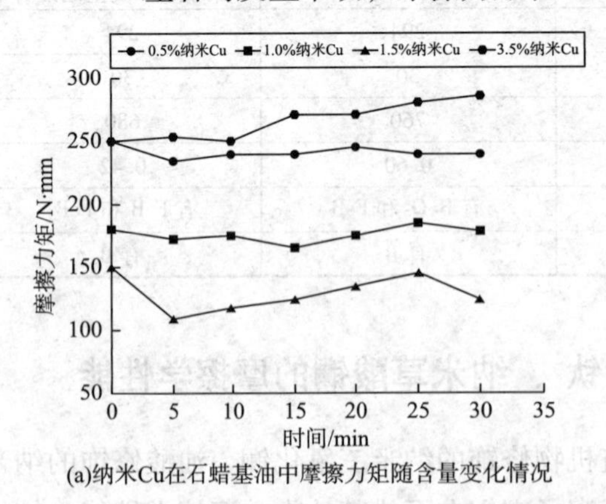

(a)纳米Cu在石蜡基油中摩擦力矩随含量变化情况

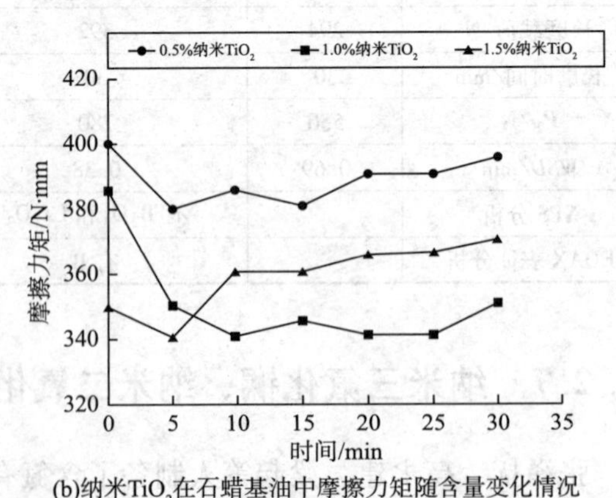

(b)纳米TiO_2在石蜡基油中摩擦力矩随含量变化情况

图 6-15 三种纳米添加剂在石蜡基油中的摩擦力矩

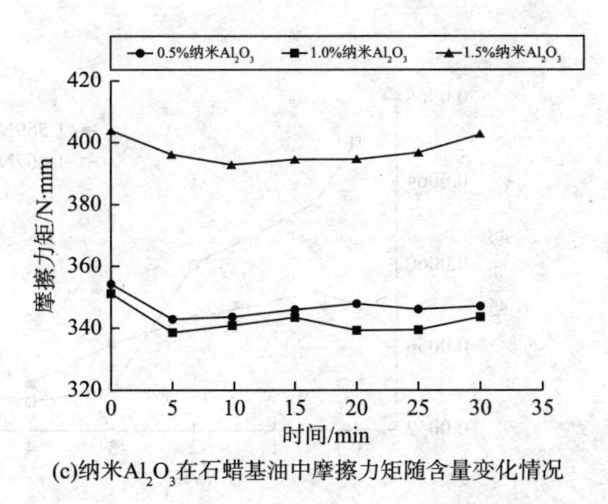

(c)纳米Al_2O_3在石蜡基油中摩擦力矩随含量变化情况

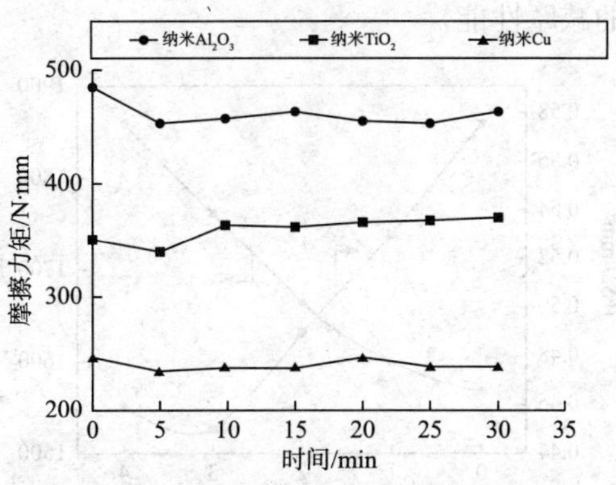

(d)三种纳米添加剂添加量为0.5%时摩擦力矩比较

图 6－15　三种纳米添加剂在石蜡基油中的摩擦力矩（续）

从图 6－16 可看出，随摩擦转速增大，三种添加剂摩擦力力矩基本保持不变，纳米 Al_2O_3添加剂在转速为 1000 r/min 时发生卡咬，纳米 Cu 添加剂摩擦力矩值远低于其他两种剂。从图 6－17 可看出，随者试验载荷的增加，三种添加剂摩擦力矩都有增加，在增大到 800N 时，纳米 Al_2O_3、纳米 TiO_2添加剂均发生卡咬，说明在较高负载及转速条件下，纳米 Cu 添加剂的极压性能优于另外两种纳米添加剂。

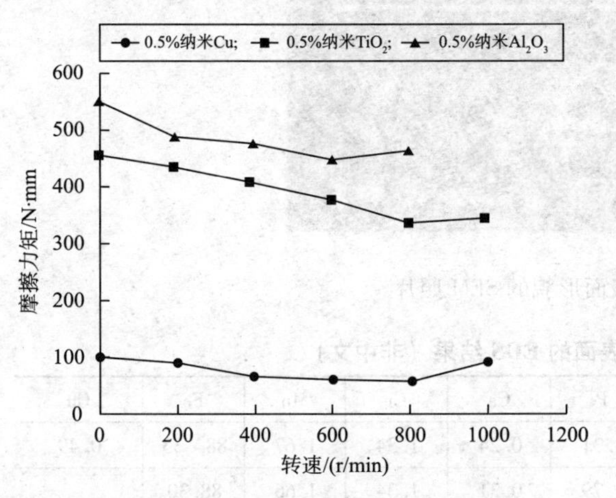

图 6－16　摩擦力矩随转速的变化曲线

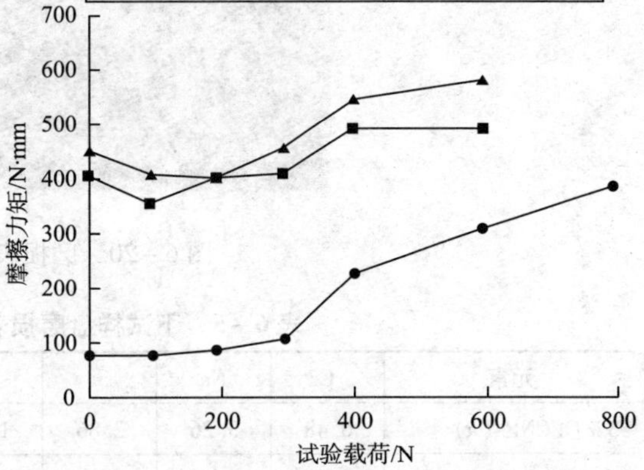

图 6－17　摩擦力矩随试验力的变化曲线

2.9　石墨结构层包覆铜纳米粒子的抗磨自修复性能

宾晓蓓等制备了石墨结构层包覆铜纳米粒子（GECNP），发现该纳米粒子在 CF-4 20W-50 中具有优良的抗磨自修复性能。

从图 6－18 可以看出，随着添加剂含量的增大，磨斑直径减小，表明这种纳米添加剂具有优良的抗磨减摩效果。

从图 6－19 可以看出，随着添加剂含量的增大，摩擦系数降低，表明该添加剂具有优良的减摩性能。

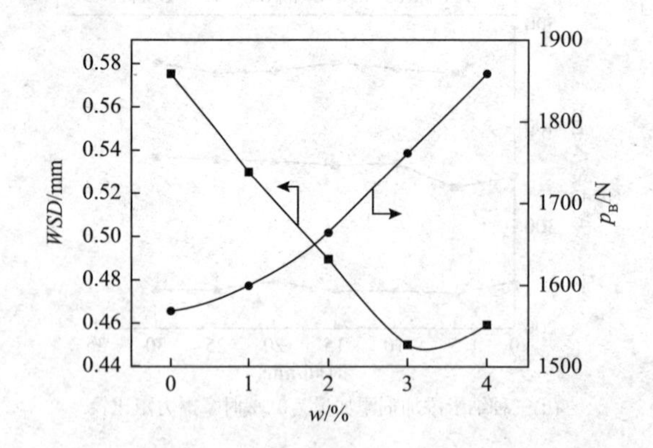

图6－18　PB 值和磨斑直径随添加剂含量变化关系曲线

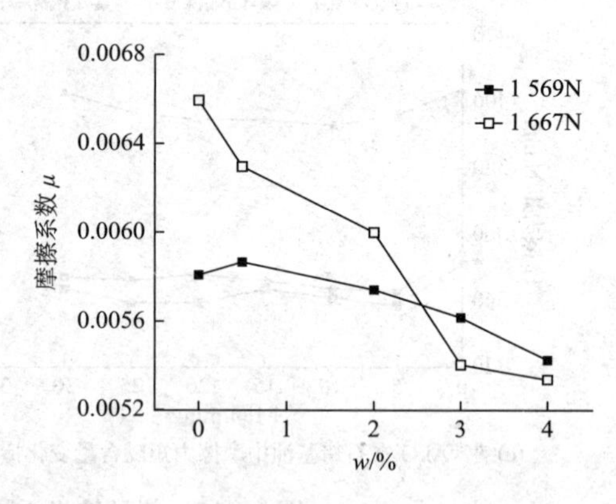

图 6－19　摩擦系数随添加剂含量变化关系

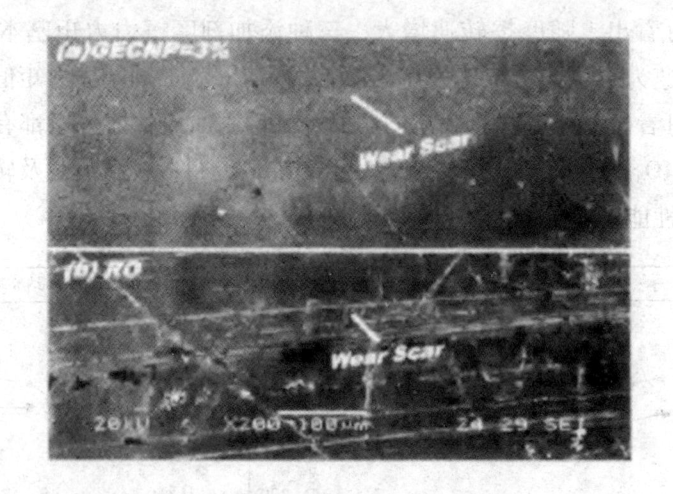

图 6－20　磨损表面形貌的 SEM 照片

表 6－5　下试样盘磨损表面的 EDS 结果（非中文）

元素	C	Na	Si	P	Ca	Cr	Mn	Fe	Cu
3% GECNP（a）	0.48	3.26	2.86	1.31	0.24	1.34	1.67	88..33	0.49
参考油（b）	0.11	3.12	3.36	1.79	0.31	1.34	1.66	88.30	–

从图 6－20（a）可以看出，当润滑油中添加剂含量为 3% 时磨损表面光滑，没有氧化斑块，磨损轻微。说明铜纳米粒子能够有效改善润滑油的抗磨性能。从图 6－20（b）可见，采用参考油润滑时的磨损表面磨痕清楚，有明显犁沟，局部出现高温氧化斑块（暗黑色），此时的磨损机制以黏着磨损为主，这是由于载荷高于其 PB 值的缘故。表 6－5 列出了采用销-盘摩擦磨损试验机进行试验后试样磨损表面的 EDS 元素分析结果。可见，采用 GECNP 含量为 3% 的油样润滑时磨损表面含 0.49% Cu。另外，前者的碳含量低于后者。由此推断，在长时间摩擦过程中镶嵌在石墨结构层间的 Cu 纳米粒子释放出来并在磨损表面形成了磨损自修复层，从而呈现出光滑的磨损表面，这与 Cu 纳米粒子添加剂的作用类

似。而 GECNP 含量为 3% 时，其磨损表面碳含量高的原因还有待进一步研究。

2.10 有机钼及其复合纳米润滑添加剂的摩擦磨损性能

郭志光等制备了油溶性的有机硫磷氧酸钼化合物（MD）和自修复纳米铜润滑添加剂（NT1），考察了它们在 N68 基础油中的摩擦学性能，发现它们具有优良的抗磨减摩性能。

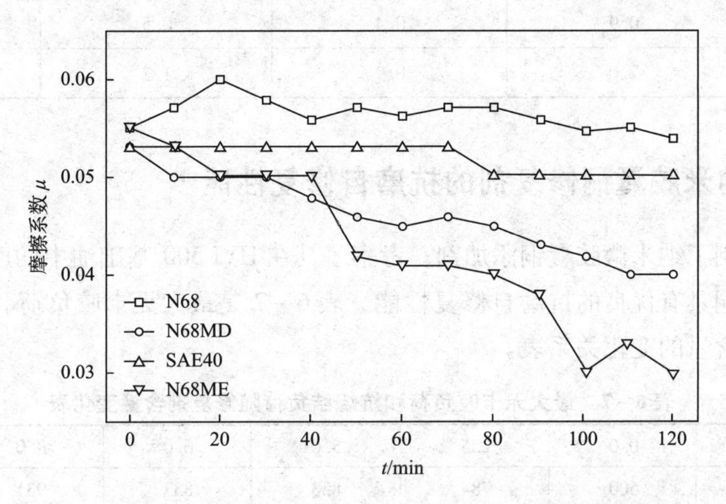

图 6－21 有机钼及其复合纳米粒子在四种基础油中的摩擦系数

将 1 份（质量分数，下同）MD 添加到 100 份 N68 基础油中，放入烧瓶于 40℃下搅拌分散 30 min 后得到透明润滑油，记为 N68MD。将 1 份 NT1，1 份 MD 和 100 份 N68 基础油添加到烧瓶中，在 40℃下搅拌分散 30 min 得到透明润滑油，记为 N68ME。图 6－21 给出了四种润滑油的摩擦系数变化关系情况。从图 6－21 可以看出，在试验开始时，几种摩擦副的摩擦系数基本相同，但随着时间的延长，摩擦系数发生较大变化。采用 N68 基础油润滑时，摩擦副的摩擦系数一直处于较高值，并随时间的变化不明显，到试验结束时摩擦系数为 0.055；采用 SAE40 润滑时，在 70 min 时摩擦系数明显下降，试验结束时摩擦系数为 0.050，表现出一定的减摩特性；采用 N68MD 和 N68ME 润滑时，摩擦系数随时间增加而下降，其中 N68ME 润滑时更为明显，至试验结束时摩擦系数分别为 0.040 和 0.030，两者表现出了优异的润滑特性。

表 6－6 列出了试验结束时在不同润滑介质下，摩擦副的静件、动件和摩擦副的摩损量。可以看出，在 N68 基础油润滑时的磨损量最大，N68MD 润滑时的磨损量明显下降，可见 N68MD 表现出良好的耐磨性能，这可能与添加剂分子中的 Mo 元素有关。当 N68ME 润滑时，摩擦副的磨损量几乎可以忽略，而且摩擦副的静件出现了负增长，可见 N68ME 润滑油表现出良好的抗磨减摩性能和磨损自修复效应。由此推测，润滑添加剂的作用效果除了与 Mo 有关以外，还与纳米铜与有机钼协同作用有关。从大量文献看出，当 N68 基础油中只添加 NT1 而不添加 MD 时，试验结束时的摩擦系数为 0.035，且磨损量为正磨损。而且从表 6－6 可以看出，在 4 种润滑介质中，试验结束时摩擦副的动件磨损量均大于静

件磨损量，这可能与摩擦副的接触方式和摩擦行程有关。

表 6－6　实验结束时不同润滑介质条件下摩擦副的磨损量

种类	磨损量/g			
	N68	N68MD	SAE40	N68ME
静件	1.1	0.5	0.7	0.5
动件	0.9	0.4	0.5	-0.4
摩擦副	2.0	0.9	1.2	0.1

2.11　纳米胶囊铜修复剂的抗磨自修复性能

董凌等研制了纳米微胶囊铜添加剂，考察了其在 HVI 500 基础油中的摩擦学性能，发现纳米微胶囊铜具有优良的抗磨自修复性能。表 6－7 是最大无卡咬负荷和抗烧结负荷随纳米微胶囊铜含量的变化关系表。

表 6－7　最大无卡咬负荷和抗烧结负荷随修复剂含量变化表

修复剂的含量/%	0.0	2.5	5.0	6.0	8.0	10.0
P_B/N	500	784	833	833	931	1029
P_D/N	1250	1862	1960	1960	1960	1960

从表 6－7 可以看出，纳米胶囊铜能明显提高抗咬合值。当修复剂含量大于 5.0% 以后，对 HVI 500 的烧结负荷值没有影响，趋向于一定的平稳状态。

图 6－22 所示为磨斑直径随修复剂含量的变化关系图，长磨时间为 30 min，长磨载荷为 392N。从图中可以看出，随着修复剂含量的增大，磨斑直径减小，表明纳米胶囊铜修复剂具有良好的抗磨作用。

图 6－23 所示为摩擦系数随修复剂含量变化关系情况。从图中可以看出，随着修复剂含量的增大，摩擦系数减小，表明纳米胶囊铜修复剂具有良好的减摩作用。

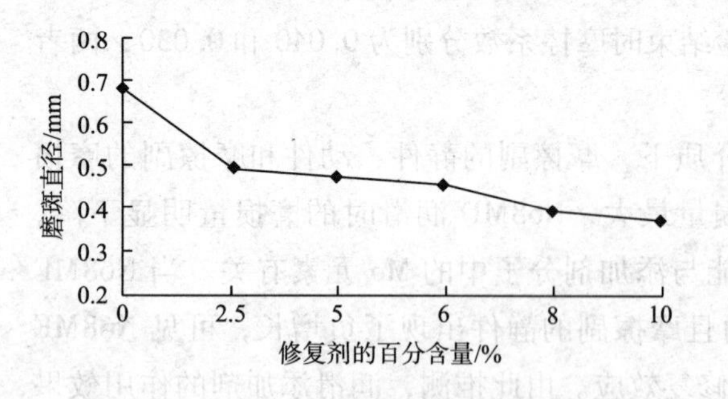

图 6－22　磨斑直径随修复剂含量变化关系

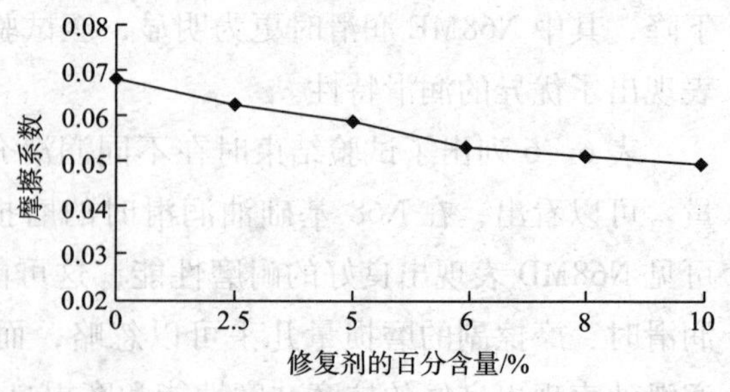

图 6－23　摩擦系数随修复剂含量变化关系

图 6－24 所示为含 5% 修复剂润滑油的摩擦系数随载荷变化情况。从图中可以看出，随着载荷的增大，摩擦系数先减小，当减小到一定程度时，摩擦系数又增大。这是因为在

低负荷下，随着载荷增大，修复剂在摩擦表面的铺展厚度和强度不断增加，摩擦系数减小；由于 Cu 在钢球表面形成的是软金属膜，当载荷增加到一定程度，润滑膜不足以承受如此大的压力而破裂，摩擦系数增大。

图 6－25 所示为磨斑直径随载荷变化关系情况。从图中可以看出，随着载荷的增大，磨斑直径变化的总体趋势是增大，但在高负荷下增大的趋势没有低负荷下明显。这是因为在低负荷下主要是强度较弱的吸附膜在起作用；随着负荷增大，摩擦表面逐渐生成一层强度较高的表面膜或在高负荷下起抗磨减摩作用的软金属膜形成，从而较好地起到了抗磨作用。

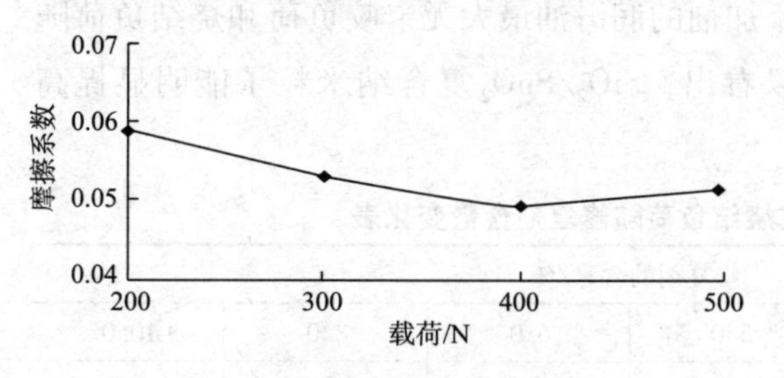

图 6－24　摩擦系数随载荷的变化关系

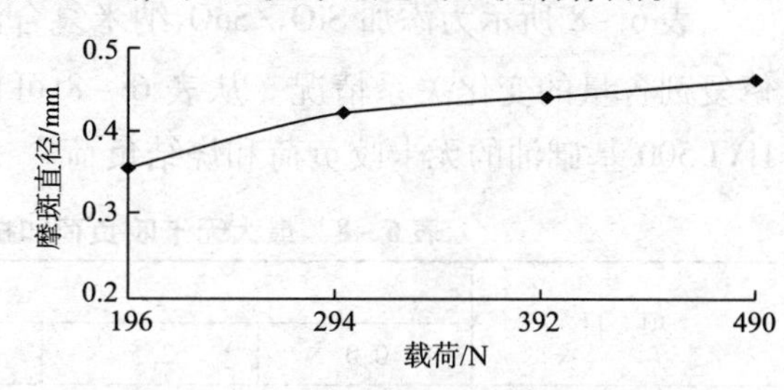

图 6－25　磨斑直径随载荷的变化曲线

图 6－26 所示为修复效果随修复时间的变化情况。从图中可以看出，修复时间在 30～50 min 期间修复效果最佳，成膜率大于磨损率，出现了自补偿效应。此时摩擦主要发生在这个熔点高、剪切强度低的反应膜内，有效地防止了金属表面的直接接触，随着修复时间的进一步延长，修复趋于饱和。

图 6－27 所示为修复效果随修复载荷的变化关系曲线。修复时间 50min，转速 600r/min，修复剂含量 5%。从图中可以看出，50～100N载荷是最佳修复载荷，随着载荷的进一步增大，磨损增大。

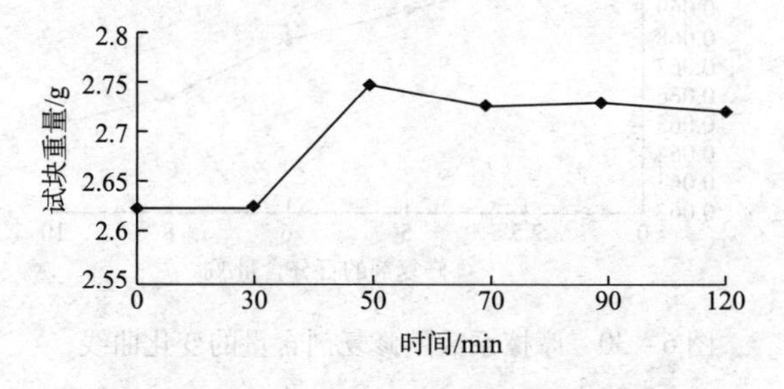

图 6－26　修复效果随修复时间的变化情况

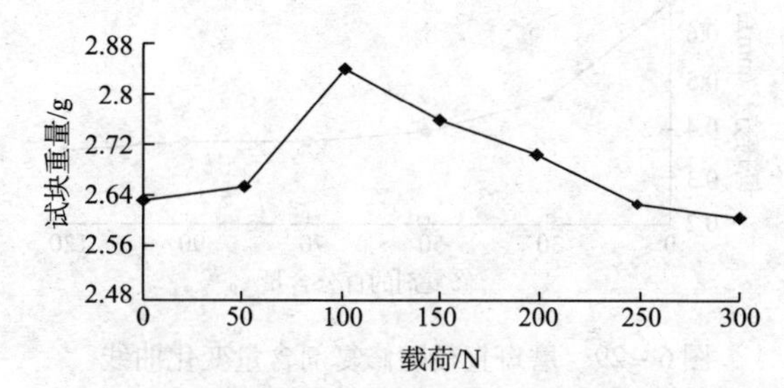

图 6－27　修复效果随修复载荷的变化关系曲线

图 6－28 所示为修复效果随转速的变化关系。修复时间 50 min，修复剂含量 5%，载荷 100N。从图 6－28 中可以看出，转速在 600r/min 以下是最佳修复转速，随着转速的进一步增大，磨损速度大于修复速度。

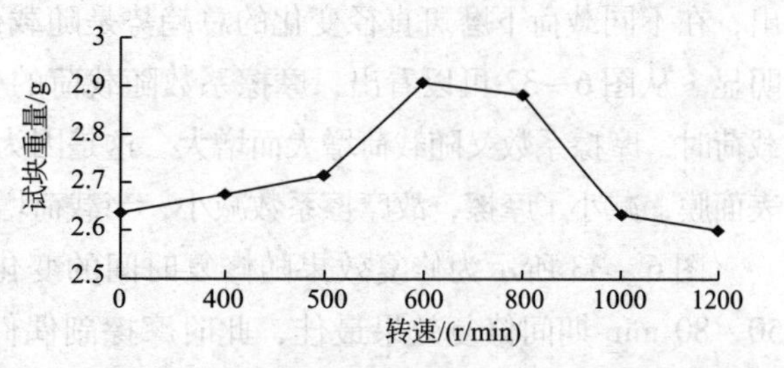

图 6－28　修复效果随修复转速的变化关系表

2.12 复合纳米添加剂的摩擦学性能

董凌等研制了 SiO_2/SnO_2、SnO_2/MgO、SiO_2/CuO、SiO_2/NiO、SiO_2/MgO、SiO_2/ZnO 系列复合纳米粒子添加剂，考察了它们在 HVI 500 基础油中的摩擦学性能，发现这些复合纳米粒子均具有优良的抗磨自修复性能。

2.12.1 SiO_2/SnO_2复合纳米添加剂的摩擦学性能

表 6－8 所示为添加 SiO_2/SnO_2纳米复合添加剂的润滑油最大无卡咬负荷和烧结负荷随修复剂含量的变化关系情况。从表 6－8 可以看出，SiO_2/SnO_2复合纳米粒子能明显提高 HVI 500 基础油的无卡咬负荷和烧结负荷。

表 6－8　最大无卡咬负荷和抗烧结负荷随修复剂含量变化表

项　目	修复剂的含量/%					
	0.0	2.5	5.0	6.0	8.0	10.0
P_B/N	500	670	726	725	744	980
P_D/N	1250	1560	1764	1764	1960	1960

图 6－29 和图 6－30 分别给出了在载荷 392N 下钢球表面磨斑直径（*WSD*）和摩擦系数 μ 随 SiO_2/SnO_2复合纳米粒子修复剂质量分数的变化关系曲线。可以看出，SiO_2/SnO_2复合纳米粒子对 HVI 500 基础油的抗磨减摩性能均有影响，随着修复剂含量的逐渐增大，磨斑直径和摩擦系数均减小。

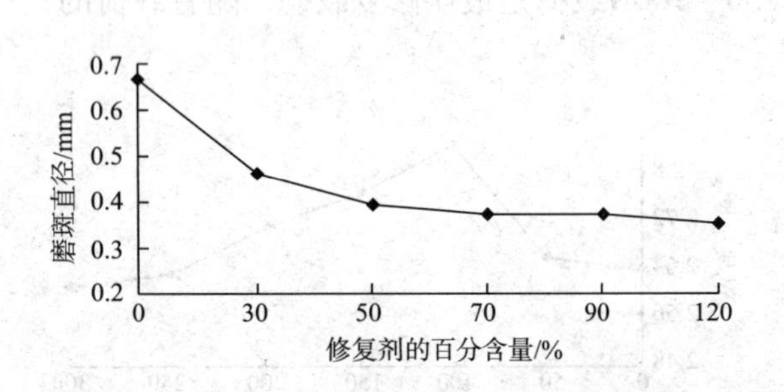

图 6－29　磨斑直径随修复剂含量变化曲线

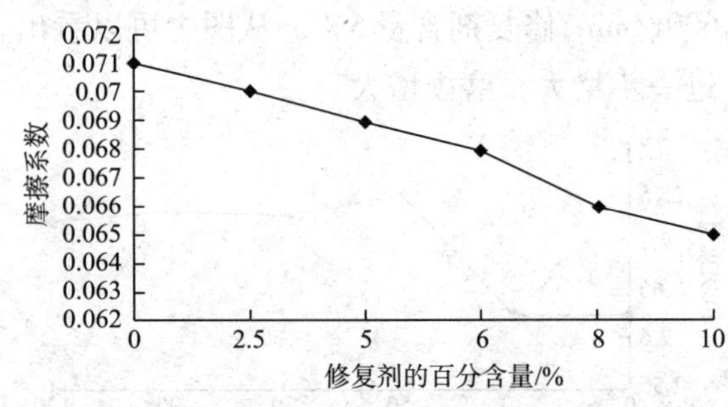

图 6－30　摩擦系数随修复剂含量的变化曲线

图 6－31 和图 6－32 分别给出了载荷对修复剂抗磨减摩性能的影响。从图 6－31 可以看出，在不同载荷下磨斑直径变化的总趋势是随载荷增大而增大，但在低负荷下比高负荷下更明显。从图 6－32 可以看出，摩擦系数随载荷的变化关系是随载荷增大而减小，当达到一定载荷时，摩擦系数又随载荷增大而增大。这是因为随着载荷的增大，摩擦副表面逐渐生成一层表面膜，减小了摩擦，故摩擦系数减小；当载荷增大到一定程度时，表面膜破裂，摩擦增大。

图 6－33 所示为修复效果随修复时间的变化情况。从图 6－33 可以看出，修复时间在 50～80 min 期间修复效果最佳，此时摩擦副偶件达到正常的运转状态，随着修复时间的进一步延长，试油中的沉积元素已经大量沉积，修复趋于饱和。

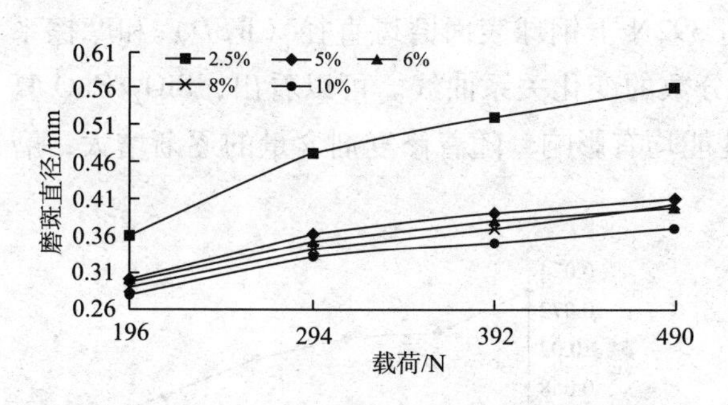

图6-31 磨斑直径随载荷变化关系

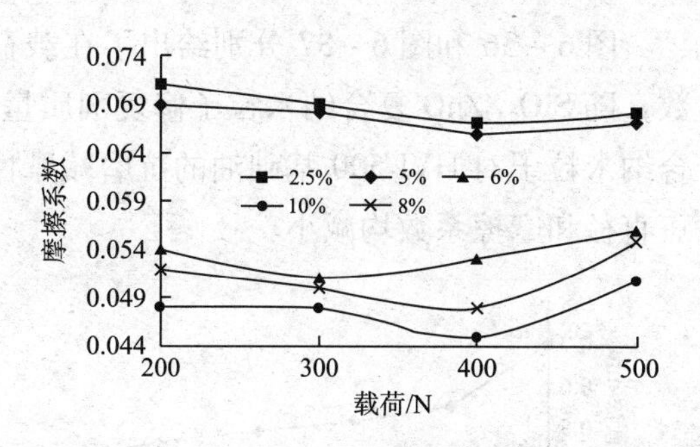

图6-32 摩擦系数随载荷的变化关系

图6-34是修复效果随修复载荷变化曲线。修复时间50min，转速600r/min，修复剂含量5%。从图6-34可以看出，载荷100N是最佳修复载荷，随着载荷的进一步增大，磨损大于修复。

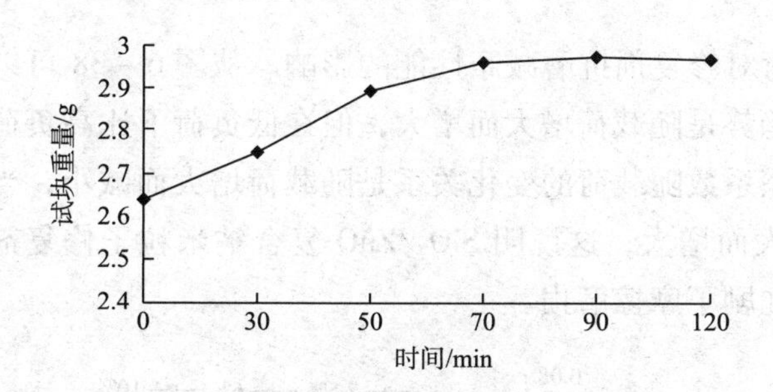

图6-33 修复效果随修复时间变化

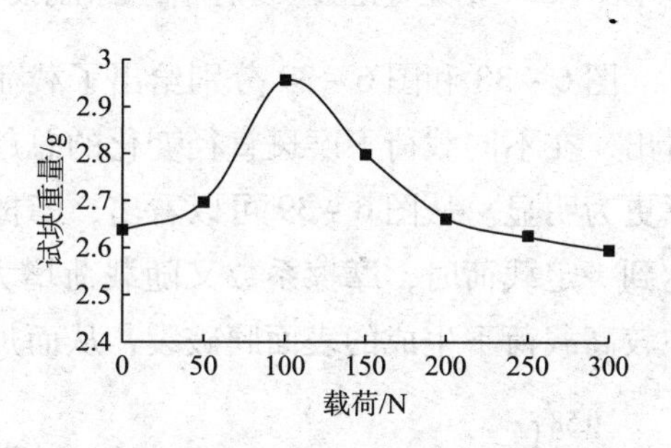

图6-34 修复效果随修复载荷变化

图6-35所示为修复效果随转速的变化关系。修复时间50min，修复剂含量5%，载荷100N。从图6-35可以看出，转速在600r/min以下是最佳修复转速，随着转速的进一步增大，磨损速度大于修复速度。

3
2.9
2.8
2.7
2.6
2.5
2.4
试块重量/g
0
400
500
600
800
1000
1200
转速/(r/min)

图6-35 修复效果随转速的变化

2.12.2 SiO_2/ZnO复合纳米粒子的摩擦学性能

表6-9所示为添加了SiO_2/ZnO复合纳米粒子的润滑油最大无卡咬负荷和烧结负荷随修复剂含量的变化关系情况。从表6-9可以看出，SiO_2/ZnO复合纳米粒子能明显提高HVI 500基础油的无卡咬负荷和烧结负荷。

表6-9 抗咬合值和抗烧结负荷随修复剂含量变化表

项 目	修复剂含量/%					
	0.0	2.5	5.0	6.0	8.0	10.0
P_B/N	500	617	637	637	696	725
P_D/N	1250	1529	1568	1568	1960	1960

图 6－36 和图 6－37 分别给出了在载荷 392N 下钢球表面磨斑直径（*WSD*）和摩擦系数 μ 随 SiO_2/ZnO 复合纳米粒子修复剂质量分数的变化关系曲线。可以看出，SiO_2/ZnO 复合纳米粒子对 HVI 500 基础油的抗磨减摩性能均有影响，随着修复剂含量的逐渐增大，磨斑直径和摩擦系数均减小。

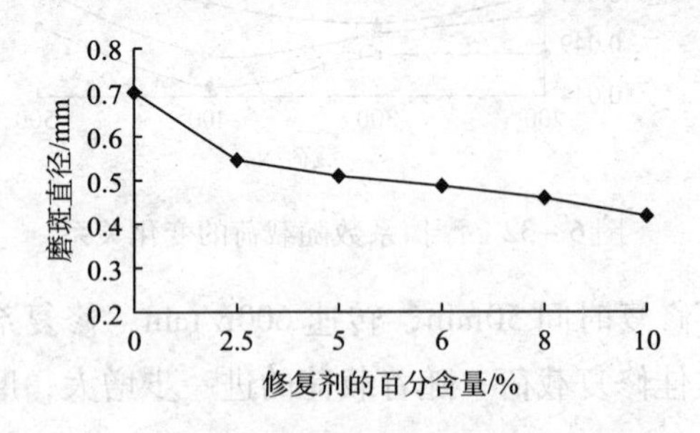

图 6－36　磨斑直径随修复剂含量变化曲线

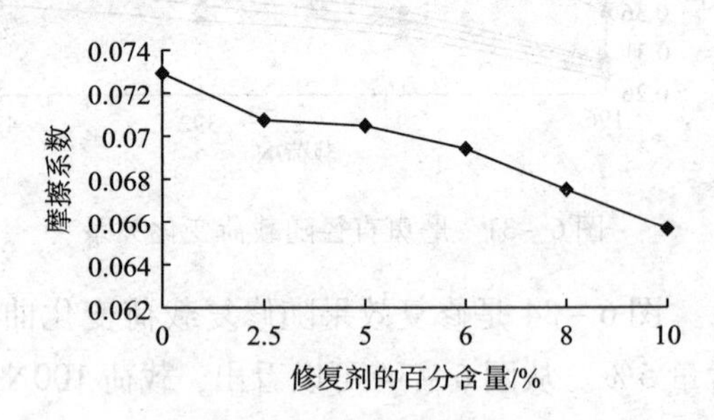

图 6－37　摩擦系数随修复剂含量的变化曲线

图 6－38 和图 6－39 分别给出了载荷对修复剂抗磨减摩性能的影响。从图 6－38 可以看出，在不同载荷下磨斑直径变化的总趋势是随载荷增大而增大，但在低负荷下比高负荷下更为明显。从图 6－39 可以看出，摩擦系数随载荷的变化关系是随载荷增大而减小，当达到一定载荷时，摩擦系数又随载荷增大而增大，这说明 SiO_2/ZnO 复合纳米粒子修复剂在较高载荷下生成的表面膜破裂，从而加剧了摩擦磨损。

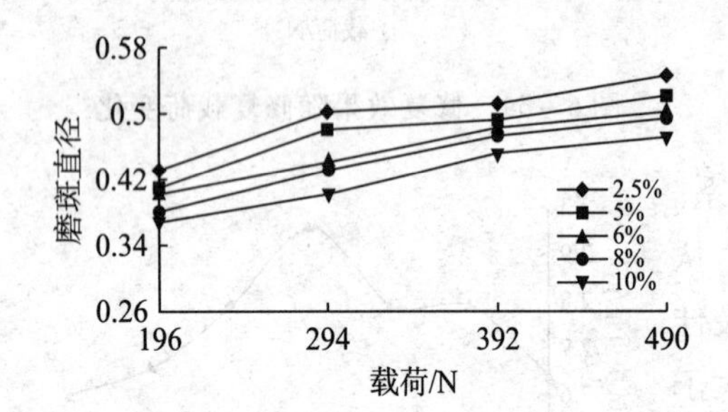

图 6－38　磨斑直径随载荷变化关系

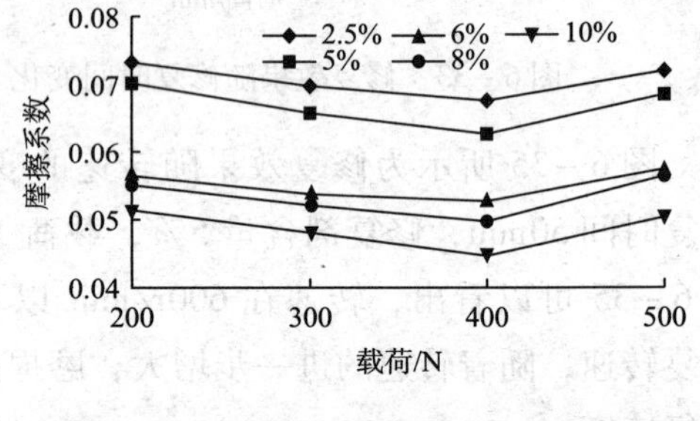

图 6－39　摩擦系数随载荷的变化关系

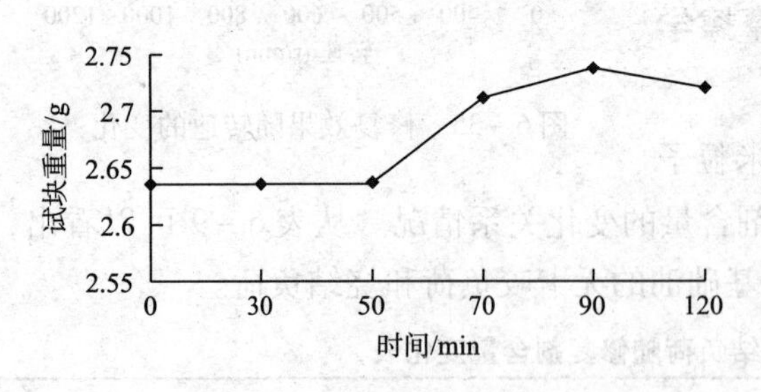

图 6－40　修复效果随修复时间的变化情况

图 6－40 示出了修复效果随试验时间的变化情况。可以看出，当试验时间处于 50～90min 范围内时，修复效果最佳；当试验时间过短（<30min），修复效果不佳，过长（>90min）时，修复趋向饱和。

图 6－41 示出了修复效果随载荷的变化情况。可以看出，在 50～170N 载荷范围内修复效果最佳；当载荷超出 170N 后，试块重量明显较小，复合纳米修复剂对磨损表面的修复作用减弱直至消失。

图6－42是修复效果随转速的变化关系曲线。修复时间50min，修复剂含量5%，载荷100N。从图6－42可以看出，转速在800r/min以下是最佳修复转速，随着转速的进一步增大，磨损速度大于修复速度。

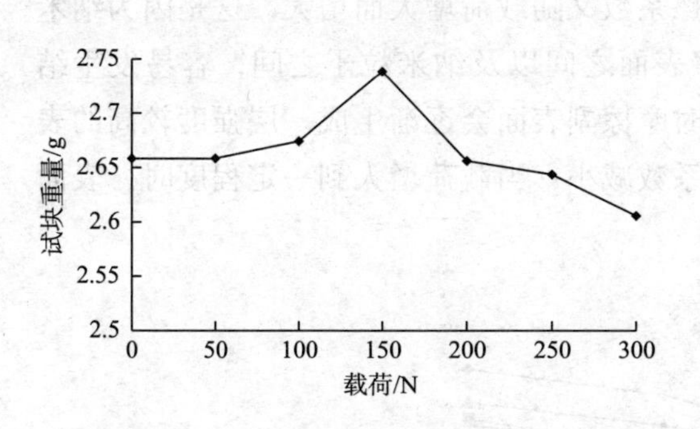

图6－41　修复效果随修复载荷的变化情况

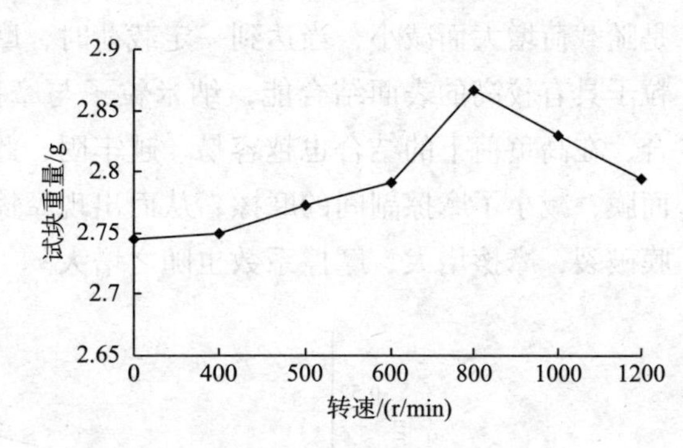

图6－42　修复效果随修复转速的变化情况

2.12.3　SiO_2/MgO复合纳米粒子的摩擦学性能

表6－10所示为添加剂了SiO_2/MgO复合纳米粒子的润滑油最大无卡咬负荷和烧结负荷随修复剂含量的变化关系情况。从表6－10可以看出，SiO_2/MgO复合纳米粒子能明显提高HVI 500基础油的无卡咬负荷和烧结负荷。

表6－10　抗咬合值和抗烧结负荷随修复剂含量变化表

项　目	修复剂含量/%					
	0.0	2.5	5.0	6.0	8.0	10.0
P_B/N	500	784	883	883	932	981
P_D/N	1250	1560	1764	1764	1764	1960

图6－43和图6－44是在载荷392N下钢球表面磨斑直径（WSD）和摩擦系数μ随SiO_2/MgO复合纳米粒子修复剂质量分数的变化关系曲线。从图中可以看出，SiO_2/MgO复合纳米粒子修复剂对HVI 500基础油的抗磨减摩性能均有一定影响，随着修复剂含量的逐渐增大，磨斑直径和摩擦系数均减小。

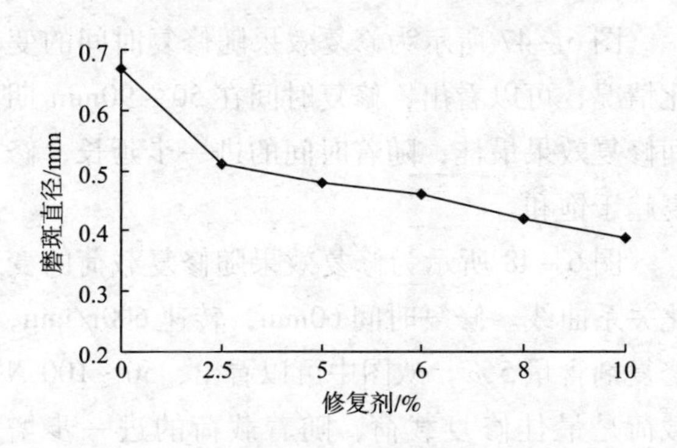

图6－43　磨斑直径随修复剂含量变化曲线

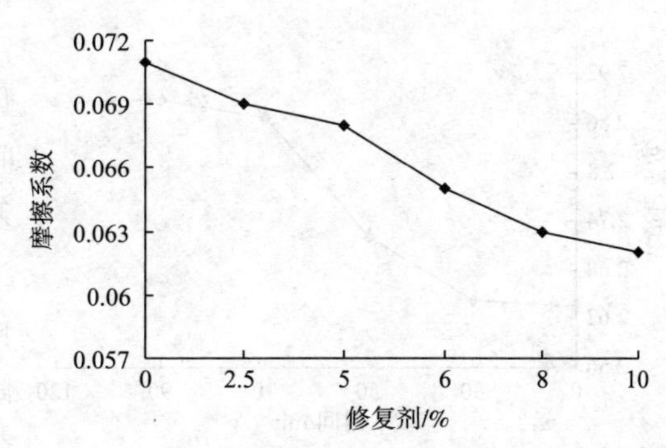

图6－44　摩擦系数随修复剂含量变化曲线

图6-45和图6-46分别给出了载荷对SiO_2/MgO复合纳米粒子修复剂抗磨减摩性能的影响。从图6-45可以看出，在不同载荷下磨斑直径变化的总趋势是随载荷增大而增大，但在低负荷下比高负荷下更明显。从图6-46可以看出，摩擦系数随载荷的变化关系是随载荷增大而减小，当达到一定载荷时，摩擦系数又随载荷增大而增大。这是因为纳米粒子具有较高的表面结合能，纳米粒子与摩擦表面之间以及纳米粒子之间，容易发生结合，在高负荷下的结合也越容易、越牢固，此时摩擦副表面会逐渐生成一层强度较高的表面膜，减小了摩擦副间的摩擦，从而出现摩擦系数减小；当载荷增大到一定程度时，表面膜破裂，摩擦增大，摩擦系数也随之增大。

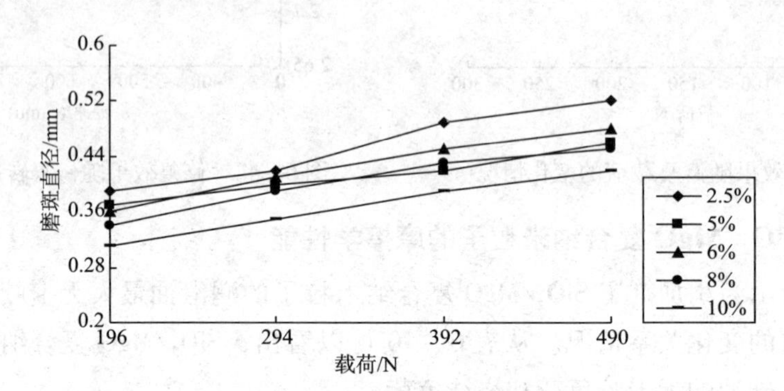

图6-45　磨斑直径随载荷变化关系

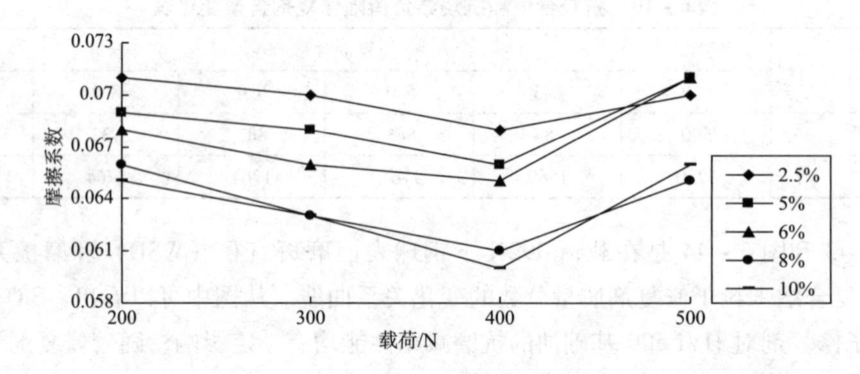

图6-46　摩擦系数随载荷变化关系

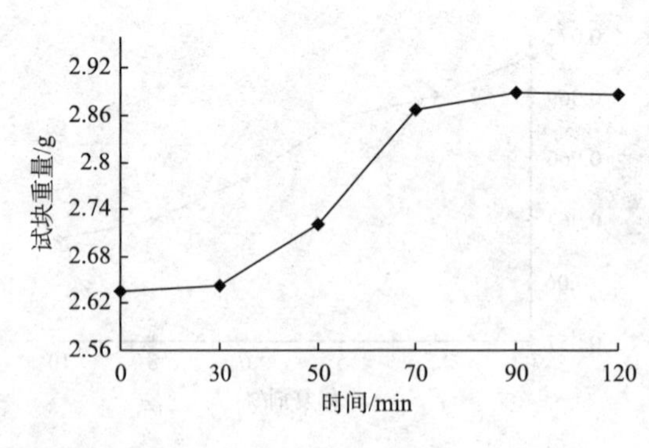

图6-47　修复效果随修复时间变化

图6-47所示为修复效果随修复时间的变化情况，可以看出，修复时间在50~90min期间修复效果最佳，随着时间的进一步延长，修复趋于饱和。

图6-48所示为修复效果随修复载荷的变化关系曲线。修复时间60min，转速600r/min，修复剂含量5%。从图中可以看出，50~100 N载荷是最佳修复载荷，随着载荷的进一步增大，磨损率大于修复率。

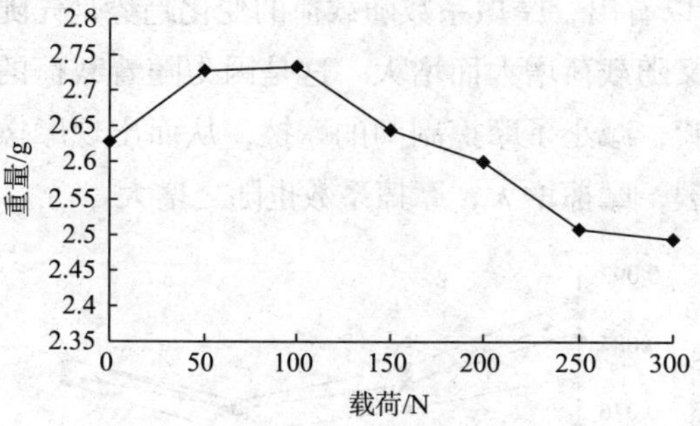

图6－48 修复效果随修复载荷变化

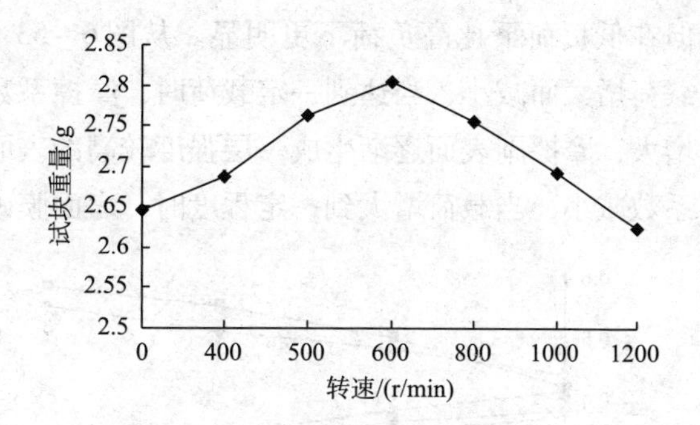

图6－49 修复效果随转速变化

图6－49所示为修复效果随转速的变化关系图。修复时间60min，修复剂含量5%，载荷200N。可以看出，转速在600r/min以下是最佳修复转速，随着转速的进一步增大，磨损速度大于修复速度。

2.12.4 SiO_2/NiO复合纳米粒子修复剂的摩擦学性能

表6－11所示为添加了SiO_2/NiO复合纳米粒子的润滑油最大无卡咬负荷和烧结负荷随修复剂含量的变化关系情况。从表6－11可以看出，SiO_2/NiO复合纳米粒子能明显提高HVI 500基础油的无卡咬负荷和烧结负荷。

表6－11 抗咬合值和抗烧结负荷随修复剂含量变化表

项 目	修复剂含量/%					
	0.0	2.5	5.0	6.0	8.0	10.0
P_B/N	500	637	637	696	726	755
P_D/N	1250	1470	1569	1569	1569	1691

图6－50和图6－51是在载荷392N下钢球表面磨斑直径（*WSD*）和摩擦系数μ随SiO_2/NiO复合纳米粒子修复剂质量分数的变化关系曲线。从图中可以看出，SiO_2/NiO复合纳米粒子修复剂对HVI 500基础油的抗磨减摩性能均有一定影响，随着修复剂含量的逐渐增大，磨斑直径和摩擦系数均减小。

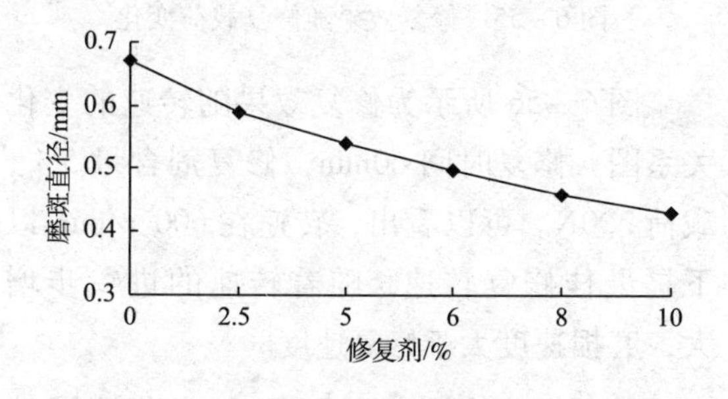

图6－50 磨斑直径随修复剂含量变化曲线

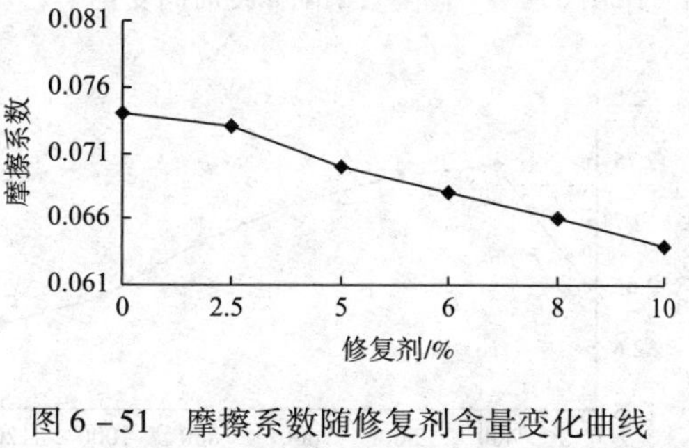

图6－51 摩擦系数随修复剂含量变化曲线

图6－52和图6－53分别给出了载荷对SiO_2/NiO复合纳米粒子修复剂抗磨减摩性能的影响。从图6－52可以看出，在不同载荷下磨斑直径变化的总趋势是随载荷增大而增大，

但在低负荷下比高负荷下更明显。从图6－53可以看出，摩擦系数随载荷的变化趋势是先随载荷增大而减小，当达到一定载荷时，摩擦系数又随载荷增大而增大。这是因为随着载荷的增大，摩擦副表面逐渐生成一层强度较高的表面膜，减小了摩擦副间的摩擦，从而出现摩擦系数减小，当载荷增大到一定程度时，表面膜破裂，摩擦增大，摩擦系数也随之增大。

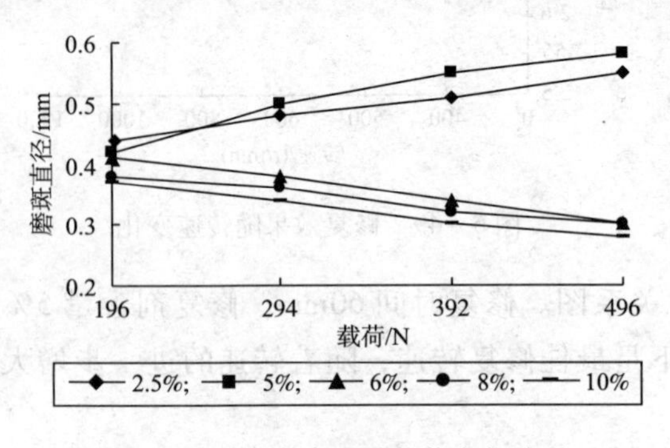

图6－52　磨斑直径随载荷变化关系

图6－53　摩擦系数随载荷变化关系

图6－54所示为修复效果随修复时间的变化情况。可以看出，修复时间在30～90min期间修复效果最佳，随着时间的进一步延长，修复趋于饱和。

图6－55所示为修复效果随修复载荷的变化关系曲线。修复时间60min，转速600r/min，修复剂含量5%。从图中可以看出，50～100N载荷是最佳修复载荷，随着载荷的进一步增大，磨损大于修复。

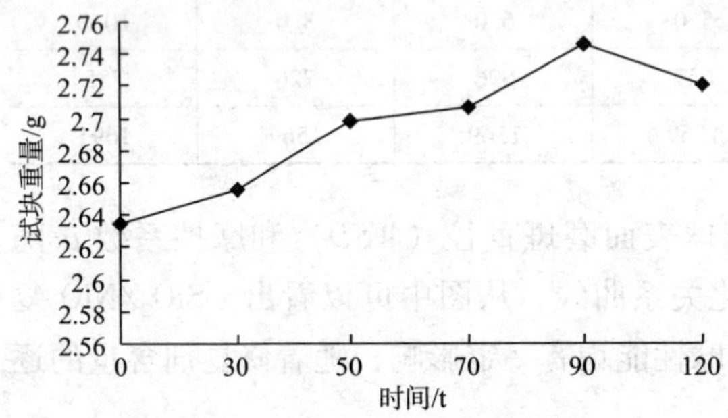

图6－54　修复效果随修复时间变化

图6－55　修复效果随修复载荷变化

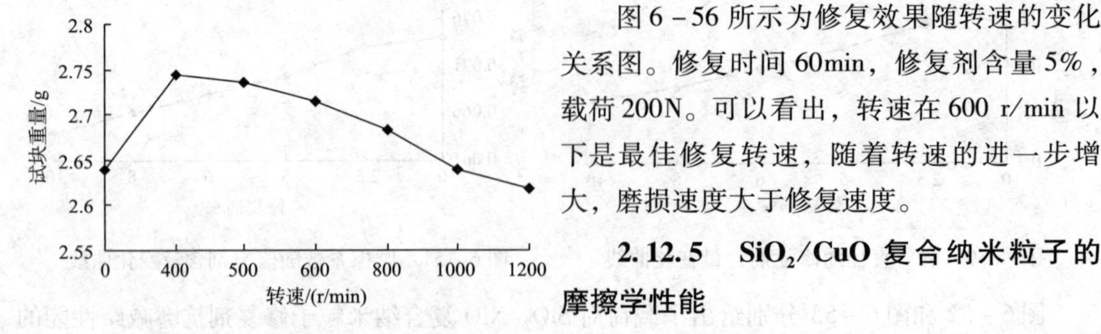

图6－56　修复效果随修复转速变化

图6－56所示为修复效果随转速的变化关系图。修复时间60min，修复剂含量5%，载荷200N。可以看出，转速在600 r/min以下是最佳修复转速，随着转速的进一步增大，磨损速度大于修复速度。

2.12.5　SiO_2/CuO复合纳米粒子的摩擦学性能

表6－12所示为添加了SiO_2/CuO复合

纳米粒子的润滑油最大无卡咬负荷和烧结负荷随修复剂含量的变化关系情况。从表6－12可以看出，SiO_2/CuO复合纳米粒子能明显提高HVI 500基础油的无卡咬负荷和烧结负荷。

表6－12 抗咬合值和抗烧结负荷随修复剂含量变化表

项 目	修复剂含量/%					
	0.0	2.5	5.0	6.0	8.0	10.0
P_B/N	500	686	726	755	784	784
P_D/N	1250	1470	1569	1569	1961	1961

图6－57和6－58是在载荷392N下钢球表面磨斑直径（WSD）和摩擦系数μ随SiO_2/CuO复合纳米粒子修复剂质量分数的变化关系曲线。从图中可以看出，SiO_2/CuO复合纳米粒子修复剂对HVI 500基础油的抗磨减摩性能均有一定影响，随着修复剂含量的逐渐增大，磨斑直径和摩擦系数均减小。

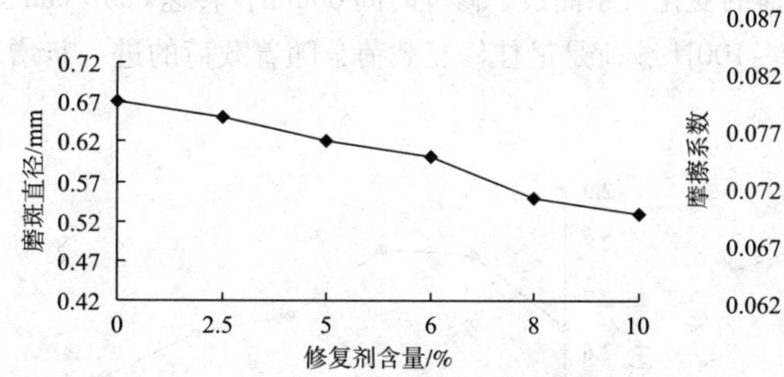

图6－57 磨斑直径随修复剂含量变化曲线

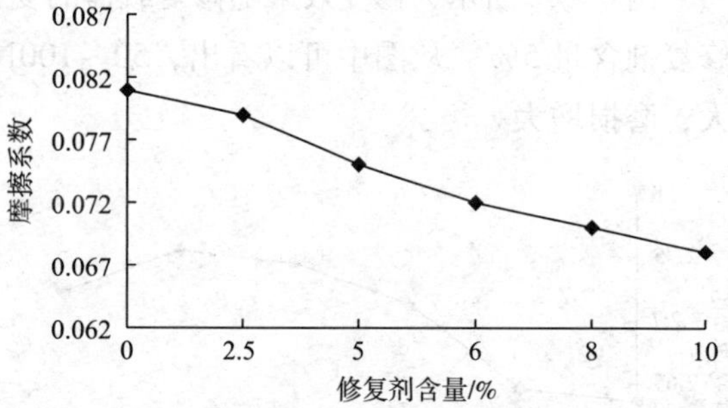

图6－58 摩擦系数随修复剂含量变化曲线

图6－59和图6－60分别给出了载荷对SiO_2/CuO复合纳米粒子修复剂抗磨减摩性能的影响。从图6－59可以看出，在不同载荷下磨斑直径变化的总趋势是随载荷增大而增大，但在低负荷下比高负荷下更明显。这可能是因为在低负荷下纳米粒子难以在摩擦表面形成起减摩抗磨作用的软金属膜，而主要靠吸附膜起作用。从图6－60可以看出，摩擦系数随载荷的变化关系是随载荷增大而减小，当达到一定载荷时，摩擦系数又随载荷增大而增大。这是因为随着载荷的增大，摩擦副表面逐渐生成一层强度较高的表面膜，减小了摩擦副间的摩擦，从而出现摩擦系数减小，当载荷增大到一定程度时，表面膜破裂，摩擦增大，摩擦系数也随之增大。

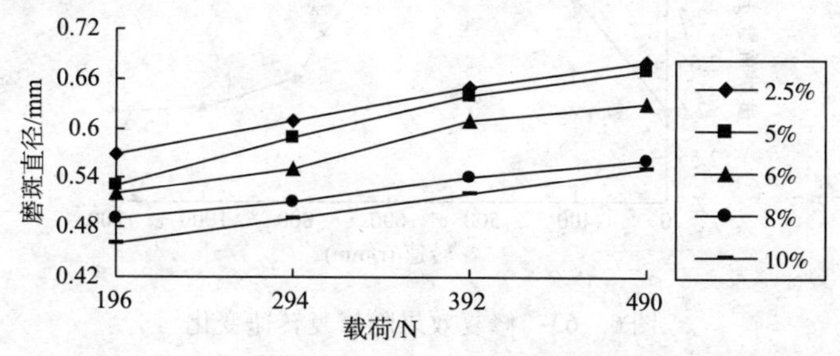

图6－59 磨斑直径随载荷变化关系

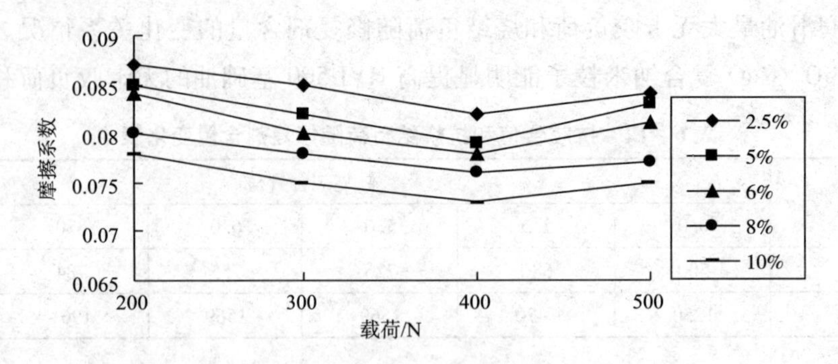

图 6-60　磨斑直径随载荷变化关系

图 6-61 所示为修复效果随修复时间的变化情况。可以看出，修复时间在 30~90min 期间修复效果最佳，随着时间的进一步延长，修复有下降趋势，这可能是因为试验误差所致。

图 6-62 所示为修复效果随修复载荷的变化关系曲线。修复时间 60min，转速 600r/min，修复剂含量 5%。从图中可以看出，50~100N 载荷是最佳修复载荷，随着载荷的进一步增大，磨损增大。

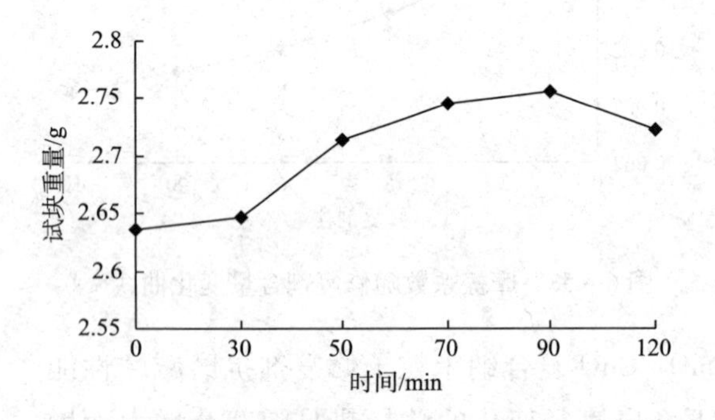

图 6-61　修复效果随修复时间变化

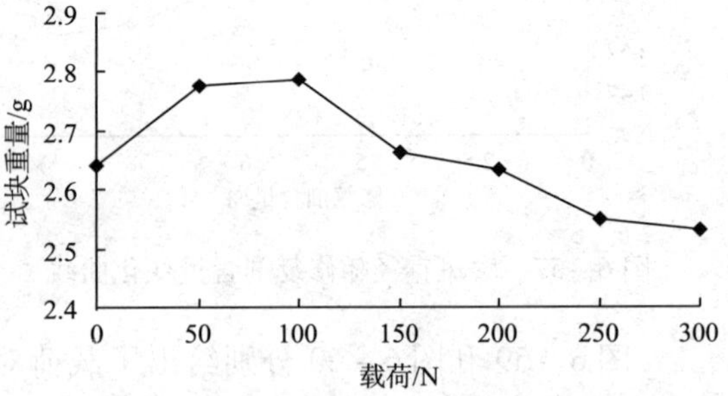

图 6-62　修复效果随修复载荷变化

图 6-63 所示为修复效果随转速的变化关系图。修复时间 60min，修复剂含量 5%，载荷 200N。可以看出，转速在 600r/min 以下是最佳修复转速，随着转速的进一步增大，磨损速度大于修复速度。

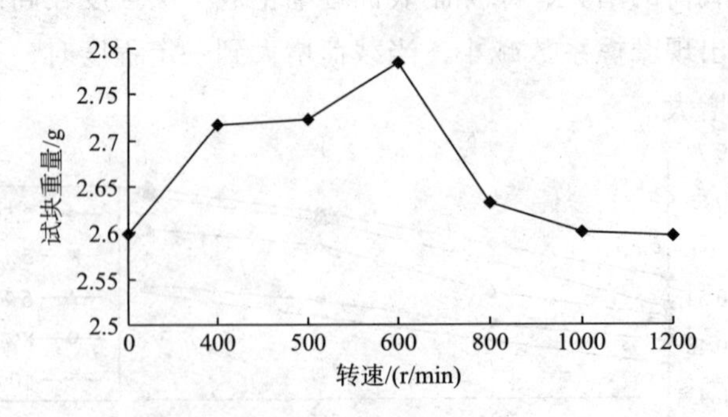

图 6-63　修复效果随修复转速变化

2.12.6 SnO_2/MgO 复合纳米粒子的摩擦学性能

从表 6－13 可以看出，SnO_2/MgO 复合纳米粒子能明显提高 HVI 500 基础油的无卡咬负荷和烧结负荷。

表 6－13 抗咬合值和烧结负荷随修复剂含量变化表

项 目	修复剂含量/%					
	0.0	2.5	5.0	6.0	8.0	10.0
P_B/N	500	706	726	755	755	784
P_D/N	1250	1470	1569	1569	1961	1961

图 6－64 和图 6－65 给出了在载荷 392N 下钢球表面磨斑直径（*WSD*）和摩擦系数 μ 随 SnO_2/MgO 复合纳米修复剂质量分数的变化关系曲线。从图中可以看出，SnO_2/MgO 复合纳米粒子修复剂对 HVI500 基础油的抗磨减摩性能均有一定影响，随着修复剂含量的逐渐增大，磨斑直径和摩擦系数均减小。

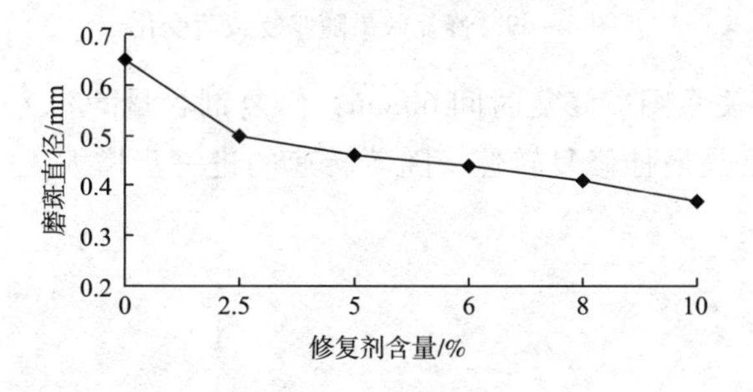

图 6－64 磨斑直径随修复剂含量变化曲线

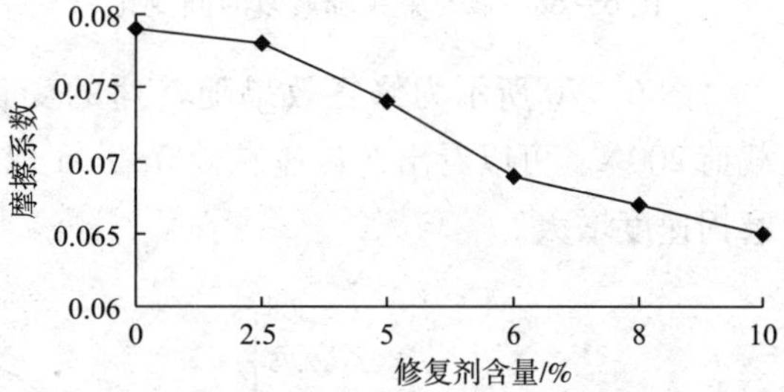

图 6－65 磨斑直径随修复剂含量变化曲线

图 6－66 和图 6－67 分别给出了载荷对 SnO_2/MgO 复合纳米粒子修复剂抗磨减摩性能的影响。从图 6－66 可以看出，在不同载荷下磨斑直径变化的总趋势是随载荷增大而增大，但在低负荷下比高负荷下更明显。从图 6－67 可以看出，摩擦系数随载荷的变化关系是随载荷增大而减小，当达到一定载荷时，摩擦系数又随载荷增大而增大。

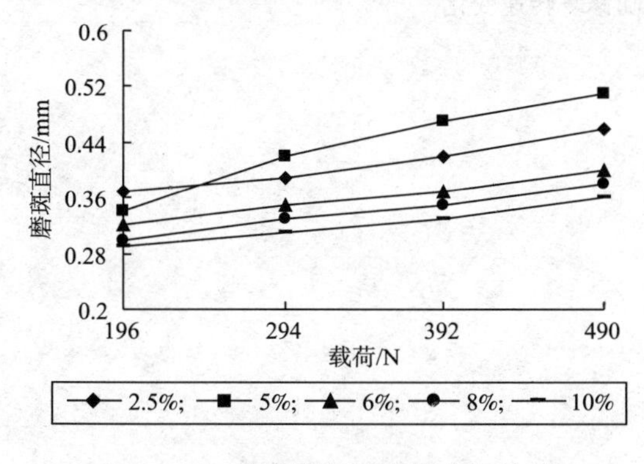

图 6－66 磨斑直径随载荷变化关系

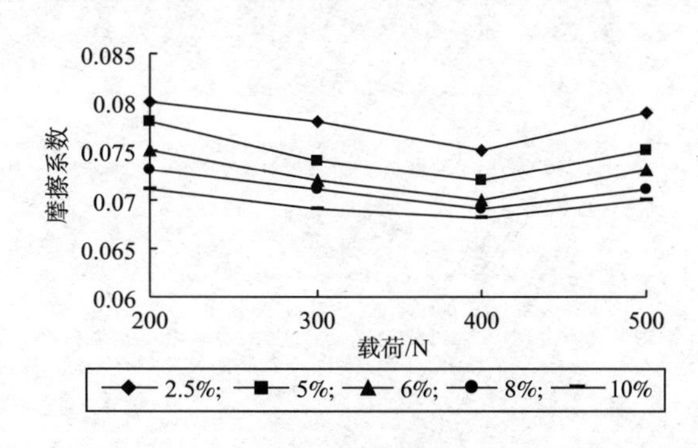

图 6－67 摩擦系数随载荷变化关系

图6-68所示为修复效果随修复时间的变化情况。可以看出，修复时间从30min开始出现修复现象，在50~90min期间修复效果最佳，随着时间的进一步延长，修复趋于饱和。

图6-69所示为修复效果随修复载荷的变化关系曲线。修复时间60min，转速600r/min，修复剂含量5%。从图中可以看出，50~100N载荷是最佳修复载荷，随着载荷的进一步增大，磨损增大。

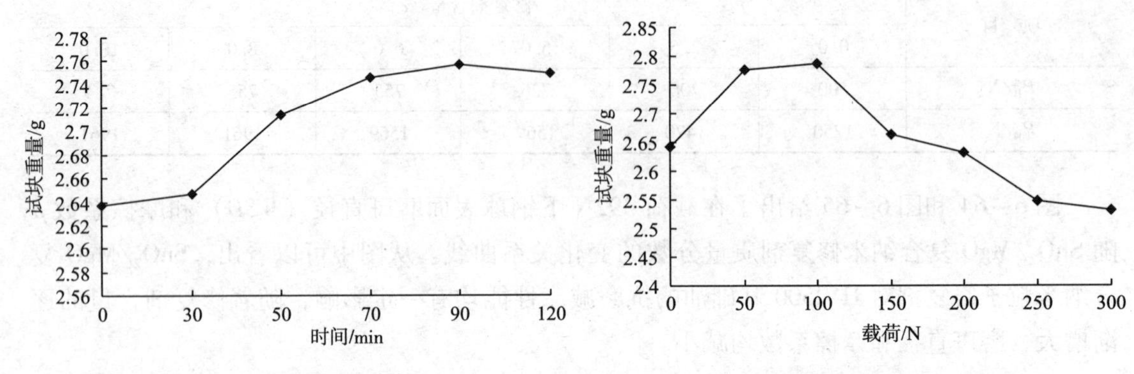

图6-68 修复效果随修复时间变化　　图6-69 修复效果随修复载荷变化

图6-70所示为修复效果随转速的变化关系图。修复时间60min，修复剂含量5%，载荷200N。可以看出，转速在600r/min以下是最佳修复转速，随着转速的进一步增大，磨损速度增大。

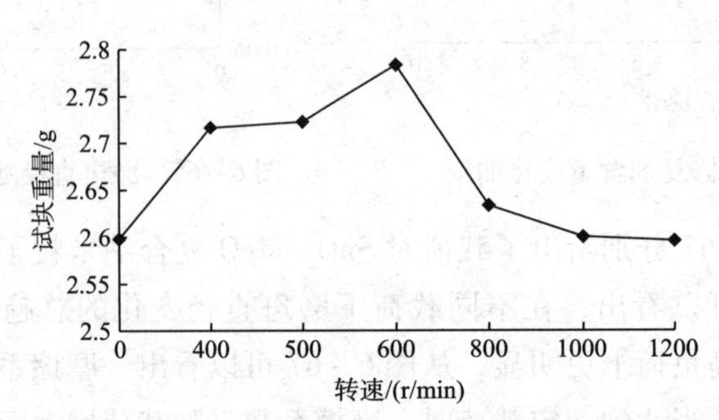

图6-70 修复效果随修复转速变化

第7章　金属加工润滑剂添加剂

第1节　金属加工润滑剂添加剂概况

添加剂是为了改善、提高基础油的性能以及为基础油增加新的性能而加入的化学物质。金属加工润滑剂是一种复杂的混合物，它含有几种乃至几十种不同成分的添加剂。金属加工润滑剂性能的好坏，关键在于添加剂，添加剂的成分不但直接影响金属加工润滑剂的切削性能（如润滑、冷却和清洗性能等），而且还影响金属加工润滑剂的非切削性能（如毒性、腐蚀性、污染性、使用周期性和废液可处理性等）。因此，各国对添加剂的研究、开发和添加剂的复配非常重视。添加剂有十多类，而且每一类添加剂中都有若干种化合物供选择。

添加剂是改善金属加工润滑剂各种性能的核心材料，但也是在使用中对人体有害或造成环境污染的主要物质。金属加工润滑剂的添加剂不仅要求性能优良，而且要低毒低公害甚至无毒、无害。金属加工润滑剂常用的添加剂主要有油性剂、极压剂、防锈防腐剂、防霉剂、抗泡沫剂、乳化剂、乳化稳定剂（偶合剂）、稠化剂、清静剂、抗氧剂、钝化剂、增塑剂及间保持剂等。金属加工润滑剂所含主要添加剂类别及添加剂各类别的组成和主要作用见表7－1。

表7－1　金属加工润滑剂含主要添加剂类别

添加剂	油基型			可溶性油			半合成液			合成液		
	简单型	脂肪型	极压型	简单型	脂肪型	极压型	简单型	脂肪型	极压型	简单型	脂肪型	极压型
防锈剂	√	√	√	√	√	√	√	√	√	√	√	√
防霉剂				√	√	√	√	√	√	√	√	√
乳化剂				√	√	√	√	√	√			
偶合剂				√	√	√	√	√	√			
油性剂		√	√	√	√	√	√	√	√		√	√
极压剂			√			√			√			√

第2节 金属加工润滑剂极压剂

2.1 金属加工润滑剂极压剂概述

研究表明，金属加工润滑剂中加入极压润滑剂，可使切削表面的摩擦下降60%～80%。在切削液中使用的极压剂，也是一些含有硫、磷、氯元素的化合物。切削液的润滑作用，与切削液的渗透性有关。渗透性能好的切削液，润滑剂能及时渗入到切削与刀具界面和刀具与工件界面，在切削、工件和刀具表面形成润滑膜，从而降低摩擦系数，减少切削阻力。金属材料加工过程中不断产生新的表面，因此要求润滑剂能有效覆盖新旧表面，即具有润湿和扩散性能，以便跟上金属表面的扩散。

氯化添加剂是一种优良的金属加工用油极压添加剂，常以水基乳化形式或纯油形式用于金属切削和成型（无切削加工）中。由于氯化膜具有很低的剪切应力，可以降低金属表面的摩擦，从而提高工件的表面光洁度，延长刀具的使用寿命。氯化铁膜的熔点在350℃，而硫化铁膜的熔点却高于800℃。当含氯添加剂与含硫添加剂混合使用时，其效果会有显著提高。氯化石蜡包括中等链长（$C_{14\sim17}$）、长链（$>C_{18}$）等产品，氯化石蜡对水生环境有害，尤其对水生微生物、贝类及鱼类危害极大，因此，氯化石蜡越来越多地被禁用。

硫化脂肪作为切削及金属加工油的极压添加剂，在很大程度上已经被合成酯（硫化酯）所替代，此类产品含有油酸盐的长链结构。在此类添加剂中，有非活性和活性两类添加剂产品。含活性硫极压剂不适合用于铜及铜合金的加工。

高碱值磺酸钙是一种惰性添加剂，用于金属加工液时具有极压、防锈、防腐蚀的功能。与含硫极压剂复合使用，可用于高合金钢、中碳钢、不锈钢的钻孔、攻丝、铣、镗、拉拔、拉削等的加工。

极压抗磨剂一般不单独使用，它与其他添加剂复合，广泛应用于内燃机油、齿轮油、液压油、压缩机油、金属加工液中。极压抗磨剂是在金属表面承受负荷的条件下，起防止滑动的金属表面的磨损、擦伤甚至烧结的作用。极压抗磨机在使用时通常用两种以上的添加剂复合使用比单独使用效果更好，因为不同类型的极压抗磨剂具有不同的特点和使用范围，含硫极压抗磨剂抗烧结性好、抗磨性差。含磷极压抗磨剂抗磨性好、极压性差，二者可以互补不足。

在极压抗磨剂与油性剂、防锈剂或其他极压抗磨剂两种以上添加剂负荷时，要特别注意是协合效应还是对抗效应，一般选择具有协和效应的添加剂相互复配。

2.2 金属加工润滑剂极压剂的作用机理

极压抗磨剂的作用机理是当摩擦面接触压力高时，两金属表面的凹凸点互相啮合，产生局部高压、高温，此时若是金属加工润滑剂中有含硫、磷、氯等化合物的极压抗磨剂时，将与金属表面发生反应，生成剪切强度低的硫化、磷化或氯化金属固体保护膜，把两金属表面隔开，从而防止金属的磨损和烧结。如果是含其他极压元素的添加剂，在摩擦过程中生成其他的摩擦化学反应膜，对摩擦副表面起保护作用。

2.3　金属加工润滑剂极压剂抗磨极压性能的评定

由于影响因素较多，金属加工润滑剂极压剂抗磨极压性能的评定目前缺乏一个公认的试验方法，目前只能用一些摩擦磨损试验机来评价作为参考，其中最常用的是四球机。四球机的摩擦原件由四个直径为12.7mm的钢球所组成（见图7－1）。下面的三个钢球（底球）被卡在油样杯里互相挤紧而彼此间不发生滚动，杯中油面验过底球。上球（顶球）由弹簧卡头或螺帽固定在转轴上，试验时由机器主轴带动旋转。依靠在横杆上所加负荷使下面三试球向上顶起压在上球下部，上球与下面三球之间受到挤压负荷作点接触，并进行滑动摩擦。试验时负荷（压力）、转速、时间和温度是可以选择的。在规定试验时间内，视负荷大小，底球上可产生磨损斑，上球与下球也可能被焊接在一起。四球机由于其结构简单，每次试验所需试样量较少，试验件接触点单位面积上的压力较大，以及试验结果的重复性较好，区分能力强，故广泛用于评定各种润滑剂的润滑性，并用以比较油性剂和抗磨添加剂的效果。

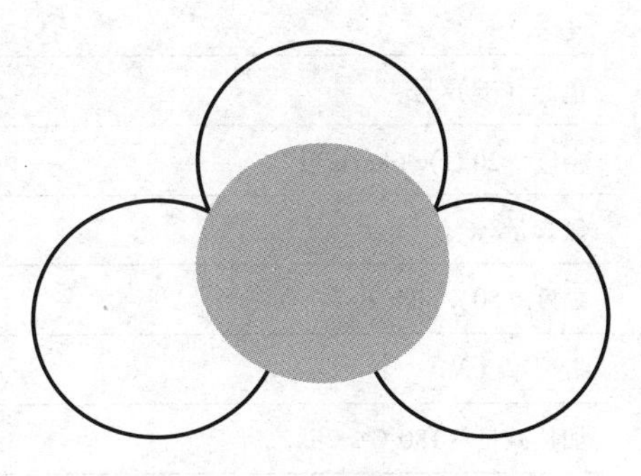

图7－1　四球机摩擦副

利用四球机考察金属加工润滑剂的抗磨极压性能时，主要以测定最大无卡咬负荷（P_B值）、烧结负荷（P_D值）和综合磨损值（*ZMZ*）评定润滑剂的润滑性能。四球机钢球的磨损状态分为磨损、卡咬、烧结三个等级。磨损是在低负荷条件下，从钢球表面上带走金属的现象。在三个静止的钢球上出现很小的光滑的圆形磨痕，其直径稍大于静负荷压痕的直径，在旋转的钢球上形成一光滑的圆圈。卡咬是随着负荷的增加，摩擦面间的摩擦和磨损加剧，钢球之间发生局部熔化，在三个静止的钢球上出现粗糙的磨痕，在转动的钢球上出现粗糙的圆圈。烧结是负荷增大到使摩擦产生的热足以使摩擦面的金属大量熔化，使四个钢球熔结成一个锥体。综合磨损值表示润滑油从低负荷至烧结负荷整个过程中的平均磨损性能。

2.4　金属加工润滑剂极压剂与油性剂产品种类与性能

2.4.1　国产氯化石蜡极压抗磨剂（T301，T302）

氯化石蜡极压抗磨剂外观为金黄色透明液体，按氯含量不同分为两个产品，统一代号分别为T301（氯烃-43）和T302（氯烃-52）。具有良好的极压性能；能使聚氯乙烯分子间距离加大、自由度增加，因此对聚氯乙烯有增塑作用。但其安定性差、可水解，对金属有腐蚀作用。氯烃-43 由精制石蜡氯化反应后生成粗氯化石蜡后，再通过精制而得成品；氯烃-52 由重蜡经活性炭精制、氯化反应生成粗氯化石蜡后，经脱气和精制而得成品。其各项典型性能指标如表 7－2 和表 7－3 所示。

表 7－2　T301 极压抗磨剂典型性能指标

项　目		典型指标		
		优等品	一级品	合格品
色泽（碘）/号	不大于	3	15	30
密度（20℃）/(kg/m³)		1130～1160	1130～1170	1130～1180
氯含量/%		41～43	40～44	
黏度（50）/mPa·s		140～450	≤500	≤650
折射率（N）		1500～1503		—
加热减量（130℃，2h）/%	不大于	0.3		—
热稳定指数（175℃，4h，10L/h）/HCl%	不大于	0.2		0.3

表 7－3　T302 极压抗磨剂典型性能指标

项　目		典型指标		
		优等品	一级品	合格品
色泽（Pt-Co）/号	不大于	100	250	600
密度（20℃）/(kg/m³)		1230～1250	1230～1270	1220～1270
氯含量/%		51～53	50～54	
黏度（50℃）/mPa·s		150～250	≤300	—
折射率（N）		1510～1513		—
加热减量（130℃，2h）/%	不大于	0.3	0.5	0.8
热稳定指数（175℃，4h，10L/h）/HCl%	不大于	0.10	0.15	0.20

2.4.2　进口氯化石蜡极压抗磨剂（MAYCO BASE DC-40）

MAYCO BASE DC-40 是一种专用于重负荷拉伸及冲剪操作的氯化石蜡产品，不考虑排放问题，适用于所有的金属加工。推荐加入量：不锈钢拉伸 50%～100%，拉管 40%～70%，拉削 20%～50%，一般切削加工 2%～10%。加工环境潮湿或有水气存在时，当 MAYCO BASE DC-40 使用量大于 10% 时，会对金属产生腐蚀，建议加入环氧大豆油或亚麻籽油抑制其腐蚀性。MAYCO BASE DC-40 的典型性能指标见表 7－4。

表7－4　MAYCO BASE DC-40的典型性能指标

项　目	典型指标	项　目	典型指标
外观	稠性黄色液体	氯含量/%	43
相对密度（15.6℃）	1.18	闪点/℃	>260
赛氏黏度/s 37.8℃ 98.9℃	 5000 175	倾点/℃	<4

2.4.3　进口氯化石蜡极压抗磨剂（MAYCO BASE DC-56）

MAYCO BASE DC-56是一种清澈黄色液体，可用于调配切削油、水溶性油及半合成液，不考虑排放问题，适用于所有金属加工。推荐加入量：拉管40%～70%，拉削10%～40%，一般切削加工0.5%～10%。加工环境潮湿或有水气存在时，当MAYCO BASE DC-56使用量大于10%时，会对金属产生腐蚀，建议加入环氧大豆油或亚麻籽油抑制其腐性。MAYCO BASE DC-56的典型性能指标见表7－5。

表7－5　MAYCO BASE DC-56的典型性能指标

项　目	典型指标	项　目	典型指标
外观	清澈黄色液体	氯含量/%	55
相对密度（15.6℃）	1.30	闪点/℃	>260
赛氏黏度/s 37.8℃ 98.9℃	 800 51	倾点/℃	4

2.4.4　氯化脂肪酸（LUBRICANT ADDITIVE J-2）

LUBRICANT ADDITIVE J-2是一种清澈透明液体，氯含量高。在深拉操作中具有良好的黏附性和极压性，起到润湿和增加膜强度的作用。有一定的防腐蚀性，能够减少由于HCl、水、潮湿环境而造成的斑痕。特别适用于不锈钢的深拉操作。LUBRICANT ADDITIVE J-2的典型技术性能指标如表7－6所示。

表7－6　LUBRICANT ADDITIVE J-2的典型性能指标

项　目	典型指标	项　目	典型指标
外观	清澈透明液体	氯含量/%	57.0
相对密度（15.6℃）	1.34	闪点/℃	>204
赛氏黏度（37.8℃）/s	40000	中和值/(mgKOH/g)	4
硫含量/%	0.0		

2.4.5 硫化植物脂肪酸酯（RC2317）

RC2317 是一种浅色、近似无味的低黏度液体，可溶于矿油及合成基础油。黏度低，洗涤效果好。与二硫代磷酸锌盐（如 RC3038）、磷酸片酯或无灰硫磷添加剂等复合使用，可提高金属加工液的性能。用于配制切削加工用金属加工液，尤其适用于配制深孔钻油。RC2317 的典型技术性能指标如表 7－7 所示。

表 7－7 RC2317 典型性能指标

项目	典型指标	项目	典型指标
组分	硫化植物脂肪酸脂，不含矿物油	腐蚀试验（石蜡基基础油 +5% RC2317，铜片，3h/100℃）	3a～3b
外观	浅棕色透明低黏度液体	硫含量/%	17.0
密度（20℃）/(g/cm³)	1.34	闪点/℃	180
运动黏度（40℃）/(mm²/s)	45		
色度	4.5	活性硫含量/%	8

2.4.6 硫化植物脂肪酸碳氢化合物（RC2515）

RC2515 是一种浅棕色透明中黏度液体，几乎无味，对非铁金属具有良好的极压性和低活性。主要用于润滑油、研磨油、导轨油、珩磨油、工业齿轮油、拉拔油、切削用金属加工液、轧制油，尤其适用于非铁金属和有色金属合金的成型加工。RC2515 的典型技术性能指标如表 7－8 所示。

表 7－8 RC2515 典型性能指标

项目	典型指标	项目	典型指标
组分	硫化植物脂肪酸脂和碳氢化合物，不含矿物油	腐蚀试验（石蜡基基础油 +5% RC2317，铜片，3h/100℃）	1a～1b
外观	浅棕色透明中黏度液体	硫含量/%	15.0
密度（20℃）/(g/cm³)	1.0	闪点/℃	160
运动黏度（40℃）/(mm²/s)	640		
色度	4.0	活性硫含量/%	4

2.4.7 硫化植物脂肪酸碳氢化合物（RC2526）

RC2526 是一种浅棕色透明中黏度液体，可溶于矿物油及合成基础油。硫和活性硫含量高。与 RC3038 或无灰磷型添加剂复合，能很好地取代含氯极压添加剂。在有色金属存在的条件下，需加入有色金属钝化剂，如 RC4901 或 RC4902。可配制操作条件苛刻的水溶性和非水溶性金属切削液。RC2526 的典型技术性能指标如表 7－9 所示。

表 7-9 RC2526 典型性能指标

项目	典型指标	项目	典型指标
组分	硫化植物脂肪酸脂和碳氢化合物，不含矿物油	腐蚀试验（石蜡基基础油 +5% RC2317，铜片，3h/100℃）	3a~4b
外观	浅棕色透明中黏度液体	硫含量/%	26.0
密度（20℃）/(g/cm³)	1.04	闪点/℃	16
运动黏度（40℃）/(mm²/s)	750		
色度	4.0	活性硫含量/%	15

2.4.8 硫化脂肪油（MAYCO BASE 1362）

MAYCO BASE 1362 是一种深褐色液体，黏度较低，适合于各种黑色金属的加工，也适用于难切削铁合金。含活性硫，不适合于一般铜、青铜及黄铜加工。加入量：铰牙 10% ~20%，攻牙 10% ~20%，打头（只切面）20% ~30%，自动缧机（只切面）10% ~20%，车削 5% ~10%。MAYCO BASE 1362 的典型技术性能指标如表 7-10 所示。

表 7-10 MAYCO BASE 1362 典型性能指标

项目	典型指标	项目	典型指标
外观	深褐色液体	活性硫/%	6.0
相对密度（15.6℃）	0.996	中和值/(mgKOH/g)	8.0
赛氏黏度/s		硫含量/%	17.0
37.8℃	2900		
98.9℃	245	闪点/℃	>204

2.4.9 硫化脂肪油（MAYCO BASE 1351）

MAYCO BASE 1351 是一种深褐色液体，黏度较低，具有优良的极压性及润滑性，适合于各种不同黑色金属的加工。不腐蚀青铜及黄铜，也适用于较难加工的有色金属。参考加入量：攻牙 10% ~15%，攻牙 10% ~20%，攻丝 10% ~20%，打头 25% ~50%，自动 10% ~20%，车削 5% ~10%。MAYCO BASE 1351 的典型技术性能指标如表 7-11 所示。

表 7-11 MAYCO BASE 1351 的典型性能指标

项目	典型指标	项目	典型指标
外观	深褐色液体	活性硫/%	0.0
相对密度（15.6℃）	0.97	中和值/(mgKOH/g)	7.5
赛氏黏度/s		硫含量/%	10.5
37.8℃	1775		
98.9℃	175	闪点/℃	204

2.4.10　硫化甲基酯（MAYCO BASE EX95-281）

MAYCO BASE EX95-281 是一种浅色的硫化甲基酯，气味轻、黏度低，易于操作。升温也不会对黄色金属产生腐蚀。抗磨性良好，适用于冷轧制、切削及其他对金属加工要求较高的加工过程。在切削液中的推荐加入量为 5% ~10%。MAYCO BASE EX95-281 的典型技术性能指标如表 7 -12 所示。

表 7 -12　MAYCO BASE EX95-281 的典型性能指标

项　目	典型指标	项　目	典型指标
外观	深褐色黏性液体	酸值/(mgKOH/g)	190
铜腐蚀（98.9℃，3h，10%100SN）	<1b	硫含量/%	10
赛氏黏度/s 37.8℃	92	闪点/℃	204

2.4.11　浅色硫化极压添加剂（DOVERLUBE EP-15）

DOVERLUBE EP-15 是一种金黄色液体，气味低，不腐蚀铜，适合各种金属加工，包括一些难切削铁合金的苛刻加工，如拉伸、研磨、轧压等工序。参考加入量：攻牙 10% ~15%，攻丝 10% ~20%，打头 20% ~30%，自动镙机 10% ~20%，车削 5% ~10%。DOVERLUBE EP-15 的典型性能指标见表 7 -13。

表 7 -13　DOVERLUBE EP-15 的典型性能指标

项　目	典型指标	项　目	典型指标
外观	金黄色液体	颜色（ASTM D-1500）	5
硫含量/%	15.0	相对密度（20℃）	0.99
活性硫/%	3	运动黏度（40℃）/(mm^2/s)	320
铜腐蚀（ASTM D-130）	1b	闪点/℃	>150

2.4.12　二烃基五硫化物（RC2540）

RC2540 是一种浅色低黏度液体，可溶于矿油及合成基础油，与其他含硫添加剂如 RC2415 复合使用有非常有效的复合效果，可增加极压活性。RC2540 可取代硫化油，与二硫代磷酸锌盐，如 RC3038、磷酸偏酯或无灰硫-磷添加剂复合使用，可进一步改善抗磨性能。RC2540 的典型性能指标见表 7 -14。

表 7 -14　RC2540 的典型性能指标

项　目	质量指标	项　目	质量指标
外观	浅色低黏度液体	铜片腐蚀试验（石蜡基基础油 + 2.5% RC2540，3h，100℃）	3b ~4c
色度	2.5	运动黏度（40℃）/(mm^2/s)	50
硫含量/%	40	密度（20℃）/(g/cm^3)	1.0
活性硫含量/%	38	闪点（开口）/℃	150

2.4.13 硫化烯烃（MAYCO BASE 1540）

MAYCO BASE 1540是一种深褐色液体，气味及黏度较低，容易调和。产品溶解度大，与金属加上配方的其他成分兼容性好；与MAYFREE 133及MAYCO BASE CF-74等相配合使用，具有加成效果。MAYCO BASE 1540适合产生大量碎屑的研磨操作，能满足所有要求高硫及低黏度的作业场合，尤其适用于不锈钢及高合金钢的加工。MAYCO BASE 1540的硫含量高，故不适用于有色金属（红铜、青铜及黄铜等）。MAYCO BASE 1540的典型性能指标见表7－15。

表7－15 MAYCO BASE 1540的典型性能指标

项　目	典型指标	项　目	典型指标
外观	深褐色液体	硫含量/%	38.5
相对密度（15.6℃）	1.07	活性硫/%	27.0
赛氏黏度/s		闪点/℃	182
37.8℃	550	倾点/℃	－15
98.9℃	90		

2.4.14 二叔烷基多硫化物（TPS 20）

TPS 20是一种浅黄色液体，气味很轻，不含氯化物杂质或不饱和烃。与矿物油和植物油能完全相溶，微溶于轻醇，不溶于水。不会腐蚀铜或其他黄色金属。TPS 20中的二叔烷基链具有非常高的热稳定性。适用于拉削、切削、冲压、磨削、滚轧、轧制、攻丝等加工工艺。TPS 20的典型性能指标见表7－16。

表7－16 TPS 20的典型性能指标

项　目	典型指标	项　目	典型指标
外观	浅黄色液体	闪点/℃	≮121
硫含量/%	20.0～23.0	密度（15.6℃）	0.95
颜色（加德纳）	<5	倾点/℃	≯－20
铜片腐蚀	1a～1b	四球机测试（烧结负荷）/kg	315

2.4.15 二元叔基十二烷基聚硫化物（TPS 32）

TPS 32是一种浅黄色液体，气味很轻，不含任何氯化物杂质或不饱和烃。能完全溶解于烃类溶剂、矿物油和植物油中，微溶于轻醇，不溶于水。TPS 32是一种极压添加剂，可以掺混在纯油或乳化切削油中。由于TPS 32活性硫含量很高，故不推荐用于黄色金属。适用于非铜合金的拉削、切削、冲压、磨削、轧制、攻丝等加工工艺。TPS 32的典型性能指标见表7－17。

表 7-17　TPS 32 的典型性能指标

项　目	典型指标	项　目	典型指标
外观	浅黄色液体	闪点/℃	≮121
硫含量/%	29.0~32.0	相对密度（15.6℃）	1.01
颜色（加德纳）	<10	倾点/℃	≯-20
铜片腐蚀	4a~3c	四球机测试（烧结负荷）/kg	500

2.4.16　二叔烷基多硫化物（TPS 37LS）

TPS 37LS 是一种浅黄色液体，气味很轻，不含任何氯化物杂质或不饱和烃。与矿物油和植物油完全相溶，微溶于轻醇，不溶于水，是一种极压添加剂。可以掺混在纯油或乳化切削油中使用，活性硫含量很高，不适于有色金属的加工，适用于非铜合金的拉削、切削、冲压、磨削、轧制、攻丝等加工工艺。其典型技术性能指标见表 7-18。

表 7-18　TPS 37 LS 的典型性能指标

项　目	典型指标	项　目	典型指标
外观	浅黄色液体	闪点/℃	≮100
硫含量/%	≮35	相对密度（15.6℃）	1.03
颜色（加德纳）	<10	倾点/℃	-20

2.4.17　GS-110 极压润滑添加剂（非活性）

GS-110 是一种浅棕色黏稠液体，含硫化猪油，浅颜色，气味极低。溶于矿物油，植物油和烃类溶剂，不溶于水，属于非活性极压润滑添加剂，润滑性好，闪点高，在石蜡基和环烷基基础油中具有良好的溶解性。GS-110 主要用于铁金属和非铁金属的切削和成型加工，如切削油、轧制油、乳化液、半合成液中。其典型技术性能指标见表 7-19。

表 7-19　GS-110 的典型性能指标

项　目	典型指标	项　目	典型指标
外观	浅棕色黏稠液体	倾点/℃	10
总硫/%	11.0	闪点（开口）/℃	194
活性硫/%	1.7	四球极压试验（40℃黏度为 9 mm^2/s 石蜡基油加入量 5%）	
铜腐蚀（5% 于石蜡基油中，100℃，3h）	1b	烧结负荷/kg	270
		最大无卡咬负荷/kg	80
气味	极低	四球磨痕直径（1500r/min，40kg，60min，75℃）/mm	0.31
色度（15%稀释）	2.5		
密度（15.6℃）/(g/cm^3)	0.980	摩擦系数（40℃黏度为 9 mm^2/s 石蜡基油加入量 5%）	0.119

2.4.18　低黏度硫化脂肪酸酯（GS-4015）

GS-4015 是一种黏度极低的浅棕色透明液体状硫化脂肪酸酯极压添加剂，不溶于水，在矿物油、植物油和烃类溶剂中具有很好的溶解性。它颜色浅、气味小，具有良好的渗透性和极压润滑性。主要用于铁金属的切削和成型加工，如切削油、乳化液、半合成液等。特别适合深孔钻、拉削等对黏度、渗透性要求特别高的加工过程。GS-4015 的典型性能指标见表 7－20。

表 7－20　GS-4015 的典型性能指标

项　目	典型指标	项　目	典型指标
外观	浅棕色透明液体	气味	极低气味
总硫/%	15.5	密度（20℃）/(g/cm^3)	0.94
色度	6.5	铜腐蚀（5% 于石蜡基油中，100℃，1h）	4C
四球极压试验（40℃黏度为 9 mm^2/s的石蜡基油加入量5%）		运动黏度（40℃）/(mm^2/s)	12
烧结负荷/kg	360	闪点（开口）/℃	140

2.4.19　水基硫化极压添加剂（GS-520）

GS-520 是一种透明液体状硫化脂肪酸和脂肪酸酯的混合物，浅颜色，气味极低，溶于矿物油、植物油和烃类溶剂。用链烷醇胺中和后，可溶于水，主要用于全合成和半合成金属加工液。其典型性能指标见表 7－21。

表 7－21　GS-520 的典型性能指标

项　目	典型指标	项　目	典型指标
外观	透明液体	倾点/℃	0
总硫/% 活性硫/%	11.6 2.6	闪点（开口）/℃	194
铜腐蚀（5%，100℃，3h）	1b	四球极压试验（40℃黏度为 9 mm^2/s 的石蜡基油加入量 5%） 烧结负荷/kg 最大无卡咬负荷/kg 四球磨痕直径（1500r/min，40kg，60min，75℃）/mm	 200 80 0.60
酸值/(mgKOH/g)	81		
色度(15%稀释)	2.5	摩擦系数（Soda Pendulum 摩擦试验机，40℃黏度为 9mm^2/s 的石蜡基油，加入量 5%，20℃）	0.112
运动黏度/(mm^2/s) 40℃ 100℃	 91 12	密度（15℃）/(g/cm^3)	0.976

2.4.20　GS-550 水基硫化极压添加剂（非活性）

GS-550 是一种浅颜色，气味极低的水基硫化脂肪酸极压剂，易溶于矿物油，植物油和烃类溶剂，用链烷醇胺中和后易溶于水，主要用于全合成和半合成金属加工液。其典型性能指标见表7－22。

表7－22　GS-550的典型性能指标

项　目	典型指标	项　目	典型指标
外观	透明液体	气味	极低气味
总硫/%	10.0	密度（20℃）/(g/cm³)	0.999
活性硫/%	5.7%	酸值/(mgKOH/g)	171
色度（15%稀释）	2.5	闪点（开口）/℃	140
四球极压试验（40℃黏度为9 mm²/s的石蜡基油，GS-550三乙醇铵盐10%加入水中）		运动黏度/(mm²/s)	
		40℃	100
		100℃	18
烧结负荷/kg	180	倾点/℃	0
最大无卡咬负荷/kg	60		
四球磨痕直径（1500r/min，40kg，60min，75℃）/mm	0.60	闪点/℃	220
摩擦系数(Soda Pendulum摩擦试验机，40℃黏度为9mm²/s的石蜡基油加入量5%，20℃)	0.107	铜腐蚀（5%于石蜡基油中，100℃，3h）	1b

2.4.21　水溶性硫化添加剂（DOVERLUBE LS-3220）

DOVERLUBE LS-3220是一种水溶性、非活性、含硫、有轻微氨气味的金属加工极压添加剂，含100%非活性硫，不会腐蚀铜，能溶解于任何比例稀释水中，耐碱性，可大幅度提高金属加工液的重负荷性能，配合润滑性添加剂或氯化脂肪合成物，可取得良好的使用效果。DOVERLUBE LS-3220适用于全合成、半合成、乳化油等水基配方中，加入量一般为5%～10%。其典型性能指标见表7－23。

表7－23　DOVERLUBE LS-3220的典型性能指标

项　目	典型指标	项　目	典型指标
外观	无色液体	色度（加德纳）	92（18.6）
相对密度	1.495	硫含量/%	20
闪点/℃	>149	铜腐蚀（98.9℃，4h，100%）	1a

2.4.22　磷酸酯（LUBRI-IOPHOS LB-400）

LUBRI-IOPHOS LB-400是一种水、油均溶的极压润滑添加剂，可分散于水中，溶于大多数极性和芳香族溶剂，无生态毒性，可自然降解，具有优异的乳化性能和一定的防锈性能。作为极压润滑添加剂可用于乳化油、半合成液、全合成液配方。LUBRI-IOPHOS LB-400典型性能指标见表7－24。

表 7－24　LUBRI-IOPHOS LB-400 的典型性能指标

项　目	质量指标	项　目	质量指标
外观（20℃）	黏稠状液体	色度	<10.0
密度（20℃）/(g/mm^3)	1.03	活性成分/%	98
闪点/℃	>100	非离子含量/%	<10
水分含量/%	<2.0	酸值/(mgKOH/g)	83～92
流动点/℃	15	离子特性	阴离子

2.4.23　磷-氮化合物（MAYFREE 133）

MAYFREE 133 是氯化石蜡的替代物，油溶性好，可用于水溶性切削液的配方中，除严苛及不锈钢加工外，可用于其他所有金属加工操作，一般应用于含氯超过 20% 的切削油。MAYFREE 133 的典型性能指标见表 7－25。

表 7－25　MAYFREE 133 的典型性能指标

项　目	典型指标	项　目	典型指标
外观	深琥珀色	中和值/(mgKOH/g)	155
相对密度（15.6℃）	0.99	硫含量/%	0.0
赛氏黏度/s		磷含量/%	4.0
37.8℃	45000		
98.9℃	7500	闪点/℃	>238

2.4.24　水基磷酸酯（LUBRHOPHOS LP 700）

LUBRHOPHOS LP 700 是一种清澈或半透明黏稠液体，用作水溶性极压润滑添加剂，具有低泡性和良好的防腐蚀性，主要用于全合成切削液配方，也可用于半合成及清洗液配方。LUBRHOPHOS LP 700 的典型性能指标见表 7－26。

表 7－26　LUBRHOPHOS LP 700 的典型性能指标

项　目	典型指标	项　目	典型指标
外观（25℃）	清澈或半透明黏稠液体	酸值/(mgKOH/g)	96～107
磷含量/%	5～8	pH 值（10%）	1.5
非离子含量	<7.0	离子特性	阴离子
水分含量	<1.0	结构	单酯和双酯
色度	<4.0		
密度（25℃）/(g/mm^3)	1.22～1.23	溶解性	溶于水

2.4.25 高碱值磺酸钙（Calcinate C-400 CLR）

Calcinate C-400 在金属加工液中作为极压添加剂，是一种采用一步法（磺酸与氢氧化钙直接反应）工艺制得的高碱值（TBN 为 400）磺酸钙，具有良好的油溶性，易溶于矿物油、白油和合成油，与其他添加剂的配伍性好。不含游离碱，反应活性很低，可用于含有酸类添加剂（各种脂肪）的配方。取代氯化石蜡，特别是与硫化极压剂一起使用，具有明显的协同作用。在减少硫化极压剂加入量的同时，可以提高配方的极压性能和经济性。Calcinate C-400 的典型技术性能指标见表 7－27。

表 7－27 Calcinate C-400 的典型技术性能指标

项　目	典型指标	项　目	典型指标
相对密度（15℃）	1.2	运动黏度（100℃）/(mm^2/s)	60
磺酸钙含量/%	18.5	水分/%	0.3
钙含量/%	15.2	色度	6.0
总碱值/(mgKOH/g)	405	闪点/℃	220

2.4.26 高碱值磺酸钙（Calcinate C-400W）

Calcinate C-400W 主要用于水基切削液，调配乳化油和半合成切削液，它是一种采用特殊工艺制成的高碱值磺酸钙，溶于矿物油，白油和合成油。其胶体中所含的碳酸钙颗粒呈晶体结构，比一般磺酸钙中的碳酸钙颗粒更小，极压性能优于 Calcinate C-400R 和 C-400CLR。Calcinate C-400W 可以降低摩擦系数，在配方中起到油性剂的作用。遇水不易形成凝胶，取代氯化石蜡，特别是与硫化极压剂一起使用，具有明显的协同作用，在减少硫化极压剂加入量的同时，大大提高配方的极压性能和经济性。Calcinate C-400W 的典型技术性能指标见表 7－28。

表 7－28 Calcinate C-400W 的典型技术性能指标

项　目	典型指标	项　目	典型指标
钙含量/%	14.5	动力黏度（25℃）/(mPa·s)	40000
总碱值/(mgKOH/g)	385		
相对密度（15℃）	1.15	闪点（开口）/℃	220

2.4.27 四硼酸钠（十水）

四硼酸钠是一种无臭、无色、半透明、味咸的晶体或白色晶状粉末，熔点 741℃，沸点 1575℃，该温度下四硼酸钠会分解。稍溶于冷水，较易溶于热水、甘油，微溶于乙醇、四氯化碳，水溶液呈碱性。在 60℃时易失去八个结晶水分子，在 320℃时失去全部结晶水，在空气中可缓慢风化，熔融时成无色玻璃状物质。四硼酸钠主要用作硼化合物的基本原料，也用于金属加工液的防腐防锈添加剂。四硼酸钠的典型性能指标见表 7－29。

表7－29 四硼酸钠的典型性能指标

项 目	典型指标		项 目	典型指标	
	优等品	一等品		优等品	一等品
主含量（$Na_2B_4O_7 \cdot 10H_2O$）% 不小于	99.5	95.0	硫酸盐（以SO_4^{2-}计）含量/% 不大于	0.1	0.2
碳酸盐（以CO_3^{2-}计）含量/% 不大于	0.1	0.2	氯化物（以Cl^-计）含量/% 不大于	0.03	0.05
水不溶物含量/% 不大于	0.04	0.04	铁（Fe）含量/% 不大于	0.002	0.005

2.4.28 合成酯/碳氢类（MAYLUBE S-003）

MAYLUBE S-003是一种清澈琥珀色液体，溶于油及水，主要用于调配乳化油、半合成液及全合成产品。不含氯、硫及磷等物质，适用于铝加工如冲剪及拉伸工艺。加入量：研磨（表面、无心）3%～5%，一般切削5%～10%。MAYLUBE S-003的典型性能指标见表7－30。

表7－30 MAYLUBE S-003的典型性能指标

项 目	典型指标	项 目	典型指标
外观	清澈琥珀色液体	pH值（5%浓度）	8.8
相对密度（15.6℃）	0.94	总碱值/（mgKOH/g）	9.0
赛氏黏度（37.8℃）/s	300	酸值/（mgKOH/g）	20.0

2.4.29 十三烷基硬脂酸酯（MAYLUBE E-101）

MAYLUBE E-101是一种专用于铝合金切削及研磨的脂肪脂，清澈黄色液体，油溶性添加剂，可用于调和乳化油、半合成液及全合成液配方。主要适用于铝罐冲压，也用于线拉伸、磨光、铝研磨等工艺过程。MAYLUBE E-101的典型性能指标见表7－31。

表7－31 MAYLUBE E-101的典型性能指标

项 目	典型指标	项 目	典型指标
外观	清澈黄色液体	闪点/℃	227
相对密度（15.6℃）	0.86	倾点/℃	4.4
赛氏黏度/s 37.8℃ 98.9℃	 95 35	中和值/（mgKOH/g）	2.0

2.4.30 合成酯/碳氢类（MAYLUBE E-190）

MAYLUBE E-190为清澈青黄色液体，不含石油成分，能溶于油中，且容易加入水溶性油、半合成及全合成液中。与含氯、硫的添加剂相容性好。用于水溶性产品中时，具有抵抗微生物腐败的作用。MAYLUBE E-190适用于铝材加工，推荐加入量：轻负荷拉伸及成型1%～3%，磨削及搪磨3%～5%，一般切削5%～10%，拉丝5%～10%。MAYLUBE

E-190 的典型性能指标见表 7－32。

表 7－32　MAYLUBE E-190 的典型性能指标

项　目	典型指标	项　目	典型指标
外观	清澈青黄色液体	闪点/℃	157
相对密度（15.6℃）	0.82	中和值/(mgKOH/g)	1.5
赛氏黏度（37.8℃）/s	43		

2.4.31　新戊基二醇酯（MAYLUBE E-112）

MAYLUBE E-112 是一种清澈琥珀色、低黏度、高度稳定性的液态脂肪酯，低温性能优异。MAYLUBE E-112 尤其适用于铝加工，除用于调配油性产品外，也用于调配半合成及全合成液。MAYLUBE E-112 的推荐加量一般是研磨用油 3%～8%，水溶性油 5%～10%，半合成切削液 10%～15%，全合成切削液 10%～15%。MAYLUBE E-112 的典型性能指标见表 7－33。

表 7－33　MAYLUBE E-112 的典型性能指标

项　目	典型指标	项　目	典型指标
外观	清澈琥珀色液体	相对密度（15.6℃）	0.91
赛氏黏度/s		闪点/℃	277
37.8℃	120		
98.9℃	32	中和值/(mgKOH/g)	9

2.4.32　低黏度甲基酯（METHYL ESTER 165）

METHYL ESTER 165 是一种低黏度的清澈浅黄色液态脂肪酯，具有良好的金属润湿性，抗氧化降解性能良好。METHYL ESTER 165 适用于钻、攻丝、磨及自动化加工等苛刻的工艺过程。调配时可与 MAYCO BASE CF74、MAYCO BASE CF95 等含硫添加剂复合使用。METHYL ESTER 165 适用于调配不锈钢加工的无氯配方，根据操作和不同加工要求，METHYL ESTER 165 的添加量为 5%～15%。METHYL ESTER 165 的典型性能指标见表7－34。

表 7－34　METHYL ESTER 165 的典型性能指标

项　目	典型指标	项　目	典型指标
外观	清澈浅黄色液体	闪点/℃	191
相对密度（15.6℃）	0.91		
赛氏黏度/s		中和值/(mgKOH/g)	<1.0
37.8℃	42		
98.9℃	32	倾点/℃	3.9

2.4.33 PEG-102 水溶性润滑抗磨剂

PEG-102 是一种琥珀色透明液体，无毒、无味，具有良好的水溶性，可以与水以任意比例混合，低泡沫，具有优良的润滑、抗磨性能和一定的防锈性，对浮油没有乳化能力，可以替代油酸皂，用于全合成及半合成切削液配方体系，也可用于水性抗磨液压液和轧制液。PEG-102 用于配制水基金属加工液时推荐使用浓度为 6% ~15%，可有效地提高产品的润滑、极压性能，延长刀具的使用寿命、提高效率降低成本，也能独立加入冷却池中作为池边添加的润滑补强剂。PEG-102 的典型性能指标见表 7-35。

表 7-35 PEG-102 的典型性能指标

项　目		5%稀释液典型指标	项　目		5%稀释液典型指标
外观		无色透明液体	pH 值		9~10
P_B值/N	不小于	588	消泡性/mL	不高于	2

2.4.34 PEG-201 水溶性合成金属加工润滑添加剂

PEG-201 是以单醇为起始物的环氧乙烷和环氧丙烷的共聚物，低毒性，适用于水基配方中，具有较低的表面张力，低泡沫性，良好的润湿性和极佳的边界润滑性能，与传统的润滑添加剂相容性好，在高温时不会形成淤渣或因分解而产生的其他类型的碳沉积，其润滑剂的独特性能可用来改进配方的润滑性，在水溶性合成液配方中一般添加剂量为 1% ~10%。PEG-201 的典型性能指标见表 7-36。

表 7-36 PEG-201 的典型性能指标

项　目		5%稀释液典型指标	项　目		5%稀释液典型指标
外观		无色透明液体	pH 值		9~10
P_B值/N	不小于	392	消泡性/mL	不高于	2

2.4.35 PEG-501 聚合脂

PEG-501 是中分子量，水溶性合成脂，能有效提高严苛切削表现，主要用于配制乳化油、半合成、全合成金属加工冷却液、水溶性拉伸冲压油。PEG-501 能够提供极佳的润滑性，水解稳定性，氧化安定性。PEG-501 饱和度高，能产生极佳的生物稳定性，不会影响金属表面变色或氧化。PEG-501 除可替代氯化烯烃外，还可在配方中取代磷、非活性硫、脂肪酸、胺和其他摩擦改进剂。PEG-501 相溶性好，可以与大多数极压添加剂复配使用，适用于铁金属及非铁金属加工。PEG-501 可以提供低泡沫、不产生灰碳，具有协同乳化性能，用途广泛。在调配切削液时加入量在 1% ~15%。PEG-501 的典型性能指标见表 7-37。

表 7－37　PEG-501 的典型性能指标

项　目	典型指标	项　目	典型指标
外观	琥珀色液体	pH 值（1% 于水）	8.5
气味	温和	酸值/(mgKOH/g)	6.9
密度(15.6℃)/(g/cm^3)	0.9457	黏度（40℃）/(mm^2/s)	200

2.4.36　Mayco Base1351 硫化动物油

Mayco Base1351 硫化动物油是一种低黏度、主要用于苛刻加工条件的极压抗磨剂，无腐蚀性，主要用于加工有色金属及黑色金属。适合于调和纯油、乳化油、打头油、导轨油及润滑脂等，推荐加入量：导轨油 5%，车削 5% ~10%，铰牙 10% ~15%，攻丝 10% ~20%，打头 25% ~50%。Mayco Base1351 的典型性能指标见表 7－38。

表 7－38　Mayco Base1351 的典型性能指标

项　目	典型指标	项　目	典型指标
外观	深褐色液体	铜片腐蚀	1b
活性硫含量/%	10.5		
密度(20℃)/(g/cm^3)	0.97	酸值/(mgKOH/g)	≤8
闪点/℃	>204	黏度（40℃）/(mm^2/s)	370

2.4.37　Mayco Base1210 硫化动物油

Mayco Base1210 硫化动物油是一种高黏度，无腐蚀性的含硫极压抗磨剂，主要用于加工有色金属及黑色金属。适合于调和金属加工纯油、乳化油、轧制油及工业油脂等，推荐加入量：5% ~15%。Mayco Base1210 的典型性能指标见表 7－39。

表 7－39　Mayco Base1210 的典型性能指标

项　目	典型指标	项　目	典型指标
外观	深褐色液体	铜片腐蚀	1b
活性硫含量/%	10.5		
密度（20℃）/(g/cm^3)	0.98	酸值/(mgKOH/g)	≤12
闪点/℃	>204	黏度（40℃）/(mm^2/s)	500 ~950

2.4.38　Mayco ROA-200 硫化甲基酯

Mayco ROA-200 硫化甲基酯是一种低黏度，无腐蚀性，气味轻，皂化值高的含硫极压抗磨剂，不含动物脂肪，具有良好的抗磨性，主要用于加工有色金属及黑色金属。适合于调和金属加工乳化油、轧制油及导轨油等，推荐加入量：5% ~10%。Mayco Base1210 的典型性能指标见表 7－40。

表 7－40 Mayco Base1210 的典型性能指标

项 目	典型指标	项 目	典型指标
外观	褐色液体	铜片腐蚀	1b
活性硫含量/%	10	酸值/(mgKOH/g)	≤8
密度（20℃）/(g/cm^3)	0.91	黏度（40℃）/(mm^2/s)	18.6
闪点/℃	>180	皂化值/(mgKOH/g)	190

2.4.39 Keil Base18SE 硫化脂肪油

Keil Base18SE 硫化脂肪油是一种低黏度的含硫极压抗磨剂，具有优异的润湿性，可减少油泥、结胶及打光情况，会腐蚀有色金属，主要用于加工黑色金属。适合于调和金属加工乳化油。Keil Base18SE 的典型性能指标见表 7－41。

表 7－41 Keil Base18SE 的典型性能指标

项 目	典型指标	项 目	典型指标
外观	深褐色液体	铜片腐蚀	4b
活性硫含量/%	16	酸值/(mgKOH/g)	5
密度（20℃）/(g/cm^3)	1.01	黏度（40℃）/(mm^2/s)	40
闪点/℃	>177		

2.4.40 Mayco Base1362 硫化动物油

Mayco Base1362 硫化动物油是一种低黏度的含硫极压抗磨剂，主要用于加工难切削铁合金。适合于调和打头油，推荐加入量：车削 5～10%，自动螺机（只切面）10%～20%，攻丝、攻牙 10%～20%，打头（只切面）20%～30%。Mayco Base1362 的典型性能指标见表 7－42。

表 7－42 Mayco Base1362 的典型性能指标

项 目	典型指标	项 目	典型指标
外观	深褐色液体	铜片腐蚀	4b
活性硫含量/%	17	酸值/(mgKOH/g)	8
密度（20℃）/(g/cm^3)	1.00	黏度（40℃）/(mm^2/s)	625
闪点/℃	>204		

2.4.41 Mayco Base1540 硫化烯烃

Mayco Base1540 硫化烯烃是一种低黏度的高含硫极压抗磨剂，适合于加工产生大量碎屑的研磨操作，也可加工不锈钢及高合金钢等严苛金属，包括滚齿、研磨、攻丝等，不能加工有色金属。产品气味及黏度较低，调和容易，能与金属加工配方的其他成分相容；与 MAYFREE133 及 MAYCO BASE CF-74 等相配合，有特别加成效果。Mayco Base540 的典型性能指标见表7－43。

表7－43 Mayco Base1540的典型性能指标

项 目	典型指标	项 目	典型指标
外观	深褐色液体	铜片腐蚀	4b
活性硫含量/%	38	闪点/℃	>185
密度（20℃）/(g/cm^3)	1.07	黏度（40℃）/(mm^2/s)	118

2.4.42 Maychlor HV-LITE硫氯脂肪油

Maychlor HV-LITE硫氯脂肪油是一种色浅、味低、无腐蚀性、硫氯和脂肪组成单一的极压抗磨剂，硫氯在同一分子，有加成协同效果。该添加剂黏度高，脂肪基质优，能调制重负荷拉伸冲压油，适合黑色金属和有色金属。Maychlor HV-LITE硫氯脂肪油的典型性能指标见表7－44。

表7－44 Maychlor HV-LITE硫氯脂肪油的典型性能指标

项 目	典型指标	项 目	典型指标
外观	清褐色液体	铜片腐蚀	1a
活性硫含量/%	6	闪点/℃	238
密度（20℃）/(g/cm^3)	0.96	黏度（40℃）/(mm^2/s)	3900
氯含量/%	6		

2.4.43 Maychlor 1010硫氯脂肪油

Maychlor 1010硫氯脂肪油是一种较传统含硫添加剂，色浅、味低、无腐蚀性、硫氯和脂肪组成单一的极压抗磨剂，硫氯在同一分子，能降低添加剂的加入量。该添加剂黏度低，活性高，且含活性硫，不适合用于有色金属加工，不建议用于密闭加工中心。推荐加入量2%～10%。Maychlor 1010硫氯脂肪油的典型性能指标见表7－45。

表7－45 Maychlor 1010硫氯脂肪油的典型性能指标

项 目	典型指标	项 目	典型指标
外观	深褐色液体	铜片腐蚀	4C
活性硫含量/%	10	闪点/℃	190
密度（20℃）/(g/cm^3)	0.99	黏度（40℃）/(mm^2/s)	194
氯含量/%	10		

2.4.44 Mayco Base DC40氯化石蜡

Mayco Base DC40氯化石蜡适用于加工多种金属的重负荷拉伸及冲压。推荐加入量：不锈钢深拉5%～100%，拉管40%～70%，拉削20%～50%，一般切削5%～10%。Mayco Base DC40氯化石蜡的典型性能指标见表7－46。

表7-46 Mayco Base DC40氯化石蜡的典型性能指标

项目	典型指标	项目	典型指标
外观	稠性黄色液体	闪点/℃	>230
氯含量/%	42	黏度（40℃）/(mm²/s)	1125
密度（20℃）/(g/cm³)	1.18	黏度（100℃）/(mm²/s)	35

2.4.45 Mayco Base DC56氯化石蜡

Mayco Base DC56氯化石蜡是一种短链、黏度极低、调配容易、与各种基础油及添加剂的兼容性好的极压添加剂，适合于调配切削油、水溶性油及半合成液。推荐加入量：一般切削0.5%~10%，拉削10%~40%，拉管40%~70%。Mayco Base DC56氯化石蜡的典型性能指标见表7-47。

表7-47 Mayco Base DC56氯化石蜡的典型性能指标

项目	典型指标	项目	典型指标
外观	清澈黄色液体	闪点/℃	>230
氯含量/%	57	黏度（40℃）/(mm²/s)	170
密度（20℃）/(g/cm³)	1.32	黏度（100℃）/(mm²/s)	10

2.4.46 Paroil +152氯化石蜡

Paroil 152氯化石蜡是一种中长链、黏度较低、调配容易、与各种基础油及添加剂的兼容性好的极压添加剂，适合于调配乳化油、半合成液及一般纯油产品。推荐加入量：纯油切削3%~10%，纯油拉伸冲压拉削5%~30%，水溶油切削2%~10%，水溶油拉伸冲压5%~15%。Paroil 152氯化石蜡的典型性能指标见表7-48。

表7-48 Paroil 152氯化石蜡的典型性能指标

项目	典型指标	项目	典型指标
外观	清澈浅黄色液体	闪点/℃	>230
氯含量/%	51	黏度（40℃）/(mm²/s)	370
密度（20℃）/(g/cm³)	1.27	黏度（100℃）/(mm²/s)	15

2.4.47 Paroil 70LV氯化石蜡

Paroil LV氯化石蜡是一种含氯高、黏度高的极压添加剂，适合于多种金属的拉伸、冲压加工。推荐加入量5%~100%。Paroil LV氯化石蜡的主要性能指标见表7-49。

表7-49 Paroil LV氯化石蜡的主要性能指标

项目	质量指标	项目	质量指标
外观	清澈浅黄色液体	闪点/℃	>230
氯含量/%	68		
密度（20℃）/(g/cm³)	1.52	黏度（40℃）/(mm²/s)	75

2.4.48　Paroil 10C 氯化石蜡

Paroil 10C 氯化石蜡是一种中氯含量、黏度较低的极压添加剂，适合于多种金属的加工。推荐加入量：水基3%～10%，油基3%～20%。Paroil 10C 氯化石蜡的典型性能指标见表7－50。

表7－50　Paroil 10C 氯化石蜡的典型性能指标

项　目	典型指标	项　目	典型指标
外观	清澈浅黄色液体	闪点/℃	>175
氯含量/%	41	黏度（40℃）/(mm^2/s)	20
密度（20℃）/(g/cm^3)	1.11	黏度（100℃）/(mm^2/s)	8

2.4.49　Paroil 60C 氯化石蜡

Paroil 60C 氯化石蜡是一种中氯含量、黏度较高的极压添加剂，适合于拉伸、冲压成型的加工。推荐加入量5%～100%。Paroil 60C 氯化石蜡的典型性能指标见表7－51。

表7－51　Paroil 60C 氯化石蜡的典型性能指标

项　目	典型指标	项　目	典型指标
外观	清澈浅黄色液体	闪点/℃	>230
氯含量/%	60		
密度（20℃）/(g/cm^3)	1.39	黏度（40℃）/(mm^2/s)	75

2.4.50　Paroil 142 氯化石蜡

Paroil 142 氯化石蜡是一种中氯含量、黏度较高的极压添加剂，适合于拉伸、冲压成型的加工。推荐加入量5%～8%。Paroil 142 氯化石蜡的典型性能指标见表7－52。

表7－52　Paroil 142 氯化石蜡的典型性能指标

项　目	典型指标	项　目	典型指标
外观	清澈浅黄色液体	闪点/℃	>230
氯含量/%	46	黏度（100℃）/(mm^2/s)	40
密度（20℃）/(g/cm^3)	1.22	黏度（40℃）/(mm^2/s)	1400

2.4.51　Paroil 10HV 氯化石蜡

Paroil 10HV 氯化石蜡适合于阻燃剂、增塑剂、金属加工的极压剂。推荐加入量：纯油切削3%～10%，纯油拉伸冲压5%～30%。Paroil 10HV 氯化石蜡的典型性能指标见表7－53。

表 7-53　Paroil 10HV 氯化石蜡的典型性能指标

项　目	质量指标	项　目	质量指标
外观	清澈浅黄色液体	闪点/℃	>175
氯含量/%	41	黏度（100℃）/(mm^2/s)	10
密度（20℃）/(g/cm^3)	1.12	黏度（40℃）/(mm^2/s)	30

2.4.52　CW235 氯化石蜡

CW235 氯化石蜡是一种含长直碳链和稳定剂、室温下不易燃、无腐蚀性、低挥发性的极压抗磨剂，适合于纯油切削、拉伸和冲压加工。推荐加入量：纯油切削 3% ~10%，纯油拉伸冲压 5% ~30%。Paroil 10HV 氯化石蜡的典型性能指标见表 7-54。

表 7-54　Paroil 10HV 氯化石蜡的典型性能指标

项　目	典型指标	项　目	典型指标
外观	清澈浅黄色液体	闪点/℃	>200
氯含量/%	46	黏度（100℃）/(mm^2/s)	50
密度（20℃）/(g/cm^3)	1.21	黏度（40℃）/(mm^2/s)	2250

2.4.53　CW80E 氯化脂肪

CW80E 氯化脂肪是一种能提供湿润及极压性、无腐蚀性和低挥发性的极压抗磨剂，适合于纯油和水溶性油的切削、拉伸和冲压加工。推荐加入量：纯油切削 3% ~10%，纯油拉伸冲压 5% ~15%，水溶性油切削、水溶性油拉伸、水溶性油冲压 3% ~10%。Paroil 80E 氯化脂肪的典型性能指标见表 7-55。

表 7-55　Paroil 80E 氯化脂肪的典型性能指标

项　目	典型指标	项　目	典型指标
外观	清澈浅黄色液体	黏度（40℃）/(mm^2/s)	135
氯含量/%	34		
密度（20℃）/(g/cm^3)	1.16	黏度（100℃）/(mm^2/s)	11

2.4.54　DA8527 氯化脂肪酸

DA8527 氯化脂肪酸是一种能提供湿润及极压性、稳定性、黏附性好，以稍微过量的烷基醇胺中和后作为可溶于水的极压抗磨剂，适合于调配全合成金属加工润滑剂。推荐加入量 3% ~10%。DA8527 氯化脂肪酸的典型性能指标见表 7-56。

表 7-56　DA8527 氯化脂肪酸的典型性能指标

项　目	典型指标	项　目	典型指标
外观	清澈浅黄色液体	黏度（40℃）/(mm^2/s)	388
氯含量/%	29		
密度（20℃）/(g/cm^3)	1.10	黏度（100℃）/(mm^2/s)	22

2.4.55 DA8531 氯化猪油

DA8531 氯化猪油是一种湿润及渗透性强、极压性高、稳定、无腐蚀性的极压抗磨剂，适合于调配铁类及非铁类的全合成、半合成金属加工润滑剂，也适合于拉伸及齿轮油加工配方，推荐加入量3% ~15%。DA8531 氯化猪油的典型性能指标见表7－57。

表7－57 DA8531 氯化猪油的典型性能指标

项 目	典型指标	项 目	典型指标
外观	清澈浅黄色液体	黏度（40℃）/(mm^2/s)	3200
氯含量/%	32	黏度（100℃）/(mm^2/s)	85
密度（20℃）/(g/cm^3)	1.14	闪点/℃	>220

2.4.56 DA8506 氯化甲基酯

DA8506 氯化甲基酯是一种湿润及渗透性强、极压性高、稳定、无腐蚀性的极压抗磨剂，适合于调配铁类及非铁类的全合成、半合成金属加工润滑剂，也适合于拉伸及齿轮油加工配方。可与氯化石蜡、磷酸酯及硫化添加剂掺混使用，推荐加入量3% ~15%。DA8506 氯化甲基酯的典型性能指标见表7－58。

表7－58 DA8506 氯化甲基酯的典型性能指标

项 目	典型指标	项 目	典型指标
外观	清澈浅黄色液体	黏度（40℃）/(mm^2/s)	135
氯含量/%	33	黏度（100℃）/(mm^2/s)	11
密度（20℃）/(g/cm^3)	1.14	闪点/℃	>220

2.4.57 Mayco Base J－2 氯化脂肪

Mayco Base J－2 氯化脂肪是一种湿润及黏附性强、极压性高、能增强油膜强度、高黏度高氯含量的极压抗磨剂，适合于调配不锈钢深拉等苛刻操作条件下的金属加工润滑剂。Mayco Base J-2 有一定的防腐蚀性，能减少由于盐酸、水及潮湿环境造成的斑痕。Mayco Base J-2 氯化脂肪的典型性能指标见表7－59。

表7－59 Mayco Base J-2 氯化脂肪的典型性能指标

项 目	典型指标	项 目	典型指标
外观	清澈琥珀色液体	闪点/℃	>204
氯含量/%	53		
密度（20℃）/(g/cm^3)	1.34	黏度（100℃）/(mm^2/s)	8650

2.4.58 Mayco Base CF-74 硫化磺酸盐

Mayco Base CF-74 硫化磺酸盐是一种油溶性、不含活性硫的极压抗磨剂，可1∶1取代含氯添加剂，适合于调配不锈钢深钻孔及车削等重负荷操作条件下的金属加工用油，也可用于调配有色金属加工润滑剂，不适合于水性配方中。Mayco Base CF-74 的典型性能指标见表 7－60。

表 7－60 Mayco Base CF-74 的典型性能指标

项 目	典型指标	项 目	典型指标
外观	清澈深棕色液体	闪点/℃	>180
硫含量/%	2.5		
密度（20℃）/（g/cm³）	1.04	黏度（40℃）/（mm²/s）	119

2.4.59 Mayfree 133 磷氮化合物

Mayfree 133 磷氮化合物是一种油溶性、可用于水溶性配方的极压抗磨剂，可 1：1 取代含氯化石蜡。Mayfree 133 酸值较高，在水溶性配方中必须提高三乙醇胺等碱性成分。在油溶系统中，不能与超碱值磺酸盐相容。适合于苛刻不锈钢加工。Mayfree 133 典型性能指标见表 7－61。

表 7－61 Mayfree 133 的典型性能指标

项 目	典型指标	项 目	典型指标
外观	深琥珀色液体	闪点/℃	>238
磷含量/%	4.0	黏度（40℃）/（mm²/s）	9500
密度（20℃）/（g/cm³）	0.99	中和值/（mgKOH/g）	162

2.4.60 Mayphos 45 磷酸酯

Mayphos 45 磷酸酯是一种不溶于水、用胺类等碱性物质中和可用于水溶性配方的极压抗磨剂。Mayphos 45 与 PEG 酯类或其他含浊点非离子活性剂结合，有加成效果。适合于槽磨加工。推荐加入量：一般切削 0.5%～2%，槽磨 2%～4%，缧旋切削 4%～6%，冷锤 5%～10%，拉伸冲压 10%～25%。Mayphos 45 的典型性能指标见表 7－62。

表 7－62 Mayphos 45 的典型性能指标

项 目	典型指标	项 目	典型指标
外观	清澈浅琥珀色液体	闪点/℃	>193
磷含量/%	5.5	黏度（40℃）/（mm²/s）	21500
密度（20℃）/（g/cm³）	1.07	中和值/（mgKOH/g）	400

2.4.61 Doverlube LS-3220 非腐蚀性硫化极压剂

Doverlube LS-3220 是一种非聚硫、硫元素不会在久放后释出、不腐蚀铜的极压抗磨剂。能以各比例溶于水，耐碱性。能稀释于水中，可用于各种水基配方中，能大幅提高其重负荷性能，配合润滑剂或氯化脂肪添加剂，效果最佳。推荐加入量 5%～10%。Doverlube LS-3220 的典型性能指标见表 7－63。

表 7-63 Doverlube LS-3220 的典型性能指标

项 目	典型指标	项 目	典型指标
外观	清澈淡黄色液体	黏度（40℃）/(mm^2/s)	194
密度（20℃）/(g/cm^3)	1.50		

2.4.62 Maylube S-830 磷酸酯

Maylube S-830 磷酸酯是一种不含硫、氯，能以不同比例调出透明液，能增强金属表面的处理能力，与全抗油合成液不匹配的极压抗磨剂。Maylube S-830 可用于要求无油、残留膜容易去除的拉伸操作。推荐加入量：池边加强剂 2%，半合成、全合成液 5% ~15%，攻丝 30%，拉伸 20% ~45%。Maylube S-830 的典型性能指标见表 7-64。

表 7-64 Maylube S-830 的典型性能指标

项 目	典型指标	项 目	典型指标
外观	清澈琥珀色液体	5% 稀释液 pH 值	8
磷含量/%	1.2		
密度（20℃）/(g/cm^3)	1.09	黏度（40℃）/(mm^2/s)	325

2.4.63 Syn-check1203 氯化产品

Syn-check1203 氯化产品是一种对大部分金属无腐蚀性，不与钙镁反应，抗硬水性好的极压抗磨剂。可用于拉伸及切削；用于全合成配方，其性能比氯化直链石蜡在纯油和水溶性油配方中更好，可用于调配全合成及半合成金属加工润滑剂，推荐加入量 5% ~20%（轻切削到苛刻拉伸冲压）。Syn-check1203 的典型性能指标见表 7-65。

表 7-65 Syn-check1203 的典型性能指标

项 目	典型指标	项 目	典型指标
外观	清澈微浊黄色液体	1% 稀释液 pH 值	4.1
氯含量/%	12		
密度（20℃）/(g/cm^3)	1.12	黏度（40℃）/(mm^2/s)	162

2.4.64 Maylube S-003 合成酯/碳氢类

Maylube S-003 合成酯/碳氢类产品是一种通用合成添加剂，适用于水溶性油、半合成液及全合成液。在铝合金加工中，Maylube S-003 可加强效能及表面处理能力。可同时溶于油和水，故较易用于高质量产品配方中。能加水于产品中进行反乳化，产生一种稠而清的溶液，可用作冲压及拉伸之用。同时，可用作槽边添加性能加强剂及铸铁处理的剥黑膜添加剂。Maylube S-003 的典型性能指标见表 7-66。

表 7-66　Maylube S-003 的典型性能指标

项　目	典型指标	项　目	典型指标
外观	清澈琥珀色液体	pH 值（5%稀释液）	8.8
总碱值/(mgHCl/g)	9.0	黏度（40℃）/(mm^2/s)	65
密度（20℃）/(g/cm^3)	0.94	酸值/(mgKOH/g)	20.0

2.4.65　Maypeg DT-600 二元妥尔油脂肪酸酯

Maypeg DT-600 二元妥尔油脂肪酸酯具有优秀的边界润滑性，尤其在非铁金属加工中表现出色。其效能超过了传统的动物油基，可用于切削油和拉伸冲压配方中，特别适合铝的加工，可调和半合成液及全合成液。建议加入量：乳化油 5% ~10%，半合成液 5% ~10%，全合成液 10% ~15%。Maypeg DT-600 的典型性能指标见表 7-67。

表 7-67　Maypeg DT-600 的典型性能指标

项　目	典型指标	项　目	典型指标
外观	清澈黄色液体	pH 值（5%稀释液）	5.0
中和值/(mgKOH/g)	8.0	黏度（40℃）/(mm^2/s)	65
密度（20℃）/(g/cm^3)	1.01	闪点/℃	>260

2.4.66　Emulamid FO-5DF 二异丙醇酰胺

Emulamid FO-5DF 二异丙醇酰胺不含 DEA，用于水性配方中，具有抑制腐蚀作用，能加强产品的界面润滑、湿润及冷却性能，对硬水的稳定性好，比传统含二乙醇胺的酰胺的性能更强。推荐加入量：半合成/全合成 5% ~10%，水溶性拉伸 10% ~20%（水加入产品中）。Emulamid FO-5DF 的典型性能指标见表 7-68。

表 7-68　Emulamid FO-5DF 的典型性能指标

项　目	典型指标	项　目	典型指标
外观	清澈琥珀色液体	闪点/℃	>165
中和值/(mgKOH/g)	4.0		
密度（20℃）/(g/cm^3)	0.97	黏度（40℃）/(mm^2/s)	425

2.4.67　PBLO 精制猪油

PBLO 精制猪油渗透性强，是优越的界面润滑剂。倾点低，不易凝结。自由脂肪酸少（最高 0.5%），不易变坏。适用于切削、钻孔、拉伸或冲剪配方中，能提高工件的光洁度。推荐加入量 8% ~10%。PBLO 精制猪油的典型性能指标见表 7-69。

表 7-69　PBLO 精制猪油的典型性能指标

项　目	典型指标	项　目	典型指标
外观	清澈淡黄色液体	闪点/℃	316
倾点/℃	7.2		
密度（20℃）/(g/cm^3)	0.92	黏度（40℃）/(mm^2/s)	40

2.4.68 Mayco Base BFO 吹泡猪油

Mayco Base BFO 吹泡猪油是一种润滑添加剂，可调配乳化油及切削油，提供优越的溶解性、润湿性和润滑性能。BFO 在乳化油配方中比一般的脂肪油及动物油更容易乳化，它本身具有乳化性质，乳化剂的用量可相对减少。可在切削油中显示良好的边界润滑性，不会黏附在机器部件上，避免污染产生。Mayco Base BFO 的典型性能指标见表 7－70。

表 7－70 Mayco Base BFO 的典型性能指标

项 目	典型指标	项 目	典型指标
外观	琥珀黏稠液体	闪点/℃	238
倾点/℃	7.2	黏度（40℃）/(mm^2/s)	475
密度（20℃）/(g/cm^3)	0.97	中和值/(mgKOH/g)	20

2.4.69 Methyl Ester 165 低黏度甲基酯

Methyl Ester 165 低黏度甲基酯润湿性强，润滑性能较动物脂肪更佳，适用于钻、攻牙、面磨及瑞士类型自动化加工。有较低的中和值及良好的抗氧化降解性。在无氯配方和不锈钢加工中有很好的表现。有高饱和度，建议用环烷基油以取得更好的调和效果。推荐加入量 5%～15%。Methyl Ester 165 的典型性能指标见表 7－71。

表 7－71 Methyl Ester 165 的典型性能指标

项 目	典型指标	项 目	典型指标
外观	清澈浅黄色液体	闪点/℃	191
倾点/℃	3.9	黏度（40℃）/(mm^2/s)	4.9
密度（20℃）/(g/cm^3)	0.87	中和值/(mgKOH/g)	<1.0

2.4.70 Maylube E-190 碳氢类合成酯

Maylube E-190 碳氢类合成酯适合于冲剪铝合金、铜、不锈钢等薄片，表面处理能力强，能溶于油中，且容易加进水溶性油、半合成液及全合成液配方中，可与含氯及硫的产品相溶。Maylube E-190 应用于水溶性产品中时，能抵抗微生物的腐败作用，故较动物油优越。推荐加入量：轻负荷拉伸成型 1%～3%，研磨珩磨 3%～5%，一般切削及线拉伸 5%～10%。Maylube E-190 的典型性能指标见表 7－72。

表 7－72 Maylube E-190 的典型性能指标

项 目	质量指标	项 目	质量指标
外观	清澈淡黄色液体	闪点/℃	157
中和值/(mgKOH/g)	2	黏度（40℃）/(mm^2/s)	5.5
密度（20℃）/(g/cm^3)	0.82		

2.4.71 Maylube E-101 十三烷基硬脂酸酯

Maylube E-101 十三烷基硬脂酸酯是为铝金属切削及研磨而设计，属于油溶性产品，但能加入水溶性油、半合成及全合成配方中。在制铝罐中有超卓之功效，特别是用于其中（制杯）部分。Maylube E-101 同时适用于冲剪铝合金空调散热片。推荐加入量：挥发油 0.5% ~1%，线拉伸/磨光/磨铝 3% ~5%，切削铝 5% ~10%。Maylube E-101 的典型性能指标见表 7-73。

表 7-73　Maylube E-101 的典型性能指标

项　目	典型指标	项　目	典型指标
外观	清澈黄色液体	闪点/℃	>177
中和值/(mgKOH/g)	2	黏度（40℃）/(mm^2/s)	20
密度（20℃）/(g/cm^3)	0.86	倾点/℃	4.4

2.4.72　Maylube E-112 新茂基二醇酯

Maylube E-112 新茂基二醇酯具有黏度低，高稳定性，极佳的低温性能等特性，较传统动物基产物更为优越。能表现强效切削性能，尤其以铝操作为甚。在半合成及全合成液中的表现更为明显。推荐加入量：研磨油 3% ~8%，水溶油 5% ~10%，半合成及全合成液 10% ~15%。Maylube E-112 的典型性能指标见表 7-74。

表 7-74　Maylube E-112 的典型性能指标

项　目	典型指标	项　目	典型指标
外观	清澈琥珀色液体	闪点/℃	277
中和值/(mgKOH/g)	9		
密度（20℃）/(g/cm^3)	0.91	黏度（40℃）/(mm^2/s)	26

2.4.73　Smart Base 1110 硫化动物油

Smart Base 1110 硫化动物油用于调配各种纯油金属加工润滑剂产品，乳化油和工业用油脂，不含活性硫，适合铁和非铁金属。基础油以环烷基类为佳。建议加入量：导轨油 5%，自动缧机 10% ~15% 车削/乳化油 5% ~15%，攻丝/铰牙 10% ~15%。Smart Base 1110 的典型性能指标见表 7-75。

表 7-75　Smart Base 1110 的典型性能指标

项　目	典型指标	项　目	典型指标
外观	深褐色液体	闪点/℃	>180
酸值/(mgKOH/g)	<8	黏度（40℃）/(mm^2/s)	800 ~1600
密度（20℃）/(g/cm^3)	0.98	硫含量/%	10
铜片腐蚀/级	1b	四球极压值 P_B/N	880

2.4.74　Smart Base 1120 硫化动物油

Smart Base 1120 硫化动物油用于调配各种纯油金属加工润滑剂产品，乳化油和工业用油脂，不含活性硫，适合铁和非铁金属，可加入导轨油配方中。建议加入量：车削 5% ~

10%，攻丝/铰牙/自动缧机 10% ~20%，打头（切面）25% ~50%。Smart Base 1120 的典型性能指标见表 7 -76。

表 7 -76 Smart Base 1120 的典型性能指标

项目	典型指标	项目	典型指标
外观	深褐色液体	闪点/℃	>180
酸值/(mgKOH/g)	<8	黏度（40℃）/(mm^2/s)	450 ~950
密度（20℃）/(g/cm^3)	1.05	硫含量/%	10
铜片腐蚀/级	1b	四球极压值 P_B/N	1070

2.4.75 Smart Base 1217 硫化动物油

Smart Base 1217 硫化动物油用于难切削铁合金及其他铁金属加工，含活性硫，不适合有色金属加工。建议加入量：车床 5% ~10%，攻牙/铰牙/自动缧机（切面）10% ~20%，打头（切面）20% ~30%。Smart Base 1217 的典型性能指标见表 7 -77。

表 7 -77 Smart Base 1217 的典型性能指标

项目	质量指标	项目	质量指标
外观	深褐色液体	闪点/℃	>180
酸值/(mgKOH/g)	<8	黏度（40℃）/(mm^2/s)	600 ~1200
密度（20℃）/(g/cm^3)	1.04	硫含量/%	17
铜片腐蚀/级	4b	四球极压值 P_B/N	1140

2.4.76 Smart Base 1218 硫化动物油

Smart Base 1218 硫化动物油黏度高，用于难切削铁合金及其他铁金属加工，含活性硫，不适合有色金属加工。建议加入量：车削 5% ~10%，攻丝/铰牙/自动缧机（切面）10% ~20%，攻牙 10% ~20%，打头（切面）20% ~30%。Smart Base 1218 的典型性能指标见表 7 -78。

表 7 -78 Smart Base 1218 的典型性能指标

项目	典型指标	项目	典型指标
外观	深褐色液体	闪点/℃	>180
酸值/(mgKOH/g)	<8	黏度（40℃）/(mm^2/s)	1000 ~1500
密度（20℃）/(g/cm^3)	1.04	硫含量/%	18
铜片腐蚀/级	4b	四球极压值 P_B/N	1070

2.4.77 Smart Base 1238 硫化烯烃

Smart Base 1238 硫化烯烃用于不锈钢及高合金钢的加工及研磨操作；兼容氯代/代氯极压剂，效果特佳。低味、低黏、高硫、调和容易。可加于现存切削油中以提升效能；含活性硫，不适合于有色金属。Smart Base 1238 的典型性能指标见表 7 -79。

表 7－79 Smart Base 1238 的典型性能指标

项 目	典型指标	项 目	典型指标
外观	深褐色液体	闪点/℃	>180
酸值/(mgKOH/g)	<8	黏度（40℃）/(mm^2/s)	60～95
密度（20℃）/(g/cm^3)	0.99	硫含量/%	37～41
铜片腐蚀/级	4b	四球极压值 P_B/N	710

2.4.78 Smart Base 1218LV 硫化脂肪油

Smart Base 1218LV 硫化脂肪油黏度低，适合加入乳化油配方中，可与各种类型的极压及乳化助剂相容，亦适合于珩磨、研磨及钻孔等低黏度油性配方。Smart Base 1218LV 的典型性能指标见表 7－80。

表 7－80 Smart Base 1218LV 的典型性能指标

项 目	典型指标	项 目	典型指标
外观	深褐色液体	闪点/℃	>180
酸值/(mgKOH/g)	<5	黏度（40℃）/(mm^2/s)	25～35
密度（20℃）/(g/cm^3)	0.95	硫含量/%	16～18
铜片腐蚀/级	4b	四球极压值 P_B/N	1070

2.4.79 Smart Base 1310LV 硫化脂肪油

Smart Base 1310LV 硫化脂肪油是一种润滑极压剂，低黏低味，不含活性硫，可用于有色金属，与各类极压剂及乳化助剂相容。建议加入量：油性切削油 5%～15%，油性冲压/拉伸油 3%～10%。乳化油 2%～10%，轧制油 3%～10%。Smart Base 1310LV 的典型性能指标见表 7－81。

表 7－81 Smart Base 1310LV 的典型性能指标

项 目	典型指标	项 目	典型指标
外观	深褐色液体	闪点/℃	>180
酸值/(mgKOH/g)	<5	黏度（40℃）/(mm^2/s)	10～20
密度（20℃）/(g/cm^3)	0.95	硫含量/%	10
铜片腐蚀/级	4b	四球极压值 P_B/N	940

2.4.80 Smart Base 1320 硫化脂肪油

Smart Base 1320 硫化脂肪油黏度低，易乳化，主要用于轧制油和乳化油配方，不含活性硫，可用于黑色及有色金属加工。Smart Base 1320 的典型性能指标见表 7－82。

表 7－82　Smart Base 1320 的典型性能指标

项　目	典型指标	项　目	典型指标
外观	深褐色液体	闪点/℃	>180
酸值/(mgKOH/g)	<5	黏度（40℃）/(mm^2/s)	10～30
密度（20℃）/(g/cm^3)	0.98	硫含量/%	10
铜片腐蚀/级	1b	四球极压值 P_B/N	880

2.4.81　Smart Base EP2315 浅色硫化脂肪

Smart Base EP2315 浅色硫化脂肪适用于各类金属的加工，包括难切削铁合金的苛刻加工工艺，如拉伸、研磨、轧制等，味低，不腐蚀铜，可用于铁及有色金属。Smart Base EP2315 的典型性能指标见表 7－83。

表 7－83　Smart Base EP2315 的典型性能指标

项　目	典型指标	项　目	典型指标
外观	清澈琥珀色液体	四球极压值 P_B/N	880
铜片腐蚀/级	1b	黏度（40℃）/(mm^2/s)	320
密度（20℃）/(g/cm^3)	0.99	硫含量/%	15

2.4.82　Smart Base 2110 浅色硫化脂肪

Smart Base 2110 浅色硫化脂肪色浅、低味、低黏度，容易调和，含非活性硫，适用于各类含铁及有色金属的加工，具有优越的润滑、抗磨、极压性能，可用于纯油或乳化油配方。Smart Base 2110 的典型性能指标见表 7－84。

表 7－84　Smart Base 2110 的典型性能指标

项　目	典型指标	项　目	典型指标
外观	淡黄色液体	四球极压值 P_B/N	880
铜片腐蚀/级	1b	黏度（40℃）/(mm^2/s)	10～30
密度（20℃）/(g/cm^3)	0.95	硫含量/%	10

2.4.83　Smart Base 2117 浅色硫化脂肪

Smart Base 2117 浅色硫化脂肪色浅、低味、低黏度，容易调和，含非活性硫，适用于有色金属的加工，具有优越的润滑、抗磨、极压性能，可用于纯油或乳化油配方中，与多类添加剂有良好的相容性。Smart Base 2117 的典型性能指标见表 7－85。

表 7－85　Smart Base 2117 的典型性能指标

项　目	典型指标	项　目	典型指标
外观	淡黄色液体	四球极压值 P_B/N	760
铜片腐蚀/级	1b	黏度（40℃）/(mm^2/s)	10～30
密度（20℃）/(g/cm^3)	0.95	硫含量/%	16～18

2.4.84 Smart Base CR-2040 硫化磺酸盐

Smart Base CR-2040 硫化磺酸盐是一种可取代氯化石蜡的极压添加剂，可用于重负荷加工。适合于铁及有色金属，有良好的抗磨性，能提高刀具寿命。脂肪含量高，能提高工件光洁度。Smart Base CR-2040 的典型性能指标见表 7－86。

表 7－86 Smart Base CR-2040 的典型性能指标

项 目	典型指标	项 目	典型指标
外观	深褐色液体	闪点/℃	>200
铜片腐蚀/级	1b	脂肪酯/%	55
密度（20℃）/(g/cm³)	1.10	硫含量/%	2.5
黏度（40℃）/(mm²/s)	30～60		

2.4.85 Smart Base CR-2080 高分子含氮化合物

Smart Base CR-2080 高分子含氮化合物是一种效果极佳的极压添加剂，可用于重负荷加工，能提高刀具使用寿命；与硫化极压剂或含磷添加剂结合，能增强效果；可提高加工产品光洁度。推荐加入量5%～15%。Smart Base CR-2080 的典型性能指标见表 7－87。

表 7－87 Smart Base CR-2080 的典型性能指标

项 目	典型指标	项 目	典型指标
外观	清澈琥珀色液体	闪点/℃	>170
密度（20℃）/(g/cm³)	0.9		

2.4.86 Smart Base CR-2040LV 浅色硫化磺酸盐

Smart Base CR-2040LV 浅色硫化磺酸盐是一种可取代氯化石蜡的极压添加剂，脂肪含量高，具有护刀功能，能提高加工工件的光洁度，可用于铁及有色金属的重负荷加工。Smart Base CR-2040LV 的典型性能指标见表 7－88。

表 7－88 Smart Base CR-2040LV 的典型性能指标

项 目	典型指标	项 目	典型指标
外观	清澈琥珀色液体	闪点/℃	>160
铜片腐蚀/级	1b	脂肪酯/%	40～60
密度（20℃）/(g/cm³)	1.10	硫含量/%	4～5
黏度（40℃）/(mm²/s)	20～60		

2.4.87 Smart Base P6800 磷酸酯

Smart Base P6800 磷酸酯具有极压抗磨作用，用于纯油及水基配方，与硫、氯极压添加剂配合能达到极佳效果；水基配方中使用时须用胺类产品中和，以调整 pH 值及水溶性。建议加入量：0.5%～3%。Smart Base P6800 的典型性能指标见表 7－89。

表 7-89 Smart Base P6800 的典型性能指标

项　目	典型指标	项　目	典型指标
外观	淡黄色液体	四球极压值 P_B/N	1280
酸值/(mgKOH/g)	204	黏度（40℃）/(mm^2/s)	1800
密度（20℃）/(g/cm^3)	0.98	磷含量/%	5.5
闪点/℃	>190		

2.4.88 Smart Base P7800 油基磷酸酯

Smart Base P7800 油基磷酸酯具有极佳的极压抗磨作用，用于纯油配方，与其他硫、氯极压添加剂配合能达到极佳效果。建议加入量：0.5% ~3%。Smart Base P7800 的典型性能指标见表 7-90。

表 7-90 Smart Base P7800 的典型性能指标

项　目	典型指标	项　目	典型指标
外观	淡黄色液体	四球极压值 P_B/N	2180
酸值/(mgKOH/g)	167	黏度（40℃）/(mm^2/s)	906
密度（20℃）/(g/cm^3)	1.09	磷含量/%	4
闪点/℃	>218		

2.4.89 Smart Base P8800 磷氮化合物

Smart Base P8800 磷氮化合物是一种替代含氯添加剂的极压抗磨剂，用于纯油及水基配方，酸值高，水基配方须用胺类产品中和，以调整 pH 值及水溶性。在油性配方中属良好极压抗磨剂，能有效延长刀具寿命，增加工件光洁度。建议加入量：3% ~15%。Smart Base P8800 的典型性能指标见表 7-91。

表 7-91 Smart Base P8800 的典型性能指标

项　目	典型指标	项　目	典型指标
外观	清澈琥珀色液体	四球极压值 P_B/N	880
酸值/(mgKOH/g)	167	黏度（40℃）/(mm^2/s)	906
密度（20℃）/(g/cm^3)	1.09	磷含量/%	4
闪点/℃	>208		

2.4.90 Smart Base Lub9010 冲剪油界面润滑剂

Smart Base Lub9010 冲剪油界面润滑剂是一种优质的酯类化合物，内含特种分散及润滑剂，确使工件加工后具有良好的表面光洁度。溶剂载体挥发后残留物甚少，也可用于冲剪矽钢片。建议加入量 1% ~3%（挥发性）。Smart Base Lub9010 的典型性能指标见表7-92。

表 7-92 Smart Base Lub9010 的典型性能指标

项 目	典型指标	项 目	典型指标
外观	清澈黄色液体	闪点/℃	100~120
密度（20℃）/(g/cm³)	0.82	黏度（40℃）/(mm²/s)	<10

2.4.91 Smart Base Lub9020 冲剪油界面润滑剂

Smart Base Lub9020 冲剪油界面润滑剂是一种优质的酯类化合物，内含特种分散及润滑剂，确使工件加工后具有良好的表面光洁度。溶剂载体挥发后残留物甚少，也可用于冲剪矽钢片，更适合于要求快速挥发的工艺。建议加入量 1%~3%（挥发性）。Smart Base Lub9020 的典型性能指标见表 7-93。

表 7-93 Smart Base Lub9020 的典型性能指标

项 目	典型指标	项 目	典型指标
外观	清澈黄色液体	闪点/℃	<100
密度（20℃）/(g/cm³)	0.82	黏度（40℃）/(mm²/s)	<10

2.4.92 Smart Base Lub9030 防锈型冲剪油界面润滑剂

Smart Base Lub9030 防锈型冲剪油界面润滑剂是一种优质的酯类化合物，内含特种分散及润滑剂，确使工件加工后具有良好的表面光洁度。溶剂载体挥发后残留物甚少，同时也具有极佳的防锈性能。适合加工电脑或电器的细小零件。工件可作二次加工。处理干燥或焊接工序，不易变黑，也可用于冲剪矽钢片。建议加入量 1%~3%（挥发性）。Smart Base Lub9030 的典型性能指标见表 7-94。

表 7-94 Smart Base Lub9030 的典型性能指标

项 目	典型指标	项 目	典型指标
外观	清澈浅黄色液体	闪点/℃	120
密度（20℃）/(g/cm³)	0.82	黏度（40℃）/(mm²/s)	<10

2.4.93 Smart Base Lub9212 防锈植物脂肪酸酯

Smart Base Lub9212 防锈植物脂肪酸酯是一种优质的酯类复合物，内含特种分散及润滑剂，确使工件加工后有良好的表面光洁度。溶剂载体挥发后残留物甚少。同时具有良好的抗磨性，适用于珩磨、钻孔和攻丝的合金加工配方中。推荐加入量 4%~20%。Smart Base Lub9212 的典型性能指标见表 7-95。

表 7-95 Smart Base Lub9212 的典型性能指标

项 目	典型指标	项 目	典型指标
外观	清澈琥珀色液体	闪点/℃	160~180
密度（20℃）/(g/cm³)	0.86	黏度（40℃）/(mm²/s)	<10

2.4.94 Smart Base Lub6150 甲基酯

Smart Base Lub6150 甲基酯是一种无味、黏度低、渗润、防锈及润滑性能优越的界面润滑剂，用于水基或油基产品，可作润滑油基体单独使用，其油基配方可用于钻孔、攻丝、磨削等苛刻操作。由于酸值低，所以氧化稳定性极佳。Smart Base Lub6150 的典型性能指标见表 7-96。

表 7-96 Smart Base Lub6150 的典型性能指标

项　目	典型指标	项　目	典型指标
外观	清澈浅黄色液体	闪点/℃	190
密度（20℃）/(g/cm³)	0.87		
酸值/(mgKOH/g)	<1	黏度（40℃）/(mm²/s)	<10

2.4.95 Smart PB 精制猪油

Smart PB 精制猪油能提供优质的界面润滑，倾点及酸值低，湿润性强，产品稳定，可用于调配纯油切削、冲压和拉伸配方中。建议加入量：8%～60%。Smart PB 的典型性能指标见表 7-97。

表 7-97 Smart PB 的典型性能指标

项　目	典型指标	项　目	典型指标
外观	清澈浅黄色液体	闪点/℃	315
密度（20℃）/(g/cm³)	0.9	黏度（40℃）/(mm²/s)	30～60
酸值/(mgKOH/g)	<3		

2.4.96 Smart OA 油酸

Smart OA 油酸适合调配半合成及乳化液，是良好润滑剂及乳化助剂，能提供良好润滑性能，改进产品表面光洁度。在用复合剂调配乳化液时，可用于微调水基系统，以达更佳平衡效果。Smart OA 油酸的典型性能指标见表 7-98。

表 7-98 Smart OA 油酸的典型性能指标

项　目	典型指标	项　目	典型指标
外观	清澈浅黄色液体	闪点/℃	200
密度（20℃）/(g/cm³)	0.96		
酸值/(mgKOH/g)	202	黏度（40℃）/(mm²/s)	40～60

2.4.97 Smart TOFA 妥尔油脂肪酸

Smart TOFA 妥尔油脂肪酸适合调配半合成及乳化液，是良好润滑剂及乳化助剂，能提供良好润滑性能，改进产品表面光洁度。在用复合剂调配乳化液时，可用于微调水基系统，以达更佳平衡效果。Smart TOFA 含松香成分 20%～30%，不易释皂。Smart TOFA 的典型性能指标见表7-99。

表7-99 Smart TOFA 的典型性能指标

项　目	典型指标	项　目	典型指标
外观	清澈浅黄色液体	闪点/℃	>200
密度（20℃）/(g/cm³)	0.96		
酸值/(mgKOH/g)	>184	黏度（40℃）/(mm²/s)	40~60

2.4.98 Smart Chlor W3660 氯化添加剂

Smart Chlor W3660 氯化添加剂能提供润滑及极压性能，主要用于半合成及全合成冷却液配方中，气味温和，含有氯俘获剂，不易腐蚀有色金属，不易与水中的钙镁反应，故抗硬水能力强。能与 Smart Sul W4770 与 Smart PhosW5880 共用以调出高效能的钻孔、冲压及拉伸液，建议加入量为3%~25%。Chlor W3660 的典型性能指标见表7-100。

表7-100 Chlor W3660 的典型性能指标

项　目	典型指标	项　目	典型指标
外观	清澈琥珀色液体	5%稀释液 pH 值	8~9
密度（20℃）/(g/cm³)	1.15		
氯含量/%	8~11	黏度（40℃）/(mm²/s)	85.8

2.4.99 Smart Sul W4770 硫化添加剂

Smart Sul W4770 硫化添加剂含非活性硫，有轻微胺味，不腐蚀铜，能与水任意比例互溶。耐碱性，主要用于调配全合成、半合成、乳化油等水基配方中，能大幅度地提高重负荷性能。配合润滑剂或氯化脂肪合成物，效果更佳。推荐加入量5%~20%。Smart Sul W4770 的典型性能指标见表7-101。

表7-101 Smart Sul W4770 的典型性能指标

项　目	典型指标	项　目	典型指标
外观	淡黄色液体	5%稀释液 pH 值	8~12
密度（20℃）/(g/cm³)	1.5		
硫含量/%	15~18	黏度（40℃）/(mm²/s)	124

2.4.100 Smart PhosW5880 磷化添加剂

Smart PhosW5880 磷化添加剂是一种水溶性极压剂，能提供良好的润滑和极压性能，主要用于调配乳化油、半合成、全合成，能有效保护刀具，增强工件表面光洁度，无色无臭，易溶于水，适合冲压及拉伸工艺，在硬水高的情况下使用，仍能保持良好的防锈性能。推荐加入量3%~8%。Smart PhosW5880 的典型性能指标见表7-102。

表 7－102　Smart PhosW5880 的典型性能指标

项　目	典型指标	项　目	典型指标
外观	清澈透明液体	5% 稀释液 pH 值	<5
密度（20℃）/(g/cm³)	1.40		
磷含量/%	6.5	黏度（40℃）/(mm²/s)	337

2.4.101　Smart PhosW5882 水溶性磷酸酯

Smart PhosW5882 水溶性磷酸酯能提供良好的润滑、防锈和抗磨性能，也具有润湿性，可提高工件表面的光洁度。用于一般半合成及全合成配方中。也可以 1∶1 比例与水稀释，用于不锈钢及有色金属的冲压及拉伸工艺。推荐加入量 3% ～15%。Smart PhosW5882 的典型性能指标见表 7－103。

表 7－103　Smart PhosW5882 的典型性能指标

项　目	质量指标	项　目	质量指标
外观	清澈琥珀色液体	5% 稀释液 pH 值	8.03
密度（20℃）/(g/cm³)	1.10		
磷含量/%	1.1	黏度（40℃）/(mm²/s)	325

2.4.102　Smart fort6210 高分子脂肪酸聚合物

Smart fort6210 高分子脂肪酸聚合物是一种水基有色金属润滑极压增强剂，能提供良好的润滑、润湿性，增强工件的表面光洁度，主要用于全合成及半合成配方中，与 Smart PhosW5880 配合使用，加强水基产品的极压性能。也可用于铜、铝合金的冲压和拉伸工艺。不含硫、氯、磷、亚硝酸盐等有害物质。推荐加入量 2% ～8%。Smart fort6210 的典型性能指标见表 7－104。

表 7－104　Smart fort6210 的典型性能指标

项　目	典型指标	项　目	典型指标
外观	浅色液体	5% 稀释液 pH 值	8.51
密度（20℃）/(g/cm³)	1.02		
酸值/(mgKOH/g)	56.5	黏度（40℃）/(mm²/s)	445

2.4.103　Smart fort6220 高分子脂肪酸酯复合剂

Smart fort6220 高分子脂肪酸酯复合剂是一种优质的水基铝合金光洁度增强剂，能提供良好的润滑、防锈和润湿性，主要用于全合成及半合成配方中。可直接反向与水稀释（水倒进产品中），作冲压液使用，也可以从槽边添加剂到系统以加强工件的光洁度。不含硫、氯、磷、亚硝酸盐等有害物质。推荐加入量 5% ～15%（水基配方中）。Smart fort6220 的典型性能指标见表 7－105。

表 7-105　Smart fort6220 的典型性能指标

项　目	典型指标	项　目	典型指标
外观	清澈琥珀色液体	5%稀释液 pH 值	9.27
密度（20℃）/(g/cm³)	0.94		
酸值/(mgKOH/g)	25	黏度（40℃）/(mm²/s)	64

2.4.104　Smart fort6230 高分子脂肪酸酯聚合物

Smart fort6230 高分子脂肪酸酯聚合物是一种优质的水基有色金属润滑极压增强剂，能提供良好的润滑、防锈性，主要用于全合成配方中，也可直接反向溶于水（水倒进产品中）而形成保护工件的润滑膜。不含硫、氯、磷、亚硝酸盐等有害物质。推荐加入量2%～8%。Smart fort6230 的典型性能指标见表 7-106。

表 7-106　Smart fort6230 的典型性能指标

项　目	典型指标	项　目	典型指标
外观	清澈浅黄色液体	5%稀释液 pH 值	6.42
密度（20℃）/(g/cm³)	1.07		
酸值/(mgKOH/g)	18	黏度（40℃）/(mm²/s)	1304

第 3 节　金属加工润滑剂防锈剂产品种类与性能

3.1　金属加工润滑剂防锈剂概述

水基加工液中含水量可达95%以上，极易使机器、刀具、加工工件等表面产生锈蚀。机械加工工件在工序间往往停留较长时间，因此对防锈性能要求更加苛刻。水的质量对加工液的防锈性能有较大影响，水的硬度增大，使加工液析出沉淀，并且防锈性能急剧下降。不同类型的表面活性剂对加工液的防锈性能影响不同，一般阳离子表面活性剂和大多数非离子表面活性剂（聚醚除外）对防锈性能不利，多数阴离子表面活性剂对防锈性能基本无不良影响。

防锈剂是金属加工用油及金属表面处理行业中必不可少的重要产品之一，其作用是防止工件生锈，它能在金属表面形成牢固的吸附膜，以抑制氧及水特别是水对金属表面的接触，使金属不致锈蚀。防锈剂必须对金属有充分的吸附性和对油的溶解性，因此，防锈剂均由很强的极性基和适当的亲油基组成。

防锈添加剂有水溶性和油溶性两种，分别用于水基切削液和切削油。常用的油溶性防锈剂主要有磺酸盐（磺酸钙、磺酸钠和磺酸钡）、羧酸及其盐类（十二烯基丁二酸、环烷酸锌、N-油酰肌氨酸十八胺盐)、有机磷酸酯(盐)、咪唑啉盐、脂型防锈剂(羊毛脂及羊毛脂皂、司本-60 或司本-80、氧化石油脂)、杂环化合物(苯并三氮唑)、有机胺类等。我国先后使用了石油磺酸钡、石油磺酸钠以及烯及丁二酸、二壬基萘磺酸钡、司本-80、氧化石油脂钡盐、环烷酸锌、苯并三氮唑等防锈剂。20 世纪 70 年代开发了烷基磷酸咪唑啉烯基丁二酸盐等防锈剂。到了 90 年代,开发了中性合成磺酸盐(T705A),烯基丁二酸半酯(T747 和 T747A)等防锈剂。水溶性防锈剂主要有亚硝酸钠、重铬酸钾、磷酸三钠、磷酸氢二铵、苯甲酸钠、三乙醇胺、钼酸盐和脂肪酸盐等。亚硝酸钠是很有效的水溶性防锈添加剂,但人们已逐渐认识到它对人体有致癌的可能性。铬酸盐、重铬酸盐对钢铁有良好的防锈作用,但有毒,污染环境,它的使用也受到限制。因而,开发新型无毒无害防锈剂是发展趋势。目前利用多种无毒添加剂的协同效应,如有机胺、硼酸盐、苯并三氮唑等复配成的高效防锈添加剂已取得好的效果。

钼酸盐是一种阳极缓蚀剂,能在金属表面生成 Fe—MoO_4—Fe_2O_3 钝化膜,具有良好的缓蚀效果,但价格昂贵。通常将钼酸盐与其他防锈缓蚀剂配合使用。

国内成功研制出一种环保型水基金属防锈剂,经多方检测,各项防锈性能指标均高于同类传统产品,该防锈剂以肌醇六磷酸酯为主要成分,与其他几种无毒金属缓蚀剂复配而成。肌醇六磷酸酯是一种从粮食作物中提取的天然无毒化工产品,可在金属表面形成一层致密的钝化保护膜,从而有效抑制金属的腐蚀,该产品适合于钢铁及各种有色金属的工序间及长期防锈处理。另外,由于该剂在金属表面形成的钝化膜与有机涂料有相近的化学性质,还可替代金属涂装前常规磷化处理及镀锌无铬钝化工序,从根本上解决重金属、亚硝酸盐、磷酸盐、铬酸盐等排放污染问题,而加工成本仅为传统工艺的三分之二。

3.2 金属加工润滑剂防锈剂的作用机理

防锈剂多是一些极性物质,其分子结构的特点是:一端是极性很强的基团,具有亲水性质;另一端是非极性的烷基,具有疏水性质。当含有防锈剂的油品与金属接触时,防锈剂分子中的极性基团对金属表面有很强的吸附力,在金属表面形成紧密的单分子或多分子保护层,阻止腐蚀介质与金属接触,见图 7-2。防锈剂还对水及一些腐蚀性物质有增溶作用,将其增溶于胶束中,起到分散或减活作用,从而消除腐蚀性物质对金属的侵蚀。当然,碱性防锈剂对酸性物质还有中和作用,使金属不受酸的侵蚀。

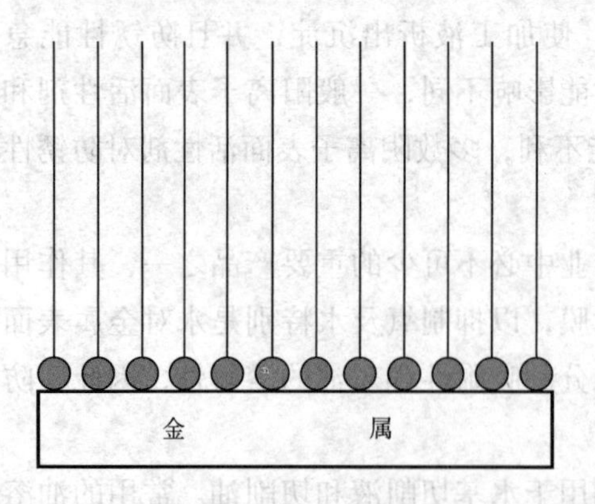

图 7-2 防锈剂在金属表面形成致密的保护膜

防锈剂在金属表面的吸附有物理吸附和化学吸附两种,有的情况二者均有。磺酸盐在金属表面的吸附,目前认为是一种比较强的物理吸附,但有人认为是化学吸附；有机胺由于胺中的氮原子有多余的配价电子，能够同吸附在金属表面的水分子借助氢键结合，使水脱离表面，其余胺分子在金属表面产生物理吸附。化学吸附最典型代表是羧酸型防锈剂，如长链脂肪酸，烯基丁二酸能与金属生成盐而牢固地吸附在金属表面。

3.3 金属加工润滑剂防锈剂的性能评定

目前，国际上通用的评定水基金属加工润滑剂防锈性能的方法有4种，都是将铸铁屑均匀地铺在滤纸表面上，用水基金属加工液将铁屑浸湿润，经规定时间后，利用铁屑在滤纸上留下的锈蚀痕迹来评价其防锈性能。

1）英国的IP 287铸铁屑滤纸法

将1.8g铸铁屑用丙酮清洗后，在105℃±2℃的干燥箱内，烘5~10min，然后均匀地铺在ϕ90mm中间划有35mm×35mm试验区域的滤纸上，滤纸放在培养皿内，用移液管吸取2mL的试液，均匀地滴加在铁屑上，盖上培养皿，在20℃左右，无腐蚀性气体，无直射阳光的房内放置2h。然后，用自来水冲洗掉滤纸上的铁屑，将滤纸吹干，用直接观察法或用试液浓度对生锈面积的变化曲线的斜率变化来估算生锈面积增长时的溶液浓度，即用转折点时试液与水的比率表示切削液的防锈能力。

2）美国FORD汽车公司的切屑液铁屑滤纸防锈试验方法

将ϕ90mm的滤纸放入培养皿内，滤纸中间划有35mm×35mm的方形试验区，把铁屑均匀地铺满，不留下空隙，也不互相重叠堆起，用一次性滴管吸取一定高度试样（约2mL），均匀地滴在铁屑上，使其完全浸润，然后合上培养皿，在室温下放置2h。用水冲洗掉滤纸上的铁屑，将滤纸自然晾干，用标准样板对照滤纸上的锈迹评级（共分5级）。

3）德国的DIN5136金属屑末滤纸法

将2g片状铸铁屑用刮勺均匀放置在ϕ90mm中间划有直径40mm圆周的滤纸上，用移液管吸取2mL试液，均匀地洒在铁屑上，盖上培养皿，在18~28℃的室温下放置2h，然后用水冲洗掉滤纸上的铁屑，再用丙酮洗一下，在室温下干燥。试验结果根据滤纸上锈斑的多少按0~4级评定。

4）我国的ZBA29001铸铁粉末法

取8g铸铁粉末，置于100mL的烧杯中，用丙酮清洗二次，沥干后，迅速用冷风吹干，然后加30mL试液，经15min后，弃去试液至不再有连续液滴滴落时，把铁屑粉末均匀地铺在直径80mm、中间划有50mm×50mm方格的定性滤纸的培养皿上，放入干燥器中，在25~35℃、RH≥90%的条件下保持4h。用自来水冲掉滤纸上的铁屑粉末，用热风将滤纸吹干。试验结果根据滤纸上锈蚀程度定级为0~4级。

从上述4种评价方法可以看出，各国所采用的方法原理、仪器材料、试验条件、操作步骤等有相同的地方，也有不同之处。这4种方法的主要异同点见表7－107。在实验室里分别对IP287，DIN51360、FORD汽车公司、ZBA29001等4种方法，按照方法规定的要求，逐一进行了试验。

从试验结果看，每一种方法有其好的一面，也有其不足的一面，如IP方法、DIN方法、FORD公司方法，它们的试验结果比较平行，说明这些方法的重复性、平行性较好。而ZBA方法试验结果的平行性较差，且这种方法的操作过程比较复杂，试验时对温度和湿度有一定的要求，浸过试液后的铁屑不易在滤纸上铺展均匀等，这也是造成试验结果不平行的原因之一。再如IP方法中试验结果的判断是用浓缩液与水的比率来表示锈蚀程度的，这种方法看起来比较麻烦，不能使人一目了然，而且IP方法、DIN方法中铁屑的用量太少，不能将试验区全部覆盖等。

表7－107　国内外4种金属加工润滑剂防锈剂防锈性能评定法比较表

项　目	试验方法			
	IP287	DIN51360	ZBA29001	FORD汽车公司方法
仪器与材料				
铸铁屑	用直径10.8mm无油麻花钻，转速为450～550r/min干式切削的灰口铸铁屑，用5～18目筛网筛取18目以内的铁屑	用2～4mm筛眼的筛网，筛取片状灰口铸铁屑（每2g，30±5粒铁屑）	用无锈HT200灰口铸铁干式切削屑，用20～40目筛网筛取直径为0.45～0.90mm的铁屑粉末	外购，同IP287－78方法
滤纸	ϕ90mm，6号滤纸，中间划有35mm×35mm的正方形	ϕ90mm滤纸，中间划有直径为40mm的圆圈	ϕ80mm定性滤纸，中间划有50mm×50mm的正方形	ϕ90mm滤纸，中间划有35mm×35mm的正方形
仪器与材料				
溶剂	丙酮（化学纯），清洗铁屑用	丙酮（化学纯），洗涤滤纸用	丙酮（化学纯），清洗铁屑用	铁屑、滤纸均不清洗
移液管/mL	2	2	/	用一次性吸管
培养皿/mm	ϕ90	ϕ90	ϕ90	ϕ90
铁屑重量/g	1.8	2	8	铺满为止
试样量/mm	2	2	30	约2
加试样方式	用移液管吸取试样，均匀地加在铁屑上	用移液管吸取试样，均匀地加在铁屑上	将铁屑浸入试样中，15min后丢去试液至没有连续液滴滴落时，将铁屑均匀地铺在方格内	用吸管管吸取试样，均匀地加在铁屑上
试验条件				
时间/h	2	2	4	2
温度/℃	21	18～28	25～35	室温
湿度控制	放在培养皿中，不专门控制湿度	放在培养皿中，不专门控制湿度	放在RH≥90%的干燥皿内进行	同IP方法

续表

项　目	试验方法			
	IP287	DIN51360	ZBA29001	FORD 汽车公司方法
试验结果判断	用直接观察或用试液浓度对生锈面积的变化曲线的斜率变化来估算生锈面积迅速增长时的浓度。用转折点时试液与水的比率表示。	0级，无锈蚀； 1级，微量锈蚀，锈蚀面积1% ~3%，锈点直径不超过1mm； 2级，轻度锈蚀，锈蚀面积4% ~10%，锈迹色浅； 3级，中等锈蚀，锈蚀面积11% ~35%，锈迹较深； 4级，严重锈蚀，锈蚀面积超过25%，锈迹较深	0级，无锈蚀，滤纸表面无变化； 1级，锈蚀痕迹，最多3个锈蚀标记，其中无一个直径超过1mm的锈点； 2级，轻微锈蚀，未超过1%的表面变色，但不大于1级的生锈标记； 3级，中等锈蚀，超过1%但不超过5%的表面变色； 4级，严重锈蚀，超过5%的表面变色	用标准样板对比定级，共分5级

3.4　金属加工润滑剂防锈剂的种类与性能

3.4.1　701防锈剂

701防锈剂的外观为棕褐色、半透明、半固体，组成为石油磺酸钡，统一代号是T701。具有优良的抗潮湿、抗盐雾、抗盐水和水置换性能，对多种金属具有优良的防锈性能。

将粗磺酸钠进行脱色、脱油后，加入氯化钡水溶液进行复分解反应后，加溶剂稀释，用水、酒精进行洗涤、沉降，除去杂质，浓缩后得石油磺酸钡成品。701防锈剂适用于在防锈油脂中作防锈剂，如配制置换型防锈油、工序间防锈油、封存防锈用油和润滑防锈两用油及防锈脂等，也可用于配制乳化油、半合成切削液。T701的典型性能指标如表7－108所示。

表7－108　T701的典型性能指标

项　目		典型指标			
		1号		2号	
		一等品	合格品	一等品	合格品
外观		棕褐色、半透明、半固体			
磺酸钡含量/%	不小于	55	52	45	45
平均分子量	不小于	1000			
挥发物含量/%	不大于	5			
氯离子含量/%		无			
硫酸根含量/%		无			

续表

项　目		典型指标			
		1号		2号	
		一等品	合格品	一等品	合格品
水分/%	不大于	0.15	0.15	0.15	0.15
机械杂/%	不大于	0.10	0.10	0.10	0.10
pH值		7～8			
钡含量/%	不小于	7.5	7.0	6.0	
油溶性		合格			
防锈性能： 湿热实验（49℃ ±1℃，湿度95%以上）	不大于	72h	24h	72h	24h
$10^{\#}$铜片	不大于	A	A	A	A
$62^{\#}$黄铜片	不大于	1	1	1	1
海水浸渍（25℃ ±1℃，24h），级					
$10^{\#}$钢片	不大于	A			
$62^{\#}$黄铜片	不大于	1			

3.4.2　701B防锈剂

701B防锈剂的外观为棕色、半透明稠状液体，产品为合成磺酸钡化合物，统一代号是T701B。具有与石油磺酸钡相当的性能。以重烷基苯经磺化后，用氢氧化钡钡化制得成品701B防锈剂。701B防锈剂适用于调制防锈油脂和乳化油，其典型性能指标如表7－109所示。

表7－109　701B防锈剂的典型性能指标

项　目		典型指标	项　目		典型指标
外观		棕色、半透明稠状液体	油溶性		合格
水分/%	不大于	痕迹	机械杂质/%		无
挥发物含量/%	不大于	5	湿热实验（3d，45号钢）	不大于	0
灰分/%	不大于	18			

3.4.3　702防锈剂

702防锈剂外观为棕黄或棕红色油状液体，组成为石油磺酸钠，统一代号是T702。具有较强的亲水性和较好的防锈及乳化性能。以精制的润滑油馏分经发烟硫酸磺化，再经乙醇碱液抽提、脱油、脱水制得成品702防锈剂。T702适用于配制切削乳化油、半合成切削液及防锈油脂，其典型性能指标如表7－110所示。

表 7－110　702 防锈剂的典型性能指标

项　目		典型指标			
		35 号	40 号	45 号	50 号
外观		棕褐色黏稠液体或半固体			
磺酸钠含量/%	不小于	35	40	45	50
水分/%	不大于	5.0		无	
pH 值		7～8			
气味		无			

3.4.4　702A 防锈剂

702A 防锈剂的外观为棕红色透明黏稠液体，产品为合成磺酸钠，统一代号是 T702A。具有较强的亲水性和较好的防锈及乳化性能。以重烷基苯经磺化后，再经乙醇碱液抽提、脱油、脱水制得成品 702A 防锈剂。T702A 与石油磺酸钠性质相似，适用于调配切削乳化油、半合成切削液和润滑油脂等油品，其典型性能指标如表 7－111 所示。

表 7－111　702A 防锈剂的典型性能指标

项　目		典型指标	项　目		典型指标
外观		棕红色黏稠液体	无机盐含量/%	不大于	实测
矿物油含量/%	不大于	48	pH 值		7～8
磺酸钠含量/%	不小于	50	水分/%	不大于	1.0

3.4.5　703（LAN 703）防锈剂

703 防锈剂外观为深色不透明液体，组成为十七烯基咪唑啉烯基丁二酸盐，统一代号是 T703（LAN 703）。具有酸中和、油溶及助溶性能，对黑色金属有良好的防锈、抗湿热性能，对铜、铝及其合金也有一定的防锈作用。以油酸和二乙烯三胺为原料，经胺化缩合后再与烯基丁二酸反应制得成品 703 防锈剂。T703 适用于与防锈剂复合调制各种防锈封存油、润滑防锈两用油及防锈脂等，其典型性能指标如表 7－112 所示。

表 7－112　703 防锈剂的典型性能指标

项　目		典型指标	
		一级品	二级品
碱性氮/%		0.8～2.0	
酸值/(mgKOH/g)		30～65	30～80
水溶性酸或碱		中性或碱性	
防锈性： 快速试验 45 号钢（2h）/级	不大于	1	2

续表

项　目		典型指标	
		一级品	二级品
机械杂质/%	不大于	0.1	0.2
湿热试验（3d，45 号钢）	不大于	测定	
油溶性		透明	

3.4.6　704 防锈剂

704 防锈剂外观为棕色黏稠状物，组成为环烷酸锌，统一代号是 T704。油溶性好，对钢、铜、铝均有良好的防锈性能，但对铸铁防锈性差。以环烷酸或由含环烷酸油品经碱洗、酸化得环烷酸，再与硫酸锌皂化反应，制得环烷酸锌产品。T704 与其他防锈剂复合，用于调制各种防锈油、润滑脂、切削油、乳化油及半合成切削液。T704 的典型性能指标如表 7－113 所示。

表 7－113　704 防锈剂的典型性能指标

项　目		典型指标	项　目	典型指标
外观		棕色黏稠状物	水萃取试验 酸反应 硫酸根 氯离子	 中性 无 无
锌含量/%	不小于	8		
水分/%	不大于	0.05		
机械杂质/%	不大于	0.15		
铜片腐蚀（T3 铜片，100℃，3h）		合格	潮湿箱试验（铜片、钢片）	报告

3.4.7　705 防锈剂

705 防锈剂外观为棕色至褐色透明黏稠液体，组成为碱性二壬基萘磺酸钡，统一代号是 T705，有较好的防锈和酸中和性能，特别对黑色金属防锈性能更好。将壬烯与精萘烃化反应，经碱洗后与发烟硫酸进行磺化反应，经醇洗后与氢氧化钡反应，最后过滤、蒸馏制得成品 705 防锈剂。T705 适用于调制防锈油、乳化油、半合成切削液和润滑脂，也可用作发动机燃料油的防锈剂，其典型性能指标如表 7－114 所示。

表 7－114　705 防锈剂的典型性能指标

项　目		典型指标	
		一等品	合格品
外观		棕色透明黏稠液体	棕色至褐色黏稠液体
密度（20℃）/（kg/m^3）	不小于	1000	
闪点（开口）/℃	不低于	165	
黏度（100℃）/（mm^2/s）	不大于	100	140

续表

项　目		典型指标	
		一等品	合格品
水分/%	不大于	0.10	
机械杂质/%	不大于	0.10	
钡含量/%	不小于	11.5	10.5
总碱值/(mgKOH/g)		35～55	35～55
潮湿箱/级 96h 72h	 不低于 不低于	 A —	A
液相锈蚀		无锈	无锈
油溶性		合格	合格

3.4.8　705A 防锈剂

705A 防锈剂外观为棕色至褐色透明黏稠液体，组成为中性二壬基萘磺酸钡，统一代号是 T705A。具有优良的防锈和破乳化性能。将壬烯与精萘烃化反应，经碱洗后与发烟硫酸进行磺化，经醇洗后与氢氧化钡反应，最后过滤、蒸馏制得成品 705A 防锈剂。T705A 适用于调制防锈油、乳化油、半合成切削液和润滑脂，也在抗磨液压油及汽轮机油中作为防锈剂和破乳剂使用。T705A 的典型性能指标如表 7－115 所示。

表 7－115　705A 防锈剂的典型性能指标

项　目		典型指标	项　目		典型指标
外观		棕色或深棕色黏稠液体	机械杂质/%	不大于	0.15
密度（20℃）/(kg/m^3)	不小于	1000	钡含量/%	不小于	7.0
闪点（开口）/℃	不低于	160	总碱值/(mgKOH/g)	不大于	5
黏度（100℃）/(mm^2/s)	不大于	120	潮湿箱（96h）	不低于	A
水分/%	不大于	0.10			

3.4.9　二壬基萘磺酸锌

二壬基萘磺酸锌外观为棕色或深棕色黏稠液体，具有优良的防锈和破乳化性能。以二壬基萘磺酸为原料，用氧化锌及羧酸作促进剂，直接化合为成品二壬基萘磺酸锌。二壬基萘磺酸锌适用于调制液压油、齿轮油和其他工业润滑油，其主要性能指标如表 7－116 所示。

表 7－116 二壬基萘磺酸锌的主要性能指标

项 目		质量指标	项 目		质量指标
目 测		棕色或深棕色黏稠液体	机械杂质/%	不大于	0.15
密度（20℃）/(kg/m³)	不小于	1000	锌含量/%		实测
闪点（开口）/℃	不低于	160			
黏度（100℃）/(mm²/s)		实测	总碱值/(mgKOH/g)	不大于	5
水分/%	不大于	痕迹	潮湿箱		实测

3.4.10 706 防锈剂

706 防锈剂外观为白色或微黄色结晶，组成为苯骈三氮唑，统一代号是 T706。对铜、铝及其合金等有色金属具有优良的防锈性能和缓蚀性能。T706 在空气中易氧化而逐渐变黄，加热到 160℃以上开始分解放热。以邻苯二胺与亚硝酸钠重氮化，经精制处理制得成品 706 防锈剂。706 防锈剂适用于调制防锈润滑油和润滑脂，亦可作为乳化油、气相防锈剂和工业循环水中的缓蚀剂。T706 的典型性能指标如表 7－117 所示。

表 7－117 706 防锈剂的典型性能指标

项 目		典型指标		
		优等品	一等品	合格品
外观		白色结晶	微黄色结晶	微黄色结晶
色度/号	不大于	120	160	180
水分/%	不大于		0.15	
终熔点/℃	不低于	96	95	94
醇中溶解性			合格	
pH 值			5.3～6.3	
灰分/%	不大于	0.10	0.15	0.20
纯度/%	不低于		98	
湿热试验：H62 号铜/d	不小于	7	5	3

3.4.11 743 防锈剂

743 防锈剂的外观为棕褐色膏状物，组成为氧化石油脂钡皂，统一代号是 T743。具有良好的油溶性和成膜性，对黑色金属和有色金属都有较好的防锈性能。由皂化蜡在催化剂存在下进行氧化、钡化反应，经后处理制得成品 743 防锈剂。T743 适用于调配防锈油，用于军工器械、枪支、炮弹及各种机床、配件、工卡量具等的防锈，还可以作为溶剂稀释型防锈油的成膜剂。T743 的典型性能指标如表 7－118 所示。

表 7-118　743 防锈剂的典型性能指标

项　目		典型指标	项　目		典型指标
外观		棕褐色膏状物	机械杂质/%	不大于	0.05
钡含量/%	不小于	8	水溶性酸或碱		中性至弱碱性
钡含量/%	不小于	8			
水分/%	不大于	0.03	铜片腐蚀（100℃，3h）		合格

3.4.12　746 防锈剂

746 防锈剂的外观为透明黏稠液体，组成为十二烯基丁二酸，统一代号是 T746。具有良好的抗潮湿性，防锈性好、有极强的吸附能力，能在金属表面形成牢固的油膜，保护金属不被锈蚀和腐蚀。但对铅和铸铁的防腐性差。以叠合汽油或四聚丙烯与顺丁烯二酸酐反应，经蒸馏和水解等工艺制得成品 746 防锈剂。T746 适用于作汽轮机油、液压油和齿轮油等工业润滑油的防锈添加剂，也可用于调配乳化油和半合成切削液。T746 的典型性能指标如表 7-119 所示。

表 7-119　746 防锈剂的典型性能指标

项　目		典型指标	
		一等品	合格品
外观		透明黏稠液体	
密度（20℃）/(kg/m^3)		报告	报告
运动黏度（100℃）/(mm^2/s)		报告	报告
闪点（开口）/℃	不低于	100	90
酸值/(mgKOH/g)		300～395	235～395
pH 值不小于		4.3	4.2
碘值/(gI_2/100g)		50～90	50～90
铜片腐蚀（100℃，3h）/级	不大于	1	1
液相锈蚀试验			
蒸馏水		无锈	无锈
合成海水		无锈	无锈
坚膜韧性		无锈	无锈

3.4.13　747 防锈剂

747 防锈剂产品组成为十二烯基丁二酸半酯，由于生产企业的不同，产品分成 747、747A 防锈剂，统一代号是 T747 和 T747A。其性能与十二烯基丁二酸相当，但酸值低（比 T746 低一半），加入后对油品的酸值影响小。747 防锈剂是以叠合汽油或四聚丙烯与顺丁烯二酸酐反应，再与醇反应，经后处理制得成品，用作汽轮机油、液压油和齿轮油等工业润滑油的防锈添加剂，也可用于调配乳化油和半合成切削液。747 防锈剂的典型性能指标如表 7－120 所示。

表 7－120　747 防锈剂的典型性能指标

项　目		典型指标	
		747A	747
外观		透明液体	透明液体
色度/号	不大于	5	
运动黏度（100℃）/（mm^2/s）		20～40	40～80
酸值/（mgKOH/g）		130～180	150～200
pH 值	不小于	4.5～4.8	4.4～4.6
铜片腐蚀（100℃，3h）/级	不大于	1	1
液相锈蚀试验			
蒸馏水		无锈	无锈
合成海水		无锈	无锈
坚膜韧性		无锈	

3.4.14　AN 防锈剂

AN 防锈剂外观为棕黄至棕色，产品为含氮化合物，具有优良的防锈性能。将工业环烷酸与四乙烯五胺加入到反应釜中，加热搅拌到一定温度时通入氮气，经胺化缩合反应，脱水到规定的温度时，再冷却后制得成品 AN 防锈剂。AN 防锈剂适用于防锈油、防锈润滑脂和工业润滑油中，其典型性能指标如表 7－121 所示。

表 7－121　AN 防锈剂的典型性能指标

项　目		典型指标
外观		棕黄至棕色
黏度（100℃）/（mm^2/s）	不大于	250
闪点（开口）/℃	不低于	200
氮含量/%	不小于	5.0
总碱值/（mgKOH/g）	不小于	90
机械杂质/%	不大于	0.08
水分/%	不大于	痕迹
铜片腐蚀（100℃，3h）/级	不大于	1
湿热试验：		
铜片 10# ×1d/级	不大于	B
黄铜片 62# ×4d/级	不大于	B

3.4.15 RFJ 防锈复合剂

RFJ 防锈复合剂外观为棕色透明液体，对碳钢、铸铁、铜等金属具有优良的抗湿热性和抗重叠性。RFJ 防锈复合剂是采用多种防锈剂、成膜剂和精制矿物油调制而成。RFJ 防锈复合剂用适当比例的矿物油进行稀释可调配成适合不同防锈周期要求的防锈油，此产品尤其适用于零部件有叠加存放要求的防锈工艺。RFJ 防锈复合剂的典型性能指标如表 7－122 所示。

表 7－122 RFJ 防锈复合剂的典型性能指标

项　目	典型指标	项　目	典型指标
目测	棕色透明液体	人汗置换性	合格
水分/%	痕迹	湿热试验（45#钢片，49℃ ±1℃），d　不小于	20
腐蚀试验（55℃ ±2℃，7d），级 T2 铜片 不大于 45#钢片 不大于	1 1	叠片试验（45#钢片，49℃ ±1℃），7d	合格

3.4.16 MA 水基防锈剂

MA 水基防锈剂外观为黄色透明液体，具有优良的防锈、润滑、清洗等性能。无毒、无味、不含亚硝酸钠及无机盐。MA 水基防锈剂采用防锈单剂和表面活性剂复合而成。

MA 水基防锈剂既可以一定比例直接加入自来水中调制防锈液，使用浓度为 1% ~ 3%，又可加入水基金属加工液中提高产品的防锈性能。MA 水基防锈剂的典型性能指标如表 7－123 所示。

表 7－123 MA 水基防锈剂的典型性能指标

项　目			典型指标
浓缩物	外观		黄棕色透明液体
	折射率	不低于	60
稀释液	pH 值		7.5 ~ 9
	防锈试验（35℃ ±2℃，铸铁），h 单片 叠片	不小于 不小于	24 4

3.4.17 防霉防锈复合剂

防霉防锈复合剂外观为橙色透明液体。具有优良的抗微生物性能和防锈性，能有效延长乳化液的使用寿命。防霉防锈复合剂是采用水溶性防霉、防锈添加剂和 pH 值调整剂等调制而成。防霉防锈复合剂直接添加在使用中的乳化液中，可提高乳化液的抗微生物性能和防锈性能，延长乳化液换液周期。推荐加入量：0.05% ~0.1%。防霉防锈复合剂的典型性能指标如表 7－124 所示。

表 7-124 防霉防锈复合剂的典型性能指标

项　目	典型指标	项　目	典型指标
pH 值	8~10	抗菌试验	通过
消泡性，2mL/10min	通过		
防锈性（35℃±2℃），24h	合格	毒性试验	通过

3.4.18 癸二酸二钠

癸二酸二钠外观为白色粉末状，具有良好的水溶解性，在矿物油中的溶解度小于0.1%。可用作润滑脂和液相体系的腐蚀抑制剂。在硼润土脂中的添加量为2%~3%，水基冷却体系的加量为0.3%~4%。其各项典型性能指标如表 7-125 所示。

表 7-125 癸二酸二钠的典型性能指标

项　目		典型指标	项　目		典型指标
外观		棕黄至棕色	水分/%	不大于	痕迹
黏度（100℃）/(mm^2/s)	不大于	250	铜片腐蚀（100℃，3h）/级	不大于	1
闪点（开口）/℃	不低于	200			
氮含量/%	不小于	5.0	湿热试验：		
总碱值/(mgKOH/g)	不小于	90	铜片 10# ×1d/级	不大于	B
机械杂质/%	不大于	0.08	黄铜片 62# ×4d/级	不大于	B

3.4.19 Calcinate C-300R 高碱值磺酸钙

高碱值磺酸钙是采用磺酸与氢氧化钙直接反应的一步法工艺制得的（*TBN* 值为 300），可溶于矿物油，白油和合成油。具有很好的油溶性，与其他添加剂的配伍性好。有优异的酸中和能力，在配方中起到酸中和、破乳、防锈功能，主要用于有防锈要求的金属加工油中。高碱值磺酸钙的典型性能指标如表 7-126 所示。

表 7-126 高碱值磺酸钙的典型性能指标

项　目	典型指标	项　目	典型指标
相对密度（15℃）	1.13	磺酸钙含量/%	28
闪点（开口）/℃	200		
运动黏度（100℃）/(mm^2/s)	75	破乳性/(mL/min)	20/30
钙含量/%	12.0	总碱值（*TBN*）/(mgKOH/g)	305

3.4.20 Petronate H 石油磺酸钠

Petronate H 石油磺酸钠是采用特殊工艺制成的石油磺酸钠，有效含量大于60%，分子量分布窄，具有很好的透明度，颜色很浅。可溶于大多数矿物基础油，白油和合成基础油，与较低分子量的磺酸钠相比，具有更好的防腐蚀性能。Petronate H 可用于配制高稳定度的乳化油和半合成切削液。Petronate H 的典型性能指标如表 7-127 所示。

表 7 – 127 Petronate H 的典型性能指标

项 目	典型指标	项 目	典型指标
磺酸钠含量/%	62	闪点（开口）/℃	210
矿物油含量/%	32	稀释色度	4.5
分子量	500	外观	清澈透明
水分/%	4.8	密度（20℃）/(kg/m^3)	1010
无机盐/%	<1.0		

3.4.21 Petronate HH 石油磺酸钠

Petronate HH 石油磺酸钠是一种采用特殊工艺制成的高分子量纯石油磺酸钠，可溶于大多数矿物基础油，白油和合成基础油，颜色很浅，具有很好的透明度。磺酸钠含量大于60%，分子量分布窄，与较低分子量的磺酸钠相比，具有更好的防腐蚀性能。主要用于调配防锈乳化油和半合成切削液。Petronate HH 的典型技术性能指标如表 7 – 128 所示。

表 7 – 128 Petronate HH 的典型性能指标

项 目	典型指标	项 目	典型指标
磺酸钠含量/%	62	闪点（开口）/℃	230
矿物油含量/%	32	色度	4.5
分子量	550	外观	清澈透明
水分/%	4.8	密度（20℃）/(kg/m^3)	1010
无机盐/%	<1.0		

3.4.22 Petronate HL 高性能磺酸钠

Petronate HL 高性能磺酸钠是一种强化的磺酸钠，可溶于大多数矿物油，白油和合成基础油，具有良好的透明度，颜色很浅，有效成分含量大于60%，分子量分布窄，乳化效率非常高。Petronate HL 具有石油磺酸钠的防锈性能，比一般的磺酸钠具有更好的乳化性能、浸湿性能和更低的黏度。可用于配制高稳定度的半合成切削液和乳化油。Petronate HL 的典型性能指标如表 7 – 129 所示。

表 7 – 129 Petronate HL 的典型性能指标

项 目	典型指标	项 目	典型指标
磺酸钠含量/%	62	闪点（开口）/℃	190
矿物油含量/%	32	色度	4.5
分子量	450	外观	清澈透明
水分/%	4.8	密度（20℃）/(kg/m^3)	1015
无机盐/%	<1.0		

3.4.23 Petronate L 高性能磺酸钠

Petronate L 高性能磺酸钠是一种强化的低分子量磺酸钠，可溶于大多数矿物油，白油和合成基础油，磺酸钠有效含量大于60%，分子量分布窄，乳化效率非常高，具有很好的透明度，颜色很浅。Petronate L 具有石油磺酸钠的优点，比一般的高分子量磺酸钠具有更好的乳化性能，可用于配制高稳定度的半合成切削液和乳化油。Petronate L 的典型性能指标如表 7－130 所示。

表 7－130 Petronate L 的典型性能指标

项 目	典型指标	项 目	典型指标
磺酸钠含量/%	62	闪点（开口）/℃	190
矿物油含量/%	32	色度	4.5
分子量	421	外观	清澈透明
水分/%	4.8	密度（20℃）/(kg/m^3)	1020
无机盐/%	<1.0		

3.4.24 Rhodafac ASI-80 铝、锌、镁及其合金的强力缓蚀剂

Rhodafac ASI-80 是一种无色可流动的烷基磷酸酯液体，易溶于水，很容易加入到金属加工液配方中，对铝、锌、镁及其合金具有较好的防锈作用，推荐在配方中使用浓度为1%～5%。Rhodafac ASI-80 的典型性能指标如表 7－131 所示。

表 7－131 Rhodafac ASI-80 的典型性能指标

项 目	典型指标	项 目	典型指标
外观（20℃）	无色可流动液体	pH 值（5% 的水溶液）	2.3
固体含量/%	78.0～82.0	NaCl 含量	≯1.5
乙醇含量/%	9.0～11.0	黏度（25℃）/(mPa·s)	85
水含量/%	9.0～11.0	相对密度（20℃）/(g/m^3)	1.02
色度（80% 的 ASI-80 溶于 10% 的水和 10% 的乙醇中）	≯50	倾点/℃	10
		密度（25℃）/(g/cm^3)	1.01

3.4.25 钼酸钠

钼酸钠为白色固体晶状物，溶于水，100℃时失去结晶水，具有很高的纯度和溶解性。水溶液作为缓蚀剂被广泛用于循环水冷却系统、发动机冷却液、金属加工液、油田钻井泥浆等，还被用于颜料、油漆和金属的防锈处理。钼酸钠的典型性能指标如表 7－132 所示。

表 7-132　钼酸钠的典型性能指标

项　目	典型指标	项　目	典型指标
钼酸钠（$Na_2MoO_4 \cdot 2H_2O$）含量/%　不小于	99.0	SiO_2	0.01
Mo 含量/%　不小于	39.3	As	0.001
杂质最高含量/%　不大于 水不溶物	0.05	SO_2	0.07
		Fe	0.01
105℃失水	15	Pb	0.0005
Cl	0.05	pH 值	7.5~9.5
P	0.01	/	/

3.4.26　水溶性特效铜缓蚀剂

水溶性特效铜缓蚀剂是一种棕黄色透明黏稠液体，由苯并三氮唑及有机胺类组成，能与水以任意比例迅速混溶，对铜、铝合金材质有良好的缓蚀性能。铜缓蚀剂广泛用于冷却水化学处理中，特别适用于冷冻系统、中央空调、电厂凝汽器以及以铜、铁多种材质共存的体系中作缓蚀剂，也可用作防锈液、防冻液的缓蚀剂。作铜缓蚀剂单独使用时加剂量为1.0~5.0mg/L，与其他缓蚀剂复配使用时加剂量25~50mg/L。水溶性特效铜缓蚀剂的典型性能指标如表7-133所示。

表 7-133　水溶性特效铜缓蚀剂的典型性能指标

项　目	典型指标	项　目	典型指标
外观	棕黄色透明黏稠液体	pH 值（1%水溶液）	7.0~9.0
活性物（以 BTA 计）/%　不小于	33.0	密度（20℃）/(g/cm^3)	1.15±0.05

3.4.27　IRGACOR L190 水溶性防锈剂

IRGACOR L190 是一种有机三元聚羧酸无灰防锈剂，白色湿饼状固体，不含氯，毒性极低，具有良好的硬水稳定性和空气释放性，泡沫倾向极低。L190 的三乙醇胺钠盐不会影响极压抗磨剂的性能，与 AMINEO 配合使用可以取代亚硝酸钠，能防止多种金属生锈，与 Irgamet42 配合效果更好。主要用于水基润滑和清洗系统。推荐加入量：半合成和全合成金属加工液0.25%~1.1%，发动机防冻液（冷却液）0.5%，水-乙二醇抗燃液压液（HFC）0.055%~1.4%。IRGACOR L190 的典型性能指标如表7-134所示。

表 7-134　IRGACOR L190 的典型性能指标

项　目	典型指标	项　目	典型指标
外观	白色湿饼状固体	溶解度	
黏度（40℃）/(mm^2/s)	280	水/%	<0.01
密度（20℃）/(g/cm^3)	1.1	矿物油/%	<0.01
分子量	468.6		

3.4.28 硼酸胺型水基防锈剂（Smart Base RP8713）

硼酸胺型水基防锈剂（Smart Base RP8713）为清澈浅黄色液体，不含亚硝酸盐，防锈性强，在硬水中也有较好的防锈效果。Smart Base RP8713 具有辅助杀菌之能力，是用于调配乳化油、半合成及全合成冷却液的防锈剂，加入量为 4% ~10%，也可作为产品的工序间防锈剂，加入量 3%。Smart Base RP8713 的典型性能指标如表 7－135 所示。

表 7－135 Smart Base RP8713 的典型性能指标

项 目	典型指标	项 目	典型指标
外观	清澈浅黄色液体	纯溶液 pH 值	11
相对密度（25℃）	1.15	5%浓度 pH 值	10.2

3.4.29 BN-1 水基防腐防锈剂

BN-1 水基防腐防锈剂是一种多功能复合脂型含硼的水基防腐防锈添加剂，外观为无色或浅黄色透明液体，不含亚硝酸钠，属于生物稳定型添加剂，具有优良的抑菌抗菌防锈性、抗磨性能和良好的抗硬水性能，可以与水以任意比例混合。具有高碱性及低泡特性，能增强乳液的稳定性。BN-1 水基防腐防锈剂可作为调配乳化液、全合成、半合成切削液及水性清洗剂的防腐防锈之用，也可作为黑色金属的工序间防锈剂，对金属无任何损伤。BN-1 水基防腐防锈剂可用于直接配制防锈液，也可作为添加剂加入水基金属加工液中，提高产品的抑菌抗菌防锈性能。配制水基金属加工液的推荐使用浓度为 5% ~10%，可有效地防止切削液变质和对金属的腐蚀，延长使用寿命，提高效率降低成本，也能独立加入冷却池中作为池边添加的防腐防锈抑制剂。BN-1 水基防腐防锈剂用于水性清洗剂可根据清洗要求适当添加，一般添加量为 8% ~15%。工序间防锈液配制的推荐使用浓度为 5% ~10%，直接加入自来水中即可，防锈周期为 3 ~5 周，如用塑料薄膜包装好可达半年以上。可作为防锈水生产企业主要的防锈添加剂。2% BN-1 水基防腐防锈剂水稀释液的典型性能指标如表 7－136 所示。

表 7－136 2%BN-1 水基防腐防锈剂水稀释液的典型性能指标

项 目	典型指标	项 目	典型指标
外观	无色透明液体	pH 值	9 ~10
防锈性（铸铁，48h）	合格		
腐蚀试验（铸铁，24h）	合格	抑菌性	合 格

3.4.30 S5411 水基防锈剂

S5411 水基防锈剂是一种新型合成酯型水基防锈添加剂，外观为琥珀色透明黏稠液体，具有良好的抗硬水性能，对钙镁离子不敏感，不会产生钙析现象。S5411 水基防锈剂独特的双酯结构使其具有优良的抗菌防锈性和热稳定性能，有较好的抗杂油性。S5411 水基防锈剂可增溶部分水溶性较小的低泡表面活性剂，提高清洗性能，其超薄的防锈膜在金属表面干燥后不会有发黏现象，对皮肤无刺激性。S5411 水基防锈剂碱性较低，可应用于多种防锈配方，对有色金属无影响，适用于全合成切削液、水性清洗剂的防锈之用。S5411 水基防锈剂具有优异的防锈性能，较低的使用浓度（最低 0.5% 的浓度就有缓蚀防锈作用），可直接配制防锈液，也可作为添加剂加入水基金属加工液中，提高产品的防锈性能。配制水基金属加工液的推荐使用浓度为 7% ~15%，可有效地防止切削液对金属的腐蚀，延长使用寿命，提高加工效率，降低成本，也能独立加入冷却池中作为池边添加的防锈抑制剂。S5411 水基防锈剂用于水性清洗剂时可根据清洗要求添加，添加量一般为 6% ~10%。工序间防锈液配制的推荐使用浓度为 5% ~10%，配合 pH 值调节剂，直接加入自来水中即可，防锈周期为 5 ~10 周，如用塑料薄膜包装好可达半年以上，可作为防锈水生产企业所用的主要的防锈添加剂。1% S5411 水基防锈剂水稀释液的典型性能指标如表 7 -137 所示。

表 7 -137　1%BN-1S5411 水基防锈剂水稀释液的典型性能指标

项　目	典型指标	项　目	典型指标
外观	无色透明液体	pH 值	8 ~9
防锈性（铸铁，48h）	合格		
腐蚀试验（铸铁，24h）	合格	抑菌性	合格

3.4.31　FX-30 水基防锈剂

FX-30 水基防锈剂是一种新型聚合酯类生物稳定型水基防锈添加剂，不含亚硝酸钠，外观为无色透明黏稠液体，具有良好的抗硬水性能、优良的抑菌抗菌防锈性、热稳定性能、清洗性能和无泡性能，对皮肤无刺激性，对钙镁离子不敏感，不会产生钙析现象。FX-30 是一种高分子酯化物，其超薄的防锈膜在金属表面干后不会有发黏现象。FX-30 的碱性较低，可应用于多种防锈配方，对有色金属无影响。FX-30 适用于全合成、半合成切削液，水基液压液、水性淬火液、水性传动液冷却液及水性清洗剂的防锈，也可用于水压实验和黑色金属的工序间防锈，对金属无任何损伤。FX-30 优异防锈性能，较低的使用浓度（最低 0.5% 的浓度就有缓蚀防锈作用），可用于直接配制防锈液，也可作为添加剂加入水基金属加工液及其他水性工作液中，提高产品的防锈性能。配制水基金属加工液的推荐使用浓度为 7% ~15%，可有效的防止切削液对金属的腐蚀，延长使用寿命，提高效率，降低成本，也能独立加入冷却池中作为池边添加的防锈抑制剂。水性清洗剂可根据清洗要求添加，一般加入量 6% ~10%。工序间防锈液配制的推荐使用浓度为 5% ~10%，配合 pH 值调节剂，直接加入自来水中即可，防锈周期为 5 ~10 周，如用塑料薄膜包装好可达半年以上。FX-30 可作为防锈水生产企业调制时主要的防锈添加剂，水压实验可根据防锈要求配制不同浓度防锈。1% FX-30 水基防锈剂水稀释液的典型性能指标如表 7 -138 所示。

表 7－138　1% FX-30 水基防锈剂水稀释液的典型性能指标

项　目	性能指标	项　目	性能指标
外观	无色透明液体	防锈性（铸铁，48h）	合格
pH 值	8～9		
抑菌性	合格	腐蚀试验（铸铁，24h）	合格

3.4.32　L-5 铝合金防锈剂

L-5 铝合金防锈剂是一种多功能环保型防锈剂，能有效抑制包括铸铝 AL380 等常见铝合金以及镀锌钢和退火镀锌钢的锈蚀。L-5 缓蚀剂在浓度低至 0.05% 的稀释工作液中仍可发挥良好的防锈作用。它不含硅酸盐和磷，能适用于长效抗生物配方中。L-5 具有低毒性特征，并易于进行废物处理。L-5 主要用作铝和镀锌钢和退火镀锌钢防锈，使用量低，根据金属和金属加工液的配方要求，L-5 在稀释工作液中 0.05%～0.3% 的浓度就可发挥作用。同时还可提供乳化和润滑功能，这种多功能性可以降低配方中其他组分的用量，从而使加工液获得最佳的性价比。推荐用于接触液体的使用环境中防止铝合金腐蚀，在 356、380、2024、3003、6061 和 7075 号合金以及镀锌钢和退火镀锌钢上应用效果较佳。配制时在低于 300μg/g 的水硬度和 pH 值大于 8 的液体中使用。因为 L-5 是阴离子型，通常与阳离子不兼容，如某些杀菌剂和表面活性剂会对其产生负面影响。L-5 铝合金防锈剂的典型性能指标如表 7-139 所示。

表 7－139　L-5 铝合金防锈剂的典型性能指标

项　目	典型指标	项　目	典型指标
外观	黄色至棕色液体	颜色（Gardner 颜色标度）	5
闪点（闭口，℃）	101℃	pH 值（0.1% 水溶液）	7.9
密度（25℃）/(g/cm^3)	0.9398	黏度（25℃）/mPa·s	1600
溶解性	可溶于油，可分散于水中	化学类型	有机阴离子

3.4.33　Mayco Base RP8765 二羧酸盐基复合物

Mayco Base RP8765 二羧酸盐基复合物是一种合成腐蚀抑制剂，不含硼或亚硝酸盐，含润滑成分，可应用于吸油性及抗油性全合成液，可以不同比例与水相溶，而生成极浅透明液，可应用于工序间防锈剂，也可独立加进冷却池中作为防锈抑制剂以及全合成和半合成的复合剂配方中。研磨用建议配方：RP8765 二羧酸盐基复合物 12%、三乙醇胺 5%、单乙醇胺 5%、软水 78%。水基产品的建议加入量 5%～12%。Mayco Base RP8765 的典型技术性能指标如表 7－140 所示。

表 7-140 Mayco Base RP8765 防锈剂的典型性能指标

项 目	性能指标	项 目	性能指标
外观	清澈琥珀色液体	pH 值（纯液）	8.0
密度（20℃）/(g/cm^3)	1.06	pH 值（5%稀释液）	7.8
酸值/(mgKOH/g)	185	总碱值/(mgHCl/g)	20

3.4.34 Mayco Base RP8738 硼酸胺基复合物

Mayco Base RP8738 硼酸胺基复合物是一种合成腐蚀抑制剂，色浅，可用于吸油性及抗油性全合成液中。可以不同比例与水相溶，而生成一种十分浅色透明液。可应用于工序间防护用的全合成型防锈剂和独立加进冷却池中的防锈抑制剂，也可用于调配半合成液。Mayco Base RP8738 的典型技术性能指标如表 7-141 所示。

表 7-141 Mayco Base RP8738 防锈剂的典型性能指标

项 目	典型指标	项 目	典型指标
外观	清澈浅琥珀色液体	pH 值（纯液）	8.5
密度（20℃）/(g/cm^3)	1.28	pH 值（5%稀释液）	8.3
总碱值/(mgHCl/g)	15		

3.4.35 Mayco Base RP8708 二元羧酸盐基复合物

Mayco Base RP8708 二元羧酸盐基复合物不含硼或亚硝酸盐，可应用于吸油性及抗油性全合成液，可以不同比例与水相溶，而生成极浅透明液，可应用于工序间防锈剂，也可独立加进冷却池中作为防锈抑制剂以及全合成和半合成的复合剂配方中。研磨用建议配方：RP8708 二羧酸盐基复合物 12%，三乙醇胺 5%，单乙醇胺 5%，软水 78%。水基产品的建议加入量 5% ~12%。Mayco Base RP8708 的典型技术性能指标如表 7-142 所示。

表 7-142 Mayco Base RP8708 防锈剂的典型性能指标

项 目	典型指标	项 目	典型指标
外观	清澈琥珀色液体	pH 值（纯液）	9.5
密度（20℃）/(g/cm^3)	1.09	pH 值（5%稀释液）	9.3
酸值/(mgKOH/g)	160	总碱值/(mgHCl/g)	22

3.4.36 Smart Base RP-3340 高碱值磺酸钙

Smart Base RP-3340 高碱值磺酸钙能提供独特的防锈性能，钙与磺酸的比例经过专门的优化，具有极好的油溶性和相容性。能溶于矿物油、白油及合成油。黏度高，故需加热调和。Smart Base RP-3340 的典型技术性能指标如表 7-143 所示。

表 7-143　Smart Base RP-3340 的典型性能指标

项　目	典型指标	项　目	典型指标
外观	深褐色琥珀液体	黏度（100℃）/mPa·s	60
密度（20℃）/(g/cm³)	1.2	闪点/%	>200
钙含量/%	15		
磺酸钙含量/%	18.5%	总碱值/(mgHCl/g)	405

3.4.37　Smart Base RP-3344 中性磺酸钡

Smart Base RP-3344 中性磺酸钡是一种高效油性防锈剂，分子量高，具有优异的清洁性及抗乳化能力，可用于调润滑油、润滑脂、液压油、抗蚀油及其他防护产品。由于具有非腐蚀性，适合要求极高的工件防锈。能与大部分矿物油、白油及合成油相容，调和时需加热。推荐加入量 0.1%～5%。Smart Base RP-3344 的典型技术性能指标如表 7-144 所示。

表 7-144　Smart Base RP-3344 的典型性能指标

项　目	典型指标	项　目	典型指标
外观	深褐色琥珀液体	黏度（100℃）/mPa·s	80～140
密度（20℃）/(g/cm³)	1.0	闪点/%	220
钡含量/%	76.4		
磺酸钡含量/%	48.5%	总碱值/(mgHCl/g)	405

3.4.38　Smart Base DW-8320 脱水剂

Smart Base DW-8320 脱水剂是一种低味色浅的高效脱水防锈剂，可应用于一般燃料或石油行业中因有水存在所引起的问题。易溶于有机溶剂、石蜡基或环烷基基础油，可与多种防锈剂及其他添加剂互溶，可用以增强防锈油的效用。Smart Base DW-8320 的典型技术性能指标如表 7-145 所示。

表 7-145　Smart Base DW-8320 的典型性能指标

项　目	典型指标	项　目	典型指标
外观	淡黄色液体	黏度（100℃）/mPa·s	5.5
密度（20℃）/(g/cm³)	0.9	闪点/%	133

3.4.39　Smart Base PHL 石油磺酸钠

Smart Base PHL 石油磺酸钠主要用于调配乳化油和半合成切削液，黏度低，具有较好的乳化、湿润及防锈性能，可溶于大多数矿物油、白油和合成基础油。Smart Base PHL 的典型技术性能指标如表 7-146 所示。

表 7-146　Smart Base PHL 的典型性能指标

项　目	典型指标	项　目	典型指标
外观	清澈琥珀色液体	黏度（100℃）/mPa·s	140
磺酸钠含量/%	60	矿物油含量/%	35
水分含量/%	4	无机盐含量/%	1.01
分子量	445	色度	L2.0
酸值/(mgKOH/g)	0.03		

3.4.40　Smart Base PHM 石油磺酸钠

Smart Base PHM 属于高分子天然石油磺酸钠，主要用于调配乳化油和半合成切削液，较其他低分子量的石油磺酸钠具有更好的防锈性能，可溶于大多数矿物油、白油和合成基础油。Smart Base PHM 的典型技术性能指标如表 7-147 所示。

表 7-147　Smart Base PHM 的典型性能指标

项　目	典型指标	项　目	典型指标
外观	深棕色液体	黏度（100℃）/mPa·s	160
磺酸钠含量/%	61.2	矿物油含量/%	34
水分含量/%	4.2	无机盐含量/%	0.56
分子量	522	色度/号	L2.5
酸值/(mgKOH/g)	0.03		

3.4.41　Smart Base SHL 合成磺酸钠

Smart Base SHL 属于烷基芳香羟型磺酸钠，低发泡性；与胺型助乳剂、耦合剂、除锈剂及杀菌剂有良好的相容性。具有良好的乳化及分散防锈性能。适用于金属乳化油及水基液压油防锈乳化液配方中，在水包油及油包水系统均极为适用。Smart Base SHL 的典型技术性能指标如表 7-148 所示。

表 7-148　Smart Base SHL 的典型性能指标

项　目	典型指标	项　目	典型指标
外观	深棕色液体	黏度（100℃）/mPa·s	70～95
磺酸钠含量/%	60	矿物油含量/%	35
水分含量/%	5	无机盐含量/%	0.5
分子量	430	色度/号	3～4D
酸值/(mgKOH/g)	3.5～4		

3.4.42　Smart Base RP8260 铜铝腐蚀抑制剂

Smart Base RP8260 铜铝腐蚀抑制剂属于高浓缩水基产品，对铜、铝等非铁金属能提供有效防腐蚀保护，也有润滑及耦合功能。能与水基其他成分有效混合。推荐加入量0.5%～2%（浓缩液）。Smart Base RP8260 的典型技术性能指标如表7－149 所示。

表7－149　Smart Base RP8260 的典型性能指标

项　目	典型指标	项　目	典型指标
外观	浅黄色清澈液体	密度（20℃）/(g/cm^3)	1.12
pH 值（纯溶液）	9.07		
残留膜	软，不黏	5%稀释液 pH 值	8.7

3.4.43　Smart Base RP8355 硼酸胺型防锈复合剂

Smart Base RP8355 硼酸胺型防锈复合剂是一种优质的防腐蚀复合剂，可用于铁及有色金属，有润滑作用。用于乳化油、半合成及全合成配方中。适合抗油性及吸油性的全合成水基产品。不含亚硝酸盐等有害物质，有辅助杀菌能力，能减少配方中杀菌剂的使用量。推荐加入量3%～10%。Smart Base RP8355 的典型技术性能指标如表7－150 所示。

表7－150　Smart Base RP8355 的典型性能指标

项　目	典型指标	项　目	典型指标
外观	浅黄色清澈液体	密度（20℃）/(g/cm^3)	1.09
pH 值（纯溶液）	10.6		
残留膜	软，不黏	5%稀释液 pH 值	9.6

3.4.44　Smart Base RP8317 硼酸胺型防锈复合剂

Smart Base RP8317 硼酸胺型防锈复合剂是一种优质的防腐蚀复合剂，用于乳化油、半合成及全合成配方中。适合抗油性及吸油性的全合成水基产品。不含亚硝酸盐等有害物质，在硬水中能保持防锈性。有辅助杀菌能力，能减少配方中杀菌剂的使用量。水分蒸发后，会在工件上形成一层透明防锈保护膜。推荐加入量3%～10%。Smart Base RP8317 的典型技术性能指标如表7－151 所示。

表7－151　Smart Base RP8317 的典型性能指标

项　目	典型指标	项　目	典型指标
外观	浅黄色清澈液体	密度（20℃）/(g/cm^3)	1.08
pH 值（纯溶液）	11		
残留膜	软，不黏	5%稀释液 pH 值	10.2

3.4.45　Smart Base RP8860 二羧酸盐基复合剂

Smart Base RP8860 二羧酸盐基复合剂是一种优质的防锈防腐蚀复合剂，有润滑效能，用于乳化油、半合成及全合成配方中。与水稀释后可单独用于工序间防锈剂或槽边添加剂使用。不含亚硝酸盐等有害物质，不含硼酸胺，故可调配出环保型水基产品。可与 Smart

Base RP8870 混合使用而得到极佳的防锈特性。推荐加入量：研磨 3%，水基配方 3% ~ 20%。Smart Base RP8860 的典型技术性能指标如表 7 - 152 所示。

表 7 - 152 Smart Base RP8860 的典型性能指标

项 目	典型指标	项 目	典型指标
外观	琥珀色清澈液体	密度（20℃）/(g/cm³)	1.07
pH 值（纯溶液）	8.2		
pH 值（5%稀释液）	8	残留膜	软，不黏

3.4.46 Smart Base RP8870 硼酸胺型浅色复合防锈剂

Smart Base RP8870 硼酸胺型浅色复合防锈剂是一种通用的防锈复合剂，可用于半合成及全合成配方中。也可与水按 1∶33 稀释后单独用于研磨液或工序间防锈剂使用。在池边添加到冷却液中，可增强工作液的防锈性能。与 Smart Base RP8860 混合使用而得到极佳的防锈特性。合成液推荐配方：RP8860 10%，RP8870 8%，三乙醇胺 5%，软水 77%。Smart Base RP8870 的典型技术性能指标如表 7 - 153 所示。

表 7 - 153 Smart Base RP8870 的典型性能指标

项 目	典型指标	项 目	典型指标
外观	浅黄色清澈液体	密度（20℃）/(g/cm³)	1.27
pH 值（纯溶液）	8.5		
pH 值（5%稀释液）	8.4	残留膜	软，不黏

第 4 节 金属加工润滑剂 pH 值调节剂产品种类与性能

4.1 金属加工润滑剂 pH 值调节剂概述

金属加工液尤其是水基金属加工液按照其性能要求，其 pH 值为 8 ~ 10 较为合适，根据不同的工况和配方，也可高于或低于 8 ~ 10。这是因为 pH 值在 8 ~ 10 范围内有以下优点：

（1）工件和设备不易锈蚀。

（2）有利于操作者的健康。碱性物质（pH 值大于 7.0）影响皮肤组织中的水分，破坏角质层。皮肤通过汗腺和油脂腺的分泌来缓冲碱性物质，具有有限的自我保护能力。但是，长时间频繁地接触高碱物质，会抑制这种自我保护屏障，使有害物质渗入皮肤，引起皮肤刺激。碱性物质还利用皂化反应去除皮肤表面的保护油脂（肥皂就是油脂和碱性物质反应生成的）。

酸性物质（pH 值小于7.0）与皮肤组织反应，使蛋白质凝固而损害皮肤。酸性的主要来源是水基切削、磨削液中混入了含有活性硫或氯成分的切削油。通常在油性切削油中的含硫、含氯添加剂会在水中分解成弱酸。

（3）有利于金属加工液的维护和延长使用时间。因为在碱性环境下，不容易产生细菌。

常用 pH 调节剂有链烷醇胺（alkanolamines）和氨水等，它们各有特点，其典型性能如表7－154所示。

表 7－154　常见 pH 值调节剂的典型性能

pH 值调节剂	缩写	分子式	分子量	pK_a（25℃）	20℃蒸气压/Pa（mmHg）	沸点/℃
单乙醇胺	MEA	$H_2NCH_2CH_2OH$	61.1	9.50	53.2（0.40）	171
二乙醇胺	DEA	$H_2N(CH_2CH_2OH)_2$	105.1	8.9	1.33（0.01）	268
三乙醇胺	TEA	$H_2N(CH_2CH_2OH)_3$	149.2	7.8	1.33（0.01）	335
2-氨基-2-甲基-1-丙醇	AMP-95	$CH_3C(CH_3)(NH_2)CH_2OH$	89.1	9.72	10.6（0.08）	165
N-甲基乙醇胺	MMAE	$CH_3NHCH_2CH_2OH$	75.1	9.98	66.5（0.5）	156
二甲基乙醇胺	DMAE	$CH_3N(CH_3)CH_2CH_2OH$	131.2	8.88	2793（21）	134
氨水		NH_4OH	35.1	9.24	15295（115）	36
氢氧化钠		NaOH	40	15.7		1388
氢氧化钾		KOH	56.1	16		1320

除氨水和二甲基乙醇胺外，它们的沸点在 150℃以上。蒸气压越低，沸点越高，挥发一般就越慢，气味也越低。pK_a 是酸度系数，较高的 pK_a 值表示较有效的 pH 调节，或较高 pH 使用值。较高的 pK_a 值，较低的分子量，表示 pH 调节剂用量较低。再考虑 pH 调节剂价格，就能大致确定 pH 调节剂的使用成本。

4.2　常见金属加工润滑剂 pH 值调节剂产品种类与性能

4.2.1　链烷醇胺

链烷醇胺具有调节和稳定 pH 值、乳化、分散、湿润、渗透和缓释等作用。它们的结构特点是分子中都具有氨基和羟基，存在孤对电子，能从水中接受质子，呈碱性，属中强碱。同时存在氢键，能溶于水。它们是使用最广的 pH 调节剂。

4.2.1.1　三乙醇胺

1）三乙醇胺的理化性能

三乙醇胺又称氨基三乙醇，英文名 triethylolamine，缩写为 TEA。化学结构式为 $(HOCH_2CH_2)_3N$。无色黏稠液体，微有氨的气味，极易吸湿。露置空气中或在光线下变成棕色，能吸收空气中二氧化碳，能与水、甲醇和丙酮混溶。呈强碱性，0.1mol/L 的水溶液 pH 为10.5。其碱性比氨弱（$pK_a = 7.82$），具有叔胺和醇的性质，有刺激性。

三乙醇胺对眼睛有刺激性，但比一乙醇胺弱，对皮肤的刺激性也很小。纯三乙醇胺对钢、铁等材料不起作用，而对铜、铝及其合金有较大腐蚀性。

由于氮原子上的未共用电子对能与质子结合，因此三乙醇胺显碱性。三乙醇胺分子中有—OH 基团，它可与酸发生酯化反应。反应物配比不同，酯化程度不同，可得不同产品。三乙醇胺与亚硝酸反应可生成极不稳定的脂肪酸重氮盐，这些亚硝基化合物一般都具有致癌毒性。三乙醇胺在空气中久置也会发生氧化反应。

2）三乙醇胺的应用

三乙醇胺是一种表面活性剂，可用于乳化剂、分散剂、湿润剂、渗透剂、皂化剂、早强剂以及脱硫剂等方面，所以其在工业中的应用非常广泛。

（1）在日用化学工业中的应用。三乙醇胺在日用化学工业中，常用以制取烷基醇酰胺，亦称尼纳尔。其制法主要是采用三乙醇胺与脂肪酸，按一定摩尔比例配制。在洗涤剂产品中，脂肪酸酰胺是一种重要的泡沫稳定剂，也是优良的助洗剂，具有除油污力强、增稠和抗静电等特点。易溶于水，常用于液体和黏稠状液体洗涤剂产品，以十二酸醇酰胺稳定泡沫的性能最好。

用三乙醇胺和脂肪酸制成的胺皂，具有润肤性能，在润肤膏中也常应用。在睫毛膏产品中，常以三乙醇胺和硬脂酸制成皂化物，并配以蜡为主要成分，加上颜料和少量抗氧剂等辅料制的产品，质地细腻、柔和，硬度适中，使用不仅易于描绘，而且不刺激皮肤，易于清洗。

（2）在机械工业中的应用。三乙醇胺不仅在日用化工中应用广泛，而且在机械工业中应用也很广。三乙醇胺是水基磨（切）削液中的重要添加剂。它的优点是易与多种长碳链酸发生酯化反应形成润滑性能良好的润滑剂，而它本身也是一种良好的防锈剂与表面活性剂。在水基磨（切）削液中加入三乙醇胺将有助于该液体浸润、渗透于磨（切）削界面上充分发挥其清洗、润滑、防锈作用。

三乙醇胺与油酸中和制取三乙醇胺油酸皂，不仅对动植物油有良好的脱脂能力，而且对矿物油和其他油垢也具有去污能力。三乙醇胺与油酸反应产生的三乙醇胺油酸皂，还可作为乳化剂及防锈剂，其缩合物的性质与三乙醇胺与油酸的比例有很大关系。三乙醇胺与油酸的分子比一般为1:1 或1:2。1:1 的产品大都是不溶于水，而1:2 的产品则易溶于水。缩合反应在搪瓷锅中进行，常以氢氧化钠或氢氧化钾盐少量做催化剂。温度控制 120 ~ 130℃，反应时间一般为5h 左右。反应式为

$$C_{17}H_{33}COOH + N(CH_2OH)_3 \longrightarrow C_{17}H_{33}COOH \cdot N(CH_2OH)_3$$

水溶性三乙醇胺油酸皂常用于洗涤产品，而不溶于水，溶于油或溶剂的三乙醇胺油酸皂则应用于金属加工用的产品，如防锈油、切削油等产品。

三乙醇胺与油酸还可制得一种机械加工用的优良防锈酯，如油酸基三乙醇胺酯，它是将油脂与等摩尔的三乙醇胺在减压下，高温脱水酯化反应生成。酸值降至1mg/g以下，过滤而得的产品。这种合成酯与基础油、硅油及防锈助剂配制极压剂复合使用可显著提高齿轮油的极压抗磨性能。在S—P型齿轮油中，加入1%就可以提高梯姆肯OK值30～50磅，并可改善油品的腐蚀性、防锈性和氧化安定性。

三乙醇胺与磷酸酯在反应釜中，温度控制在50～70℃，反应时间1～1.5h，制得的磷酸酯三乙醇胺，与石油磺酸钠及机油可生产质量优良的切削乳化油。

（3）在其他工业方面的应用。三乙醇胺在建筑工业中，不仅可以用于制备钢筋水泥缓蚀剂和防锈剂，保护钢筋水泥，保护金属防止氧化，同时还可作为水泥的早强剂。如以三乙醇胺万分之五与食盐千分之五（对水泥计），以水溶解调配水泥，可缩短水泥硬化时间，增加水泥的早期强度，即2d的强度可以达到28d强度的50%，并增加水泥的后期强度，使用简便、效果突出。另外还可制备应力钢筋混凝土、钢筋防锈剂等。其配方为：三乙醇胺0.5‰、二水石膏2%，亚硝酸钠1%。在电镀行业中，可代替氰化钠或采用微氰电镀或无氰电镀。镀件内在质量完全和用氰镀件相媲美。

在电子元件清洗中，用三乙醇胺油酸皂复合配制的洗剂，不仅改变了用铬酸、盐酸、硫酸，硝酸的旧工艺，还加快了去污时间，提高四倍效率，节约化工原料、动力消耗和降低处理成本费用。另外在丁腈橡胶聚合中用作活化剂、纺织行业用作柔软剂等。

3）三乙醇胺质量要求

表7－155列出了化工部制定的有关工业用三乙醇胺的典型性能指标（HG/T3268—2002工业用三乙醇胺）。

表7－155　工业用三乙醇胺的典型性能指标

项　目		典型性能指标	
		Ⅰ型	Ⅱ型
外观		透明、黏稠液体，无悬浮物	
三乙醇胺含量/%	不小于	99.0	75.0
一乙醇胺含量/%	不大于	0.50	由供需双方协商确定
二乙醇胺含量/%	不大于	0.50	由供需双方协商确定
水分/%	不大于	0.20	由供需双方协商确定
色度，Hazen单位（铂-钴色号）		50	80
密度（20℃）/（g/cm^3）		1.122～1.127	—

4.2.1.2　二乙醇胺

二乙醇胺（Diethanolamine，DEA），别名2，2-二羟基二乙胺，常温下为无色、黏稠液体，稍有氨味，易溶于水、乙醇；可腐蚀铜、铝及其合金；液体和蒸气腐蚀皮肤和眼睛；可与多种酸反应生成酯、酰胺盐；沸点268℃。

二乙醇胺可以直接作为表面活性剂，用于洗涤剂和清洗剂配方中；其中二乙醇胺和脂肪酸（如月桂酸、椰油酸）反应生成的烷醇酰胺是最主要的衍生产品。工业用二乙醇胺的典型性能指标见表7－156（HG/T 2916—1997）。

表7－156 工业用二乙醇胺典型指标

项目		典型指标	
		Ⅰ型	Ⅱ型
外观		在30℃以上为淡黄色黏性液体。	
二乙醇胺含量/%	不小于	98.0	90.0
一乙醇胺含量＋三乙醇胺含量/%	不大于	2.5	4.0
密度（20℃）/（g/cm^3）		1.090～1.095	—
水分/%	不大于	1.0	—

4.2.1.3 单（一）乙醇胺

单乙醇胺，是中强碱，有氨味，有极强的吸湿性，有乳化和分散作用，也有起泡作用。对眼睛和皮肤有严重的刺激和灼烧性。表7－157列出了工业用单（一）乙醇胺的典型性能指标（HG/T 2915—1997）。

表7－157 工业用单（一）乙醇胺典型指标

项目		典型指标		
		Ⅰ型	Ⅱ型	Ⅲ型
外观		透明淡黄色黏性液体，无悬浮物。		
总胺量（以一乙醇胺计算/%	不小于	99.0	95.0	80.0
蒸馏试验（0℃，101325Pa） 168～174℃馏出体积/mL	不小于	95	65	45
水分/%	不大于	1.0	—	—
密度（20℃）/（g/cm^3）		1.014～1.019	—	
色度，Hazen单位（铂-钴色号）	不大于	25	—	—

4.2.1.4 2-氨基-2-甲基-1-丙醇

商品名为AMP-95，结构如下图所示：

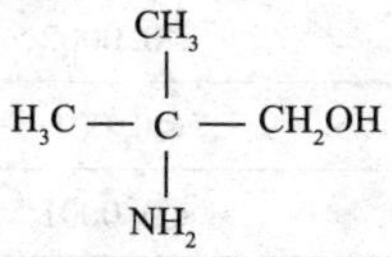

$$H_3C-\overset{\displaystyle CH_3}{\underset{\displaystyle NH_2}{\overset{|}{\underset{|}{C}}}}-CH_2OH$$

AMP-95 和 AMP-90 的区别仅在浓度不同。AMP-95 有机胺含量约为 95%，而 AMP-90 有机胺含量为 90% 左右。我国一般用 AMP-95，而欧洲通常用 AMP-90。

AMP-95 和 AMP-90 的优点是调节后体系的 pH 值稳定。它还兼有分散作用。缺点是有一定气味，要注意与防腐剂的相容性。AMP-95 的典型性能如表 7－158 所示。

表 7－158　AMP-95 的典型指标

项　目	典型指标	项　目	典型指标
蒸气压（20℃）/Pa(mmHg)	10.6（0.08）	闪点/℃	
密度（25℃）/(g/cm^3)	0.942	开口	78
		闭口	83
黏度/mPa·s		表面张力/(mN/m)	
25℃	147	使用时	37
10℃	561	10% 水溶液	58
－2℃	凝固	pH 值（0.1mol/L，质量分数 0.9%）	11.3

其他链烷醇胺 pH 值调节剂如 MMAE（*N*-甲基乙醇胺），为无色透明液体，属于中强碱，有表面活性剂的功能。由于较高蒸气压和较低的沸点，所以挥发比 AMP-95 快。其 pK_a 值略高于 AMP-95，因此 pH 调节性略高于 AMP-95。DMEA(二甲基乙醇胺)，由于较高蒸气压和较低的沸点，所以挥发比 AMP-95 和 *N*-甲基乙醇胺都快。其 pK_a 值低于 AMP-95，因此 pH 调节性不如 AMP-95。

4.2.2　氨水

氨水是氨的水溶液，一般含氨 28%～29%，其分子式是 NH_4OH，其沸点低，挥发速度快，价格便宜，但有刺激性氨气味，在产品贮存期间易发生 pH 值的改变。

含氨越多，密度越小，最浓的氨水含氨 35.28%，密度 0.88g/cm^3。工业氨水是含氨 25%～28% 的水溶液，氨水中仅有一小部分氨分子与水反应形成铵离子和氢氧根离子，即氢氧化铵，是仅存在于氨水中的弱碱。氨水凝固点 －77℃。化学试剂氨水的典型性能指标（GB/T 631—2007）见表 7－159。

表 7－159　化学试剂氨水的典型性能指标　　%

名称	分析纯	化学纯
NH_3 含量	25～28	25～28
蒸发残渣	≤0.002	≤0.004
氯化物（Cl）	≤0.00005	≤0.0001
硫化物（S）	≤0.00002	≤0.00005
硫酸盐（SO_4^{2-}）	≤0.0002	≤0.0005
碳酸盐（以 CO_2 计）	≤0.001	≤0.002
磷酸盐（PO_4）	≤0.0001	≤0.0002
钠（Na）	≤0.0005	—

续表

名称	分析纯	化学纯
镁（Mg）	≤0.0001	≤0.0005
钾（K）	≤0.0001	
钙（Ca）	≤0.0001	≤0.0005
铁（Fe）	≤0.00002	≤0.00005
铜（Cu）	≤0.00001	≤0.00002
铅（Pb）	≤0.00005	≤0.0001
还原高锰酸钾物质（以O计）	≤0.0008	≤0.0008

第5节 金属加工润滑剂杀菌剂产品种类与性能

5.1 金属加工润滑剂杀菌剂概述

能抑制金属加工液中存在的细菌、霉、酵母等微生物引起的各种有害作用的添加剂，有时又称防霉剂、抗菌剂或杀微生物剂等。在美国联邦“杀虫剂、杀真菌剂和灭鼠剂法”中，归于“抗菌杀虫剂”类。主管此事的是美国农业部（其主管农业和园艺用农药）。有很多化学物质会杀死细菌和真菌，但只有那些由美国农业部核准用于金属加工液的化学品才能使用。使用这些液体的条件也由美国联邦“杀虫剂、杀真菌剂和灭鼠剂法”所规定，并应将它们注明在液体的标签上。

当今，世界各国使用金属加工油剂的总量达百万吨，其中，水溶性的产品占了很大部分。比如美国1990年金属加工油剂约800kt，其中水溶性的约占95%。随着水溶性金属加工剂需要量的逐年增加，因微生物引起的金属加工油剂劣化腐败的问题日益增多，人们对问题的严重性也看得越来越透彻。据日本的调查结果表明：更换金属加工液的理由占第一位是腐败。如果把其他被人们认为更换金属加工液是因为其腐败而引起的，则更换加工液大部分原因都是由于腐败引起的。

在自然界中如果温度、湿度、营养等一定条件得到满足情况下，微生物会繁殖得又多又快。水溶性金属加工油剂的使用中一旦微生物产生，就会使液体变脏，导致产生黏物、pH值降低、润滑能力下降、防锈成分分解、乳液遭破坏，产生恶臭，严重的还破坏工作环境。在美国把这种恶臭称之为“星期一早晨的恶臭”。同样，这种恶臭在我国也时有发生。所以，许多机械加工业明文规定：每周星期一为更液日。

微生物使加工液腐败，不但使金属加工油剂耗量大大增加，浪费大量资源，而且时常发生机械锈蚀、环境污染，造成很大的经济损失。如何使水溶性金属加工油剂不受微生物侵害，或者说微生物不能在其中生长，国内外已开展了多年的研究，较成熟也较经济的办法是向金属加工油中加入杀菌剂。

通过大量实验，已经查明引起水溶性金属加工油劣化变质的代表性微生物有：产气杆菌（Aerobaeteaerenes），硫酸还原菌（Desulfoviodesulfuriean），铜绿色伪原胞菌（Pseudomonasaeruginosa），普通变形杆菌（proteusvugaris），黄曲霉（Aflatoxin），克勒勃司肺炎球菌（Klebsiellapneumonial），大肠杆菌（Eseheriehiaeoli），烟曲霉菌（Aspergillusnigar）等等。存在于金属切削液中的典型的微生物分为如下三类，其中以好氧性菌为多。

A. **好氧菌：**

Pseudomonas aeruginosa 绿脓杆菌

Pseudomonas species 假单胞菌属

Enterobacter species 肠杆菌属

Citrobacter species 柠 檬酸杆菌属

Klebsiella species 克雷伯氏杆菌属

Escherichia coli 大肠杆菌

Proteus species 变形杆菌属

B. **霉菌：**

Candida species 假丝酵母菌属

Fusaria 镰孢菌属

C. **厌氧菌：**

Desulfovibrio species 脱硫菌属

常见细菌及真菌的形态见图 7－3。

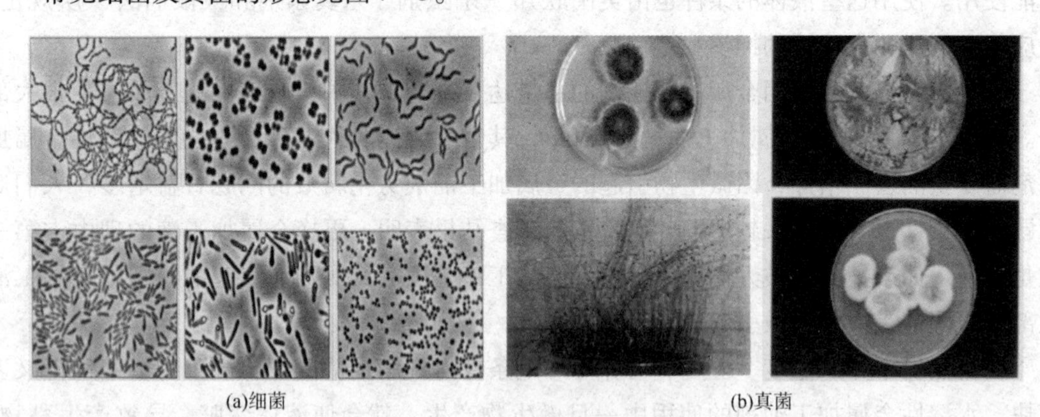

(a)细菌　(b)真菌

图 7－3　常见细菌及真菌的形貌

微生物虽然是最低等的生物，但也和其他生物一样，在生命活动过程中与周围环境有着密切的关系。一方面，环境条件的改变可使微生物的形态、生理、生长、繁殖特征引起改变；另一方面，微生物也能抵抗适应环境的某些变化。

在适宜的环境中，微生物能旺盛地生长与繁殖；在不适宜的环境中，微生物生长繁殖受到抑制或改变原有特征，在恶劣的环境中，微生物就会发生死亡。

微生物生长增殖的环境因素是多方面的，主要因素有：

（1）营养物质。微生物具有一般生物所具有的生命活动规律，需要从外界环境不断吸收营养物质，加以利用，从中获得进行生命活动所需的能量，并合成新的细胞物质。

从各类微生物细胞物质组成的分析中得知：微生物细胞的化学组成和其他生物的化学组成没有本质的区别。主要组成元素是碳、氢、氧、氮（占全部平均重量的90%～97%）和矿物质元素，由这些元素组成了细胞中各种有机物：蛋白质、核酸、碳水化合物、脂类及无机成分等，其中碳素含量在45%～55%，而在矿物质元素中，磷含量为最高，占灰份的50%。因此，乳化油组分中的大部分物质为微生物的营养源。

（2）空气。空气对微生物的生长繁殖有极大的影响。根据微生物对氧的需求，可分为：好氧菌、厌氧菌和兼性好氧菌或兼性厌氧菌。在金属加工液中这三种细菌都存在，其中厌氧菌最普遍。“星期一早晨的恶臭”就是由这种厌氧性硫酸盐还原菌在液体缺氧的条件下，生命过程中产生的大量 H_2S 所致。因此，一些机械加工厂规定在停机较长（如星期天或节假日或检修机器等）时加工液仍周期循环，目的就是使这类厌氧菌不能进行生物代谢。

（3）水分。微生物细胞中含有80%左右的水。所以，水分是微生物生存的必要条件。显然，在湿度较大的地区容易发生加工液腐败现象。

（4）温度。在影响微生物生长繁殖的外界因素中，温度的影响最为密切。温度的影响表现在两个方面：一方面随着温度的上升，细胞中生物化学反应速率加快；另一方面，组成细胞的物质如蛋白质、核酸等对温度较敏感，随着温度升高，这些物质的立体结构受到破坏，从而引起微生物生长的抑制，甚至死亡。因此，只是在一定温度范围内，微生物的代谢活性和生长繁殖随着温度的上升而增加，温度上升到一定程度，开始对微生物产生不良影响，随温度不断升高，微生物细胞功能急剧下降，以至死亡。一般来说，微生物的生长温度范围很宽，已知的微生物在－10～95℃范围内均能生长。自然界大部分微生物最适合的生长温度为20～40℃。所以，在温度高、湿度大的环境和地区切削液容易发生腐败变质。

（5）pH值。加工液的pH值对微生物生长影响是多方面的。pH值能影响酶的形成、酶的活性、代谢途径、细胞膜的渗透性等生理生化活动。各类微生物有不同的最适宜的pH值和可以生长的pH范围。大多数细菌生长的pH值范围是4～9，最高可在pH值为10的条件下生长，最适pH值为7；而霉菌所适应的最大范围为pH值为1.5～10.0，最适pH值为3～6，如果环境中pH值超过微生物最适宜生长范围，则会引起其死亡。pH值直接或间接地影响着微生物的生命活动，反之，微生物将通过其代谢活动来改变环境的pH值，使之能在最适合的环境之下生活。因此，使金属加工液形成较高的pH值是9～10，并在时间的流逝中不断地向加工液中加入碱性提高剂，就能创造出不适微生物生长的环境。

(6) 渗透压。微生物的生活环境必须具有与其细胞大致相等的渗透压。若超过一定限度或突然改变渗透压，会抑制微生物的生命活动，甚至引起死亡。高渗溶液可使微生物细胞脱水，原生质收缩，细胞质变稠，引起质壁分离；低渗溶液中，则出现水分向细胞内渗、细胞吸水膨胀的现象，导致质壁破坏。

水基加工液是微生物生长的理想场所，容易引起金属加工液的腐败变质发臭，其危害主要表现为四个方面。

1）微生物对金属加工液的影响

①分解乳化剂，致使乳状液稳定性降低。

② 改变体系 pH 值，同样带来乳状液稳定性降低。细菌种类不同会引起金属加工液表现为酸化或碱化。比如棱状芽孢杆菌、肠道杆菌、酵母菌会因发酵引起酸化；棱状芽孢杆菌、假单胞菌降解葡萄糖引起碱化。表 7－160 是加有菌种的乳化液培养一个周期后 pH 值的变化情况。

表 7－160　微生物繁殖后 pH 值的变化

试样	pH 值		细菌数/(个/mL)	
	培养前	培养后	培养前	培养后
1 号	8.8	7.7	4.8×10^8	腐臭变黑
2 号	9.0	7.3	4.9×10^6	7.2×10^9
3 号	8.9	8.0	$<10^4$	$>10^9$
4 号	9.1	8.2	$<10^4$	1.6×10^6
5 号	9.1	8.4	$<10^3$	4.7×10^8

③ 使金属加工液变色和变臭。例如绿脓杆菌导致的绿脓菌青素色素形成，硫酸还原菌产生 H_2S。

④ 防腐功能减弱。

2）对循环系统的影响

① 产生糊状残渣，污染循环系统（见图 7－4）。由于吸入和回流管线堵塞，导致生产中断，过滤材料积聚大量沉积物，过滤系统停车。

② 带来清洗问题（机器中黏状物质的存在）。

③ 形成泡沫。

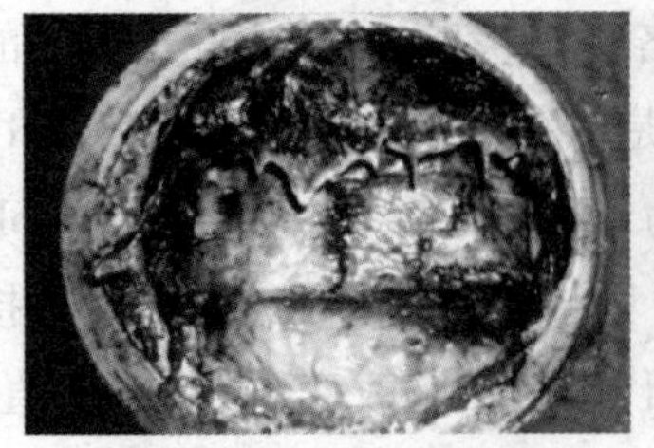
(a)存在大量微生物的管道

(b)中央系统盖上的生物膜

(c)微生物引起的腐蚀

图 7－4　微生物对金属加工循环系统带来的危害（此系统中未做任何防腐处理）

3）对生产的影响

① 金属加工液性能改变。

② 生产被中断。

③ 刀具磨损的几率增大。

④ 影响加工件的质量。

4）对健康的影响

① 细菌的代谢物使皮肤忍耐力变差。

② 破损的皮肤容易引发伤口感染。

③ 臭味。

④ 带物状的金属切削液容易引起感染。

据报道，1980年在加拿大在一家汽车厂里有317名员工因军团菌而患病。

关于杀菌剂的研究开始于20世纪初，主要为解决农业微生物灾害问题而展开的。杀菌剂开始被用来提高金属加工液的使用寿命是在60年代末，主要是欧美一些工业发达国家。随着金属加工液的不断发展，杀菌剂的应用迅速扩大。美国早在1978年，用于金属加工液的杀菌剂销售总额为2500万美元，占整个工业杀菌剂的10%左右。有5500t金属加工油剂直接加入杀菌剂，并且以每年6%的速度增加，迄今为止，差不多所有的水溶性金属加工油剂均加有杀菌剂。

在美国，金属加工油剂所用的杀菌剂必须经美国环境厅（EPA）登记注册，否则不能使用。

20世纪80年代初，美国一千多家金属加工油剂的制造商中绝大部分已购进杀菌剂，混入原液中，然后作为各自的防腐产品出售给用户。杀菌剂制造商的杀菌剂约有75%直接售给金属加工油剂制造商，剩余25%被金属加工业主买走。

在日本，由于金属加工液使用上的保守，水溶性加工油剂的使用比例不高。所以，杀菌剂在加工液中应用要比欧美晚好几年，直到70年代末才被大家所认识。然而发展却很快，目前几乎所有的金属加工液制造商购进了杀菌剂。我国在20世纪80年代初开展了这项工作，但进展甚慢。

5.2 杀菌剂的作用机理

杀菌剂进入病原菌体内到达作用点后，引起菌体内生理生化异常反应，破坏菌体正常代谢，使菌体中毒死亡。

20世纪30年代就有人研究传统杀菌剂的作用机制，1943年泽特迈尔（G. H. Zentmyer）首先提出螯环化作用是杀菌剂的一个重要作用机制，8-羟基喹啉是典型的螯环化制剂；1956年英国的霍斯福尔（J. G. Horsfall）著《杀菌剂作用原理》（Principles of Fungicidal Action）一书，全面介绍了20世纪50年代前杀菌剂作用机制的研究，到50年代末因使用的基本上是保护性杀菌剂，其作用机制主要与菌体呼吸氧化有关。

进入20世纪60年代以后，随着分子生物学的发展和化学分析技术的进步，尤其是内吸杀菌剂大量出现以后，杀菌剂的发展提高到一个新阶段，作用机制的研究也更趋深入和提高。1967年西斯勒（H. D. sisler）等证明放线菌酮的作用机制是抑制蛋白质合成；1969年证明多抗霉素D（多氧霉素，polyoxin）作用机制是抑制几丁质合成酶的活性；1971年西斯勒等首先指出多菌灵（carbendazim）的作用机制是影响菌体DNA合成。1975年后射拉德（J. L. Sherald）等证明嗪胺灵（triforine）等作用机制是抑制麦角甾醇合成。

20世纪80年代，已知咪唑类、吡啶类、吗啉类和哌嗪类等十数个品种均为麦角甾合成抑制剂。此外，干扰真菌寄生或加强寄主植物防御作用化合物的研究有新的发展。如抗穿透性杀菌剂三环唑是稻瘟菌黑色素合成抑制剂。近来杀菌剂作用机制研究对象主要是内吸性杀菌剂，其作用机制多为抑制菌体内生物合成。

杀菌剂对病菌的作用机制，从生物化学角度讲，可以归纳为两大类型：①杀菌剂影响了病原菌的生物氧化——能量生成；②生物合成——生长。

5.2.1 杀菌作用和抑菌作用

1）中毒病菌的症状

病原菌中毒的症状主要表现为：菌丝生长受阻、畸形、扭曲等；孢子不能萌发；各种子实体、附着孢不能形成；细胞膨胀、原生质瓦解、细胞壁破坏；病菌长期处于静止状态。

2）杀菌和抑菌的区别

从中毒症状看，杀菌主要表现为孢子不能萌发，而抑菌表现为菌丝生长受阻（不是死亡），药剂解除后即可恢复生长。

从作用机制看，杀菌主要是影响了生物氧化能的生成（孢子萌发需要较多的能量），而抑菌主要是影响了生物合成（菌丝生长耗能较少）。

但杀菌和抑菌作用往往不能截然分开。一种杀菌剂是表现为杀菌作用还是抑菌作用，还和下列因素有关：

① 药剂本身的性质。一般来说，重金属盐类、有机硫类杀菌剂多表现为杀菌作用，而许多内吸杀菌剂，特别是农用抗菌素则常表现为抑菌作用。

② 药剂浓度。一般来说，杀菌剂在低浓度时表现为抑菌作用，而高浓度时则表现为杀菌作用。如5mg/L的苯来特可抑制白粉菌菌丝生长，而500mg/L则影响孢子的萌发。

③ 药剂作用时间。作用时间短，常表现为抑菌作用，延长作用时间，则表现为杀菌作用。

5.2.2 杀菌剂的主要作用部位及其机制

由于生物化学和分子生物学的飞速发展，目前对主要的杀菌剂的作用机理都有不同程度的了解，但并没有一种杀菌剂的作用机制可以真正搞清楚。此外，病原菌的被抑制或死亡往往并非对单一位点的作用，而是对多个位点综合作用的结果。

杀菌剂的作用机制，从生物化学的角度讲，可归结为两大类型：

①杀菌剂影响了病原菌的生物氧化；

②杀菌剂影响了病原菌的生物合成。

5.3 杀菌剂的种类

常用的杀菌剂有酚类化合物、甲醛类、含氯和含苯类化合物。虽然它们有较强的杀菌作用，但同时对操作者也有一定的伤害作用，如刺激眼、鼻、喉等器官，容易引起操作者皮肤和呼吸道病变，并且污染环境。近年来由于受到环保法规的限制，许多国家对含酚类、苯类及醛类的杀菌剂的使用进行限制，并且积极寻找新型无毒杀菌剂。如日本选用油酸、硬脂酸、月桂酸等羧酸制备铜盐具有1年以上的抗腐败效果。美国开发的柠檬酸单铜也有较好的抗菌效果。国内利用硼酸酯与表面活性剂复配得到的杀菌剂也具有较强的抗菌能力。

5.3.1 醛类及甲醛给体释放物

甲醛曾是使用率很高的产品，如今已很少使用，原因在于甲醛被普遍认为是可疑致癌物质。而甲醛给体释放物与甲醛相比其挥发性低，它通过与细胞壁的蛋白质固化反应，导致细胞死亡。它是目前最重要的常用杀菌剂。这类产品有六氢三嗪、咪唑烷、双-噁唑烷、胺醛等。但醛类杀菌剂一般只杀细菌，不杀真菌。

比如戊二醛为现场杀菌剂，为即杀型的高效杀菌剂，能有效的抑制和杀灭多种细菌和霉菌。它为无色或微黄色的清亮液体，略带刺激性特殊气味。溶于水和乙醚、乙醇等有机溶剂。性质活泼，易聚合氧化，与含有活泼氧的化合物和含氮的化合物会发生反应。本品与蛋白质的反应主要是羰基与蛋白质分子中的氨基反应。多数酶在控制条件下可以被固定，交联而不失活。作用似甲醛。在酸性溶液中较稳定，但杀菌效果差，在碱性液中能保持2周。为提高杀菌效果，通常2%戊醛内加0.3%碳酸氢钠配合使用。它无腐蚀性，有广谱、速效、高热、低毒等特点。可用于个别偏酸性或中性加工液的场合，比如金属轧制液。适用加工中心现场处理、槽边添加。但应避免游离胺高的环境，可以用来处理已腐败产品。

当前切削液行业的杀菌防腐剂主要以均三嗪为主要成分的杀菌剂占主导地位（该产品是一种甲醛缓释型的释放体）。因其能普遍适应切削液的偏碱性的pH值（切削液的pH值一般在9~10），再加上其杀菌广谱，价格适中，所以现在仍然被广大厂家所采用。均三嗪为无色透明液体，具有纯度高、气味小、产品稳定及不变色的特点；可以任意比例溶于水、酒精和丙二醇中；尤其使用于高环境温度和碱性体系，它可单独使用或与其他活性组分配合使用，但是只抑制细菌。原液中一般添加1.5%~2%。下面介绍1，3，5-三羟乙基均三嗪杀菌剂。

化学式：

CH_2CH_2OH

N

H_2C　　CH_2

$HOCH_2CH_2N$　　NCH_2CH_2OH

C

H_2

1，3，5-三羟乙基均三嗪杀菌剂为淡黄或橙色透明液体，与产品的混溶性好。它具有广谱的抗菌性，能有效抑制酵母菌、霉菌的生长，避免产品腐败现象的发生。具有杀菌、抑菌、高效、广谱、对哺乳动物低毒等优点，不含重金属。其缓释作用赋予金属切削液长期的抵御细菌及霉菌侵害的能力，防止切削液在使用过程中因微生物繁殖引起的发臭、pH 值下降。缺点是会有少量的游离甲醛存在，在环保和使用安全性方面受到限制，同时，其杀菌和抑菌作用原理也是通过复杂的过程分解释放出甲醛而起作用，其杀菌范围还显小，杀菌效率不够高。可单独使用或与其他活性成分结合使用，特别适合于加工流体的长期保存。是一种高效、低毒、多用途、低成本的工业杀菌防霉剂。

规格：1，3，5 一三羟乙基均三嗪技术条件见表 7－161。

表 7－161　1，3，5-三羟乙基均三嗪典型指标

项　目	典型指标	项　目	典型指标
外观	淡黄或橙色透明液体	黏度（25℃）/(mm^2/s)	10～25
有效物含量/%　不小于	50	pH 值（1% 水溶液）	9.5～11.5
密度（25℃）/(g/cm^3)	1.06～1.12	溶解性	溶于水、醇、油

储运及使用注意事项：本产品应储存于密闭容器中，室温下存放于通风良好、干燥阴凉的地方。在运输过程中应轻装轻卸，不得撞击。本产品储存期为 12 个月。

生产厂家：上海工业微生物研究所、上海农药研究所、上海富蔗化工有限公司、北京亚太化工科技有限公司、河南省同新科技责任有限公司、德国 BASF 公司。

咪唑烷类杀菌剂系高效广谱防腐剂，对细菌防腐作用好。在使用过程中应与具有强抗真菌活性防霉防腐剂复配使用，使其对细菌和霉菌的防腐效果更佳。

三羟甲基-硝基甲烷杀菌剂在碱性溶液中会慢慢分解出甲醛，热稳定较差，具有快速杀菌性，在停止工作前向系统中加入这种化学物质可以十分有效地阻止"周一早晨的恶臭"。三羟甲基-硝基甲烷与异噻唑啉酮杀菌剂很好的协同工作，它的使用剂量在 1000～2000mg/g 活性成分就能控制稀释液中的细菌。

5.3.2　酚类化合物

2-苯基苯酚（OPP）以及 OPP 的钠盐：OPP 的钠盐在水中具有很高的溶解性，而 OPP

更容易加到低水分的加工液母液中。使用范围很广，有效抑制细菌和真菌。在 pH 值大于 9 时，其杀菌性能和溶解性最好。其使用量大约为 500～1500μg/g OPP 活性成分；500～1000μg/g OPP 的钠盐活性成分。

4-氯-3-甲基-苯酚：pH 值为 4～8 之间有效。可以加到金属加工液的母液中，也可以作为现场添加剂。

5.3.3　溴化物

如三溴水杨酰胺和二溴水杨酰胺的混合物等类物质。这些物质添加剂在加工槽中，有效地使用剂量在 1～2μg/g 活性成分。

5.3.4　异噻唑啉酮类

这类化合物在某种程度上是非常活泼的产品，通常定位于急杀剂。多在现场使用处理。高浓度物质对皮肤有强烈刺激性，使用时要注意。

该类化合物通过断开细菌和藻类蛋白质的键而起杀菌作用。与微生物接触后，能迅速地抑制其生长，从而导致生物细胞的死亡，并能穿透黏泥附在器壁上的生物膜，起到生物剥离作用，故对循环水中常见细菌、真菌、藻类等具有很强的抑制和杀灭作用。主要是在使用切削液后进行补加。这类物质的优点在于杀菌快速，但对 pH 值大小较为敏感，和还原剂、各种胺类、巯基苯噻唑类、2-嘧啶硫醇-1-氧化醇不能兼容。该混合物与甲醛释放物或酮结合可以稳定作用，更适合添加在加工液母液中。

2-正辛基-4-异噻唑啉酮（OIT）：一般为 45% 液剂。pH 值为 2～10 时稳定，使用时避免和硫化物和强氧化剂一起使用。使用剂量为 25～75μg/g。

苯并异噻唑啉酮（BIT）：一般为 10%、20% 液剂。对水包油型金属加工液配方具有良好的防腐效果。该杀菌剂具有杂质少、颜色淡、能够在其他防腐剂无法发挥效力的高温、强碱条件下使用等主要优点。异噻唑啉酮技术条件见表 7－162。

表 7－162　异噻唑啉酮典型技术指标

项　目	质量指标	项　目	质量指标
外观	微黄色透明液体	pH 值	2.0～3.0
有效组分/%	13.9～14.5	溶解性	与水、低分子醇混溶
氯比（CMIT/MIT）	2.5～4.0		
密度（20℃）/(g/mL)	1.26～1.33	稳定性（pH 值 2.0～9.0）	稳定

5.3.5　其他

3-碘代丙炔基氨基甲酸丁酯（IPBC）溶液：一般为 20% 液剂。是一种广谱杀真菌剂，调配的非金属防霉剂，能有效杀灭各种真菌，可与水基、溶剂基、合成、半合成以及可溶性配方相容。

吡啶硫酮钠：又名奥麦丁钠，可有效地杀灭金属加工液中的细菌和真菌。

用于金属加工液的杀菌剂很多，上面介绍了常见的杀菌剂。随着人们环保意识的增强，各种代替均三嗪的产品也应运而生，但能在该行业涉足的不外乎 S&M、ROHM&HASS、THOR、BASF、Clariant 等公司。

第6节　金属加工润滑剂消泡剂产品种类与性能

6.1　金属加工润滑剂消泡剂概述

泡及泡沫常伴随着人们的生活和生产，有时需要利用它，像浮选、灭火、除尘、洗涤、制造泡沫陶瓷和塑料等；有时需要消除它，如发酵、涂料、造纸、印染、排除体内器官胀气、锅炉用水、废水处理及棱镜（或玻璃）的制造等。泡沫的研究最早可以追溯到柏拉图时代，但几百年来，人们对泡沫的定义一直没有形成统一的认识。美国胶体化学家 L. I. Osipow 和道康宁公司的 R. F. Smith 从泡沫的密度方面对泡沫进行了定义；日本的伊藤光一从泡沫结构的角度对泡沫进行了定义，但是却忽略了气泡间的相互联系；我国著名的表面物理学家赵国玺教授对泡沫的定义为：泡沫是气体分散于液体中的分散体系，气体是分散相（不连续相），液体是分散介质（连续相），液体中的气泡上升至液面，形成少量液体构成的以液膜隔开气体的气泡聚集物。目前，国内外学者一致认为：泡沫本身是一种热力学不稳定体系，当气体进入含有表面活性剂的溶液中时，便会形成长时间稳定的泡沫体系。

所谓“泡”或“气泡”是指不溶性气体存在于液体或固体中，或存在于以它们的薄膜包围的独立的气泡（bubble）。许多气泡聚集在一起彼此以薄膜隔开的积聚状态谓之泡沫（foam）。气泡是一种具有气/液、气/固、气/液/固界面的分散体系，后者常见于选矿及油田体系的气泡。

一般来说，采用泡沫的气体含量参数 φ 来区分不同的泡沫类型：

$$\varphi = 气体体积/(气体体积 + 液体体积)$$

其中，气体分散体 $\varphi < 0.25$；球形泡沫 $0.52 < \varphi < 0.74$；多面体泡沫 $\varphi > 0.74$。

通常情况下，按照 φ 的大小分类如下，见图 7-5。

如果要稳定泡沫必须在液体中（假定液体为水）加入表面活性剂，降低其表面张力。表面活性剂通常由亲水和疏水部分组成，表面活性剂的亲水部分停留在水中，而疏水部分停留在空气中，这样就具备了稳定泡沫的前提，表面活性剂分子在液体/空气的界面上排列，由两层表面活性剂分子和以表面活性剂溶液为泡沫液体的结构称之为泡沫薄层，见图 7-6。

一般而言，纯水和纯表面活性剂不起泡，这是因为它们的表面和内部是均匀的，很难形成弹性薄膜，即使形成亦不稳定，会瞬间消失。但在溶液中有表面活性剂的存在，气泡形成后，由于分子间力的作用，其分子中的亲水基和疏水基被气泡壁吸附，形成规则排列，其亲水基朝向水相，疏水基朝向气泡内，从而在气泡界面上形成弹性膜，其稳定性很强，常态下不易破裂。在生活和生产中，有时泡沫的出现，给人们带来诸多不便，故必须抑泡或消泡。

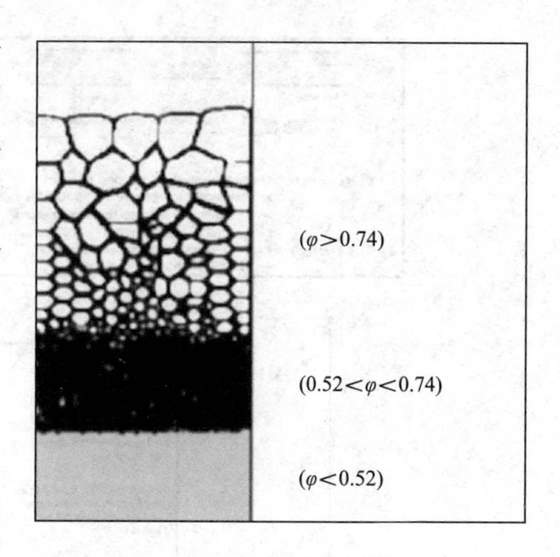

图 7－5　不同的泡沫类型

6.2　消泡原理

一般来说，有效的消泡剂必须满足如下条件：

（1）必须具有比发泡的表面活性剂更高的表面活性，即它必须具有较低的表面张力。

（2）它必须不溶于（至少部分不溶于）发泡的介质，否则它将本身作为表面活性剂作用，亦即起到稳泡作用。

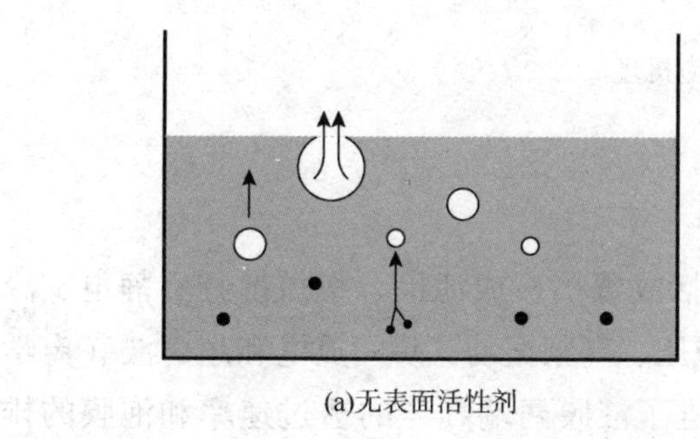

(a)无表面活性剂

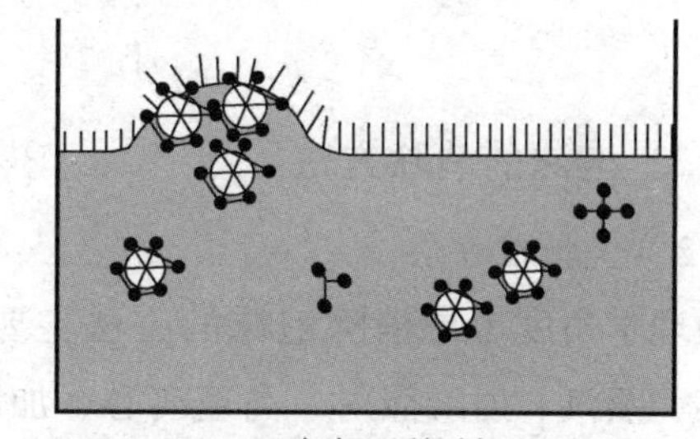

(b)有表面活性剂

图 7－6　空气在液体中的不同表现

（3）消泡剂的液滴大小应该在于泡沫薄层厚度的范围内。

6.2.1　消泡机理

消泡剂一般由载体和疏水的细分散固体颗粒组成。通常采用进入系数 E 和铺展系数 S 来描述消泡过程：

$$E = \gamma_S + \gamma_{SE} - \gamma_E$$
$$S = \gamma_S - \gamma_{SE} - \gamma_E$$

其中，E = 进入系数，S = 铺展系数，γ_S = 发泡液体的表面张力，γ_{SE} = 发泡液体和消泡剂之间的表面张力，γ_E = 消泡剂的表面张力。

图 7－7 中给出了三种不同的消泡机理，$E>0$ 和 $S>0$ 是有效消泡的前提。

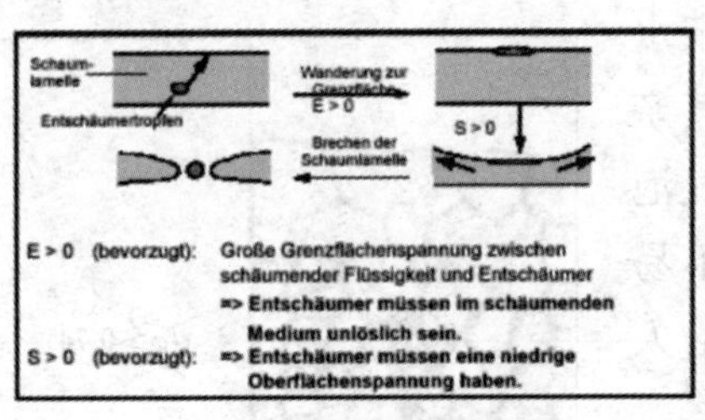

疏水油

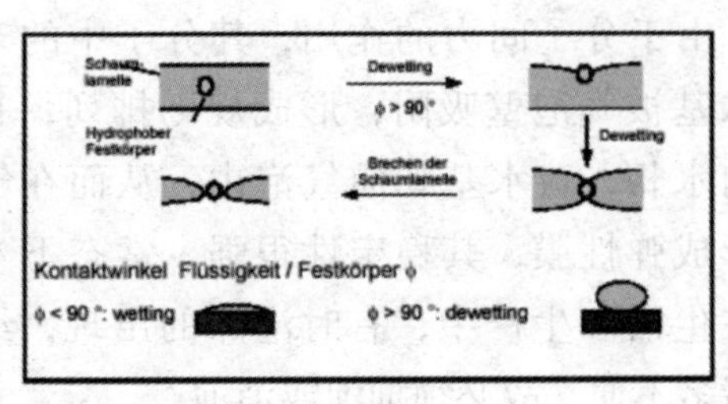

疏水颗粒

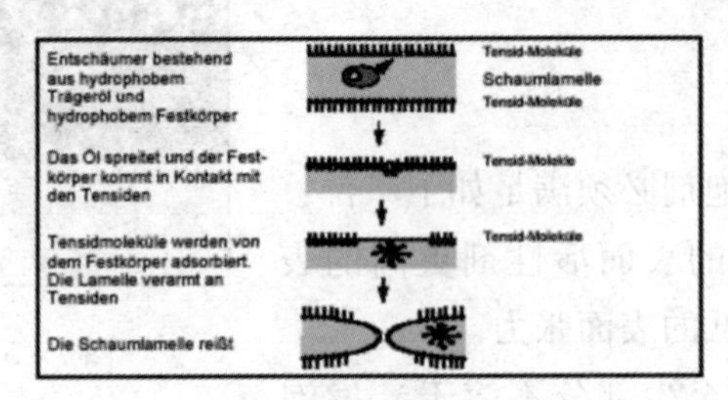

油/疏水颗粒

图 7 – 7　消泡机理

6.2.2　泡沫的消除方法

6.2.2.1　物理方法

从物理学角度考虑消除泡沫的方法主要包括放置挡板或滤网、机械搅拌、静电、冷冻、加热、蒸汽、射线照射、高速离心、加压减压、高频振动、瞬间放电和超声波（声学液体控制）等，这些方法都在不同的程度上促进了液膜两端气体的透过速率和泡膜的排液，使得泡沫的稳定因素小于衰减因素，从而泡沫的数量逐渐减少。但是这些方法共同的缺点是使用受环境因素的制约性较强、消泡速率不高等，优点在与环保、重复利用率高。

6.2.2.2　化学方法

从化学角度消除泡沫的方法主要包括化学反应法和添加消泡剂的方法。化学反应法是指通过加入一些试剂使其与起泡剂发生化学反应，生成不溶于水的物质，从而降低了液膜中表面活性剂的浓度，促使泡沫的破裂，但是这种方法存在发泡剂成分不确定、产生难溶性物质对体系设备产生危害等缺点。现如今各行各业应用最广泛的消泡方法是加入消泡剂的方法，这种方法最大的优点在于破泡效率高、使用方便，但是寻找合适高效的消泡剂是关键。

6.3　抗泡剂的种类

6.3.1　醇类

常用的醇类是具有支链的醇，如二乙基乙醇、环己醇、十六烷醇（鲸蜡醇）、异辛醇、异戊醇、二异丁基甲醇等。醇类一般都有异味，这些品种常用于制糖、发酵、石油精制、骨胶和动物胶、造纸和印染工业中。

醇的碳原子数越多、支链越大的消泡剂，消泡能力越好，如二乙基己醇，二异丁基甲醇。醇类消泡剂在使用时，用量在0.01%～0.10%。

6.3.2 脂肪酸及脂肪酸酯类

脂肪酸及脂肪酸酯类消泡剂有牛油、猪油、失水山梨醇单月桂酸酯、三油酸酯、甘油脂肪酸酯、硬脂酸异戊酯、二甘醇酯、双乙二醇月桂酸酯、蓖麻油、豆油、甘油蓖麻油酸酯、链烯基琥珀酸衍生物、失水山梨醇三油酸酯、聚氧乙烯单月桂酸酯、天然蜡、聚氧乙烯山梨醇单月桂酸酯琥珀酸二硬酰酯、硬脂酸乙二醇酯。其中，油脂类用于食品等工业。矿物油虽不属于脂肪酸类化合物，但也可用作消泡剂，可用于印花色浆、造纸行业的消泡，如火油、松节油、液体石蜡。上述脂肪酸及其脂的消泡剂可用于造纸、纸浆、染色、建筑涂料、发酵、石油精制、酒精、锅炉、黏合剂、食品、不冻胶等使用。如失水山梨醇单月桂酸酯（span 20）用于奶糖液的蒸发、干燥，鸡蛋蛋白及蜜糖液在浓缩时的消泡。司盘·85用作酪素胶液的蒸发。

油脂类消泡剂使用时的用量为0.05%～2%，脂肪酸酯类消泡剂用量为0.002%～0.2%。

6.3.3 酰胺类

酰胺类消泡剂有二硬脂酰乙二胺、二棕榈酰乙二胺、油酰二乙烯三胺缩合物、聚丙烯酰胺、双十八酰基吡啶、聚氧烷基酰胺等。分子量较大的多酰胺是锅炉用水的防泡剂。此外此类消泡剂还用于浆粕及造纸和涂料。其中二硬脂酰乙二胺、二棕榈酰乙二胺以及油酰二乙烯三胺缩合物等，使用效果较好。使用用量为0.002%～0.005%。

6.3.4 磷酸酯类

磷酸酯类消泡剂最常用的是磷酸三丁酯，其它如磷酸三辛酯及磷酸戊、辛酯有机胺盐、磷酸三（丁氧乙基）酯亦常应用。不溶于水的磷酸酯，可先溶于与水易混溶的有机溶剂如乙酸、丙酮、异丙醇等中，然后再用作水溶液的消泡，有较好的效果。这类消泡剂常用于纤维、润滑油的消泡，特别是齿轮润滑油的消泡。

磷酸酯类消泡剂的用量为0.025%～0.25%。

6.3.5 聚醚类

聚醚是美国Wyandotte化学公司1950年研制生产的表面恬性剂。商品为Pluronic系列，发展极快，我国在1967研制成功，并投入生产，属于第二代消泡剂。

聚醚是环氧乙烷与环氧丙烷的嵌段共聚物，其反应为：

$$\underset{\substack{|\\OH}}{H_3C-CH}-\underset{\substack{|\\OH}}{CH_2H} + (n-1)H_3C-\underset{\diagdown O \diagup}{CH-CH_2} \xrightarrow[120℃]{KOH} HO\left[\underset{\substack{|\\CH_3}}{CH}-CH_2\right]_n H$$

$$HO\left[\underset{\substack{|\\CH_3}}{CH}-CH_2\right]_n H + m\,\underset{\diagdown O \diagup}{CH_2-CH_2} \xrightarrow[120℃]{KOH} HO-(CH_2-CH_2)_{m_1}-(\underset{\substack{|\\CH_3}}{CHCH_2}-O)-_n-(\underset{\substack{|\\CH_3}}{CHCH_2}-O)-_{m_2}H$$

$$m_1+m_2=m$$

pluronic L61（消泡剂）是环氧乙烷聚合部分占整个分子的10%（以分子量计），而环氧丙烷聚合部分的分子量为1750左右，HLB值为3。pluronic L62（消泡剂）是环氧乙烷聚合部分占整个分子的质量分数为20%，而环氧丙烷聚合部分的分子量为1750左右，HLB值为7，在水中溶解度为0.5%（25℃）。

聚醚系列品种具有降黏作用，广泛用作消泡剂，可用于阴离子洗涤剂及皂类的消泡，制成低泡净洗剂；用于发酵过程中消泡，可以用于蒸气发生系统阻止泡沫的形成；用于骨胶、淀粉胶溶液的消泡、金属电镀前的电解酸洗处理。聚醚F68可用于心肺的循环血液中消泡，能提高充氧作用。用作塑料、玻璃器皿硬表面的低泡洗涤，还用作低泡洗涤蛋品和医治家畜腹胀药剂。总之，聚醚消泡剂的用途和使用领域极广。

环氧乙烷聚合部分其质量分数在10%～20%的pluronic L系列品种：L31、L61、L81、L101、L121、L42、L62、L72、L92、L122等都是很好的消泡剂（见表7－163）。

用乙二胺作为起始剂的环氧丙烷、环氧乙烷聚合产品有Tetronic系列产品，其中Tetronic 1501是著名的消泡剂，其结构式为：

$$\begin{matrix} H(C_2H_4O)_n(C_3H_6O)_m \\ H(C_2H_4O)_n(C_3H_6O)_m \end{matrix} \Big\rangle N — CH_2CH_2N \Big\langle \begin{matrix} H(C_3H_6O)_m(C_2H_4O)_nH \\ H(C_3H_6O)_m(C_2H_4O)_nH \end{matrix}$$

表7－163　pluronic系列品种（L：液态，P：膏状，F：固态）

环氧乙烷聚合度		质量分数/%							
环氧丙烷聚合分子量		10	20	30	40	50	60	70	80
4000	(12)	L121	L122					F128	
3250	(10)	L101		P103	P104			F108	
2750	(9)		L92		P94			F98	
2250	(8)	L81			P84			F87　F88	
2050	(7)		L72					F77	
1750	(6)	L61	L62		L64			L68	
1450	(5)				L54				
1200	(4)		L42		L44				
950	(3)	L31						L38	

消泡（润湿）　分散、润湿　破乳、清洗　乳化、破乳　清洗、分散

亦有用多烯多胺类为起始剂（如二乙烯三胺、三乙烯四胺等）制备的环氧丙烷、环氧乙烷的聚醚，或者用多元醇为起始剂（如甘油、山梨醇、葡萄糖、蔗糖等）制备的聚醚，或用烷基胺、烷基酚、高碳醇、酚醛缩合树脂等具有活泼氢的化合物作为起始剂的聚醚种类繁多。

聚醚是分子量较低的聚氧乙烯-聚氧丙烯的嵌段共聚物。它是一种性能优良的水溶性非离子表面活性剂。与水接触时，醚键中的氧原子能够与水中的氢原子以微弱的化学力结

合，形成氢键，分子链节成为曲折形，疏水集团置于分子内侧，链周围变得容易与水结合。当温度升高、分子运动较为剧烈时，曲折形的链会变为锯齿形，失去了与水的结合性，由低温溶解状态升温到呈现混浊的温度，这就是聚醚的浊点，只有当发泡体系的温度超过浊点温度时，聚醚消泡剂才发挥消泡作用。在制备过程中通过调节原料氧乙烯、氧丙烯的比值及分子量，就可改变其浊点，从而适用于不同场合。

聚醚型消泡剂主要有直链聚醚和由醇、氨为起始剂的聚醚或端基酯化的聚醚衍生物。

聚醚消泡剂应用范围极广，它是造纸行业不可缺少的助剂品种，而且在日用化学、纺织、石油、食品、橡胶等许多工业中都有重要的应用。但因选择性的关系，至今有些领域仍不能使用。因此，目前必须提高国内聚醚型消泡剂的产品质量，研制出不同结构的聚醚表面活性剂。

聚醚消泡剂最大的优点是抑泡能力较强，是目前发酵行业应用的主导消泡剂。但它有一个致命的缺点是破泡率低，一旦产生大量的泡沫，便不能迅速有效地被扑灭，而是需要新加一定量的消泡剂才能缓慢解决。

聚醚类消泡剂只有在胶体状态下才能发挥作用，如改变胶体，凝聚成大粒或溶解成真溶液，就不能产生消泡的作用。使用时一般都用水稀释，稀释浓度1%～30%不等。浓度太高，往往分散不好，但究竟应稀释到什么程度，应视具体情况而定。聚醚消泡剂用水稀释后，应继续冷却到“浊点”以下，使其全部溶解，然后把消泡剂溶液的温度再回升到“浊点”以上，形成微细的乳状粒子，这样能显著提高消泡能力。如在“浊点”以下使用，则会明显降低消泡效果。

第一和第二代消泡剂在一定条件下确实具有一定的消泡作用，但这些物质的结构特征决定了它们又具有一定的发泡作用。当条件改变时，第一、二代消泡剂很可能变为发泡剂或失效。因此为了适应消泡要求和操作条件多变的情况，开发了有机硅消泡剂即第三代消泡剂。

6.3.6 有机硅类

近30年来，有关有机硅的研究非常活跃，有机硅的用途很广泛，用作消泡剂仅是其中应用之一。有机硅具有许多优良的性能：

（1）化学惰性。不会同其他起泡物质发生反应，因此只要配制合理，有机硅消泡剂允许在酸、碱、盐体系中使用。

（2）生理惰性。无毒、无污染，对环境无害，中外药典及食品卫生法都明确规定，有机硅允许用于药物和食品中。

（3）优秀的消泡性能，用量少。有机硅不仅能有效破除已经形成的泡沫，而且可以显著抑制泡沫生成。它的用量少，不污染体系及影响产品的加工性能。

（4）适用温度范围广。耐热、耐寒、耐候和耐老化性能突出。

（5）难溶性。有机硅具有特殊的化学结构，属于非极性化合物，既不溶于水和含有极性基团的化合物，也不溶于非极性化合物（如烃），有机硅消泡剂同样不溶于水、动植物油和高沸点矿物油中，这决定其既可用于水体系又可用于油体系，用途广。

（6）具有优良的柔软性和润滑性能。

（7）表面张力低。中等黏度的二甲基硅油，表面张力为20～21mN/m，比水及一般起泡液的表面张力低很多，这是有机硅消泡剂应用面广和消泡能力强的主要原因之一。从用量方面来看，由于有机硅用量少，通常只需加入体系的质量分数$1\times10^{-6}\sim75\times10^{-6}$就可取得良好的消泡效果，如果与其他消泡剂复配使用可进一步降低成本。综合考虑，使用有机硅作消泡剂与使用其他消泡剂相比，成本不会增加，而且含有有机硅的消泡剂是目前消泡剂市场的热点。

有机硅类消泡剂是目前印染、食品、发酵、造纸、化工生产、黏合剂、胶乳、润滑油等行业中使用较广泛的消泡剂。有机硅类消泡剂，其表面张力很低。在水/油中溶解度小，容易吸附于泡膜表面，在泡膜上及液面上易铺展，而且其形成的表面膜弹性差、强度低、挥发性低。

目前国内外商品有机硅消泡剂的品种、型号名目繁多，性能各异，达数十种之多，一般可分为硅油型、溶液型、乳液型、固体型和聚醚改性型等几类。有机硅消泡剂的技术要求（GB/T 26527—2011 有机硅消泡剂）见表7－164。

表7－164　有机硅消泡剂的技术要求

项目		指标		
		本体型	乳液型	固体型
外观		半透明至白色黏稠液体，无可见机械杂质	白色至微显黄色的均匀乳状液体，无沉淀物、无可见机械杂质。	白色粉末或颗粒状固体，无可见异物。
pH值		—	5.0～8.5	6.5～10.0
稳定性/mL　不大于		0.5	0.5	—
消泡性能（消泡时间）/s　不大于	10次	15	15	30
	100次	15	30	60
抑泡性能（泡沫体积）/mL　不大于	气数30min	200	150	200
固含量※/%　不小于		85.0	10.0	—

※：乳液型消泡剂固含量指标可根据用户的特殊要求双方商定。

硅油型有机硅消泡剂，一般是由二甲基硅油或二甲基硅油与二氧化硅等助剂配制而成的消泡剂。二甲基硅油在100℃的蒸气压为6.67MPa，在220℃为40MPa，属化学惰性物质。无毒性，聚合度较高，口服LD_{50}达100g/kg，因此是一种优良的消泡剂。硅油非但能用于水溶液体系，对非水体系也有效，而且用量较少。由于这些优点，此类消泡剂的商品品种较多，使用量也较大，已成为消泡剂中的主要品种。有机硅消泡剂有很强的破泡力，能长时间反复持续地进行破泡、拟泡。但并不是万能的消泡剂。

二甲基硅油是一种由无机硅氧主链和甲基支链组成，在室温下呈无色液体状态，不溶于水，黏度在 $6.5\times10^{-3}\sim1\times10^{4}$ mm^2/s 之间的聚二甲基硅氧烷，是硅油中产量最大和应用最广的一种。一般结构式为（CH_3）$_3$SiO［（CH_3）$_3$SiO］$_n$Si（CH_3）$_3$（见图7－8），式中的柔性硅氧主链与高表面活性的甲基侧链，使其能够适应各种形态的变化而表现出低分子间作用力、低表面张力（室温下为21mN/m 左右）、电绝缘、化学惰性、对热稳定等方面的优势，广泛应用于机电工业、消泡剂、脱模剂、绝缘防尘防霉涂层、润滑剂、食品医药添加剂。

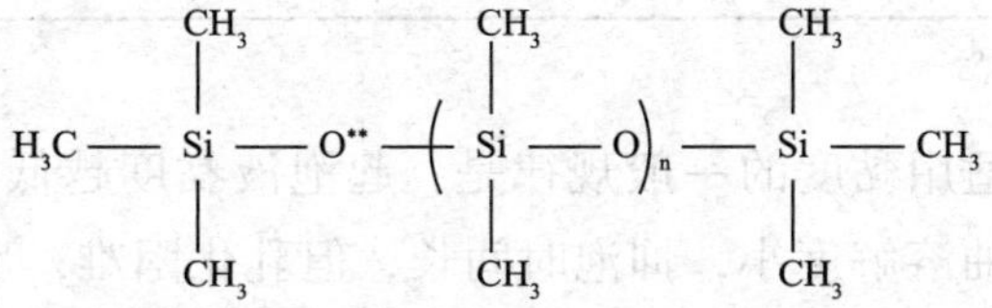

$$H_3C-\underset{CH_3}{\overset{CH_3}{Si}}-O^{**}-\left(\underset{CH_3}{\overset{CH_3}{Si}}-O\right)_n-\underset{CH_3}{\overset{CH_3}{Si}}-CH_3$$

图7－8　二甲基硅油分子结构式

二甲基硅油的合成目前已普遍工业化，其合成路线因使用原料的不同主要有两条：一是以二甲基二氯硅烷和硅烷封端剂（六甲基二硅氧烷）为原料，在无机酸（盐酸或硫酸）的催化下，水解缩合制得；二是以二甲基环硅氧烷（D4 或 DMC）与三甲基硅氧基封端的低摩尔质量二甲基聚硅氧烷经开环反应而制得。二甲基硅油消泡剂主要是以黏度范围为 $100\sim1000$ mm^2/s 的二甲基硅油为主消泡物质而制得的消泡剂。

可使用的有机硅有二甲基硅油、乙基硅油、变性硅油等，它们常与白炭黑（二氧化硅气溶胶）一起乳化成乳液。

二甲基硅油及乙基硅油，两者是指聚二甲基硅氧烷及聚二乙基硅氧烷，它们溶解度极小，而且难以乳化，乳液的稳定性是消泡剂好坏的关键。硅油的黏度、二氧化硅的种类、浓度及制备条件都会影响最终产品的性能和性状，决定于如何控制这些参数。

乳化时选用 HLB 值 >12 的与 <6 的（最好是小于3.5）的乳化剂相拼混。硅油的 HLB 为 $7\sim9$。

二甲基硅油中如果不含硅胶，制成的消泡剂其抑泡能力较低，尤其对于水性泡沫体系效能更差。

有机硅消泡剂的含硅油量较低，一般为10%左右。

有机硅消泡剂乳液的颗粒直径大小非常重要，小于2μm 是乳化过度的乳液。因为乳液液滴过小难在泡沫液面铺展，本身易被吸收于泡沫介质中，还能加溶到表面活性的胶团中，因而导致无消泡效能。如果液滴直径大于50μm 以上，则乳液是不稳定体系，易破乳，但很容易从泡沫介质中脱离出来，使长期的拟泡力下降，因此乳化时必须控制其液滴大小，一般常用乳化剂及乳化操作来控制。

不同分子量的聚二甲基硅氧烷，其消泡性能也不同，见表7－165。分子量较低的，常温时消泡效果好，消泡速度也快，分子量较高的，高温液中消泡效果好，并且持久。为了兼顾高、低温效果，商品中常使用数种不同分子量的聚二甲基硅氧烷复配而成。

表7－165 消泡剂分子量对消泡性能的影响

样品（分子量）	消泡性能（93℃）/mL		
	基础油	0.5%T705＋250SN	0.5%T601＋100SN
0	120/20	430/10	350/10
T901（500）	20/20	25/0	27/0
T901（10000）	15/0	20/0	25/0
T901（50000）	15/0	20/0	23/0
T901（170000）	15/0	20/0	20/0
T901（230000）	15/0	20/0	20/0

注：消泡剂投量为10×10^{-6}。

二甲基硅油用量及适用黏度的一般规律是：起泡液黏度越低，选用的硅油黏度应越高，而黏度大的甲基硅油溶解度小，抑泡时间长，但乳化困难；反之，起泡液黏度越高，选用的硅油黏度越低，易分散于起泡液中起消泡作用，但溶解度大，抑泡时间短。甲基硅油在乳液中的含量也应适中，若用量太低，消泡效果差；若用量太高，则不易乳化。

①硅油溶液型有机硅消泡剂，是将二甲基硅油溶解在适当的溶剂中可制成有机硅硅油溶液型消泡剂。其配制工艺十分简单、使用方便，但因为加入了大量有机溶剂提高了产品成本，同时造成环境污染。

②乳液型有机硅消泡剂，是将硅油或硅膏在强烈搅拌或乳化剂作用下，制成水包油型的乳液，则可有效提高硅油在水相中的分散性，从而广泛用作水体系起泡液的消泡剂。由于最终产品为乳液，所以存在难以长期储存的问题。

③固体型有机硅消泡剂，通常由活性组分、载体和助剂三部分组成。活性组分是有机硅化合物如二甲基硅油、二甲基硅油-二氧化硅分散体，载体主要有碳酸钠、二氧化硅、高分子量聚醚、聚乙烯醇等，助剂主要起黏接、成膜和包裹作用，如淀粉、羧甲基纤维素钠、硅酸钠、脂肪酸酯、脂肪醇等。它具有稳定性好、运输方便的优点，而且根据使用载体、助剂的不同，不仅可用于水相，也可用于油相。

聚硅氧烷的消泡能力强，使用浓度很低，当溶液中含有1～60mg/kg时就能发挥良好的持久的消泡作用。

6.3.7 聚醚改性聚硅氧烷类消泡剂

属于第四代消泡剂的聚醚改性聚硅氧烷类消泡剂，是在聚硅氧烷链段上通过改性引入聚醚链段。亲水的聚醚链段赋予其水溶性，疏水的二甲基硅油链段赋予其低表面张力，使聚醚硅油兼容了聚醚和二甲基硅油二者的优点，表现为表面张力低，耐高温以及对酸碱稳定，广泛应用于匀泡剂、化妆品添加剂、涂料流平剂、消泡剂等领域。改变聚醚链中亲水性的聚氧乙烯基团（EO）和疏水性的聚氧丙烯基团（PO）比例就可以得到具有不同亲疏水性能的改性聚醚硅油，当PO所占的比例大于EO时具有较好的消泡性能，通常用于消泡主体的聚醚硅油中EO单位在5～15，PO单位在1～20，黏度为10～100000mm^2/s。目前主要有两种结构的聚醚硅油应用于硅油消泡剂生产中，一种为聚醚与二甲基硅油的嵌段共聚物（见图7-9），另一种为聚醚与二甲基硅油的接枝共聚物，见图7-10。

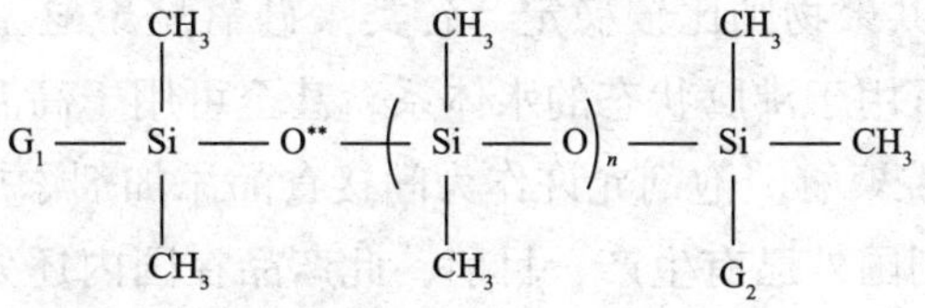

$$G_1—Si(CH_3)_2—O^{**}—\left(Si(CH_3)_2—O\right)_n—Si(CH_3)(G_2)—CH_3$$

G_1为$—(CH_2)_3—O—(C_3H_6O)_m—CH_3$

G_2为$—(CH_2)_3—O—(C_2H_4O)_n—CH_3$或$—(CH_2)_3—O—(C_2H_4O)_n—(C_3H_6O)_m—CH_3$

图7-9　嵌段聚醚硅油分子结构式

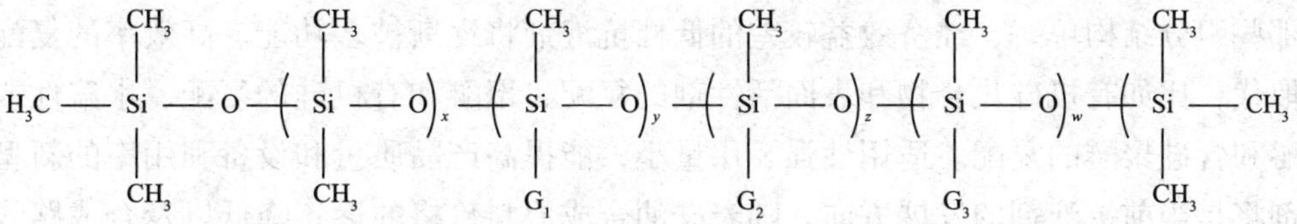

$$H_3C—Si(CH_3)_2—O—\left(Si(CH_3)_2—O\right)_x—\left(Si(CH_3)(G_1)—O\right)_y—\left(Si(CH_3)(G_2)—O\right)_z—\left(Si(CH_3)(G_3)—O\right)_w—Si(CH_3)_2—CH_3$$

G_1为$—(CH_2)_3—O—(C_2H_4O)_n—CH_3$

G_2为$—(CH_2)_3—O—(C_3H_6O)_n—CH_3$

G_3为$—(CH_2)_3—O—(C_3H_6O)_n—(C_2H_4O)_m—CH_3$或$—CH_3$

图7-10　接枝聚醚硅油分子结构式

聚醚改性有机硅消泡剂是将两者的优点有机结合起来的一种新型高效消泡剂，除此之外还具有许多优异的特性。

（1）消泡效力强：既有聚硅氧烷所固有的低表面张力、高活性的特点，又具有聚醚在水中易分散的优点。因此，不仅比常规有机硅消泡剂效力强，而且在某些场合下能够解决常规消泡剂所不能解决的问题。

（2）逆溶解性：聚醚改性聚硅氧烷在低温下，聚醚链与水形成氢键可携带着聚硅氧烷链均匀地扩散分布到水中，类似于溶解状态；而在温度升高时，随着氢键的破坏，聚醚链亲水性变差，直到浊点时，失去了亲水性，使整个聚硅氧烷聚醚链成为不溶解状态时，才发挥消泡作用。聚硅氧烷聚醚型共聚物具有低温溶解，高温不溶解特性，有力地提高了聚硅氧烷应用性能。

依据上述特性，可以很方便地根据体系所需消泡的温度来选择具有相应浊点的聚硅氧烷聚醚型消泡剂。此外，逆溶解性的方便之处，还可以用在低温不溶解于水的体系中，用低于其浊点的冷水，将溶解状态的消泡剂冲洗干净。

（3）自乳性：聚硅氧烷聚醚型共聚物在适宜的温度下，将其加入水中会自发地形成聚硅氧烷链段卷曲在内部、聚醚段伸展在外部的分散状态，在水中形成胶团。这种性质称为“自乳性”。自乳性使聚硅氧烷聚醚型消泡剂能在起泡液中均匀分散，有助于充分发挥消泡作用。

（4）稳定性：聚硅氧烷聚醚消泡剂由于具有良好的自乳性，因此在水中有很好的分散稳定性。—Si—O—C—键连接的共聚物易于水解，化学稳定性较差，但不影响消泡作用。—Si—C—键连接的共聚物则比较稳定，各类聚硅氧烷聚醚型消泡剂的热稳定性都比较好。在有效期内，均可用于沸腾状态的水体系，甚至可用于高温130℃的起泡水体系。

（5）无毒：聚硅氧烷聚醚消泡剂允许作为间接食品添加剂添加到食品的包装纸中。

聚醚改性硅油消泡剂国外已有生产，目前，此产品在国内还处于研制阶段，其产品十分欠缺。它能迅速溶于水中，可单独使用，也可与其他处理剂配合使用。稳定性好，不发生破乳漂油现象，也无沉淀物产生。同样对非水体系也有效。聚醚改性硅油消泡剂是有机硅中最理想的新品种，是消泡剂的发展方向。

总地来说，随着新的高活性抗泡组分的不断发现，复配组分协同效应研究的不断深入，那些组分结构单一、经济效益较差的低档抗泡剂将逐渐被多功能、高效率的复配型抗泡剂取代，比如有机硅化合物和表面活性剂的复配、聚醚和有机硅的复配、水溶性或油溶性聚醚和含硅聚醚的复配。适用性强、用量小，能提高产品质量和设备利用率的新型高效抗泡剂将是当前抗泡剂的发展方向。随着硅油合成原料价格的逐年降低以及合成路线的优化，配有聚醚改性硅油组分的复合型抗泡剂将在未来的市场上占据主导地位。一些常见的抗泡剂产品和消泡剂型号及特性见表7－166和表7－167。

表7－166　抗泡剂的一些主要产品

商品牌号	化合物名称	主要性质	主要应用	生产厂家
T901	聚甲基硅油	推荐加量0.0001%～0.01%	各种润滑油	北京化工二厂
T911	丙烯酸酯与醚共聚物	抗泡稳定性好，在酸性介质中仍是高效，对空气释放值的影响比硅油小，对调和技术不敏感	高黏度的润滑油	高桥石化
T912	丙烯酸酯与醚共聚物	抗泡稳定性好，在酸性介质中仍是高效，对空气释放值的影响比硅油小，对调和技术不敏感	低中黏度的润滑油	高桥石化
T921	硅型与非硅型复合物	与各种添加剂的配伍性好，对空气释放值影响小，对加入方法不敏感	高级抗磨润滑油	高桥石化
T922	硅型与非硅型复合物	与各种添加剂的配伍性好，对空气释放值影响小，对加入方法不敏感	各种牌号的柴油机油及其对抗泡要求高而对放气性无要求的油品	高桥石化
T923	硅型与非硅型复合物	高效的抗泡效果	含大量清净剂而发泡严重的船用柴油机油	高桥石化

续表

商品牌号	化合物名称	主要性质	主要应用	生产厂家
LZ 889A	丙烯酸辛酯，乙酯和乙酸乙烯酯共聚物		适用于各种润滑油，特别是适用于高黏度润滑油	Lubrizol
Mobilad C-402	聚丙烯酸酯	具有较好抗泡稳定性和空气释放值	用于汽车/工业齿轮油中	Mobil
Mobilad C-405	非硅型	具有优良的破乳化和抗泡性能	齿轮油，液压油和压缩机油	Mobil
Vanlube DF-283	聚丙烯酸酯	推荐加量0.05%~0.1%	齿轮油和汽轮机油	Vanderbilt
Polartech Antifoam HW	非硅型	推荐加量0.3%~0.5%	用于半合成水混合液，可溶性切削油和水基液压液	Polartech

表7-167　消泡剂型号及特性

序号	品名	规格型号	使用范围及主要特性
1	T型高效有机硅消泡剂	T28 T10	主要特性：消泡速度快，抑泡时间长，用量少，不易破乳； 适用范围：印染，油品运输，切削液，水处理，防冻液，生物发酵等水相关体系
2	F210硅聚醚乳液消泡剂	F210	主要特性：消泡速度快，分散性能好，稀释后不易破乳，使用温度为100℃； 适用范围：纺织工业，切削液，石化工业，乳液加工，钢板清洗，造纸和工业纸浆
3	OF系列有机硅消泡剂	OF50 OF40 OF20	主要特性：高效持续消泡，易分散，在水相发泡体系稳定性强，多功能控制泡沫，稀释后稳定性好，不易破乳漂油； 适用范围：石化工业，污水处理，防冻液，切削液，纺织工业，化学工业，造纸和工业纸浆
4	PC22硅烷消泡剂	PC系列	主要特性：水溶性好，乳液性稳定，消泡、抑泡功能强，耐碱性强； 适用范围：耐碱清洗液消泡，纺织印染，聚合乳液，民用洗涤，普通涂料，工业循环水，水处理，环境治理等相关消泡体系
5	M22高温印染消泡剂	M系列	主要特性：135℃高温、高压环境下稳定性强，不破乳漂油，消泡、抑泡效率高，用量少； 适用范围：适用于高温、高压、溢流染色，钻井液体等高温条件下的水相关体系
6	M72耐酸碱高温消泡剂	耐酸碱系列	主要特性：消泡、抑泡功能强，耐酸碱性极佳，在高温条件下迅速消泡，持久性抑泡； 适用范围：高温金属清洗，喷淋清洗，耐强酸碱，合成切削液，聚合乳液，纺织印染，化学工业生产中消泡，使用温度为130℃
7	X发酵系列消泡剂	X80 X40 X20	主要特性：消泡速度快，持续消泡，易分散，应用于食品加工中消泡，可用水稀释，溶于水； 适用范围：食品工业，豆腐、酱油、玉米油处理，发酵工业，酵母工业，植物油脂化过程中消泡，胶黏剂，颜料，树脂聚合等

续表

序号	品名	规格型号	使用范围及主要特性
8	A-30 非硅聚醚消泡剂	A 系列	主要特性：具有较强的通用性，耐碱性强，耐高温，消泡效果好，抑泡性强； 适用范围：金属清洗，石油开采，油气分离，油田泥浆，在高温强碱条件下消泡、抑泡
9	B20 水性涂料、非硅消泡剂	B 系列	主要特性：苯类乳胶和天然乳胶的泡沫，强碱体系，液体中也有良好的消泡、抑泡效果，使用时不受 pH 值的影响； 适用范围：乳胶涂料，造纸涂料，树脂乳液涂料，疏水性外墙涂料
10	C10 纸浆非硅消泡剂	C 系列	主要特性：通用性强，消泡效果好，持久性抑泡，不产生缺陷和影响成膜性； 适用范围：工业造纸，纸浆加工中消泡，普通涂料，纺织行业，耐酸碱高温消泡
11	D3005 聚醚消泡剂	D 系列	主要特性：适用于各类水性、油性体系，耐强碱、高温，消泡、抑泡极佳的消泡剂； 适用范围：金属清洗，喷淋清洗，发酵，抗生素，柠檬酸，切削液，石油开采，油气分离，高温强碱环境下消泡、抑泡
12	PG-10 造纸涂布消泡剂	PG 系列	主要特性：能消除纸浆，洗涤抄纸等过程中的泡沫，用量少对后面工序无不良影响； 适用范围：造纸，涂布，胶黏剂，钻井泥浆，建筑涂料，化纤油剂，脱硫剂
13	PS06 油墨专用消泡剂	PS 系列	主要特性：消泡速度快，抑泡持久，流动性好，用量小，无鱼眼缩孔等作用； 适用范围：水性油墨，乳胶黏合剂等高分子相关水性体系
14	TS 高效硅聚醚消泡剂	TS 系列	主要特性：消泡速度快，抑泡持久，用量小，效率高，能与液体产品很好相溶，不易破乳漂油； 适用范围：纺织印染，乳液聚合，金属清洗，磨削液等相关体系
15	粉末固体消泡剂	A16 A19	主要特性：抑泡能力强，耐碱性好； 适用范围：可直接加入强碱性固体清洗剂产品中消泡、抑泡，如金属清洗，脱脂磷化，纺织印染，啤酒瓶清洗，污水处理日化助剂，机械加工助剂等固体粉状助剂中的消泡、抑泡

第7节　金属加工润滑剂表面活性剂产品种类与性能

7.1　金属加工润滑剂表面活性剂概述

被誉为“工业味精”的表面活性剂，是一种在液体中加入量较少，却能明显降低液体表面张力或液/液界面张力的物质。表面活性剂具有这种性质，因为它的分子是由亲水基团和疏水基团两个部分组成的，因此它容易被吸附并定向排列在物质的表面。目前，表面活性剂的品种在万种以上，它们几乎渗透到一切技术经济部门，因为它们分别具有润湿、乳化、破乳、增溶、起泡、消泡、渗透、分散、去污、润滑、抗静电和杀菌等一系列优良的性能。在金属加工工业中，表面活性剂被广泛用于金属的清洗、酸洗以及金属的车、铣、刨、钻、磨、拔、轧、抛光、铸造、焊接和防蚀等工艺中。

7.1.1 定义

表面活性剂是活跃于表面和界面，具有较高的降低表界面张力的能力和效率；在一定浓度以上的溶液中能形成有序组合体，从而具有一系列（润湿、分散、乳化和洗涤）应用功能的物质。英文称为 surfactant，为 surface active agent 的缩写。

表面活性剂的这些功能和特性不仅在生产和生活中有重要应用，而且与生命本身活动密切相关，成为研究生命现象的奥秘和发展仿生技术极其重要的体系，因而受到广泛的重视。

7.1.2 表面活性剂的发展历史

人类认识表面活性剂是从洗涤剂开始的。在历史上的一段时间内，洗涤剂，甚至肥皂，就作为表面活性剂的同义词使用。洗涤剂的起源据估计最早是肥皂。据历史记载，幼发拉底河流域的苏美尔人早在公元前 2500 年就知道用羊油和草木灰制造肥皂的方法——将两者共沸。此外，罗马时代的庞贝遗址中也发现了制皂的遗迹。

到 19 世纪中叶，一方面肥皂开始实现工业化大生产；另一方面，也出现了化学合成的表面活性剂。为解决肥皂使用中存在不耐硬水、不耐酸这一问题，合成出第一个磺化油—土耳其红油。土耳其红油即蓖麻油与硫酸反应的产物，蓖麻油为蓖麻油酸的三甘酯。

到 19 世纪末 20 世纪初，石油工业有所发展后，在精炼石油时用硫酸处理石油得到的蜡和萘的磺化混合物，呈蓝黑色，统称石油磺酸盐。其中溶于酸中的呈绿黑色，用碱中和得到石油磺酸皂，具有良好的水溶性，被称为绿油。这是第一个从矿物原料制得的洗涤剂。

1920 ~ 1930 年期间脂肪醇硫酸化制得的烷基硫酸盐（又称脂肪醇硫酸盐）变得普遍起来。20 世纪 30 年代，长链烷基芳基磺酸盐出现于美国。两者皆有良好的洗涤性能。第二次世界大战结束后，烷基苯磺酸盐几乎独占洗涤剂领域，而烷基硫酸盐则主要用于香波和化妆品等个人卫生用品。

第一次世界大战后，德国开发乙二醇衍生物，如聚乙二醇衍生物产品，聚乙二醇与各种有机化合物（包括醇、酸、酯、胺、酰胺）等结合，形成多种优良性能的非离子表面活性剂。纵观表面活性剂的发展，其实也是洗涤剂的发展，近半个世纪中，对洗涤剂的要求一直朝着洗涤效率高，对皮肤和黏膜刺激小，不污染环境，易于生物降解的方向发展。

7.2 表面活性剂的种类

表面活性剂按照其亲水基在水溶液中的离解行为常分为阴离子型、阳离子型、两性型以及非离子型。

7.2.1 阴离子型

阴离子型表面活性剂具有带负电的极性基，主要有羧酸盐（$RCOO^-M^+$）、磺酸盐（$RSO_3^-M^+$）、硫酸盐（$ROSO_3^-M^+$）、磷酸盐（$ROPO_3^-M^+$）等。

1）烷基羧酸盐

其化学通式 $RCOOM_{1/n}$，n 为反离子价数。其亲油基通常为 C_{12} ~ C_{16}脂肪酸中的从 C_{11} ~ C_{17}的正构烷基部分。C_{10}以下的脂肪酸皂在水中的溶解度过大，表面活性差；C_{20}以上的脂肪酸皂在水中的溶解度太低，可在非水系统如润滑油或干洗剂中用作清净剂。在大多数情况下，乳化过程中形成水包油乳液。下面介绍两种常见的羧酸盐型表面活性剂。

三乙醇胺油酸皂：三乙醇胺油酸皂是黄褐色膏状物，可分散于水，成乳化状态，能溶于油类，用作油脂的乳化剂。其化学式是 $CH_3(CH_2)_7CH=CH(CH_2)_7COOH \cdot N(CH_2CH_2OH)_3$，在金属加工中，主要用于黑色金属、铝合金的净洗、润滑、抛光及防锈处理。在农药加工中，作农药的 W/O 型乳化剂。在油墨工业中，用作配制油墨、颜料及乳胶漆的 W/O 型乳化剂，如用作酞菁颜料合成加工助剂。三乙醇胺油酸皂典型指标见表 7－168。

表 7－168　三乙醇胺油酸皂典型指标

项　目	质量指标	项　目		质量指标
外观	黄褐色膏状物	pH 值		8 ~ 9
溶解性	可溶解、分散于水	含量/%	≥	99

油酸钠皂：油酸钠皂是一种近白色或浅黄色结晶或粉末。有类似牛油的气味，易溶于水，溶于热醇，不溶于苯和醚，其水溶液因水解而呈碱性。在空气中缓慢被氧化，使颜色变暗。它具有一般盐的性质，不能发挥，在水中能完全离解为离子，加入无机酸（强酸）后又可以使盐重新变为羟酸游离出来。热皂液放冷时，并不结晶，与硬水中含有的钙、镁盐类生成不溶性的钙、镁皂沉淀，是一种阴离子型表面活性剂，可作水基润滑添加剂，广泛用于水基切削液、防锈等领域。其化学式为：$CH_3(CH_2)_7CH{=}CH(CH_2)_7COONa$。典型指标见表 7－169。

表 7－169　油酸钠皂的典型指标（Q/AMX 0279—1998）

项　目	80%	90%	项　目	80%	90%
外观	浅黄色膏状体	黄色胶状物体	含量/%　不小于	80	90

2）硫酸酯盐

脂肪醇硫酸盐（FAS）通式为 $ROSO_3M$，其中 R 为烷基，M 可为碱金属离子或 NH_4^+等，它是继肥皂之后出现的一类最老的阴离子表面活性剂。1836 年 Dumas 首先制得了 AS，1928 年经过重大技术改进由油脂经氢解制得脂肪醇后，于 1930 年首次实现了 AS 的工业化生产。由椰子油氢解制得的脂肪醇是制取 AS 的理想原料。这种产品的溶解性、泡沫性和去污性能均较合适，使用性能较好，大量用于洁齿剂、香波、泡沫和化妆品中。

3）磺酸盐

烷基磺酸盐：通式为 $RSO_3^- M^+_{1/n}$，M^+为碱金属或碱土金属离子，n 为离子的价数。烷基的碳数在在 C_{12} ~ C_{20}范围内，以 C_{13} ~ C_{17}为最佳。

烷基磺酸盐由于其价格较高，实用性质并不比价格较低的烷基苯磺酸钠优越多少，而且高碳化合物在水中的溶解度也低，抗硬水性差，故在工业上产量也低。

与硫酸酯盐相比，其 Krafft 点高，水溶性差，抗硬水能力高于羧酸盐和硫酸酯盐。

烷基苯磺酸盐：烷基苯磺酸盐是阴离子表面活性剂中最重要的一个品种，也是我国合成洗涤剂活性物的主要品种。它去污能力强，泡沫力和泡沫稳定性好，在酸性、碱性和某些氧化物（如次氯酸钠、过氧化物等）溶液中稳定性好，是优良的洗涤剂和泡沫剂。其原料来源充足，成本低，制造工艺成熟。因此，自 1936 年由美国国家苯胺公司开始生产烷基苯磺酸钠以来，历经 70 多年，一直受到使用者的欢迎和生产者的重视。近十几年来，合成洗涤剂生产技术和产品结构尽管发生了很大变化，但是无论现在还是可见的将来，它仍然是合成洗涤剂活化物的主要品种之一。

石油磺酸盐：石油磺酸盐一般不溶于水而溶于油。不同分子量的磺酸盐其性质也不一样。石油磺酸钠一度被用作乳化型金属加工液的主乳化剂，并常和脂肪酸皂、酯、偶合剂复合使用，以制得稳定的乳化液。在有些配方中，也使用诸如脂肪醇聚氧乙烯醚、PAG 酯和烷醇酰胺类的非离子表面活性剂作为乳化剂/助乳化剂。此外，配方中还需要添加润滑/极压添加剂、消泡剂和杀菌剂等添加剂，以便达到用户所要求的加工性能和较长的使用寿命。

在乳化复合剂中，石油磺酸钠用作乳化剂占有统治地位，同时也提供防锈性能。油溶性石油磺酸钠是通过发烟硫酸或气态三氧化硫磺化生产白油的副产物，这些磺酸盐通常含有 50% ~70% 的活性成分，分子量范围在 430 ~ 540。磺酸钠具有低、中、高三种分子量，而经常用在可溶油和半合成配方中分子量为 465 的磺酸钠。

金属加工液配方中，经常使用另一种类型的乳化剂是合成磺酸盐。合成磺酸盐是通过苯、甲苯、二甲苯和萘等烷基化芳香烃用发烟硫酸或三氧化硫的磺酸化反应过程制得，支链或直链的 α-烯烃通过烷基化再磺化也可以制得合成磺酸盐。与天然磺酸钠相似，合成磺酸钠的活性物含量也在 50% ~70%，分子量范围在 410 ~ 540，并且具有低、中、高三种分子量。

一般而言，在调配金属加工液配方时，要得到相同的乳化效果，合成磺酸钠和天然磺酸钠是有差异的，这种差异是由合成磺酸钠的分子量和分子结构导致的。用合成磺酸钠来代替天然磺酸钠易导致乳化剂的乳化性、浓度、硬水稳定性、防锈性和泡沫倾向等性能指标的下降。

4）磷酸酯盐

包括烷基磷酸单、双酯盐，脂肪醇聚氧乙烯醚磷酸单、双酯盐和烷基酚聚氧乙烯醚单、双酯盐。

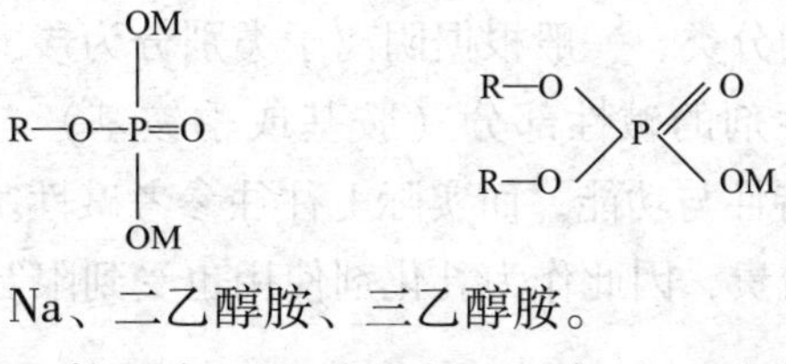

$$R{-}O{-}\underset{\displaystyle OM}{\overset{\displaystyle OM}{\overset{|}{\underset{|}{P}}}}{=}O \qquad \begin{matrix} R{-}O \\ R{-}O \end{matrix}\!\!>\!P\!\begin{matrix} \nearrow O \\ \searrow OM \end{matrix}$$

式中，R 为烷基，M 为 K、Na、二乙醇胺、三乙醇胺。

磷酸单酯和磷酸双酯相比较而言，两种盐起泡性都差，对皮肤刺激性低，生物降解性好，在表面活性和去污能力方面双酯盐大于单酯盐。

磷酸酯盐是由2-乙基己醇、辛醇、直链醇醇醚、壬基酚聚氧乙烯醚等原料与磷酸化试剂 P_2O_5、焦磷酸、PCl_5、$POCl_3$ 等反应，然后用碱中和制得的产物。这类产品价格较高，在合成洗涤剂中很少使用，仅限于一些特殊应用的领域。

磷酸酯润湿性不好，但它是很好的乳化剂。烷基苯磷酸酯、烷基磷酸酯和聚氧乙烯磷酸酯是性质较好油溶性的乳化剂，由于价格相对较高，多用于化妆品的制备。

除了用作乳化剂外，磷酸酯还具有防锈防腐蚀功能。将高级烷基磷酸酯加入油和脂中，可增加油－水－金属界面接触角，保护金属。

烷基磷酸酯作为润滑剂用于金属加工，水洗时容易洗去金属表面上的油渍。

7.2.2 阳离子型

阳离子型表面活性剂具有带正电的极性基，主要有季铵盐、烷基吡啶盐、胺盐等。

分子结构中一般含有一个或两个长链烃疏水基，并与一个或两个亲水基相连接。在水溶液中离解为带有表面活性的阳离子和平衡阴离子。阳离子表面活性剂的亲水基部分大多是含氮化合物（胺或季铵），少数是含磷、砷和硫的化合物。含氮化合物中，氨的氢原子可以被一个或两个长链烃所取代而成为胺盐；也可全部被烷烃取代成为季铵盐。还有一大类是杂环氮化合物。阳离子表面活性剂除非个别情况，如以酸性溶液洗涤羊毛外，很少直接用于洗涤去污。如果在一些洗涤液中加入少许游离脂肪胺（如甲基双硬脂酰胺）可作为洗涤增强剂。阳离子表面活性剂之所以被人注目，是1938年发现在工业上用作杀菌剂，后来发展极快，其用途日益扩大，重要性也愈来愈明显，现已成为很好的织物柔软剂、染料固色剂、采矿浮选剂、润滑剂、防锈剂、抗静电剂、杀菌剂、沥青乳化剂、化妆品发型固定剂、涂料中颜料分散剂，以及铀矿萃取剂等。

季铵盐化合物作为乳化剂受到局限，主要在于它同许多阴离子材料不容。因为相反电荷离子之间强的相互吸引，形成无活性的沉淀。

7.2.3 两性型

此类表面活性剂分子中带有两个亲水基团，一个带正电，一个带负电，在分子中构成内盐，根据介质pH值的大小，它可以呈阴离子性质（碱性）或阳离子性质（酸性），在等电点为中性，此时在水中溶解度最小，泡沫、润湿及去污力亦最低。两性离子表面活性剂虽然在世界总表面活性剂产量中占有率很小（0.5%～1%），但因与其他表面活性剂（阴、阳、非）混合时相溶性及协同作用很好，功能性较强，所以它在市场上的位置越来越重要，发展速度较快。

关于两性表面活性剂的分类，一般根据阴离子类别分为羧酸型、磺酸型、硫酸型、磷酸型。考虑到两性表面活性剂的碱性部分（胺基或季铵基）与酸性部分（羧酸、磺酸、磷酸）都反映出化合物的特性与功能，而实际上往往参考碱性基功能团来称呼。

两性乳化剂由于价格较贵，因此作为乳化剂使用也受到限制。

7.2.4 非离子型

非离子型乳化剂分子在水溶液中不电离，因此，稳定性高，也不受酸、碱、盐所影响，相溶性较好，可与阴、阳、两性离子型乳化剂混合使用，在水、有机溶剂中均可溶解。在固体表面上可强烈吸附，耐硬水性强，其亲水基通常为醚、酯、羟基、胺和酰胺，主要有聚氧乙烯类化合物、亚砜类化合物、氮氧化合物以及多元醇类化合物等。还包括聚氧乙烯和聚氧丙烯构成的聚合型表面活性剂。

非离子型乳化剂分子中分别有一个极性官能团和非极性官能团。极性基在分子中表现出一些不同程度的水溶性，它是亲水疏油部分。分子中非极性部分不溶于水，一般是油溶性的，为亲油疏水基团。聚丙二醇型化合物并不立即表现出非极性，在非极性烃里是不溶的。分子量为1000~4000的这类表面活性剂不溶于水，但在界面处表现出界面活性。

含聚氧乙烯链结构的乳化剂，聚氧乙烯链结构可呈“之”字形（锯齿形）或弯曲型，由于—CH_2—CH_2—O和CH_2—O—CH_2—相互更替，使电子密度从CH_2向O转移。环氧乙烷中CH_2基相互排斥，O原子恰恰相反，吸引邻近的CH_2基，链越长其张力亦增强。当链长增加到9~11个环氧乙烷基时，聚氧乙烯链长缩短，从“之”字形向弯曲型转变。此时，每个环节从长0.35nm、宽0.25nm相应的变为0.19nm、0.4nm，即长度缩短，而宽度加大了。电负性大的氧原子列在链的外侧，容易与水分子中的氢形成氢键，如图7-11所示。这样从整体来看，聚氧乙烯键就好像一个亲水基，氢键加强了偶极的相互作用，这就是醚氧原子的水合作用，一个醚氧原子可以结合20~30个水分子。

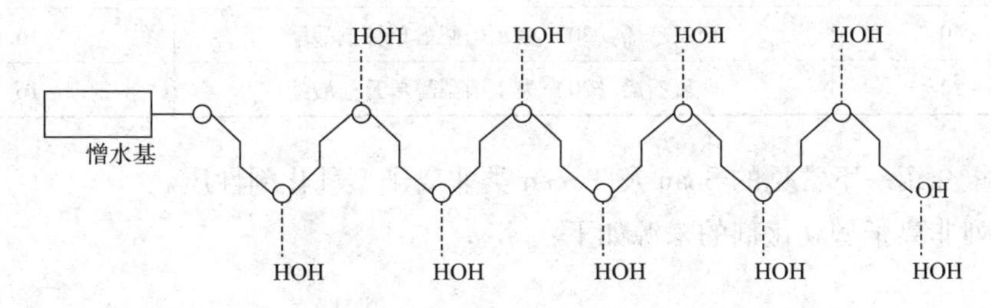

图7-11　醚氧原子的水合作用

换言之，聚氧乙烯化合物在水溶液中溶解时，水分子借助于氢键对聚氧乙烯链醚键上的氧原子发生作用。当分子中环氧乙烷基增加时，结合的水分子数也相应增加，因而亲水性增强，一般用水数来表示聚氧乙烯化合物的亲水性。水数是用1g物质溶解于30mL二氧六环和苯（96∶4）的混合液中，滴加蒸馏水至混浊时所耗用的毫升数。水数越大，物质的亲水性越强。

聚氧乙烯化合物的亲水性是靠氢键来实现的，当温度升高时，结合的水分子逐渐脱离，直至聚氧乙烯化合物在水中析出，此时原来透明的溶液变为白色混浊的乳状液。浑浊和相的分离现象是可逆的。当温度下降时，溶液重新变为澄清。溶液呈混浊时的温度称为浊点，这是聚氧乙烯化合物的一个十分重要的特征。

非离子乳化剂，可通过改变其结构来达到乳化所需的HLB值。一般地，具有12~18个碳原子的脂肪醇和具有8~10个碳原子的烷基酚的环氧乙烷加成物是优良的乳化剂。如果希望得到油溶性产品，则环氧乙烷加成数一般不超过5~6。

常用的Span 和 Tween 系列非离子乳化剂的 HLB 值列于表 7-170。

表 7-170　Span 与 Tween 乳化剂的 HLB 值

商品名称	化学组成	HLB
Span-85	失水山梨醇三油酸酯	1.8
Span-65	失水山梨醇三硬脂酸酯	2.1
Span-80	失水山梨醇单油酸酯	4.8
Span-60	失水山梨醇单硬脂酸酯	4.7
Span-40	失水山梨醇单棕榈酸酯	4.7
Span-20	失水山梨醇月桂酸酯	8.6
Tween-61	聚氧乙烯（4）失水山梨醇单硬脂酸酯	9.6
Tween-81	聚氧乙烯（5）失水山梨醇单油酸酯	10.0
Tween-65	聚氧乙烯（20）失水山梨醇单油酸酯	10.5
Tween-85	聚氧乙烯（20）失水山梨醇三油酸酯	11.0
Tween-21	聚氧乙烯（4）失水山梨醇单月桂酸酯	13.3
Tween-60	聚氧乙烯（20）失水山梨醇单硬脂酸酯	14.9
Tween-80	聚氧乙烯（20）失水山梨醇单油酸酯	16.0
Tween-40	聚氧乙烯（20）失水山梨醇单棕榈酸酯	16.6
Tween-20	聚氧乙烯（20）失水山梨醇单月桂酸酯	16.7

下面着重介绍一下常见的Span 及 Tween 类非离子型乳化剂性质。

吐温系列非离子型乳化剂的来源如下：

CH_2OH
$CHOH$
$HO-CH$
$CHOH$
$CHOH$
CH_2OH

山梨醇(葡萄糖+H_2)

$\xrightarrow{-H_2O}$

O
$CH-CH_2OH$
$HO-HC$
$CH-OH$
$CH-OH$

失水山梨醇

$\xrightarrow{C_{17}H_{35}\overset{O}{\overset{\|}{C}}-OH}$

O
$CH-CHO-\overset{O}{\overset{\|}{C}}-C_{17}H_{35}$
$HO-HC$
$CH-OH$
$CH-OH$

乳化剂Span-60

nCH_2-CH_2 (O)

$\longrightarrow$

O
$CH-O-\overset{O}{\overset{\|}{C}}-R$
$H_x(OCH_2CH_2)-HC$
$CHO(CH_2CH_2O)_zH$
$CHO(CH_2CH_2O)_yH$

吐温Tween

多元醇的脂肪酸酯一般是油溶性的，在水中一般不溶解。当引入聚氧乙烯链成为聚氧乙烯多元醇酯后则可溶于水。如 Span 系列是油溶性的，而 Tween 系列是水溶性的。多元醇乳化剂的性质见表 7-171。

表 7-171 多元醇表面活性剂的物理性质

化学名称	商标	浊点或物理状态	矿物油中的溶解性	芳香烃化合物中的溶解性	水中的溶解性	水中的表面张力(1%)/(mN/m)
1-单月桂酸甘油酯		63		~2%	不溶	
1-单软脂酸甘油酯		77		~2%	不溶	
1-单硬脂酸甘油酯		81.5	~2%		不溶	
1，2-月桂酸甘油双酯		71.0		难溶		
1-单油酸甘油酯		35		溶	不溶	
三聚甘油硬脂酸单酯		52.5	分散	溶	分散	
六聚甘油油酸单酯		液体	溶	溶	分散	
季戊四醇月桂酸单酯		液体	溶	溶（甲苯）	不溶	
山梨醇月桂酸单酯		106~109	不溶		0.01%(20℃)	48
甘露醇月桂酸单酯		113~115	不溶		0.01%(20℃)	50
山梨醇月桂酸双酯		61~64	溶解但混浊		0.008%(20℃)	69
山梨醇硬脂酸单酯		固体		溶	不溶	
失水山梨醇月桂酸单酯	Span-20	液体	溶	溶（二甲苯）	不溶	28
失水山梨醇软脂酸单酯	Span-40	48	不溶	溶	不溶	35
失水山梨醇硬脂酸单酯	Span-60	53	不溶	半固态	不溶	43
失水山梨醇硬脂酸三酯	Span-65	53	不溶	溶	不溶	46
失水山梨醇油酸单酯	Span-80	液体	溶	溶	不溶	30
失水山梨醇油酸三酯	Span-85	液体	溶	溶	不溶	32
聚氧乙烯（4）失水山梨醇月桂酸单酯	Tween-21	液体	不溶	溶	分散	32
聚氧乙烯（20）失水山梨醇月桂酸单酯	Tween-20	液体	不溶	溶	溶	33
聚氧乙烯（20）失水山梨醇软脂酸单酯	Tween-40	液体	不溶	溶	溶	40
聚氧乙烯（4）失水山梨醇硬脂酸单酯	Tween-61	38	不溶	溶	分散	38
聚氧乙烯（20）失水山梨醇硬脂酸单酯	Tween-60	液体	不溶	溶	溶	43
聚氧乙烯（20）失水山梨醇硬脂酸三酯	Tween-65	33	不溶	溶	分散	31
聚氧乙烯（6）失水山梨醇油酸单酯	Tween-81	液体	溶解但混浊	溶	分散	38
聚氧乙烯（20）失水山梨醇油酸单酯	Tween-80	液体	不溶	溶	溶	41
聚氧乙烯（20）失水山梨醇油酸三酯	Tween-85	液体	溶	溶	分散	42

续表

化学名称	商标	浊点或物理状态	矿物油中的溶解性	芳香烃化合物中的溶解性	水中的溶解性	水中的表面张力(1%)/(mN/m)
聚氧乙烯（30）蔗糖软脂酸双酯		蜡			不溶	
聚氧乙烯（35）蔗糖硬脂酸双酯		蜡			溶	42
聚氧乙烯（30）蔗糖油酸双酯		液体			溶	45
聚氧乙烯（8）蔗糖月桂酸单酯		液体	溶（<1%）	溶（1%~10%）	溶（>25%）	25.1
聚氧乙烯（8）蔗糖软脂酸单酯		液体	溶（1%~10%）	溶（10%~25%）	溶（>25%）	30.6
聚氧乙烯（8）蔗糖硬脂酸单酯		固体	溶（1%~10%）	溶（10%~25%）	溶（<1%）	31.6
聚氧乙烯（8）蔗糖硬脂酸双酯		固体	溶（>25%）	溶（>25%）	溶（<1%）	33.9
聚氧乙烯（8）蔗糖油酸单酯		液体	溶（1%~10%）	溶（10%~25%）	溶（>25%）	36.4
聚氧乙烯（8）蔗糖油酸双酯		液体	溶（1%~10%）	溶（>25%）	溶（<1%）	30.5

参考文献

[1] 黄文轩．润滑剂添加剂应用指南［M］．北京：中国石化出版社，2003.

[2] 方建华，董凌，王九，等．润滑剂添加剂手册［M］．北京：中国石化出版社，2010.

[3] 王九，方建华，董玲．石油产品添加剂手册［M］．北京：中国石化出版社，2009.

[4] 付兴国，孟言俊，马安．润滑油及添加剂技术进展与市场分析［M］．北京：石油工业出版社，2004.

[5] 常开孝．车用油料的发展趋势［J］．汽车工艺与材料，2000（10）：9－12.

[6] 张青蔚，伏喜胜，付兴国．工业润滑油现状及发展趋势［J］．润滑油，2001，16（4）：1－12.

[7] 蒋蕴德，张华．内燃机油的发展与节能［J］．2004，22（3）：1－4.

[8] 孙志强，胡志华．汽车发动机润滑油技术的发展趋势［J］．汽车技术，2007（12）：87－88.

[9] 王广生．浅谈我国车用发动机润滑油发展趋势［J］．润滑油，2001，16（1）：3－5.

[10] 全球工业润滑油的市场发展趋势分析［J］．机械工程师，2006（7）：10－11.

[11] 全球润滑油市场预测［J］．油品知识，2005（4）：49.

[12] 仇延生．润滑油工业的现状和展望［J］．石油商技，2006，18（3）：1－5.

[13] 安军信．润滑油基础油的市场供需及发展趋势［J］．石油商技，2004，22（5）：42－46.

[14] 王清华，杨关汉．润滑油抗氧剂的现状与发展趋势［J］．合成润滑材料，2000（2）：19－22.

[15] 张景河．现代润滑油与燃料添加剂［M］．北京：中国石化出版社，1991.

[16] 王恒．金属加工润滑冷却液［M］．北京：化学工业出版社，2008.

[17] ［德］T. 曼格，W. 德雷泽尔．润滑剂与润滑技术［M］．赵旭涛，王建明译．北京：化学工业出版社，2003.

[18] 于海莲，齐邦峰．柴油降凝剂的研究进展［J］．杭州化工，2005，35（1）：12－14.

[19] 孙剑，王海燕．柴油十六烷值改进剂的研究进展［J］．化学与生物工程，2007，24（3）：1－4.

[20] 黄文轩，张英华．固体润滑剂添加剂综述［J］．润滑油，1999，14（5）：5－11.

[21] 胡建强，谢凤等．国内外燃油节能添加剂的应用与发展［J］．润滑油与燃料，2004，14（5/6）：7－9.

[22] 潘元青，李久盛．极压抗磨添加剂的最新研究与应用现状分析［J］．润滑油与燃料，2005，15（4）：6－10.

[23] 陈井影，赵晓松．甲基叔丁基醚（MTBE）研究新进展［J］．吉林农业大学学报，2004，26（2）：182－186.

[24] 黄良仙，安秋凤．抗静电剂及其在工业领域的应用［J］．日用化学工业，2004，34（5）：308－311.

[25] 王刚，王鉴．抗氧剂作用机理及研究进展［J］．合成材料老化与应用 2006，35（2）：38－42.

[26] 李正西．汽油清净剂的开发与应用［J］．城市公用事业，2002，16（4）：12－14.

[27] 王辉，邓远利．润滑油无灰分散剂发展概况［J］．润滑油，2007，22（5）：39－43.

[28] 兰州润滑油研究开发中心信息所课题组．世界主要添加剂公司发展概况［J］．润滑油与燃料，

2006，16（77）：11－20.

[29] 王文忠．金属缓蚀剂及其应用［J］．电镀与环保，2007，27（6）：43－44.

[30] 刘建国，李言涛．防锈油脂概述［J］．腐蚀科学与防护技术，2008，20（5）：372－376.

[31] 董凌，陈国需．抗磨自修复添加剂的发展现状［J］．合成润滑材料，2003，30（1）：17－21.

[32] 夏延秋．复合抗磨修复添加剂的研制及摩擦学性能测试［J］．润滑与密封，2002（1）：16.

[33] 罗中富，黄锐，无机纳米粒子填充聚合物的研究进展［J］．功能高分子，1998（4）：555.

[34] 冯丽娟，赵宇靖，陈诵英，超细粒子催化剂［J］．石油化工，1991，20（9）：633.

[35] P. T. Anastas，J. C. Warner. Green chemistry：theory and practice［M］．New York，NY：Oxford University Press，1998.

[36] A. Willing. What lies ahead? challenges and opportunities for the lubricant industry in the next decade. In：W. J. Bartz，editor. Proceedings of the 14th international colloquium tribology. Tribology and lubrication engineering［J］．Technische Akademie Esslingen，2004；7－32（Supplement）.

[37] S. Boyde. Green lubricants：environmental benefits and impacts on lubrication［J］．Green Chemmistry，2002，（12）293－307.

[38] M. Shahabuddin，H. H. Masjuki，M. A. Kalam. Experimental Investigation into Tribological Characteristics of Bio－Lubricant Formulated from Jatropha Oil［J］．Procedia Engineering，2013，（56）：597－606.

[39] J. Salimon，N. Salih，E. Yousif. Biolubricants：Raw materials，chemical modifications and environmental benefits［J］．Eur. J. Lipid Sci. Technol. 2010，（112）：519－530.

[40] A. E. Atabani，A. S. Silitonga，Irfan Anjum Badruddin. A comprehensive review on biodiesel as an alternative energy resource and its characteristics［J］．Renewable and Sustainable Energy Reviews，2012，16（4）：2070－2093.

[41] Niraj Kumar，Varun，Sant Ram Chauhan. Performance and emission characteristics of biodiesel from different origins：A review［J］．Renewable and Sustainable Energy Reviews，2013，（21）：633－658.

[42] Ahmad Abbaszaadeh，Barat Ghobadian. Current biodiesel production technologies：A comparative review［J］．Energy Conversion and Management，2012（63）：138－148.

[43] S. L. Dmytryshyn，A. K. Dalai，S. T. Chaudhari. Synthesis and characterization of vegetable oil derived esters：evaluation for their diesel additive properties［J］．Bioresource Technology. 2004（92）：55－64.

[44] Daniel P. Geller，John W. Goodrum. Effects of specific fatty acid methyl esters on diesel fuel lubricity［J］．Fuel，2004，83（17－18）：2351－2356.

[45] Jianbo Hu，Zexue Du，Changxiu Li. Study on the lubrication properties of biodiesel as fuel lubricity enhancers［J］．Fuel，2005，84，（12－13）：1601－1606.

[46] 马海兵，李晶，於薏，等．两种无灰型含磷/硫润滑添加剂在菜籽油中的摩擦学性能及膜分析[J]．物理化学学报，2008，24（5）：799－804.

[47] 李芬芳，黄伊辉等．吗啡啉二硫代氨基甲酸酯衍生物在菜籽油中的摩擦学性能［J］．石油学报（石油加工），2010，26（5）：825－829.

[48] 曹月平，余来贵．磷酸三甲酚酯和亚磷酸二正丁酯添加剂对菜子油摩擦学性能的影响［J］．摩擦学学报，2000，20（2）：119－122.

[49] 巩清叶，余来贵，叶承峰．噻吩含氮衍生物在菜籽油中的摩擦学行为［J］．摩擦学学报，2001，21（4）：270－273.

[50] 李久盛，任天辉，张雁燕．苯并三氮唑及其衍生物在菜籽油中的摩擦学性能研究［J］．摩擦学学报，2001，21（3）：187－189.
[51] 王恒，赵智军．含硫极压抗磨添加剂在菜籽油中的摩擦学性能研究［J］．润滑与密封，2006（8）：84－86.
[52] 侯翔坤，王毓民，孙志强．硫、磷系添加剂复合使用在菜籽油中的抗磨性能研究［J］．润滑与密封，2006（4）：98－100.
[53] Kammann KP, Phillips AI. Sulfurized vegetable oil products as lubricant additives [J]. J Amer Oil Chemists Soc. 1985; 62 (5): 917－23.
[54] Brajendra K. Sharma, A. Adhvaryu etc, Friction and wear behavior of thioether hydroxy vegetable oil [J]. Tribology International, 2009, 42 (4): 353－358.
[55] Chandu S. Madankara, b, Ajay K. Dalaia, S. N. Naik. Green synthesis of biolubricant base stock from canola oil [J]. Industrial Crops and Products, 2013 (44): 139－144.
[56] Arumugam S, Sriram G etc, Synthesis, Chemical Modification and Tribological Evaluation of plant Oil as Biodegradable Low Temperature Lubricant [J]. Procedia Engineering, 2012 (38): 1508－1507.
[57] Yueping Cao, Laigui Yu, Weimin Liu. Study of the tribological behavior of sulfurized fatty acids as additives in rapeseed oil [J]. Wear, 2000, 244 (1－2): 126－131.
[58] Boshui Chen, Weijiu Huang, Jianhua Fang. Impact of Oleoyl Glycine on Biodegradability and Lubricity of Lubricating Oil [J]. Industrial Lubrication & Tribology, 2012, 64 (3): 122－127.
[59] Chen Boshui, Zhang Nan, Wu Jiang, Wang Jiu, Fang Jianhua. Enhanced biodegradability and lubricity of mineral lubricating oil by fatty acidic diethanolamide borates [J]. Green Chemistry, 2013, 15 (3): 738－743.
[60] 宋小平，韩长日．石油工业用添加剂生产与应用技术［M］．北京：中国石化出版社，2014.
[61] 周耀华，张广林．金属加工润滑剂［M］．北京：中国石化出版社，2001.
[62] 罗新民．金属加工用油产品与应用［M］．北京：中国石化出版社，2006.